21世纪高等院校教材

应用概率论

（第三版）

孙荣恒　编著

科学出版社

北京

内 容 简 介

本书为高等院校理工科教材,内容包括:随机事件及其概率、随机变量及其分布、随机变量的数字特征、特征函数与概率母函数、极限定理等.本书内容丰富,有大量的例题和适量的习题,书后附有部分习题答案.

本书适于高等院校理工科的数学、应用数学、概率统计、信息与计算科学等专业和财经类大学的大学生、教师和研究生阅读.

图书在版编目(CIP)数据

应用概率论/孙荣恒编著. —3 版. —北京:科学出版社,2016.1
21 世纪高等院校教材
ISBN 978-7-03-046863-5

Ⅰ.①应… Ⅱ.①孙… Ⅲ.①概率论-应用-高等学校-教材 Ⅳ.①O211.9

中国版本图书馆 CIP 数据核字(2015)第 308749 号

责任编辑:张中兴 / 责任校对:邹慧卿
责任印制:徐晓晨 / 封面设计:陈 敬

科 学 出 版 社 出版
北京东黄城根北街 16 号
邮政编码:100717
http://www.sciencep.com

北京教图印刷有限公司 印刷
科学出版社发行 各地新华书店经销

*

1998年10月第 一 版 开本:B5(720×1000)
2006年 1 月第 二 版 印张:20
2016年 1 月第 三 版 字数:403 000
2018年 5 月第十二次印刷

定价:58.00 元
(如有印装质量问题,我社负责调换)

第三版序言

作者认为教材应该不断吐故纳新，尤其是纳新。根据这个精神，本书在第一版中，利用 Dirac 函数，给出离散型随机变量密度函数定义，从而使随机变量（无论是连续型的还是离散型的）的密度函数与特征函数构成一傅里叶变换对，且其数学望与特征函数都可用一个式子给出；利用詹生不等式给出二维詹生不等式；利用分赌注问题给出在不同比赛规则中获胜的概率计算；还在文献[2]的基础上给出引理 5.2.1 及其证明。在第二版中，给出连续随机变量的函数的两个母公式（例 2.7.10），这两个母公式不仅涵盖了四则运算，还能进行其他很多运算；还给出了彩票获奖概率计算公式（(1.5.1)式）。在这一版中，给出了频数分布与频数母函数定义及其应用；S 矩阵定义及其应用；纸上作业法及其应用；三事件之一先发生的概率计算公式；还以习题的形式给出了 S 分布的定义。此外，增加了 3.4 节与 3.5 节两节，前者讨论了离散型随机变量与连续型随机变量的四则运算与函数，后者利用概率模型证明了近一百个组合公式，这些组合公式几乎涵盖了数学手册中常见的组合公式。

上述给出和增加的内容绝大部分是本书首次给出的。

在这一版中，还增加了一些例题和习题，增加了例 3.4.9 与例 4.4.3 的另一解法。删去了超要求的内容，和给一些复杂的内容加了"＊"。这些加了"＊"的内容仅作参考。本书内容极其丰富，涉及多方面的应用，它也是教师、研究生和工程技术人员的一部参考书。

最后，由于作者水平所限，虽然经过多次修改，书中可能还有不少缺点和疏漏，恳请读者批评指正。

作　者
2014 年 4 月

第二版序言

本书是 1998 年科学出版社出版的《应用概率论》的修改本. 除尽可能改正原书的印刷错误和删去一些超要求的内容外, 还增加了一些推导的说明、一些例题的解法和几个应用例题. 这样, 不仅便于读者理解与自学, 而且也有利于初学者启迪思维与开阔视野.

科学出版社对本书第二版的出版给予了大力支持, 作者表示衷心感谢.

本书虽然经过多次修改, 多年使用, 但是, 由于作者水平所限, 书中一定还存在不少缺点和错误, 恳请读者批评指正.

作　者

2005 年 3 月

第一版序言

概率论起源于机会游戏.它的某些思想在公元前 220 年就已在中国出现.不过它的真正历史被公认为从 17 世纪中叶开始.1654 年法国有个叫 De Méré 的赌徒向数学家 Pascal(1623~1662)提出了一个如何分赌注的问题(也叫分点问题),简略地说,就是甲、乙两个赌徒下了赌注后就按某种方式赌了起来,规定甲胜一局甲就得一分,乙胜一局乙也得一分,且谁先得到某个确定的分数谁就赢得所有赌注.但是,在谁也没获得确定的分数之前赌博因故中止了.如果甲需得 n 分才获得所有赌注,乙需得 m 分才获得所有赌注,问该如何分这些赌注呢?为解决这一问题,Pascal 与当时享有很高声誉的数学家 Fermat(1601~1665)建立了联系,从而使当时很多有名的数学家对这一问题产生了浓厚的兴趣,并使得概率论这个新学科得到了迅速的发展.对概率论的发展作出杰出贡献的还有:17~18 世纪的惠更斯(Huyghens)、伯努利(Bernoulli)、棣莫弗(De Moivre)、辛普森(Simpson)、蒲丰(Buffon),19 世纪的拉普拉斯(Laplace)、高斯(Gauss)、泊松(Poisson)、切比雪夫(Chebyshev)、马尔可夫(Markov),20 世纪的柯尔莫哥洛夫(Kolmogorov)、辛钦(Khinchine)等.

本书是为应用数学、数学、概率统计、信息与计算科学等专业的大学生学习概率论而编著的教材,曾在重庆大学使用多年.撰写过程中参考了教育部 1980 年颁布的综合大学数学专业《概率论与数理统计教学大纲》.本书的特点是:概念的直观背景较强,材料系统丰富,理论推导严谨,同时注意实际应用.书中有大量的应用例题,故它既可作为教材,也可作为参考书.本书的另一特点是起点低,一般只需具有数学分析或高等数学知识就可阅读,因此便于初学者自学.经适当选择后,也可作为理科其他专业和工科有关专业的教材.

全书共 5 章,每章后附有适量的习题,书后附有答案.

初稿完成后,李虹、刘琼苏、何良材仔细览阅了全书,提出了许多宝贵意见;李幼英为初稿的打印出了不少力.作者在此向他们表示衷心感谢.

由于作者水平所限,书中不足之处在所难免,恳请读者批评指正.

作　者
1998 年 4 月于重庆

目　　录

第1章　随机事件及其概率

随机事件与随机事件的概率都是概率论中最基本的概念,它们是逐步形成与完善起来的.本章先给出它们的描述性定义,然后再给出它们的严密的数学定义.

1.1　随机事件

1.1.1　随机现象

在自然界中人们碰到的现象大体上可分为两类.一类是当某些条件实现时必然发生和必然不发生的现象.例如,"纯水在一个大气压下加热到100℃就沸腾"、"同性电荷必然不互相吸引"、"在恒力作用下质点作等加速运动"等,这一类现象称之为确定性现象或必然现象.但是,人们还碰到另一类现象,这一类现象在相同一组条件实现时它可能发生也可能不发生,事前不能准确预言它是否发生.例如,"抛一枚硬币,每次抛掷之前无法肯定正、反面哪一面会出现".又如,"同一人用同一支枪射击同一目标,每次射击的击中点不尽相同"、"同一地区同一日期可能下雨,也可能不下雨"等.这一类现象称之为随机现象.随机现象虽然在相同条件实现时可能的结果不止一个,以及每次事前不能准确预言哪一种结果会出现,但是经过长期的观察或实践,人们逐步发现所谓随机现象不可预言,只是对一次或少数几次观察或实践而言,当在相同条件下进行大量的观察或实践时,不确定现象的每个可能的结果都呈现出某种规律性.例如,多次抛一枚均匀的硬币,正、反面出现的次数大致相等.又如,在相同条件下多次射击同一目标,击中点在目标附近就形成某种明显的规律性.综上所述,随机现象是具有如下特征的现象:在一定条件实现时,有不止一种结果会出现,对每一次来说,事前人们不能准确预言哪一种结果会出现,但是进行大量的重复观察或实践时,每一种结果又呈现出某种规律性.这种规律性称之为随机现象的统计规律性.概率论就是研究随机现象统计规律性的一门数学学科.

1.1.2　随机试验

由于随机现象的统计规律性在大量重复试验中才能呈现出来,故概率论的研究与应用跟试验是分不开的.所谓试验,就是实现一定的条件而观察其结果.而随机试验是具有如下特性的试验:

(1) 可在相同条件下重复进行;

(2) 每次试验的可能结果不止一个,但是能事先明确确定所有可能结果的

范围;

(3) 每次试验之前不能准确预言哪个结果会出现.

例如,E_1(重复摸球试验):设一袋中有编号分别为 $1,2,\cdots,n$ 的 n 个同类球, 从中任摸一球,观察其号码后又放回袋中,然后再从中任摸一球,观察其号码后又 放回袋中(这样的摸球方法称为"有放回"). 多次重复这一试验,各次摸得的球的号 码未必全同. 虽然每次摸得的球的号码总是 $1,2,\cdots,n$ 之一,但是每次摸球前却不 能准确预言哪个球被摸得.

E_2(旋转均匀陀螺的试验):在一个均匀陀螺的圆周上均匀地刻上区间$[0,3)$ 上的诸数字. 多次旋转这个陀螺,当它停下时其圆周与桌面接触处的刻度未必全 同. 虽然每次总是区间$[0,3)$上一个点与桌面接触,但是每次旋转之前却无法准确 预言哪个点与桌面接触.

E_3(射击试验):多次用步枪射击靶上的目标,由于各种因素的影响,子弹击中 的位置未必一样. 虽然每次击中的位置总是靶平面上的一点,但是每次射击前也不 能准确预言击中的位置.

E_4(抛一枚均匀硬币的试验):多次抛一枚均匀的硬币,出现的结果未必会全 同. 虽然每次出现的结果不是正面 h,就是反面 t,但是每次抛前也不能准确预言哪 个面会出现.

上述的四个试验都是随机试验. 随机试验简称为试验.

1.1.3　随机事件

随机试验的每个可能的结果称为该试验的随机事件,简称为事件. 一般用大写 字母 $A,B,C,\cdots$ 来表示.

例如,在试验 E_1 中,"摸得球的号码小于3"是试验 E_1 的一个可能结果,故它 是 E_1 的一个随机事件. 在试验 E_2 中,"陀螺圆周与桌面接触处的刻度在区间$[1,2)$中"是试验 E_2 的一个可能的结果,故它是 E_2 的一个随机事件. 在试验 E_4 中, "正面出现"是试验 E_4 的一个可能结果,故它是 E_4 的一个随机事件.

对于一个试验来说,在每次试验中必然要发生(出现)的结果称为此试验的必 然事件,记为 Ω;在每次试验中必然不发生(出现)的结果称为此试验的不可能事 件,记为 $\varnothing$. 例如,在 E_1 中,"摸得的球的号码大于 0"是 E_1 的必然事件,而"摸得的 球的号码小于 1"是 E_1 的不可能事件.

必须指出,必然事件与不可能事件都没有随机性,但是为了讨论问题方便起 见,我们把它们当作一种特殊的随机事件.

1.1.4　基本事件空间

对一个试验来说,我们把其最简单的不能再分的事件称为该试验的基本事件,

常以小写字母 $e, w, \cdots$ 来表示. 而把由所有基本事件组成的集合称为该试验的基本事件空间, 记为 Ω.

例如, 在 E_1 中, "摸得号码为 i 的球", $i=1, 2, \cdots, n$, 均为 E_1 的基本事件, 有 n 个. 在 E_2 中, 设 $x \in [0, 3)$, 则 "陀螺圆周与桌面接触处的刻度为 x" 是 E_2 的基本事件, 有无穷不可数多个. 在 E_3 中, 设 $x, y \in (-\infty, +\infty)$, 则 "击中点 (x, y)" 是 E_3 的基本事件, 有无穷不可数多个. 在 E_4 中, "出现正面" 与 "出现反面" 都是 E_4 的基本事件, 有两个. 如果设 Ω_i 为 E_i 的基本事件空间, $i=1, 2, 3, 4$, 则有

$$\Omega_1 = \{e_1, e_2, \cdots, e_n\},$$

其中 e_i 表示 "摸得号码为 i 的球", $i=1, 2, \cdots, n$;

$$\Omega_2 = \{x : x \in [0, 3)\};$$

$$\Omega_3 = \{(x, y) : x, y \in (-\infty, +\infty)\};$$

$$\Omega_4 = \{h, t\},$$

其中 h, t 分别表示 "出现正面" 与 "出现反面".

因为随机事件是由基本事件组成的集合, 所以引入基本事件空间 Ω 后, 随机事件就是基本事件空间的子集 (注意, 反之不成立, 即基本事件空间的子集不一定是随机事件). 而一个事件 A 出现当且仅当 A 中一个基本事件出现. 基本事件空间又叫做样本空间, 所以基本事件又叫做样本点.

1.2 事件之间的关系与运算

由于事件是样本空间的子集, 所以事件之间的关系就是集合之间的关系, 事件的运算就是集合的运算, 只是术语不同和赋予概率的含义罢了.

1.2.1 事件之间的关系与简单运算

(1) 子事件. 如果属于事件 A 的样本点也属于事件 B, 则称 A 为 B 的子事件或 A 为 B 的特款, 记为 $A \subset B$ 或 $B \supset A$. 其概率含义是: A 出现 B 必出现. 对任意事件 A, 显然有

$$A \subset \Omega, \quad \varnothing \subset A, \quad A \subset A.$$

设 A, B, C 均为事件, 如果 $A \subset B$, 且 $B \subset C$, 则 $A \subset C$.

(2) 事件相等. 如果事件 A 与事件 B 满足: $A \subset B$ 且 $B \subset A$, 则称 A 与 B 相等, 记为 $A = B$. 其概率含义是: A, B 中有一个出现, 另一个也必出现.

(3) 和 (并) 事件. 事件 A 与事件 B 的和事件定义为: 由至少属于 A, B 之一的样本点全体组成的集合, 记为 $A \bigcup B$. 其概率含义是: A, B 至少一个出现. 事件 A_1, $A_2, \cdots, A_n$ 的和事件定义为: 由至少属于 $A_1, A_2, \cdots, A_n$ 之一的样本点全体组成的

集合,记为 $\bigcup\limits_{i=1}^{n} A_i$. 事件 $A_1, A_2, A_3, \cdots$ 的和事件定义为:由至少属于 $A_1, A_2, A_3, \cdots$ 之一的样本点全体组成的集合,记为 $\bigcup\limits_{i=1}^{\infty} A_i$. $\bigcup\limits_{i=1}^{n} A_i$ 与 $\bigcup\limits_{i=1}^{\infty} A_i$ 的概率含义与 $A \cup B$ 的概率含义类似.

(4) 积(交)事件. 事件 A 与 B 的积事件定义为:由既属于 A 又属于 B 的样本点全体组成的集合,记为 $A \cap B$ 或 AB. 其概率含义是:A 与 B 同时出现. 事件 $A_1, A_2, \cdots, A_n$ 的积事件定义为:由属于所有事件 $A_1, A_2, \cdots, A_n$ 的样本点全体组成的集合,记为 $\bigcap\limits_{i=1}^{n} A_i$ 或 $A_1 A_2 \cdots A_n$. 事件 $A_1, A_2, A_3, \cdots$ 的积事件定义为:由属于所有事件 $A_1, A_2, A_3, \cdots$ 的样本点全体组成的集合. 记为 $\bigcap\limits_{i=1}^{\infty} A_i$. $\bigcap\limits_{i=1}^{n} A_i$ 与 $\bigcap\limits_{i=1}^{\infty} A_i$ 的概率含义类似于 $A \cap B$ 的概率含义.

如果事件 A 与 B 满足:$AB = \varnothing$,则称 A 与 B 为互斥(或互不相容)事件. 其概率含义是:A, B 不同时出现.

如果事件 A 与 B 满足:$AB = \varnothing$ 且 $A \cup B = \Omega$,则称 A 与 B 为对立(或互逆)事件. 其概率含义是:A, B 中有且仅有一个出现.

如果事件 A 与 B 互斥,则记 $A \cup B$ 为 $A + B$,即 $A + B = A \cup B$.

由上述知,两事件对立则它们一定互斥;反之,未必成立.

(5) 差事件. 属于事件 A 而不属于事件 B 的样本点全体组成的集合称为 A 与 B 的差事件,记为 $A \smallsetminus B$. 其概率含义是:A 出现而 B 不出现. 如果 $B \subset A$,则称 $A \smallsetminus B$ 为 A 与 B 的正常差,记为 $A - B$,即 $A - B = A \smallsetminus B$.

记 $\Omega - A$ 为 $\overline{A}$,即 $\overline{A} = \Omega - A$. 显然有

事件 A 与 B 对立 $\Leftrightarrow A = \overline{B}$.

$\overline{A} = \Omega - A$ 为事件 A 的对立事件.

(6) 对称差. 设 A, B 为两个事件,记 $A \triangle B = (A \smallsetminus B) \cup (B \smallsetminus A)$,则称 $A \triangle B$ 为 A 与 B 的对称差事件. 其概率含义是:仅能出现 A, B 之一.

因为事件是集合,所以由集合运算的性质与关系式不难证明事件运算的性质与关系式. 设 $A, B, C, A_1, A_2, A_3, \cdots$ 均为事件,Ω 为必然事件,$\varnothing$ 为不可能事件,则有如下关系:

(1) $A \cup A = A, A \cap A = A, A \cup \varnothing = A$,

$\quad\quad A \smallsetminus A = \varnothing, A \cap \varnothing = \varnothing$;

(2) $A \cup B = B \cup A, A \cap B = B \cap A, A \triangle B = B \triangle A$;

(3) $(A \cup B) \cap C = (A \cap C) \cup (B \cap C)$,

$\quad\quad (A \cup B) \cup C = A \cup B \cup C = A \cup (B \cup C)$,

$\quad\quad (A \cap B) \cup C = (A \cup C) \cap (B \cup C), (AB)C = ABC = A(BC)$,

$$\left(\bigcup_{i=1}^{\infty} A_i\right) \bigcap C = \bigcup_{i=1}^{\infty} (A_i \bigcap C),$$

$$\left(\bigcap_{i=1}^{\infty} A_i\right) \bigcup C = \bigcap_{i=1}^{\infty} (A_i \bigcup C);$$

(4) $AB \subset A, AB \subset B, A \subset A \bigcup B, A \subset A, A \smallsetminus B \subset A$;

(5) $A \subset B \Leftrightarrow AB = A \Leftrightarrow A \bigcup B = B$;

(6) $\overline{\overline{A}} = A, \overline{A \bigcup B} = \overline{A}\, \overline{B}, \overline{AB} = \overline{A} \bigcup \overline{B}$;

$\quad\ A \smallsetminus B = A\,\overline{B} = A - (AB)$;

(7) $A \subset B \Leftrightarrow \overline{B} \subset \overline{A}$;

(8) $\left(\overline{\bigcup_{i=1}^{\infty} A_i}\right) = \bigcap_{i=1}^{\infty} \overline{A_i}, \left(\overline{\bigcap_{i=1}^{\infty} A_i}\right) = \bigcup_{i=1}^{\infty} \overline{A_i}$;

(9) $A \triangle B = A\,\overline{B} + B\overline{A} = (A \bigcup B) - AB = (A \bigcup B)\overline{AB}$.

上述关系式的证明留给读者自己去完成.

1.2.2 事件序列的极限

设 $\{A_n\}$ 为样本空间 Ω 中的事件序列, 我们定义:

(1) $\bigcap_{n=1}^{\infty}\bigcup_{k=n}^{\infty} A_k$ 为 $\{A_n\}$ 的上极限, 记为 $\varlimsup\limits_{n \to \infty} A_n$, 即

$$\varlimsup_{n \to \infty} A_n = \bigcap_{n=1}^{\infty}\bigcup_{k=n}^{\infty} A_k;$$

(2) $\bigcup_{n=1}^{\infty}\bigcap_{k=n}^{\infty} A_k$ 为 $\{A_n\}$ 的下极限, 记为 $\varliminf\limits_{n \to \infty} A_n$, 即

$$\varliminf_{n \to \infty} A_n = \bigcup_{n=1}^{\infty}\bigcap_{k=n}^{\infty} A_k;$$

(3) 如果 $\varlimsup\limits_{n \to \infty} A_n = \varliminf\limits_{n \to \infty} A_n$, 则称事件序列 $\{A_n\}$ 的极限存在且称 $\varliminf\limits_{n \to \infty} A_n$ 为其极限, 记为 $\lim\limits_{n \to \infty} A_n$, 即

$$\lim_{n \to \infty} A_n = \varliminf_{n \to \infty} A_n = \varlimsup_{n \to \infty} A_n.$$

定理 1.2.1 设 $\{A_n\}$ 为样本空间 Ω 中的事件序列, 则

(1) $\varlimsup\limits_{n \to \infty} A_n = \{e: e$ 属于无穷多个 $A_n\}$;

(2) $\varliminf\limits_{n \to \infty} A_n = \{e: e$ 属于几乎一切 $A_n\}$,

其中 "e 属于几乎一切 A_n" 意思是除事件序列 $A_1, A_2, A_3, \cdots$ 中的有限个事件外, e 属于其余一切事件.

证明 (1) 设 $e_0 \in \varlimsup\limits_{n \to \infty} A_n = \bigcap\limits_{n=1}^{\infty}\bigcup\limits_{k=n}^{\infty} A_k$, 则对任意正整数 $n, e_0 \in \bigcup\limits_{k=n}^{\infty} A_k$, 所以 e_0 属于无穷多个 A_n. 如果不然, 则必存在 n_0, 使得当 $m > n_0$ 时均有 $e_0 \overline{\in} \bigcup\limits_{k=m}^{\infty} A_k$, 矛盾. 于是证得

$$\varlimsup_{n\to\infty}A_n \subset \{e : e \text{ 属于无穷多个 } A_n\}.$$

反之, 设 $e_0 \in \{e : e$ 属于无穷多个 $A_n\}$, 则对任意正整数 n 有 $e_0 \in \bigcup\limits_{k=n}^{\infty}A_k$, 从而 $e_0 \in \bigcap\limits_{n=1}^{\infty}\bigcup\limits_{k=n}^{\infty}A_k$. 于是得 $\{e : e$ 属于无穷多个 $A_n\} \subset \varlimsup\limits_{n\to\infty}A_n$, 从而 (1) 得证.

(2) 设 $e_0 \in \{e : e$ 属于几乎一切 $A_n\}$, 则存在正整数 m, 使得 $e_0 \in \bigcap\limits_{k=m}^{\infty}A_k$, 故 $e_0 \in \bigcup\limits_{n=1}^{\infty}\bigcap\limits_{k=n}^{\infty}A_k$, 即

$$\{e : e \text{ 属于几乎一切 } A_n\} \subset \varliminf_{n\to\infty}A_n.$$

反之, 设 $e_0 \in \varliminf\limits_{n\to\infty}A_n = \bigcup\limits_{n=1}^{\infty}\bigcap\limits_{k=n}^{\infty}A_k$, 则至少存在一个正整数 m 使 $e_0 \in \bigcap\limits_{k=m}^{\infty}A_k$, 故对一切 $k \geqslant m$, 均有 $e_0 \in A_k$, 即 e_0 属于几乎一切 A_n, 所以有 $\varliminf\limits_{n\to\infty}A_n \subset \{e : e$ 属于几乎一切 $A_n\}$, 从而 (2) 得证.

推论 1.2.1　$\varliminf\limits_{n\to\infty}A_n \subset \varlimsup\limits_{n\to\infty}A_n.$

推论 1.2.2　改变事件序列 $\{A_n\}$ 中的有限多项不影响 $\{A_n\}$ 的上下极限.

推论 1.2.3　(1) $\left(\overline{\varliminf\limits_{n\to\infty}\overline{A_n}}\right) = \varlimsup\limits_{n\to\infty}\overline{A_n}$;

(2) $\left(\overline{\varlimsup\limits_{n\to\infty}A_n}\right) = \varliminf\limits_{n\to\infty}\overline{A_n}.$

证明　(1) 由德摩根对偶定律 [即 1.2.1 节的 (8) 式] 得

$$\left(\overline{\varlimsup_{n\to\infty}A_n}\right) = \overline{\left(\bigcup_{n=1}^{\infty}\bigcap_{k=n}^{\infty}A_n\right)} = \bigcap_{n=1}^{\infty}\overline{\left(\bigcap_{k=n}^{\infty}A_k\right)}$$

$$= \bigcap_{n=1}^{\infty}\bigcup_{k=n}^{\infty}\overline{A_k} = \varlimsup_{n\to\infty}\overline{A_n}.$$

同理可证 (2).

定理 1.2.2　设 $\{A_n\}$ 为样本空间 Ω 中的事件序列.

(1) 如果 $\{A_n\}$ 单调不减, 即 $A_1 \subset A_2 \subset A_3 \subset \cdots$, 则 $\lim\limits_{n\to\infty}A_n$ 存在且 $\lim\limits_{n\to\infty}A_n = \bigcup\limits_{n=1}^{\infty}A_n$.

(2) 如果 $\{A_n\}$ 单调不增, 即 $A_1 \supset A_2 \supset A_3 \supset \cdots$, 则 $\lim\limits_{n\to\infty}A_n$ 存在且 $\lim\limits_{n\to\infty}A_n = \bigcap\limits_{n=1}^{\infty}A_n$.

证明　(1) 设 $e_0 \in \varlimsup\limits_{n\to\infty}A_n$, 由定理 1.2.1 知 e_0 属于无穷多个 A_n, 故总存在正整数 m, 使得 $e_0 \in A_m$. 因为 $\{A_n\}$ 单调不减, 所以当 $k \geqslant m$ 时均有 $e_0 \in A_k$, 即 e_0 属于几乎一切 A_n, 所以 $e_0 \in \varliminf\limits_{n\to\infty}A_n$. 由此说明 $\varlimsup\limits_{n\to\infty}A_n \subset \varliminf\limits_{n\to\infty}A_n$. 又由推论 1.2.1 知 $\varliminf\limits_{n\to\infty}A_n \subset \varlimsup\limits_{n\to\infty}A_n$, 于是 $\lim\limits_{n\to\infty}A_n$ 存在. 因为 $\lim\limits_{n\to\infty}A_n = \bigcup\limits_{n=1}^{\infty}\bigcap\limits_{k=n}^{\infty}A_k = \bigcup\limits_{n=1}^{\infty}A_n$, 所以证得 (1).

(2) 因为 $\{A_n\}$ 单调不增, 所以 $\{\overline{A_n}\}$ 单调不减, 由 (1) 知 $\lim\limits_{n\to\infty}\overline{A_n}$ 存在且

$$\varliminf_{n\to\infty}\overline{A_n}=\varlimsup_{n\to\infty}\overline{A_n}=\bigcup_{n=1}^{\infty}\overline{A_n}.$$

由定理 1.2.1 的推论 1.2.3,对上式两边取逆得

$$\varlimsup_{n\to\infty}A_n=\varliminf_{n\to\infty}A_n=\bigcap_{n=1}^{\infty}A_n,$$

故 $\lim\limits_{n\to\infty}A_n=\bigcap\limits_{n=1}^{\infty}A_n.$

为了便于学习,现把概率论中与集合论中的一些术语对照列成表 1.1 所示.

表 1.1

符　　号	集　合　论	概　　率　　论	概 率 含 义
Ω	空间	基本事件(样本)空间,必然事件	
$\varnothing$	空集	不可能事件	
e(或 ω)	元素	基本事件(样本点)	
A	子集	事件	
$\overline{A}$	A 的余集	A 的对立(逆)事件	$A,\overline{A}$ 中有且只有一个出现
$A\subset B$	A 为 B 的子集	A 是 B 的子事件	A 出现 B 必出现
$A=B$	A 与 B 相等	A 与 B 相等	A,B 中一个出现另一个也出现
$A\cup B$	A 与 B 的并	A 与 B 的和(并)事件	A,B 中至少一个出现
$A\cap B$	A 与 B 的交	A 与 B 的积事件	A 与 B 同时出现
$A\smallsetminus B$	A 与 B 的差	A 与 B 的差事件	A 出现而 B 不出现
$A\cap B=\varnothing$	A 与 B 不相交	A 与 B 为互斥(互不相容)事件	A 与 B 不同时出现
$A\triangle B$	A 与 B 的对称差	A 与 B 的对称差事件	A 与 B 仅能有一个出现

1.3　事件的概率及其计算

随机事件有其偶然性的一面,即在一次试验中它可能出现也可能不出现.但是在大量重复试验中它又呈现出内在的规律性,即它出现的可能性大小是确定的,且是可以度量的.所谓随机事件的概率,概括地说就是用来描述随机事件出现的可能性大小的数量指标.它是概率论中最基本的概念之一,且是逐步形成完善起来的.我们先介绍在简单情形下,如何合理地定义概率的方法,然后,从这些定义出发,引出一般情形下概率的严密的数学定义.

1.3.1　古典概型

最初人们研究的试验是一类很简单的试验,其特征如下:

(1) 基本事件总数有限;

(2) 每个基本事件等可能出现.

我们称具有这两个特征的试验是古典概型的. 如 1.1.2 节中的试验 E_1 与 E_4 都是古典概型的.

定义 1.3.1　设试验 E 是古典概型的, 其样本空间为 $\Omega = \{e_1, e_2, \cdots, e_n\}$, 其一事件 $A = \{e_{n_1}, e_{n_2}, \cdots, e_{n_r}\}$, 其中 $n_1, n_2, \cdots, n_r$ 为 $1, 2, \cdots, n$ 中任意 r 个不同的数, $r \leqslant n$, 则定义事件 A (出现) 的概率为

$$P(A) = \frac{A \text{ 中样本点数}}{\Omega \text{ 中样本点数}} = \frac{r}{n},$$

并称这样定义的概率为古典概率.

由定义知, 事件 $\{e_1\}, \{e_2\}, \cdots, \{e_n\}$ 的概率为

$$P(\{e_1\}) = P(\{e_2\}) = \cdots = P(\{e_n\}) = \frac{1}{n}.$$

例 1.3.1　从一批 1250 件正品 10 件次品组成的产品中任抽一件, 求抽得次品的概率.

解　设 A = "抽得次品". 因为抽得的一件产品只能是 1260 件产品之一, 所以样本点总数为 1260. 又因每件产品都等可能被抽得, 故此抽样试验是古典概型的. "抽得次品"只能是 10 件次品之一, 故 A 中基本事件数为 10, 从而 $P(A) = \dfrac{10}{1260} = \dfrac{1}{126}$.

例 1.3.2　设一袋中有 85 个白球, 8 个黑球, 接连无放回地从袋中摸取 3 个球, 求下列事件的概率:

(1) A = "摸得的 3 个球依次为黑白黑";

(2) B = "摸得的 3 个球都是黑球";

(3) C = "摸得的 3 个球中有两个是黑球".

解　设想球都是编了号的.

(1) 由排列组合知识知, 从 93 个不同的球中任取 3 个排成一列, 有 P_{93}^3 种不同的排列方式, 故基本事件总数为 P_{93}^3. 而要使 A 出现, 第一、二、三次应分别摸得黑球 (有 P_8^1 种方式实现)、摸得白球 (有 P_{85}^1 种方式实现)、摸得黑球 (有 P_7^1 种方式实现), 由排列组合的乘法原理, A 中含有 $P_8^1 P_{85}^1 P_7^1$ 个基本事件, 再由定义得

$$P(A) = \frac{P_8^1 P_{85}^1 P_7^1}{P_{93}^3} = 0.0061.$$

(2) **解法一**　类似于 (1) 得

$$P(B) = \frac{P_8^3}{P_{93}^3} = 0.0004;$$

解法二　因为事件 B 与顺序无关, 且因为

$$\frac{P_8^3}{P_{93}^3} = \frac{P_8^3 / 3!}{P_{93}^3 / 3!} = \frac{C_8^3}{C_{93}^3},$$

所以可以把从 93 个球中摸取三个的组合数 C_{93}^3 当成 (2) 中基本事件个数,故

$$P(B) = \frac{C_8^3}{C_{93}^3} = 0.0004.$$

(3) 因事件 C 与摸球次序无关,类似于 (2) 的解法二,得

$$P(C) = \frac{C_8^2 C_{85}^1}{C_{93}^3} = 0.0183.$$

如果用排列知识来解 (3),则类似于 (1),基本事件总数为 P_{93}^3. C 含基本事件数可这样来计算:三次摸球中有两次摸得黑球有 C_3^2 种摸取方式. 对某种固定的摸取方式(如前两次均摸得黑球,最后一次摸得白球)有 $P_8^2 P_{85}^1$ 种方式实现,故 C 含基本事件数为 $C_3^2 P_8^2 P_{85}^1$,从而得

$$P(C) = \frac{C_3^2 P_8^2 P_{85}^1}{P_{93}^3} = 0.0183.$$

由 (2) 与 (3) 可知,对于同一试验中同一问题,样本空间可以取不同. 在有限抽样中,如果抽取是无放回的且所论事件与顺序有关,则所论事件的概率必须用排列知识来求. 如果抽取是无放回的且所论事件与顺序无关. 这时所论事件的概率可以用排列知识来求,也可以用组合知识来求. 但是必须注意,基本事件总数与有利场合数(即所论事件含基本事件数)要么都用排列数来计算,要么都用组合数来计算,两者必须一致.

(3) 的一般情况是:从装有 M 个黑球与 N 个白球的袋中无放回任摸 n 个球,正好摸到 k 个黑球的概率为

$$\frac{C_M^k C_N^{n-k}}{C_{M+N}^n} = \frac{C_n^k P_M^k P_N^{n-k}}{P_{M+N}^n}, \qquad k = 0, 1, 2, \cdots, \min(M, n),$$

我们称此概率为超几何概率.

例 1.3.3 一袋中有 M 个黑球与 N 个白球,现有放回从袋中摸球,求下列事件的概率:

(1) $A=$"在 n 次摸球中有 k 次摸得黑球";

(2) $B=$"第 k 次摸球首次摸得黑球";

(3) $C=$"第 r 次摸球得黑球是在第 k 次摸球时实现".

解 设想球都是编了号的.

(1) 从 $M+N$ 个不同的球中有放回摸取 n 个球排成一列有 $(M+N)^n$ 种不同的排列方式,故基本事件总数为 $(M+N)^n$. 在 n 个位置上有 k 个黑球有 C_n^k 种不同情况,对于某个固定的情况(如前 k 个位置上都是黑球,后 $n-k$ 个位置上都是白球)可能的排列种数是 $M^k N^{n-k}$,故有利场合数为 $C_n^k M^k N^{n-k}$,从而得

$$P(A) = \frac{C_n^k M^k N^{n-k}}{(M+N)^n} = C_n^k p^k q^{n-k}, \qquad k = 0, 1, 2, \cdots, n,$$

其中 $p=\dfrac{M}{M+N}$，$q=1-p$. 因为此概率是 $(p+q)^n=\sum\limits_{k=0}^{n}\mathrm{C}_n^k p^k q^{n-k}$ 的展开式的一般项，故称它为二项概率.

(2) 样本点总数为 $(M+N)^k$. 因为第 k 次摸球才第一次摸得黑球，故前 $k-1$ 次均摸得白球，从而有利场合数为 $N^{k-1}M$，故

$$P(B)=\frac{N^{k-1}M}{(M+N)^k}=pq^{k-1},\qquad k=1,2,3,\cdots,$$

其中 $p=\dfrac{M}{M+N}$，$q=1-p$. 因为 pq^{k-1} 是几何级数 $\sum\limits_{k=1}^{\infty}pq^{k-1}$ 的一般项，故称此概率为几何概率.

(3) 基本事件总数为 $(M+N)^k$. 由题意第 k 次应摸得黑球，有 M 种取法，而前 $k-1$ 次中有 $r-1$ 次摸得黑球，由(1)有 $\mathrm{C}_{k-1}^{r-1}M^{r-1}N^{k-r}$ 种取法，故有利场合数为 $\mathrm{C}_{k-1}^{r-1}M^rN^{k-r}$，从而得

$$P(C)=\frac{\mathrm{C}_{k-1}^{r-1}M^rN^{k-r}}{(M+N)^k}=\mathrm{C}_{k-1}^{r-1}p^rq^{k-r},\qquad k=r,r+1,\cdots,$$

其中 $p=\dfrac{M}{M+N}$，$q=1-p$. 由文献[15]的 225 页，得

$$(1-q)^{-r}=\sum_{t=0}^{\infty}\mathrm{C}_{r+t-1}^{t}q^t\qquad(\text{令}\ k=r+t)$$
$$=\sum_{k=r}^{\infty}\mathrm{C}_{k-1}^{r-1}q^{k-r},$$

故称概率 $\mathrm{C}_{k-1}^{r-1}p^rq^{k-r}$ 为负二项概率，也叫帕斯卡(Pascal)概率.

1.3.2 古典概率的性质

古典概率有下列三个基本性质：

(1) 对任意事件 A，有 $0\leqslant P(A)\leqslant 1$；

(2) $P(\Omega)=1$；

(3) 设 $A_1,A_2,\cdots,A_n$ 为两两互斥的 n 个事件，则

$$P\Big(\bigcup_{i=1}^{n}A_i\Big)=\sum_{i=1}^{n}P(A_i).$$

证明 (1)与(2)由定义立得. 现用数学归纳法证明(3).

设

$$\Omega=\{e_1,e_2,\cdots,e_m\},$$
$$A_1=\{e_{k_1},e_{k_2},\cdots,e_{k_r}\},$$

$A_2=\{e_{t_1},e_{t_2},\cdots,e_{t_s}\}$ 且 $A_1A_2=\varnothing$. 由古典概率定义知

$$P(A_1) = \frac{r}{m}, \qquad P(A_2) = \frac{s}{m},$$

且

$$A_1 \bigcup A_2 = \{e_{k_1}, e_{k_2}, \cdots, e_{k_r}, e_{t_1}, e_{t_2}, \cdots, e_{t_s}\}.$$

故

$$P(A_1 \bigcup A_2) = \frac{r+s}{m} = \frac{r}{m} + \frac{s}{m}$$
$$= P(A_1) + P(A_2),$$

此示当 $n=2$ 时(3)成立. 现设 $n=k$ 时(3)成立,即 $P\left(\bigcup_{i=1}^{k} A_i\right) = \sum_{i=1}^{k} P(A_i)$,往证 $n=k+1$ 时(3)也成立.

由 $A_1, A_2, \cdots, A_k, A_{k+1}$ 两两互斥,故 A_{k+1} 与 $\sum_{i=1}^{k} A_i$ 互斥. 又由当 $n=2$ 时的证明得

$$P\left(\bigcup_{i=1}^{k+1} A_i\right) = P\left(\bigcup_{i=1}^{k} A_i \bigcup A_{k+1}\right)$$
$$= P\left(\bigcup_{i=1}^{k} A_i\right) + P(A_{k+1})$$
$$= \sum_{i=1}^{k} P(A_i) + P(A_{k+1})$$
$$= \sum_{i=1}^{k+1} P(A_i),$$

从而(3)得证.

推论 1.3.1 对任意事件 A,有 $P(A) = 1 - P(\overline{A})$.

证明 因为 $A \cup \overline{A} = \Omega$,且 $A\overline{A} = \varnothing$,由性质(3)与(2)得
$$1 = P(\Omega) = P(A + \overline{A}) = P(A) + P(\overline{A}),$$
于是推论 1.3.1 得证.

例 1.3.4 设一袋中有 100 个黑球与 3 个白球,现从中无放回连续摸取 2 个球,求至少有 1 个黑球的概率.

解法一 设 $A=$"摸得的 2 个球中至少有 1 个黑球",$B_i=$"摸得的 2 个球中恰有 i 个黑球",$i=0,1,2$. 因为 $A=B_1 \bigcup B_2$ 且 $B_1B_2 = \varnothing$,由性质(3)得 $P(A) = P(B_1) + P(B_2)$,再由例 1.3.2 中的(3)知

$$P(B_1) = \frac{C_3^1 C_{100}^1}{C_{103}^2} = \frac{300 \times 2}{103 \times 102} = 0.0571,$$

$$P(B_2) = \frac{C_3^0 C_{100}^2}{C_{103}^2} = \frac{100 \times 99}{103 \times 102} = 0.9423,$$

从而 $P(A)=0.0571+0.9432=0.9994.$

解法二　因为 $\overline{A}=B_0$，由推论 1.3.1 得

$$P(A)=1-P(\overline{A})=1-P(B_0)=1-\frac{C_3^2 C_{100}^0}{C_{103}^2}$$

$$=1-0.0006=0.9994.$$

一般地，如果一袋中有 m 个黑球与 n 个白球，从中无放回任摸 r 个球，求其中至少有 1 个黑球的概率. 则由例 1.3.4 的解法一所求概率为 $\sum\limits_{k=1}^{r}\dfrac{C_m^k C_n^{r-k}}{C_{m+n}^r}$；由例 1.3.4 的解法二所求概率为 $1-\dfrac{C_m^0 C_n^r}{C_{m+n}^r}$. 由于这两个概率相等，所以得

$$\sum_{k=1}^{r}\frac{C_m^k C_n^{r-k}}{C_{m+n}^r}=1-\frac{C_m^0 C_n^r}{C_{m+n}^r},$$

即

$$C_{m+n}^r=\sum_{k=0}^{r}C_m^k C_n^{r-k}\qquad（注意：当 k>n 时 C_n^k=0）.\qquad(1.3.1)$$

1.3.3　几何概型

对于试验的基本事件总数有限且各个基本事件等可能出现的试验我们给出了古典概率的定义，对于试验的基本事件总数无限而各个基本事件等可能出现的试验，古典概率的定义就不适用了. 为了克服这个局限性，必须把古典概率的定义作必要的推广，使推广后的定义能适用于上述情形的试验. 1.1.2 节中的试验 E_2 就是这种情形，设 $B=$ "陀螺圆周上与桌面接触处的刻度位于区间 $[1,2)$" 这事件，现来给出 B 出现的概率.

由于陀螺是均匀的且它上面的刻度也是均匀的，故圆周上各刻度与桌面接触是等可能的，从而接触点位于区间 $[1,2)$ 的概率应与区间 $[1,2)$ 的长度成正比. 又因为概率应在 0 与 1 之间，所以我们定义

$$P(B)=\frac{区间[1,2)的长度}{区间[0,3)的长度}=\frac{1}{3}$$

是合理的.

一般地我们有如下定义.

定义 1.3.2　设试验 E 的样本空间为某可度量的区域 Ω，且 Ω 中任一区域出现的可能性的大小与该区域的几何度量成正比而与该区域的位置和形状无关，则称试验 E 为几何概型的. 如果 A 是 Ω 中的一区域，且 A 可以度量，则定义事件 A 的概率为

$$P(A)=\frac{A 的几何度量}{\Omega 的几何度量},$$

其中,如果 Ω 是一维的、二维的、三维的,则 Ω 的几何度量分别是长度、面积和体积. 我们称这样定义的概率为几何概率.

例 1.3.5 甲、乙两船驶向一个不能同时停泊两艘船的码头,它们在一昼夜内到达的时刻是等可能的. 如果甲船停泊时间是 1 小时,乙船的停泊时间是 2 小时,求它们中的任一艘都不需要等待码头空出的概率.

解 设甲、乙两船到达码头的时刻分别是 x 与 y,则 x 与 y 都等可能地取区间 $[0,24]$ 上的任一点,即

$$0 \leqslant x \leqslant 24, \qquad 0 \leqslant y \leqslant 24.$$

我们可把 x,y 看作平面上的一点的两个坐标,则所有基本事件可用边长为 24 的正方形中的点来表示,从而有

$$\Omega = \{(x,y): x \in [0,24], y \in [0,24]\}.$$

而要使两船都不需要等待码头空出,当且仅当甲比乙早到达 1 小时以上或乙比甲早到达 2 小时以上,即

$$y - x > 1 \quad \text{或} \quad x - y > 2.$$

则两船都不需要等待码头空出这事件(记为 A)为

$$A = \{(x,y): y - x > 1 \quad \text{或} \quad x - y > 2, x,y \in [0,24]\},$$

即 A 为图 1.1 中阴影部分的区域,由定义 1.3.2,得

$$P(A) = \frac{(24-1)^2 \times \dfrac{1}{2} + (24-2)^2 \times \dfrac{1}{2}}{24^2} = 0.8793.$$

例 1.3.6(Buffon 投针问题) 平面上画着一些平行线,它们之间的距离都是 a. 向此平面随意投一长度为 $l(l<a)$ 的针,试求此针与任一平行线相交的概率.

解 以 x 表示针的中点到最近一条平行线的距离,以 φ 表示针与平行线的交角,针与平行线的位置关系见图 1.2. 显然样本空间为

$$\Omega = \left\{ (\varphi,x): x \in \left[0, \frac{a}{2}\right], \varphi \in [0,\pi] \right\},$$

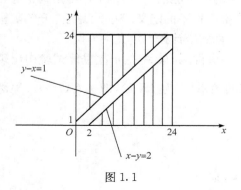

图 1.1

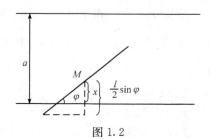

图 1.2

针与平行线相交当且仅当

$$x \leqslant \frac{l}{2}\sin\varphi.$$

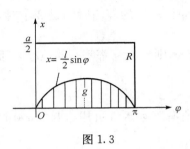

图 1.3

以 R 表示边长为 $\frac{a}{2}$ 与 π 的长方形,设在 R 中满足这个关系式的区域为 g,即图 1.3 中阴影部分,由定义 1.3.2,故所求概率为

$$p = \frac{g \text{ 的面积}}{R \text{ 的面积}} = \int_0^\pi \frac{l}{2}\sin\varphi\mathrm{d}\varphi \Big/ \frac{a\pi}{2} = \frac{2l}{a\pi}.$$

类似于古典概率,几何概率也满足下列三个基本性质:

(1) 对任意事件 A,有 $0 \leqslant P(A) \leqslant 1$.

(2) $P(\Omega) = 1$.

(3) 如果事件 $A_1, A_2, \cdots, A_n$ 两两互斥,则

$$P\Big(\bigcup_{i=1}^n A_i\Big) = \sum_{i=1}^n P(A_i).$$

此外,几何概率还满足下述条件.

(4) 如果 $A_1, A_2, A_3, \cdots$ 为两两互斥可列无穷多个事件,则

$$P\Big(\bigcup_{i=1}^\infty A_i\Big) = \sum_{i=1}^\infty P(A_i).$$

证明 由几何概率定义,(1)与(2)立证.(3)与(4)由测度的有限可加性与完全可加性可证.

1.3.4 频率的稳定性与统计概率

古典概率与几何概率都是以等可能性为基础的,然而一般随机试验并不一定具有这样的等可能性.例如,掷一枚不均匀的硬币、具有一定技术的射手打靶等的试验都不具有等可能性.同时上述两概型中的等可能性,严格说来都不是真正等可能,都是近似等可能,因此我们必须进一步推广概率的定义.为此,我们先介绍随机事件的频率的概念,然后引出一般情形下事件的统计概率定义.

定义 1.3.3 设 E 为一试验,A 为其一事件.如果 A 在 n 次重复试验中出现了 r 次,则称比值 $\frac{r}{n}$ 为 n 次试验中 A 出现的频率,记为 $f_n(A)$,即 $f_n(A) = \frac{r}{n}$.显然有

(1) $0 \leqslant f_n(A) \leqslant 1$;

(2) $f_n(\Omega) = 1$;

(3) 如果事件 $A_1, A_2, \cdots, A_n$ 两两互斥,则

$$f_n\left(\bigcup_{i=1}^n A_i\right) = \sum_{i=1}^n f_n(A_i).$$

(1)与(2)的证明由定义可得,(3)的证明类似于古典概率性质(3)的证明.

经验表明,当重复试验的次数很大时,任一事件 A 出现的频率具有一定的稳定性,总在 0 与 1 之间某个确定的数 p 附近摆动. 例如,掷一枚均匀硬币的试验,历史上很多有名的数学家曾做过. 下面是两位数学家做这试验的结果(表 1.2).

表 1.2

试验者	掷硬币次数	正面出现次数	频率
蒲丰	4040	2048	0.5069
皮尔逊	12000	6019	0.5016
皮尔逊	24000	12012	0.5005

由表 1.2 可见,正面出现的频率都接近 0.5. 经验还表明,当试验的次数越来越多时,事件 A 出现的频率越来越靠近 0 与 1 之间的某个确定的数 p,这反映了事物内部的规律性,一般称之为频率的稳定性. 由此,我们引出概率的统计定义.

定义 1.3.4 设 A 为随机试验 E 的一个事件,如果随着试验次数的增加,A 出现的频率 $\dfrac{r}{n}$ 在 0 与 1 之间某个数 p 附近摆动,则定义事件 A(出现)的概率为

$$P(A) = p,$$

并称这样定义的概率为统计概率.

由于统计概率是由频率来定义的,所以它也具有类似于频率的三个基本性质.

1.4 概 率 空 间

前面根据不同的情况,我们给出了概率的不同的定义. 概率的古典定义仅对具有有限性与等可能性的试验适用,概率的几何定义虽然去掉了有限性这个限制,但仍要求试验具有等可能性,这在实际中仍然是很难满足的,因而适用范围也很有限. 概率的统计定义虽较一般,而且也较直观,但是在数学上很不严密. 因为其依据是试验的次数很大时,频率所呈现出的稳定性,然而试验次数究竟应大到怎样的程度? 定义中的所谓摆动又应如何理解? 这些都没有明确说明. 因此有必要提出一组关于随机事件概率的公理,使得以后有关的推理有所依据. 下面将以上述三个定义所具有的基本性质为背景提出事件概率的公理.

1.4.1 概率空间

我们知道任一事件都是样本空间的子集. 反之,样本空间的子集却不一定为事

件. 这是因为样本空间的子集不一定都可测, 这些不可测子集我们无法确定其概率, 当然不能把它们看为事件. 这是由于我们研究事件的目的主要是求其出现的概率. 一般地, 如果样本空间 Ω 中的样本点可列, 则 Ω 的任一子集都可测; 如果 Ω 中的样本点无穷不可列, 则可人为地构造出 Ω 的不可测子集 (文献[14]), 这些不可测子集就不能把它们当成事件, 因为我们无法确定其概率.

此外, 在实际当中, 我们往往要对事件进行各种运算, 由于可以人为地构造出 Ω 的不可测子集, 我们当然会问可测子集的运算结果是否仍为可测? 为了保证运算的结果仍为可测, 我们引进 σ 代数的概念.

定义 1.4.1   设 Ω 为一样本空间, 称 Ω 中的一些子集组成的集类 $\mathscr{F}$ 为 Ω 中的一个 σ 代数, 如果 $\mathscr{F}$ 满足下列三个条件:

(1) $\Omega \in \mathscr{F}$;

(2) 如果 $A \in \mathscr{F}$, 则 $\overline{A} \in \mathscr{F}$;

(3) 如果 $A_n \in \mathscr{F}, n = 1, 2, 3, \cdots$, 则 $\bigcup\limits_{n=1}^{\infty} A_n \in \mathscr{F}$.

例如, $\{\varnothing, \Omega\}$ 是 Ω 中的一个 σ 代数, 且是 Ω 中的最小 σ 代数. 由 Ω 中的所有子集组成的集类是 Ω 中的最大 σ 代数. 设 A 是 Ω 的一个子集, 则 $\{\varnothing, A, \overline{A}, \Omega\}$ 是含 A 的最小 σ 代数. 由此可知, 对于固定的 Ω, 可构造出很多甚至无穷多个 Ω 中的 σ 代数.

现在, 我们约定, 如果 $\mathscr{F}$ 是由样本空间 Ω 中的一些可测子集组成且满足 σ 代数三条公理的集类, 就叫 $\mathscr{F}$ 为事件域, 并仅把 $\mathscr{F}$ 中的元素看成为事件.

必须注意的是, 对于固定的样本空间 Ω, 可以构造出很多 σ 代数, 然而并不是每个 σ 代数都是事件域. 同时 Ω 中的事件域也不是只有一个.

例如, 对于样本空间 Ω, 设 $\mathscr{F}_1 = \{\varnothing, \Omega\}, \mathscr{F}_2 = \{\varnothing, B, \overline{B}, \Omega\}, B \subset \Omega, \mathscr{F}_3 = \{A: A \subset \Omega\}$, 则 $\mathscr{F}_1$ 是事件域. 但不能断定 $\mathscr{F}_2$ 与 $\mathscr{F}_3$ 是否为事件域, 因为我们不知道 B (或 $\overline{B}$) 及 Ω 的所有子集是否可测.

Ω 中的 σ 代数 $\mathscr{F}$ 对事件的上述各种运算是封闭的.

定理 1.4.1   设 $\mathscr{F}$ 为 Ω 中的一个 σ 代数, $A, B, A_i, i = 1, 2, \cdots$, 均为 $\mathscr{F}$ 中的元素, 则

(1) $\varnothing \in \mathscr{F}$;   (2) $AB \in \mathscr{F}$;

(3) $\bigcup\limits_{i=1}^{n} A_i \in \mathscr{F}$;   (4) $A \setminus B \in \mathscr{F}$;

(5) $A \triangle B \in \mathscr{F}$;   (6) $\bigcap\limits_{i=1}^{\infty} A_i \in \mathscr{F}$.

证明是简单的, 留给读者去完成.

以后如不说明, 我们总把 $\mathscr{F}$ 看成事件域, 并且当且仅当 $\mathscr{F}$ 中的元素才称为事件. 我们称 $(\Omega, \mathscr{F})$ 为可测空间. 下面我们给出概率的严密的数学定义.

定义 1.4.2 设 $(\Omega,\mathscr{F})$ 为一可测空间，P 为定义于事件域 $\mathscr{F}$ 上的实值集合函数，如果 P 满足下列条件：

(1) 对每个 $A\in\mathscr{F}$，则 $P(A)\geqslant 0$；

(2) $P(\Omega)=1$；

(3) 如果 $A_i\in\mathscr{F}, i=1,2,\cdots$，且当 $i\neq j$ 时 $A_iA_j=\varnothing$，则

$$P\Big(\bigcup_{i=1}^{\infty}A_i\Big)=\sum_{i=1}^{\infty}P(A_i),$$

则称 P 为概率测度，简称为概率.

我们把 $\Omega,\mathscr{F},P$ 写在一起成 $(\Omega,\mathscr{F},P)$，称之为概率空间. 以后我们总把 $(\Omega,\mathscr{F},P)$ 中的 Ω 看成样本空间，$\mathscr{F}$ 看成 Ω 中的固定的事件域，P 看成相应于 $\Omega,\mathscr{F}$ 的一个确定的概率测度. 定义 1.4.2 中的 (1),(2),(3) 分别叫做概率的非负性、规范性与完全可加性.

1.4.2 概率的性质

定义 1.4.2 给出的概率 P 具有下列性质：

(1) $P(\varnothing)=0$.

证明 因为 $\Omega=\Omega+\varnothing+\varnothing+\cdots$，由概率公理 (3) 得
$$P(\Omega)=P(\Omega+\varnothing+\varnothing+\cdots)$$
$$=P(\Omega)+P(\varnothing)+P(\varnothing)+\cdots.$$
由概率公理 (2) 得
$$1=1+P(\varnothing)+P(\varnothing)+\cdots,$$
即
$$0=P(\varnothing)+P(\varnothing)+\cdots.$$
再由概率公理 (1) 得
$$P(\varnothing)=0$$

(2) 设 $A_i\in\mathscr{F}, i=1,2,\cdots,n$，且当 $i\neq j$ 时 $A_iA_j=\varnothing$，则
$$P\Big(\bigcup_{i=1}^{n}A_i\Big)=\sum_{i=1}^{n}P(A_i),$$
称此性质为概率的有限可加性.

证明 令 $A_{n+1}=A_{n+2}=A_{n+3}=\cdots=\varnothing$，则 $\bigcup\limits_{i=1}^{n}A_i=\bigcup\limits_{i=1}^{\infty}A_i$，且当 $i\neq j$ 时 $A_iA_j=\varnothing$. 由概率公理 (3) 与概率性质 (1) 得
$$P\Big(\bigcup_{i=1}^{n}A_i\Big)=P\Big(\bigcup_{i=1}^{\infty}A_i\Big)=\sum_{i=1}^{\infty}P(A_i)=\sum_{i=1}^{n}P(A_i).$$

(3) 如果 $A\in\mathscr{F}$，则 $P(A)=1-P(\overline{A})$.

证明 因 $A\overline{A}=\varnothing, A+\overline{A}=\Omega$，再由性质 (2) 与概率公理 (2) 立证.

（4）如果 $A,B\in\mathscr{F}$,且 $A\subset B$,则
$$P(B-A)=P(B)-P(A).$$

证明　因为 $B=(B-A)\bigcup A$ 且 $(B-A)A=\varnothing$,由性质（2）得
$$P(B)=P(B-A)+P(A),$$
即
$$P(B-A)=P(B)-P(A).$$

推论 1.4.1　在（4）的条件下,有 $P(B)\geqslant P(A)$.

我们称此推论为概率的单调性.

推论 1.4.2　对任意 $A\in\mathscr{F}$,有 $0\leqslant P(A)\leqslant 1$.

证明　由推论 1.4.1、性质（1）与概率公理（2）可证此推论.

（5）如果 $A,B\in\mathscr{F}$,则
$$P(A\bigcup B)=P(A)+P(B)-P(AB).$$

证明　因为 $A\bigcup B=A+(B\smallsetminus A)$ 且 $A(B\smallsetminus A)=AB\overline{A}=\varnothing$,所以由性质（2）与（4）得
$$P(A\bigcup B)=P(A)+P(B\smallsetminus A)=P(A)+P(B-AB)$$
$$=P(A)+P(B)-P(AB).$$

推论 1.4.3　如果 $A_i\in\mathscr{F},i=1,2,\cdots,n$,则
$$P\Big(\bigcup_{i=1}^{n}A_i\Big)\leqslant\sum_{i=1}^{n}P(A_i),$$
称此性质为半有限可加性.

证明　因为 $\bigcup_{i=1}^{n}A_i=A_1+A_2\overline{A}_1+A_3\overline{A}_1\overline{A}_2+\cdots+A_n\overline{A}_1\overline{A}_2\cdots\overline{A}_{n-1}$,由有限可加性,得
$$P\Big(\bigcup_{i=1}^{n}A_i\Big)=P(A_1)+P(A_2\overline{A}_1)+\cdots+P(A_n\overline{A}_1\cdots\overline{A}_{n-1})$$
$$\leqslant P(A_1)+P(A_2)+\cdots+P(A_n)=\sum_{i=1}^{n}P(A_i).$$

性质（5）的一般情况为如下性质（6）.

（6）如果 $A_i\in\mathscr{F},i=1,2,\cdots,n$,则
$$P\Big(\bigcup_{i=1}^{n}A_i\Big)=\sum_{i=1}^{n}P(A_i)-\sum_{1\leqslant i<j}^{n}P(A_iA_j)$$
$$+\sum_{1\leqslant i<j<k}^{n}P(A_iA_jA_k)-\cdots$$
$$+(-1)^{n-1}P(A_1A_2\cdots A_n).$$

证明　由性质（5）知当 $n=2$ 时结论成立. 设 $n=k$ 时结论成立,往证 $n=k+1$ 时结论也成立. 因为

$$P\Big(\bigcup_{i=1}^{k+1} A_i\Big) = P\Big(\bigcup_{i=1}^{k} A_i \cup A_{k+1}\Big)$$

$$= P\Big(\bigcup_{i=1}^{k} A_i\Big) + P(A_{k+1}) - P\Big(\bigcup_{i=1}^{k} (A_{k+1}A_i)\Big)$$

$$= \sum_{i=1}^{k} P(A_i) + \sum_{1 \leqslant i < j}^{k} P(A_iA_j) + \sum_{1 \leqslant i < j < l}^{k} P(A_iA_jA_l) - \cdots$$

$$+ (-1)^{k-1}P\Big(\bigcap_{i=1}^{k} A_i\Big) + P(A_{k+1}) - \Big[\sum_{i=1}^{k} P(A_iA_{k+1})$$

$$- \sum_{1 \leqslant i < j}^{k} P(A_iA_jA_{k+1}) + \sum_{1 \leqslant i < j < l}^{k} P(A_iA_jA_lA_{k+1}) - \cdots$$

$$+ (-1)^{k-1}P\Big(\bigcap_{i=1}^{k+1} A_i\Big)\Big]$$

$$= \sum_{i=1}^{k+1} P(A_i) - \sum_{1 \leqslant i < j}^{k+1} P(A_iA_j)$$

$$+ \sum_{1 \leqslant i < j < l}^{k+1} P(A_iA_jA_l) - \cdots + (-1)^k P\Big(\bigcap_{i=1}^{k+1} A_i\Big),$$

由数学归纳法,性质(6)得证.

(7) 如果 $A_i \in \mathscr{F}, i = 1, 2, \cdots, n$,则

$$P\Big(\bigcup_{i=1}^{n} A_i\Big) \geqslant \sum_{i=1}^{n} P(A_i) - \sum_{1 \leqslant i < j}^{n} P(A_iA_j).$$

证明 当 $n = 2$ 时,由性质(5)结论显然成立. 现设 $n = k$ 时结论成立,往证 $n = k+1$ 时结论也成立. 因为

$$P\Big(\bigcup_{i=1}^{k+1} A_i\Big) = P\Big(\bigcup_{i=1}^{k} A_i \cup A_{k+1}\Big)$$

$$= P\Big(\bigcup_{i=1}^{k} A_i\Big) + P(A_{k+1}) - P\Big(\bigcup_{i=1}^{k} A_iA_{k+1}\Big)$$

$$\geqslant \sum_{i=1}^{k} P(A_i) - \sum_{1 \leqslant i < j}^{k} P(A_iA_j)$$

$$+ P(A_{k+1}) - \sum_{i=1}^{k} P(A_iA_{k+1})$$

$$= \sum_{i=1}^{k+1} P(A_i) - \sum_{1 \leqslant i < j}^{k+1} P(A_iA_j),$$

从而(7)得证.

(8) 如果 $A_i \in \mathscr{F}, i = 1, 2, 3, \cdots$,则

$$P\Big(\bigcup_{i=1}^{\infty} A_i\Big) \leqslant \bigcup_{i=1}^{\infty} P(A_i),$$

称此性质为半完全可加性.

证明　因为

$$\bigcup_{i=1}^{\infty} A_i = A_1 \bigcup A_2\overline{A}_1 \bigcup A_3\overline{A}_1\overline{A}_2 \bigcup A_4\overline{A}_1\overline{A}_2\overline{A}_3 \bigcup \cdots,$$

令

$$A_i^* = A_i\overline{A}_1\overline{A}_2\cdots\overline{A}_{i-1}, \quad i = 2,3,\cdots, \quad A_1^* = A_1.$$

由于诸 A_i^* 互斥,根据概率公理(3)与 $A_i^* \subset A_i$ 得

$$P\Big(\bigcup_{i=1}^{\infty} A_i\Big) = P\Big(\bigcup_{i=1}^{\infty} A_i^*\Big) = \sum_{i=1}^{\infty} P(A_i^*) \leqslant \sum_{i=1}^{\infty} P(A_i).$$

(9) 如果 $A_i \in \mathscr{F}, i=1,2,3,\cdots,$则

$$P(A_1A_2) \geqslant 1 - P(\overline{A}_1) - P(\overline{A}_2),$$

且

$$P\Big(\bigcap_{i=1}^{\infty} A_i\Big) \geqslant 1 - \sum_{i=1}^{\infty} P(\overline{A}_i).$$

证明　因为 $\overline{A_1A_2 \bigcup \overline{A}_1 \bigcup \overline{A}_2} = \varnothing$,所以 $A_1A_2 \bigcup \overline{A}_1 \bigcup \overline{A}_2 = \Omega$. 再由 $P\Big(\bigcup_{i=1}^{n} A_i\Big) \leqslant \sum_{i=1}^{n} P(A_i)$ 可立证第一个不等式. 为了证明第二个不等式,令 $A_1 = A$,$\bigcap_{i=2}^{\infty} A_i = B$,由第一个不等式得

$$P\Big(\bigcap_{i=1}^{\infty} A_i\Big) = P(AB) \geqslant 1 - P(\overline{A}) - P(\overline{B})$$

$$= 1 - P(\overline{A}_1) - P\Big(\bigcup_{i=2}^{\infty} \overline{A}_i\Big)$$

$$\geqslant 1 - P(\overline{A}_1) - \sum_{i=2}^{\infty} P(\overline{A}_i)$$

$$= 1 - \sum_{i=1}^{\infty} P(\overline{A}_i).$$

定理 1.4.2　设 P 为定义于事件域 $\mathscr{F}$ 上的满足 $P(\Omega)=1$ 且具有有限可加性的非负实值集合函数,则下列条件等价:

(1) P 具有完全可加性(即 P 是概率测度);

(2) P 具有下连续性,即如果 $A_n \in \mathscr{F}, n=1,2,\cdots,$且 $A_n \subset A_{n+1}$,则

$$\lim_{n\to\infty} P(A_n) = P(\lim_{n\to\infty} A_n) = P\Big(\bigcup_{n=1}^{\infty} A_n\Big);$$

(3) P 具有上连续性,即如果 $A_n \in \mathscr{F}, n=1,2,\cdots,$且 $A_n \supset A_{n+1}$,则

$$\lim_{n\to\infty} P(A_n) = P(\lim_{n\to\infty} A_n) = P\Big(\bigcap_{n=1}^{\infty} A_n\Big);$$

(4) P 在 $\varnothing$ 处连续,即如果 $A_n \in \mathscr{F}, n=1,2,\cdots,A_n \supset A_{n+1}$ 且 $\bigcap_{n=1}^{\infty} A_n = \varnothing$,则

$$\lim_{n\to\infty} P(A_n) = 0;$$

(5) P 具有连续性,即如果 $A_n \in \mathscr{F}, n=1,2,\cdots$,且 $\lim\limits_{n\to\infty} A_n$ 存在,则

$$\lim_{n\to\infty} P(A_n) = P(\lim_{n\to\infty} A_n).$$

证明 (1)$\Rightarrow$(2). 因为

$$\bigcup_{n=1}^{\infty} A_n = A_1 + A_2\overline{A}_1 + A_3\overline{A}_2 + \cdots,$$

所以得

$$\begin{aligned}
P\Big(\bigcup_{n=1}^{\infty} A_n\Big) &= P(A_1) + \sum_{n=1}^{\infty} P(A_{n+1}\overline{A}_n)\\
&= P(A_1) + [P(A_2)-P(A_1)] + [P(A_3)-P(A_2)] + \cdots\\
&= P(A_1) + \lim_{n\to\infty} \sum_{i=2}^{n} [P(A_i)-P(A_{i-1})]\\
&= \lim_{n\to\infty} P(A_n).
\end{aligned}$$

又因 $\bigcup\limits_{n=1}^{\infty} A_n = \lim\limits_{n\to\infty} A_n$,故(2)得证.

(2)$\Rightarrow$(3). 因为 $\bigcap\limits_{n=1}^{\infty} A_n = \lim\limits_{n\to\infty} A_n$,所以有

$$P\Big(\lim_{n\to\infty} A_n\Big) = P\Big(\bigcap_{n=1}^{\infty} A_n\Big).$$

又因 $\overline{A}_n \subset \overline{A}_{n+1}$,由(2)得 $\lim\limits_{n\to\infty} P(\overline{A}_n) = P\Big(\bigcup\limits_{n=1}^{\infty} \overline{A}_n\Big)$,即

$$\lim_{n\to\infty} [1-P(A_n)] = 1 - P\Big(\bigcap_{n=1}^{\infty} A_n\Big),$$

所以

$$\lim_{n\to\infty} P(A_n) = P\Big(\bigcap_{n=1}^{\infty} A_n\Big).$$

从而(3)得证.

(3)$\Rightarrow$(4)是明显的.

(4)$\Rightarrow$(1). 因为 $A_i \in \mathscr{F}, i=1,2,\cdots$,且当 $i\neq j$ 时 $A_iA_j=\varnothing$,故由有限可加性得

$$\begin{aligned}
P\Big(\sum_{i=1}^{\infty} A_i\Big) &= P\Big(\sum_{i=1}^{n} A_i\Big) + P\Big(\sum_{i=n+1}^{\infty} A_i\Big)\\
&= \sum_{i=1}^{n} P(A_i) + P\Big(\sum_{i=n+1}^{\infty} A_i\Big). \qquad (*)
\end{aligned}$$

又因 $C_n \equiv \sum\limits_{i=n+1}^{\infty} A_i \downarrow$,且

$$\bigcap_{n=1}^{\infty} C_n = \lim_{n\to\infty} C_n = \lim_{n\to\infty} \sum_{i=n+1}^{\infty} A_i = \varnothing,$$

由(4)对($*$)式两边取极限得

$$P\Big(\sum_{i=1}^{\infty}A_i\Big)=\lim_{n\to\infty}\sum_{i=1}^{n}P(A_i)+\lim_{n\to\infty}P\Big(\sum_{i=n+1}^{\infty}A_i\Big)=\sum_{i=1}^{\infty}P(A_i).$$

(3)⇒(5). 由上述证明知(2)也成立. 因为$\lim\limits_{n\to\infty}A_n$存在,所以

$$\lim_{n\to\infty}A_n=\bigcup_{n=1}^{\infty}\bigcap_{i=n}^{\infty}A_i=\bigcap_{n=1}^{\infty}\bigcup_{i=n}^{\infty}A_i.$$

令 $B_n=\bigcap\limits_{i=n}^{\infty}A_i,C_n=\bigcup\limits_{i=n}^{\infty}A_i,n=1,2,\cdots$,则 $B_n\uparrow,C_n\downarrow$,由(2)与(3)得

$$\lim_{n\to\infty}P(C_n)=P\Big(\bigcap_{n=1}^{\infty}C_n\Big)=P\Big(\lim_{n\to\infty}A_n\Big)$$
$$=P\Big(\bigcup_{n=1}^{\infty}B_n\Big)=\lim_{n\to\infty}P(B_n).$$

因为

$$\lim_{n\to\infty}P(B_n)=\varliminf_{n\to\infty}P(B_n)\leqslant\varliminf_{n\to\infty}P(A_n)$$
$$\Big(因为\ B_n=\bigcap_{i=n}^{\infty}A_i\subset A_n\Big),$$
$$\lim_{n\to\infty}P(C_n)=\varlimsup_{n\to\infty}P(C_n)\geqslant\varlimsup_{n\to\infty}P(A_n)$$
$$\Big(因为\ C_n=\bigcup_{i=n}^{\infty}A_i\supset A_n\Big),$$

从而得

$$P\Big(\lim_{n\to\infty}A_n\Big)\leqslant\varliminf_{n\to\infty}P(A_n)\leqslant\varlimsup_{n\to\infty}P(A_n)\leqslant P\Big(\lim_{n\to\infty}A_n\Big),$$

所以$\lim\limits_{n\to\infty}P(A_n)$存在,且

$$\lim_{n\to\infty}P(A_n)=P\Big(\lim_{n\to\infty}A_n\Big).$$

(5)⇒(3). 因为 $A_n\supset A_{n+1}$,故$\lim\limits_{n\to\infty}A_n=\bigcap\limits_{n=1}^{\infty}A_n$存在. 由(5)得

$$\lim_{n\to\infty}P(A_n)=P\Big(\lim_{n\to\infty}A_n\Big)=P\Big(\bigcap_{n=1}^{\infty}A_n\Big).$$

定理 1.4.2 证毕.

因为概率的连续性、下连续性、上连续性是等价的,所以统称它们为概率的连续性. 由定理 1.4.2 的证明,不难看出概率的公理(3)(即概率的完全可加性)可用有限可加性和连续性来代替. 由概率的性质的证明知,概率的公理(1)(即概率的非负性)可用有限可加性和单调性来代替. 这样概率可以如下定义.

定义 1.4.3　设$(\Omega,\mathscr{F})$为一可测空间,P为定义于$\mathscr{F}$上的实值集合函数. 如果P满足下列条件:

(1′) 如果 $A,B\in\mathscr{F}$,且 $A\subset B$,则 $P(A)\leqslant P(B)$;

(2′) 如果 $A_i\in\mathscr{F},i=1,2,\cdots,n$,且当 $i\neq j$ 时 $A_iA_j=\varnothing$,则

$$P\left(\sum_{i=1}^{n} A_n\right) = \sum_{i=1}^{n} P(A_i);$$

(3′) $P(\Omega) = 1$；

(4′) 如果 $A_i \in \mathscr{F}, i = 1, 2, \cdots,$ 且 $A_i \subset A_{i+1}$，则

$$\lim_{i \to \infty} P(A_i) = P\left(\lim_{i \to \infty} A_i\right) = P\left(\bigcup_{i=1}^{\infty} A_i\right),$$

则称 P 为概率测度，简称为概率．

实际上，就形式上来说，由上述知，可以给出概率的十个不同的等价定义．

1.5 条 件 概 率

在 1.3 节中，我们针对不同的情况，介绍了概率的三个定义，在此基础上我们给出了概率的公理化定义．前三个定义实际上只是对不同的情况给出计算概率的三种方法．概率的公理化定义是严密的数学定义，根据它可以对概率进行严密的讨论．然而它并没有给出概率的计算方法，要计算事件的概率还得使用前述的三个定义之一．但是前述三个定义并不能有效地计算复杂事件的概率．为了有效地计算复杂事件的概率，在这一节我们引进条件概率的概念及计算概率的几个有用的公式．

1.5.1 条件概率的定义与性质

在实际当中，我们常常碰到这样的问题，就是在已知一事件发生下，求另一事件的概率．

例 1.5.1 设某家庭中有两个孩子．已知其中有一个是男孩，求另一个也是男孩的概率（假设男、女孩出生率相同）．

解 由题意知该家庭中"至少有一个男孩"，以 A 表示这一事件，以 B 表示"两个都是男孩"这一事件，显然这是古典概型问题．因为在已知"至少有一个男孩"条件下，该家庭的两个孩子只可能是 bb, bg, gb 三种情况之一，其中 b, g 分别表示男、女孩．故 $\Omega = \{bb, bg, gb\} = A$，而 $B = \{bb\}$，所以所求概率为 $\frac{1}{3}$，记为 $P(B|A)$，即 $P(B|A) = \frac{1}{3}$，称此概率为在事件 A 发生下事件 B 的条件概率．

如果我们去掉条件 A，这时该家庭的两个孩子将是 bb, bg, gb, gg 四种情况之一，即这时 $\Omega = \{bb, bg, gb, gg\}, B = \{bb\}, A = \{bb, bg, gb\} \neq \Omega$，从而 $P(B) = \frac{1}{4}$，故 $P(B|A) \neq P(B)$．

因为 $P(A) = \frac{3}{4}, P(AB) = P(B) = \frac{1}{4}$，所以得

$$P(B \mid A) = \frac{P(AB)}{P(A)}.$$

这个等式启发我们给出条件概率的如下定义.

定义 1.5.1　设 $(\Omega, \mathscr{F}, P)$ 为一概率空间, $A, B \in \mathscr{F}$, 且 $P(A) > 0$, 则在事件 A 发生下, 事件 B 发生的条件概率定义为

$$P(B \mid A) = \frac{P(AB)}{P(A)}.$$

类似地, 当 $P(B) > 0$ 时, 定义在事件 B 发生下事件 A 发生的条件概率为

$$P(A \mid B) = \frac{P(AB)}{P(B)}.$$

由此定义, 我们无法断言条件概率 $P(B|A)$ 与无条件概率 $P(B)$ 有什么必然的关系. 例如, 我们不能由定义断言

$$P(B) \leqslant P(B \mid A),$$

或

$$P(B) \geqslant P(B \mid A).$$

事实上, 当 $B \subset A$ 时, 有

$$P(B \mid A) = \frac{P(AB)}{P(A)} = \frac{P(B)}{P(A)} \geqslant P(B).$$

当 $AB = \varnothing$ 时, 有

$$P(B \mid A) = 0 \leqslant P(B).$$

但是一般地有

$$0 \leqslant P(B \mid A) = \frac{P(AB)}{P(A)} \leqslant \frac{P(A)}{P(A)} = 1.$$

条件概率有下列三条性质:

设 $(\Omega, \mathscr{F}, P)$ 为一概率空间, $B \in \mathscr{F}$, $P(B) > 0$, 则

(1) 对每个 $A \in \mathscr{F}$, 有 $P(A|B) \geqslant 0$;

(2) $P(\Omega|B) = 1$;

(3) 如果 $A_i \in \mathscr{F}$, $i = 1, 2, 3, \cdots$, 且当 $i \neq j$ 时, $A_i A_j = \varnothing$, 则

$$P\left(\sum_{i=1}^{\infty} A_i \mid B\right) = \sum_{i=1}^{\infty} P(A_i \mid B).$$

这表明条件概率满足概率的三个公理, 所以概率具有的性质它也都具有.

证明　(1) 前面已证;

(2) 因为 $P(\Omega|B) = \dfrac{P(\Omega B)}{P(B)} = \dfrac{P(B)}{P(B)} = 1$;

（3）由概率公理（3），得

$$P\left(\sum_{i=1}^{\infty} A_i \mid B\right) = \frac{P\left(B \sum_{i=1}^{\infty} A_i\right)}{P(B)} = \frac{P\left(\sum_{i=1}^{\infty} A_i B\right)}{P(B)}$$

$$= \frac{\sum_{i=1}^{\infty} P(A_i B)}{P(B)} = \sum_{i=1}^{\infty} P(A_i \mid B).$$

如果我们用 P_B 表示"在事件 B 发生下的条件概率"，即

$$P_B(A) = P(A \mid B),$$

则由条件概率上述性质知，$(\Omega, \mathscr{F}, P_B)$ 也是一个概率空间，我们称它为条件概率空间.

和条件概率有关的如下三个基本公式在概率计算中很有用.

1.5.2 乘法公式

设 $(\Omega, \mathscr{F}, P)$ 为一概率空间，$A, B \in \mathscr{F}$，且 $P(A) > 0, P(B) > 0$，则由条件概率定义有

$$P(AB) = P(A)P(B \mid A), \qquad P(AB) = P(B)P(A \mid B),$$

称上两式为概率的乘法公式. 一般地有下述定理.

定理 1.5.1（乘法公式） 设 $(\Omega, \mathscr{F}, P)$ 为一概率空间，$A_i \in \mathscr{F}, i = 1, 2, \cdots, n, P(A_1 A_2 \cdots A_{n-1}) > 0$，则

$$P(A_1 A_2 \cdots A_n) = P(A_1) P(A_2 \mid A_1)$$
$$\cdot P(A_3 \mid A_1 A_2) \cdots P(A_n \mid A_1 A_2 \cdots A_{n-1}).$$

证明 因为 $P(A_1 A_2 \cdots A_{n-1}) > 0$，所以

$$P(A_1) \geqslant P(A_1 A_2) \geqslant P(A_1 A_2 A_3)$$
$$\geqslant \cdots \geqslant P(A_1 A_2 \cdots A_{n-1}) > 0.$$

这表示定理中的条件概率都有意义. 由条件概率定义，得

$$P(A_1) P(A_2 \mid A_1) P(A_3 \mid A_1 A_2) \cdots P(A_n \mid A_1 A_2 \cdots A_{n-1})$$
$$= P(A_1) \cdot \frac{P(A_1 A_2)}{P(A_1)} \cdot \frac{P(A_1 A_2 A_3)}{P(A_1 A_2)} \cdots \frac{P(A_1 A_2 \cdots A_n)}{P(A_1 A_2 \cdots A_{n-1})}$$
$$= P(A_1 A_2 \cdots A_n).$$

例 1.5.2 一袋中有 10 个白球与 90 个黑球，现从中无放回接连取 3 个球，求 3 个都是白球的概率.

解法一 设 $A_i =$ "第 i 次取得白球"，$i = 1, 2, 3$，则所求概率为 $P(A_1 A_2 A_3)$. 由乘法公式得

$$P(A_1 A_2 A_3) = P(A_1) P(A_2 \mid A_1) P(A_3 \mid A_1 A_2)$$

$$= \frac{10}{100} \times \frac{9}{99} \times \frac{8}{98} = \frac{2}{2695} = 0.0007.$$

解法二　因为摸球是无放回的且所论事件与顺序无关,故

$$P(A_1 A_2 A_3) = \frac{C_{10}^3 C_{90}^0}{C_{100}^3} = 0.0007.$$

例 1.5.3(配对问题)　某人写了 n 封信,将其分别装入 n 个信封,并在每个信封上分别任意地写上 n 个收信人的一个地址(不重复),求:

(1) 没有一个信封上所写的地址正确的概率 q_0;

(2) 恰有 r 个信封上所写的地址正确的概率 $q_r, (r \leqslant n)$.

解　设 A_i="第 i 个信封上所写的地址正确", $i = 1, 2, \cdots, n$, 则 $\bigcup\limits_{i=1}^{n} A_i$ 表示"n 个信封上至少有一个信封上所写的地址正确",故

(1) $q_0 = 1 - P\left(\bigcup\limits_{i=1}^{n} A_i\right)$, 由于诸 A_i 不互斥,故不能用概率的有限可加性来计算 $P\left(\bigcup\limits_{i=1}^{n} A_i\right)$. 但是由乘法公式,对任意 $1 \leqslant i \leqslant n$, 有

$$P(A_i) = \frac{1}{n} = \frac{(n-1)!}{n!};$$

对任意 $1 \leqslant i < j \leqslant n$, 有

$$P(A_i A_j) = P(A_i) P(A_j \mid A_i) = \frac{1}{n} \times \frac{1}{n-1} = \frac{(n-2)!}{n!};$$

对任意 $1 \leqslant i < j < k \leqslant n$, 类似有

$$P(A_i A_j A_k) = \frac{(n-3)!}{n!}, \cdots,$$

$$P(A_1 A_2 \cdots A_n) = \frac{1}{n!},$$

从而

$$\begin{aligned}
P\left(\bigcup\limits_{i=1}^{n} A_i\right) &= \sum_{i=1}^{n} P(A_i) - \sum_{1 \leqslant i < j}^{n} P(A_i A_j) \\
&\quad + \sum_{1 \leqslant i < j < k}^{n} P(A_i A_j A_k) - \cdots + (-1)^{n-1} P(A_1 A_2 \cdots A_n) \\
&= C_n^1 P(A_i) - C_n^2 P(A_i A_j) + C_n^3 P(A_i A_j A_k) - \cdots \\
&\quad + (-1)^{n-1} P\left(\bigcap\limits_{i=1}^{n} A_i\right) \\
&= 1 - C_n^2 \frac{(n-2)!}{n!} + C_n^3 \frac{(n-3)!}{n!} - \cdots \\
&\quad + (-1)^{n-1} \frac{1}{n!}.
\end{aligned}$$

故

$$q_0 = 1 - P\left(\bigcup_{i=1}^{n} A_i\right)$$

$$= \frac{1}{2!} - \frac{1}{3!} + \frac{1}{4!} - \cdots + (-1)^n \frac{1}{n!}$$

$$= \sum_{i=0}^{n} \frac{(-1)^k}{k!}.$$

因为 q_0 与 n 有关,故一般记 q_0 为 $q_0(n)$,从而有

$$\lim_{n\to\infty} q_0(n) = e^{-1} \approx 0.37.$$

所以当 n 很大时,$q_0(n) \approx 0.37$.

(2) 因为在指定的"某 r 个(不妨设前 r 个)信封上所写的地址是正确的"这一事件的概率相当于"从 n 个不同编号的球中无放回摸取 r 个正好摸得前 r 号"的概率,即

$$\frac{1}{P_n^r},$$

而其余"$n-r$ 个信封上所写地址都不正确"的概率由(1)为

$$q_0(n-r) = \sum_{k=0}^{n-r} \frac{(-1)^k}{k!}.$$

又从 n 个信封里取 r 个组合共有 C_n^r 种取法,故所求概率

$$q_r(n) = C_n^r \cdot \frac{1}{P_n^r} \cdot \sum_{k=0}^{n-r} \frac{(-1)^k}{k!} = \frac{1}{r!} \sum_{k=0}^{n-r} \frac{(-1)^k}{k!}.$$

1.5.3 全概率公式

定理 1.5.2(全概率公式)   设 $(\Omega, \mathscr{F}, P)$ 为一概率空间,$B, A_i \in \mathscr{F}, P(A_i) > 0, i = 1, 2, \cdots, n$,当 $i \neq j$ 时,$A_i A_j = \varnothing$,且 $\sum_{i=1}^{n} A_i = \Omega$,则有

$$P(B) = \sum_{i=1}^{n} P(A_i) P(B \mid A_i).$$

证明   因

$$B = B\Omega = B\left(\sum_{i=1}^{n} A_i\right) = \sum_{i=1}^{n} (BA_i),$$

又因当 $i \neq j$ 时,$A_i A_j = \varnothing$,故当 $i \neq j$ 时,$(BA_i)(BA_j) = \varnothing$. 由概率的有限可加性得

$$P(B) = P\left(\sum_{i=1}^{n} BA_i\right) = \sum_{i=1}^{n} P(BA_i)$$

$$= \sum_{i=1}^{n} P(A_i) P(B \mid A_i).$$

推论 1.5.1　设 $(\Omega, \mathscr{F}, P)$ 为一概率空间，$B, A_i \in \mathscr{F}, P(A_i) > 0, i = 1, 2, \cdots, n$，当 $i \neq j$ 时，$A_i A_j = \varnothing$ 且 $B \subset \bigcup_{i=1}^{n} A_i$，则

$$P(B) = \sum_{i=1}^{n} P(A_i) P(B \mid A_i).$$

此推论的证明类似于定理 1.5.2 的证明.

推论 1.5.2　设 $(\Omega, \mathscr{F}, P)$ 为一概率空间，$B, A_i \in \mathscr{F}, P(A_i) > 0, i = 1, 2, \cdots, n$，当 $i \neq j$ 时，$A_i A_j = \varnothing$，且 $P\left(\sum_{i=1}^{n} A_i \right) = 1$，则

$$P(B) = \sum_{i=1}^{n} P(A_i) P(B \mid A_i).$$

证明　因为

$$B = B\left(\sum_{i=1}^{n} A_i + \overline{\sum_{i=1}^{n} A_i} \right) = \sum_{i=1}^{n} (A_i B) + B\left(\overline{\sum_{i=1}^{n} A_i} \right),$$

所以

$$P(B) = P\left(\sum_{i=1}^{n} (BA_i) \right) + P\left(B\left(\overline{\sum_{i=1}^{n} A_i} \right) \right)$$

$$= P\left(\sum_{i=1}^{n} (BA_i) \right) = \sum_{i=1}^{n} P(A_i) P(B \mid A_i).$$

推论 1.5.3　设 $(\Omega, \mathscr{F}, P)$ 为一概率空间，$A_i \in \mathscr{F}, P(A_i) > 0, i = 1, 2, \cdots, n$，当 $i \neq j$ 时，$A_i A_j = \varnothing$，$\sum_{i=1}^{n} A_i = \Omega$. 又设 $D, B \in \mathscr{F}, P(D) > 0$，则

$$P(B \mid D) = \sum_{i=1}^{n} P(A_i \mid D) P(B \mid A_i D),$$

此公式称为条件全概率公式.

证明

$$P(B \mid D) = P_D(B) = \sum_{i=1}^{n} P_D(A_i) P_D(B \mid A_i)$$

$$= \sum_{i=1}^{n} P_D(A_i) P_D(BA_i) / P_D(A_i)$$

$$= \sum_{i=1}^{n} P_D(BA_i) = \sum_{i=1}^{n} P(BA_i \mid D)$$

$$= \sum_{i=1}^{n} \frac{P(A_i BD)}{P(D)}$$

$$= \sum_{i=1}^{n} P(A_i D) P(B \mid A_i D) / P(D)$$

$$= \sum_{i=1}^{n} P(A_i \mid D) P(B \mid A_i D).$$

推论 1.5.4 将定理 1.5.2 与上述 3 个推论中的 n 个事件 A_i 换成可列无穷多个事件 A_i,其他条件不变,则上述诸结论只须将 n 换成 ∞.

例 1.5.4 设 1000 件产品中有 200 件是不合格品,现从中无放回抽取两件,求第二次抽到的是不合格品的概率.

解 设 A_i=“第 i 次抽到的是不合格品”,$i=1,2$,由全概率公式得

$$P(A_2) = P(A_1) P(A_2 \mid A_1) + P(\overline{A_1}) P(A_2 \mid \overline{A_1})$$

$$= \frac{200}{1000} \times \frac{199}{999} + \frac{800}{1000} \times \frac{200}{999} = \frac{1}{5}.$$

例 1.5.5(抓阄) 设一袋中有 n 个白球与 m 个黑球,现从中无放回接连抽取 k 个球,求第 k 次取得黑球的概率($1 \leqslant k \leqslant n+m$).

解法一 设 A_i=“第 i 次摸得黑球”,$i=1,2,\cdots,n+m$. 因为

$$P(A_1) = \frac{m}{n+n},$$

所以

$$P(A_2) = P(A_1) P(A_2 \mid A_1) + P(\overline{A_1}) P(A_2 \mid \overline{A_1})$$

$$= \frac{m}{n+m} \cdot \frac{m-1}{n+m-1} + \frac{n}{n+m} \cdot \frac{m}{n-1+m}$$

$$= \frac{m}{n+m},$$

由此,我们自然会猜想:$P(A_k) = \frac{m}{m+n}$. 现用数学归纳法证之. 设

$$P(A_i) = \frac{m}{n+m},$$

往证

$$P(A_{i+1}) = \frac{m}{n+m}, \qquad i+1 \leqslant n+m.$$

因为

$$P(A_{i+1}) = P(A_1) P(A_{i+1} \mid A_1) + P(\overline{A_1}) P(A_{i+1} \mid \overline{A_1})$$

$$= \frac{m}{n+m} P(A_{i+1} \mid A_1) + \frac{n}{n+m} P(A_{i+1} \mid \overline{A_1}).$$

由于 $P(A_{i+1} \mid A_1)$ 表示在 $m-1$ 个黑球与 n 个白球的袋中第 i 次摸得黑球的概率,根据假设得

$$P(A_{i+1} \mid A_1) = \frac{m-1}{n+m-1}.$$

同理

$$P(A_{i+1} \mid \overline{A}_1) = \frac{m}{n-1+m},$$

所以得

$$P(A_{i+1}) = \frac{m}{n+m} \cdot \frac{m-1}{n+m-1} + \frac{n}{n+m} \cdot \frac{m}{n-1+m}$$

$$= \frac{m}{n+m}.$$

由数学归纳法知,对任意 $i(1 \leqslant i \leqslant n+m)$ 有

$$P(A_i) = \frac{m}{n+m},$$

故

$$P(A_k) = \frac{m}{n+m}.$$

解法二　把球看成是编了号的. 从 $n+m$ 个球中摸取 k 个排成一行有 P_{n+m}^k 种取法,即该试验的基本事件总数为 P_{n+m}^k. 因为第 k 个位置上是黑球,有 P_m^1 种取法,而前 $k-1$ 个位置上可以是其余 $n+m-1$ 个球中任意 $k-1$ 个球,共有 P_{n+m-1}^{k-1} 种取法,于是有利场合数为 $\mathrm{P}_{n+m-1}^{k-1}\mathrm{P}_m^1$,从而所求概率为

$$P(A_k) = \frac{\mathrm{P}_{n+m-1}^{k-1}\mathrm{P}_m^1}{\mathrm{P}_{n+m}} = \frac{m}{n+m}.$$

解法三　设 $B_i =$ "前 $k-1$ 次摸球中恰好摸到 i 个黑球", $i = 0,1,2,\cdots,$ $k-1$. 则 $B_0, B_1, \cdots, B_{k-1}$ 两两互斥,且 $\sum\limits_{i=0}^{k-1} B_i = \Omega$,并注意到当 $i > j$ 时,$\mathrm{C}_j^i = 0$,由全概率公式与(1.3.1) 式得

$$P(A_k) = \sum_{i=0}^{k-1} P(B_i)P(A_k \mid B_i) = \sum_{i=0}^{k-1} \frac{\mathrm{C}_m^i \mathrm{C}_n^{k-1-i}}{\mathrm{C}_{m+n}^{k-1}} \cdot \frac{m-i}{m+n-k+1}$$

$$= \sum_{i=0}^{k-1} \frac{m\mathrm{C}_m^i \mathrm{C}_n^{k-1-i} - i\mathrm{C}_m^i \mathrm{C}_n^{k-1-i}}{\mathrm{C}_{m+n}^{k-1}(m+n-k+1)} = \frac{m\mathrm{C}_{m+n}^{k-1} - m\sum\limits_{i=0}^{k-1} \mathrm{C}_{m-1}^{i-1} \mathrm{C}_n^{k-1-i}}{\mathrm{C}_{m+n}^{k-1}(m+n-k+1)}$$

$$= \frac{m\mathrm{C}_{m+n}^{k-1} - m\sum\limits_{j=0}^{k-2} \mathrm{C}_{m-1}^j \mathrm{C}_n^{k-2-j}}{\mathrm{C}_{m+n}^{k-1}(m+n-k+1)} = \frac{m(\mathrm{C}_{m+n}^{k-1} - \mathrm{C}_{m-1+n}^{k-2})}{\mathrm{C}_{m+n}^{k-1}(m+n-k+1)} = \frac{m}{m+n}.$$

1.5.4 贝叶斯(Bayes)公式

定理 1.5.3(贝叶斯公式)   设$(\Omega,\mathscr{F},P)$为一概率空间, $B,A_i\in\mathscr{F},P(A_i)>0,i=1,2,\cdots,n.$ 当 $i\neq j$ 时, $A_iA_j=\varnothing,\sum_{i=1}^{n}A_i=\Omega,$ 且 $P(B)>0,$ 则

$$P(A_j\mid B)=\frac{P(A_j)P(B\mid A_j)}{\sum_{i=1}^{n}P(A_i)P(B\mid A_i)},\qquad j=1,2,\cdots,n.$$

证明   由条件概率定义、乘法公式与全概率公式, 得

$$P(A_j\mid B)=\frac{P(A_jB)}{P(B)}=\frac{P(A_j)P(B\mid A_j)}{\sum_{i=1}^{n}P(A_i)P(B\mid A_i)}.$$

不难看出贝叶斯公式也有类似于全概率公式的几个推论.

例 1.5.6   在例 1.5.4 中, 如果第二次抽到的是不合格品, 求: (1)第一次抽到合格品的概率; (2)第一次抽到不合格品的概率.

解   仍采用例 1.5.4 中的记号. 由贝叶斯公式得

(1)

$$P(\overline{A}_1\mid A_2)=\frac{P(\overline{A}_1)P(A_2\mid\overline{A}_1)}{P(A_2)}=\frac{800}{1000}\times\frac{200}{999}\bigg/\frac{1}{5}=\frac{800}{999};$$

(2)

$$P(A_1\mid A_2)=\frac{P(A_1)P(A_2\mid A_1)}{P(A_2)}=\frac{200}{1000}\times\frac{199}{999}\bigg/\frac{1}{5}=\frac{199}{999}.$$

全概率公式给出计算某一事件 B 的概率的公式, 只要我们知道使得 B 发生的各种原因 A_i 发生的概率 $P(A_i)$ 及在各种原因发生的条件下 B 发生的条件概率 $P(B\mid A_i)$, 则 B 发生概率 $P(B)$ 就可用全概率公式来计算. 我们称各种原因 A_i 发生的概率 $P(A_i)$ 为先验概率或验前概率. 它们反映了各种原因发生可能性的大小. 反之, 如果已知各种原因发生的概率 $P(A_i)$ 和各种原因发生的条件下 B 发生的条件概率 $P(B\mid A_i)$, 则求 B 发生的条件下各种原因发生的条件概率 $P(A_i\mid B)$ 可用贝叶斯公式来计算. 我们称 $P(A_i\mid B)$ 为后验概率或验后概率. 它们反映了 B 的发生是由于 A_i 发生的可能性的大小.

例 1.5.7(福利彩票中奖概率)   一袋中有 N 个(同类型)球, 其中有 M 个红球、L 个黄球、$N-M-L(>0)$ 个白球. 现不放回从袋中摸出 M 个球, 求摸出的 M 个球中恰有 i 个红球 j 个黄球的概率, $i=0,1,2,\cdots,M;j=0,1,2,\cdots,L.$

解   设

$$A_i=\text{“摸出的 }M\text{ 个球中恰有 }i\text{ 个红球”},$$

$$B_j = \text{"摸出的 } M \text{ 个球中恰有 } j \text{ 个黄球"},$$

则所求概率为 $P(A_i B_j)$. 由乘法公式得

$$P(A_i B_j) = P(A_i) P(B_j \mid A_i) = \frac{C_M^i C_{N-M}^{M-i}}{C_N^M} \cdot \frac{C_L^j C_{N-M-L}^{M-i-j}}{C_{N-M}^{M-i}} = C_M^i C_L^j C_{N-M-L}^{M-i-j}/C_N^M,$$

$$i = 0, 1, \cdots, M; \qquad j = 0, 1, \cdots, L. \tag{1.5.1}$$

目前我国几乎所有省会一级的城市都定期出售福利彩票. 虽然各城市的游戏规则不完全相同, 有的是 35 选 7, 有的是 30 选 7, 有的是 37 选 7, 有的是 30 选 6 等, 设奖等级与每等奖的给奖金额也不尽相同, 但是基本原理是一样的. 现以重庆为例, 其游戏规则之一是: 号码总数为 35(01~35), 基本号码数为 7, 特别号码数为 1, 设奖等级数为 7(1~7). 各等奖设置如下:

一等奖: 选 7 中 7; 二等奖: 选 7 中 6+1;

三等奖: 选 7 中 6; 四等奖: 选 7 中 5+1;

五等奖: 选 7 中 5; 六等奖: 选 7 中 4+1;

七等奖: 选 7 中 4 或选 7 中 3+1.

这一类型游戏实质是古典概型中的有限不放回摸球问题, 可用以上方法计算单注中奖概率. 如果设例 1.5.7 摸球模型为 $C(N, M, L)$, 则福利彩票单注中奖模型为 $C(35, 7, 1)$. 由 (1.5.1) 式可得单注中 k 等奖的概率 p_k, $k = 1, 2, \cdots, 7$, 它们分别为

$$p_1 = P(A_7 B_0) = 1.487095 \times 10^{-7}, \qquad p_2 = P(A_6 B_1) = 1.0409665 \times 10^{-6},$$

$$p_3 = P(A_6 B_0) = 2.810061 \times 10^{-5}, \qquad p_4 = P(A_5 B_1) = 8.4318 \times 10^{-5},$$

$$p_5 = P(A_5 B_0) = 1.0961737 \times 10^{-3}, \qquad p_6 = P(A_4 B_1) = 1.826896 \times 10^{-3},$$

$$p_7 = P(A_4 B_0) + P(A_3 B_1) = 3.0448269 \times 10^{-2}.$$

1.6　事件的独立性

1.6.1　两个事件的独立性

我们知道在一般情况下条件概率 $P(B|A)$ 与无条件概率 $P(B)$ 是不相等的, 但是在某些情况下它们又是相等的.

例 1.6.1　设 1000 件产品中有 10 件次品, 现有放回从中连续抽取两件, 以 A_i 表示"第 i 次抽得次品"这事件, $i = 1, 2$, 则

$$P(A_2 \mid A_1) = P(A_2).$$

又由条件概率定义, 得 $P(A_2|A_1) = \dfrac{P(A_1 A_2)}{P(A_1)}$, 于是得

$$P(A_1 A_2) = P(A_1) P(A_2).$$

由此式我们引进两个事件独立性的概念.

定义 1.6.1 设 $(\Omega, \mathscr{F}, P)$ 为一概率空间,$A, B \in \mathscr{F}$,如果
$$P(AB) = P(A)P(B),$$
则称 A 与 B 相互独立,简称独立.

由此定义,显然有

(1) 必然事件,不可能事件都与任何事件相互独立;

(2) 事件 A 与 B 相互独立 $\Leftrightarrow P(B|A) = P(B) \Leftrightarrow P(A|B) = P(A)$,这里设 $P(A)P(B) > 0$;

(3) 如果事件 A 与 B 相互独立,则 A 与 $\overline{B}$,$\overline{A}$ 与 B,$\overline{A}$ 与 $\overline{B}$ 也分别相互独立;

(4) 如果事件 A 与事件 B_1, B_2 均独立且 $B_1 B_2 = \varnothing$,则 A 与 $B_1 \bigcup B_2$ 相互独立.

证明 (1),(2)是显然的. 现证(3)与(4).

(3) 设 A 与 B 独立,则
$$
\begin{aligned}
P(A\overline{B}) &= P(A - AB) = P(A) - P(AB) \\
&= P(A) - P(A)P(B) \\
&= P(A)[1 - P(B)] = P(A)P(\overline{B}),
\end{aligned}
$$
所以 A 与 $\overline{B}$ 相互独立. 同理 $\overline{A}$ 与 B 相互独立,从而 $\overline{A}$ 与 $\overline{B}$ 也相互独立.

(4)
$$
\begin{aligned}
P(A(B_1 \bigcup B_2)) &= P(AB_1 + AB_2) = P(AB_1) + P(AB_2) \\
&= P(A)P(B_1) + P(A)P(B_2) \\
&= P(A)P(B_1 + B_2).
\end{aligned}
$$

这里需要注意的是,不要把事件 A 与 B 的独立性跟事件 A 与 B 的互斥性相混淆. 事实上,当我们设 $P(A)P(B) > 0$ 时,则有

(1) 如果 A 与 B 相互独立,则 A 与 B 一定不互斥;

(2) 如果 A 与 B 互斥,则 A 与 B 一定不相互独立.

证明是简单的.

例 1.6.2 考虑具有两个孩子的一些家庭. 假定男、女孩出生率相同. 现以 A 表示事件"随机选一个家庭至多有一个女孩",以 B 表示事件"随机选一个家庭男、女孩都有". 则显然
$$P(A) = \frac{3}{4}, \quad P(B) = \frac{1}{2}, \quad P(AB) = \frac{1}{2},$$
所以 A 与 B 不相互独立,且 A 与 B 不互斥.

现考虑具有三个孩子的一些家庭. A, B 仍如上所设,则这时
$$P(A) = \frac{4}{8}, \quad P(B) = \frac{6}{8}, \quad P(AB) = \frac{3}{8},$$
所以 $P(AB) = P(A)P(B)$,即 A 与 B 独立. 但是 $P(AB) \neq 0$,所以这时 A 与 B 也

不互斥.

1.6.2　多个事件的独立性

定义 1.6.2　设 $(\Omega,\mathscr{F},P)$ 为一概率空间, $A_i\in\mathscr{F},i=1,2,\cdots,n$. 如果对任意满足 $2\leqslant s\leqslant n$ 的整数 s, 及任意整数 $1\leqslant i_1<i_2<\cdots<i_n\leqslant n$, 有

$$P(A_{i_1}A_{i_2}\cdots A_{i_s})=P(A_{i_1})P(A_{i_2})\cdots P(A_{i_s}),$$

即下列 2^n-n-1 个等式

$$P(A_iA_j)=P(A_i)P(A_j),\qquad\qquad i\neq j,\quad i,j=1,2,\cdots,n,$$
$$P(A_iA_jA_k)=P(A_i)P(A_j)P(A_k),\qquad i\neq j\neq k\neq i,$$
$$i,j,k=1,2,\cdots,n,$$
$$\cdots\cdots$$
$$P(A_1A_2\cdots A_n)=(A_1)P(A_2)\cdots P(A_n)$$

都成立, 则称 $A_1,A_2,\cdots,A_n$ 相互独立. 如果 $A_1,A_2,\cdots,A_n$ 中任意两个事件相互独立, 则称 $A_1,A_2,\cdots,A_n$ 这 n 个事件两两独立. 显然 n 个事件相互独立, 则这 n 个事件一定两两独立, 反之却不一定成立.

例 1.6.3　将一个均匀的正四面体的第一面染上红、黄、蓝三色, 将其他三面分别染上红色、黄色、蓝色, 设 A,B,C 分别表示掷一次四面体红色、黄色、蓝色与桌面接触的事件, 则显然

$$P(A)=P(B)=P(C)=\frac{1}{2},$$

$$P(AB)=P(A)P(B)=\frac{1}{4},$$

$$P(AC)=P(A)P(C)=\frac{1}{4},$$

$$P(BC)=P(B)P(C)=\frac{1}{4},$$

$$P(ABC)=\frac{1}{4}\neq P(A)P(B)P(C)=\frac{1}{8},$$

$$P(A(B\cup C))=P(AB)+P(AC)-P(ABC)$$
$$=\frac{1}{4}\neq P(A)P(B\cup C)$$
$$=\frac{1}{2}\times\frac{3}{4}=\frac{3}{8}.$$

这表示事件 A,B,C 两两独立, 但是不相互独立, 且 A 也不与 $B\cup C$ 相互独立.

例 1.6.4　设一袋中有一百个球, 其中有 7 个是红的, 25 个是黄的, 24 个是

黄、蓝二色的,1个是红、黄、蓝三色的,其余 43 个是无色的(图 1.4).现从中任摸一个球,以 A,B,C 分别表示摸得的球上有红色、有黄色、有蓝色的事件,显然

$$P(A) = \frac{8}{100}, \quad P(B) = \frac{1}{2}, \quad P(C) = \frac{1}{4},$$

$$P(AB) = \frac{1}{100}, \quad P(AC) = \frac{1}{100}, \quad P(BC) = \frac{1}{4},$$

$$P(ABC) = \frac{1}{100}.$$

故

$$P(ABC) = P(A)P(B)P(C).$$

但是显然有

$$P(AB) \neq P(A)P(B),$$
$$P(AC) \neq P(A)P(C),$$
$$P(BC) \neq P(B)P(C).$$

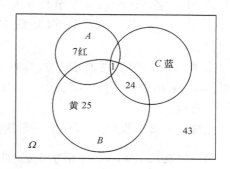

图 1.4

所以 A,B,C 不相互独立.此例表明虽然有 $P(ABC)=P(A)P(B)P(C)$,但是仍不能保证三事件 A,B,C 两两独立,更不能保证这三事件相互独立.

上两例说明,检查 n 个事件是否相互独立,必须分别检查定义 1.6.2 中的 2^n-n-1 个等式是否都成立,如果都成立才可断言 n 个事件 $A_1,A_2,\cdots,A_n$ 相互独立.

定理 1.6.1 设 $(\Omega,\mathscr{F},P)$ 为一概率空间,$A_i \in \mathscr{F},i=1,2,\cdots,n$. 如果 n 个事件 $A_1,A_2,\cdots,A_n$ 相互独立,则

(1) 其中任意 $m(2 \leqslant m \leqslant n)$ 个事件 $A_{i_1},A_{i_2},\cdots,A_{i_m}$ 相互独立.

(2) 对任意满足 $0 \leqslant j \leqslant n$ 的整数 j,事件 $\overline{A}_{i_1},\overline{A}_{i_2},\cdots,\overline{A}_{i_j},A_{i_{j+1}},\cdots,A_{i_n}$ 相互独立,其中 $i_1,i_2,\cdots,i_n$ 是 $1,2,\cdots,n$ 的一种排列.

证明 (1) 成立是显然的,因为使 $A_{i_1},A_{i_2},\cdots,A_{i_m}$ 相互独立的 2^m-m-1 个等式均含于使 $A_1,A_2,\cdots,A_n$ 相互独立的 2^n-n-1 个等式之中.

(2) 当 $j=0$ 时结论显然成立.

当 $j=1$ 时,由(1)

$$P(A_{i_1}A_{i_2}\cdots A_{i_n}) = P(A_{i_1})P(A_{i_2})\cdots P(A_{i_n})$$
$$= P(A_{i_1})P(A_{i_2}A_{i_3}\cdots A_{i_n}),$$

所以 A_{i_1} 与 $A_{i_2}A_{i_3}\cdots A_{i_n}$ 相互独立.由上述知 $\overline{A}_{i_1}$ 与 $A_{i_2}A_{i_3}\cdots A_{i_n}$ 相互独立,再由(1)得

$$P(\overline{A}_{i_1}A_{i_2}A_{i_3}\cdots A_{i_n}) = P(\overline{A}_{i_1})P(A_{i_2}A_{i_3}\cdots A_{i_n})$$
$$= P(\overline{A}_{i_1})P(A_{i_2})P(A_{i_3})\cdots P(A_{i_n}).$$

类似可证

$$P(\overline{A}_{i_1}A_{i_j}) = P(\overline{A}_{i_1})P(A_{i_j}), \qquad j=2,3,\cdots,n,$$

$$P(\overline{A}_{i_1}A_{i_j}A_{i_k}) = P(\overline{A}_{i_1})P(A_{i_j})P(A_{i_k}), \quad j\neq k, \quad j,k=2,3,\cdots,n,$$

$$\cdots\cdots$$

$$P(\overline{A}_{i_1}A_{i_2}A_{i_3}\cdots A_{i_k}) = P(\overline{A}_{i_1})P(A_{i_2})P(A_{i_3})\cdots P(A_{i_k}), \qquad 2\leqslant k\leqslant n.$$

对于其余不含 $\overline{A}_{i_1}$ 的 $2^{n-1}-n$ 个等式由(1)显然成立,所以证得 $\overline{A}_{i_1},A_{i_2},\cdots,A_{i_n}$ 相互独立.此说明如果 $A_1,A_2,\cdots,A_n$ 相互独立,则把这 n 个事件中任一个取逆后与其余 $n-1$ 个事件构成的 n 个事件相互独立.由此知,$\overline{A}_{i_1},\overline{A}_{i_2},A_{i_3},\cdots,A_{i_n}$ 相互独立.$\overline{A}_{i_1},\overline{A}_{i_2},\overline{A}_{i_3},A_{i_4},\cdots,A_{i_n}$ 相互独立,$\cdots$,$\overline{A}_{i_1},\overline{A}_{i_2},\cdots,\overline{A}_{i_n}$ 相互独立,从而(2)得证.

定理 1.6.1 的(2)的逆也成立.即如果 n 个事件 $\overline{A}_{i_1},\overline{A}_{i_2},\cdots,\overline{A}_{i_j},A_{i_{j+1}},\cdots,A_{i_n}$ $(0\leqslant j\leqslant n)$ 相互独立,则 $A_1,A_2,\cdots,A_n$ 也相互独立,其中 $i_1,i_2,\cdots,i_n$ 是 $1,2,\cdots,n$ 的一种排列.

定理 1.6.2 设 $(\Omega,\mathscr{F},P)$ 为一概率空间,$A_i\in\mathscr{F},i=1,2,\cdots,n.$

(1) 如果 $A_1,A_2,\cdots,A_n$ 相互独立,则对于满足 $1\leqslant j\leqslant n-1$ 的任意整数 j,$\bigcap\limits_{i=1}^{j}A_i$ 与 $\bigcup\limits_{i=j+1}^{n}A_i$ 相互独立.

(2) 如果 A_1 与 $A_2,A_3,\cdots,A_n$ 都分别相互独立,且 $A_2,A_3,\cdots,A_n$ 两两互斥,则 A_1 与 $\bigcup\limits_{i=2}^{n}A_i$ 相互独立.

证明 (1) 由定理 1.6.1 得

$$P\left[\bigcap_{i=1}^{j}A_i\left(\overline{\bigcup_{i=j+1}^{n}A_i}\right)\right] = P(A_1A_2\cdots A_j\overline{A}_{j+1}\overline{A}_{j+2}\cdots\overline{A}_n)$$

$$= P(A_1)P(A_2)\cdots P(A_j)P(\overline{A}_{j+1})P(\overline{A}_{j+2})\cdots P(\overline{A}_n)$$

$$= P\left(\bigcap_{i=1}^{j}A_i\right)P\left(\bigcap_{i=j+1}^{n}\overline{A}_i\right) = P\left(\bigcap_{i=1}^{j}A_i\right)P\left(\overline{\bigcup_{i=j+1}^{n}A_i}\right),$$

所以 $\bigcap\limits_{i=1}^{j}A_i$ 与 $\overline{\bigcup\limits_{i=j+1}^{n}A_i}$ 相互独立,再由两个事件相互独立的性质知 $\bigcap\limits_{i=1}^{j}A_i$ 与 $\bigcup\limits_{i=j+1}^{n}A_i$ 相互独立.

(2) 由概率有限可加性,得

$$P\left[A_1\left(\bigcup_{i=2}^{n}A_i\right)\right] = P\left[\bigcup_{i=2}^{n}(A_1A_i)\right] = \sum_{i=2}^{n}P(A_1A_i)$$

$$= \sum_{i=2}^{n}P(A_1)P(A_i) = P(A_1)\sum_{i=2}^{n}P(A_i)$$

$$= P(A_1)P\Big(\bigcup_{i=2}^{n} A_i\Big).$$

从而 A_1 与 $\bigcup\limits_{i=2}^{n} A_i$ 独立.

由定理 1.6.2 不难证明:如果 n 个事件 $A_1, A_2, \cdots, A_n$ 相互独立,则 ① A_1, $A_2, \cdots, A_n$ 中任意 j $(1 \leqslant j \leqslant n-1)$ 个事件之交与其余 $n-j$ 个事件之并相互独立; ② $A_1, A_2, \cdots, A_n$ 中任意 j $(1 \leqslant j \leqslant n-1)$ 个事件之并与其余 $n-j$ 个事件之并相互独立.

定义 1.6.3 设 $(\Omega, \mathscr{F}, P)$ 为一概率空间,$A_i \in \mathscr{F}, i = 1, 2, 3, \cdots$,如果事件列 $A_1, A_2, A_3, \cdots$ 中任意 n 个事件相互独立 $(n \geqslant 2)$,则称事件列 $A_1, A_2, A_3, \cdots$ 相互独立.

1.6.3 独立事件的应用

由事件独立性质可知,如果诸事件是独立的,则关于它们的交的概率计算将是很简单的.

例 1.6.5 设某地区某时期每人的血清中含有肝炎病毒的概率为 0.4%,混合 100 个人的血清,求此血清中含有肝炎病毒的概率.

解 设 $A_i =$ "第 i 个人的血清中含有肝炎病毒"这事件,$i = 1, 2, \cdots, 100$,可以认为诸 A_i 是相互独立的.则所要求的概率为

$$P\Big(\bigcup_{i=1}^{100} A_i\Big) = 1 - P\Big(\overline{\bigcup_{i=1}^{100} A_i}\Big) = 1 - P\Big(\bigcap_{i=1}^{100} \overline{A_i}\Big)$$

$$= 1 - \Big[\prod_{i=1}^{100} P(\overline{A_i})\Big] = 1 - (1-0.004)^{100} \approx 0.33.$$

例 1.6.6 系统 MN 如图 1.5 所示.如果每个元件通达的概率均为 p,且每个元件是否通达是相互独立的,求系统 MN 通达的概率.

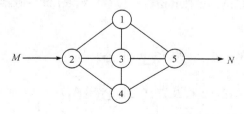

图 1.5

解 设 $A_i =$ "第 i 个元件通达",$i = 1, 2, 3, 4, 5$. 要使 MN 通达,则 A_2, A_5 必须都通达,且 A_1, A_3, A_4 至少有一个通达,故由定理 1.6.2 的 (1) 所求概率为

$$P[A_2 A_5 (A_1 \bigcup A_3 \bigcup A_4)] = P(A_2 A_5)P(A_1 \bigcup A_3 \bigcup A_4)$$

$$= p^2(1-(1-p)^3)$$
$$= p^3(3-3p+p^2).$$

例 1.6.7   设系统 KL 与系统 MN 如图 1.6 所示. 如果两系统中各元件通达的概率均为 p,且每个系统中各元件是否通达都相互独立,问哪个系统通达的概率较大?

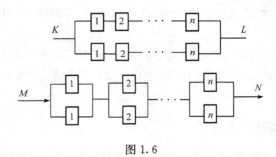

图 1.6

解   设系统 KL 通达的概率记为 p_{KL},系统 MN 通达的概率记为 p_{MN}. 因为要使系统 KL 通达,两条串联线路至少有一条通达,而每条串联线路通达,线路上的 n 个元件都必须通达,由独立性和对立事件的概率计算公式得

$$p_{KL} = 1-(1-p^n)^2 = 2p^n - p^{2n} = p^n(2-p^n).$$

类似得系统 MN 通达的概率为

$$p_{MN} = \left[1-(1-p)^2\right]^n = (2p-p^2)^n = p^n(2-p)^n.$$

不难看出,当 $n>2$ 时就有 $p_{MN}>p_{KL}$.

此例说明,虽然两个系统用了同样质量的 $2n$ 个元件,但是由于连接方式不同,两个系统通达的概率也不同. 寻找通达概率大的连接方式是可靠性理论研究的课题之一.

例 1.6.8(Borel-Cantelli Lemma)   设 $(\Omega,\mathscr{F},P)$ 为一概率空间,$A_n \in \mathscr{F},n=1,2,3,\cdots$.

(1) 如果 $\displaystyle\sum_{n=1}^{\infty} P(A_n) < \infty$,则 $P\left(\varlimsup_{n\to\infty} A_n\right) = 0$;

(2) 如果 $A_1,A_2,A_3,\cdots$ 相互独立,且 $\displaystyle\sum_{n=1}^{\infty} P(A_n) = \infty$,则 $P\left(\varlimsup_{n\to\infty} A_n\right) = 1$.

证明   (1) 对任意正整数 n,因为

$$P\left(\varlimsup_{n\to\infty} A_n\right) \leqslant P\left(\bigcup_{k=n}^{\infty} A_k\right) \leqslant \sum_{k=n}^{\infty} P(A_k) < \infty,$$

所以 $\displaystyle\lim_{n\to\infty}\sum_{k=n}^{\infty} P(A_k) = 0$,因此在上式两边令 $n\to\infty$ 取极限得

$$P\left(\overline{\lim_{n\to\infty}}A_n\right)=0;$$

(2) 因为 $\sum\limits_{n=1}^{\infty}P(A_n)=\infty$，故对任意正整数 n，有 $\sum\limits_{k=n}^{\infty}P(A_k)=\infty$. 又因诸 A_n 相互独立，于是得

$$P\left(\underline{\lim_{n\to\infty}}\overline{A}_n\right)=P\left(\bigcup_{n=1}^{\infty}\bigcap_{k=n}^{\infty}\overline{A}_k\right)\leqslant\sum_{n=1}^{\infty}P\left(\bigcap_{k=n}^{\infty}\overline{A}_k\right)=\sum_{n=1}^{\infty}\prod_{k=n}^{\infty}P(\overline{A}_k).$$

又因当 $x\geqslant0$ 时，有 $1-x\leqslant\mathrm{e}^{-x}$，所以有

$$\prod_{k=n}^{\infty}P(\overline{A}_k)=\prod_{k=n}^{\infty}[1-P(A_k)]\leqslant\prod_{k=n}^{\infty}\mathrm{e}^{-P(A_k)}$$

$$=\mathrm{e}^{-\sum\limits_{k=n}^{\infty}P(A_k)}=0,$$

所以得 $P\left(\underline{\lim_{n\to\infty}}\overline{A}_n\right)=0$，从而 $P\left(\overline{\lim_{n\to\infty}}A_n\right)=1-P\left(\underline{\lim_{n\to\infty}}\overline{A}_n\right)=1$.

1.6.4 重复独立试验

设 $E_1,E_2,\cdots,E_n$ 为 n 个试验，记 Ω_i 为 E_i 的样本空间，$\omega^{(i)}$ 为 E_i 的样本点，$i=1,2,\cdots,n$，我们把依次进行试验 $E_1,E_2,\cdots,E_n$ 看成一个试验，记为 $\widetilde{E}$，我们称 $\widetilde{E}$ 为由 $E_1,E_2,\cdots,E_n$ 组成的复合试验. $\widetilde{E}$ 的样本空间为 $\widetilde{\Omega}\equiv\Omega_1\times\Omega_2\times\cdots\times\Omega_n=\prod\limits_{i=1}^{n}\Omega_i$.

$\widetilde{E}$ 的样本点具有形式 $(\omega^{(1)},\omega^{(2)},\cdots,\omega^{(n)})$，其中 $\omega^{(i)}\in\Omega_i,i=1,2,\cdots,n$. 特别当 $E_1,E_2,\cdots,E_n$ 为同一个试验 E 时，简记 $\widetilde{E}$ 为 E^n，并称 E^n 为 E 的 n 重试验.

如果对于 E_i 中的任一事件 $A_i,i=1,2,\cdots,n$，均有

$$P(A_1A_2\cdots A_n)=P(A_1)P(A_2)\cdots P(A_n),$$

则称 $E_1,E_2,\cdots,E_n$ 是相互独立的 n 个试验. 如果 $E_1,E_2,\cdots,E_n$ 不仅是相互独立的，而且是同一个试验 E，则称 $\widetilde{E}=E^n$ 为 E 的 n 重独立试验.

例 1.6.9 设 E_1 为掷一枚硬币的试验，E_2 为掷一颗骰子的试验，则 $\Omega_1=\{h,t\}$，$\Omega_2=\{1,2,3,4,5,6\}$，于是这两个试验的复合试验 $\widetilde{E}=E_1\times E_2$ 的样本空间为

$$\widetilde{\Omega}=\{(h,1),(h,2),\cdots,(h,6),(t,1),(t,2),\cdots,(t,6)\}.$$

又如设 E 为掷一枚硬币的试验，以 0,1 分别表示出现反、正面，则 E 的样本空间为 $\Omega=\{0,1\}$. 将 E 重复独立进行三次，则 E 的 3 重独立试验 E^3 的样本空间为

$$\widetilde{\Omega}=\{(0,0,0),(0,0,1),(0,1,0),(1,0,0),(1,1,0),(1,0,1),(0,1,1),(1,1,1)\}.$$

只有两种结果的试验称为伯努利试验，如掷一枚硬币的试验. 一个试验虽然有两种以上的可能结果，但如果我们只关心其中一种可能结果（或一个事件）出现与

否,则仍可把该试验看成伯努利试验. 这样伯努利试验就是很大的一类试验,也是很重要的一类试验.

将伯努利试验 E 独立重复 n 次所得的 n 重独立试验 E^n 称为 n 重伯努利试验.

设在伯努利试验 E 中,事件 A 发生的概率为 $P(A) = p (0 < p < 1)$,记 $q = 1 - p$,现来计算在 n 重伯努利试验 E^n 中事件 A 发生 k 次的概率 $P_n(k) (0 \leqslant k \leqslant n)$.

由于试验是相互独立的,如果事件 A 在 n 次独立试验中指定的 k 次试验(比如说前 k 次试验)中发生,而在其余 $n-k$ 次试验中不发生,其概率为

$$P(A_1 A_2 \cdots A_k \overline{A}_{k+1} \overline{A}_{k+2} \cdots \overline{A}_n)$$
$$= P(A_1) P(A_2) \cdots P(A_k) P(\overline{A}_{k+1}) \cdots P(\overline{A}_n)$$
$$= p^k q^{n-k},$$

其中 $A_i =$ “A 在第 i 次试验中发生”,$i = 1, 2, \cdots, n$.

但是我们的问题是求 A 在 n 次独立试验中发生了 k 次,而不论在哪 k 次发生,由组合知识知,A 在 n 次试验中发生 k 次共有 C_n^k 种不同的情况. 而每种情况(事件)的概率都是 $p^k q^{n-k}$,并且这 C_n^k 种情况(C_n^k 个事件)是互斥的,故所求概率为

$$P_n(k) = C_n^k p^k q^{n-k}.$$

例 1.6.10　8 门火炮同时独立向一目标各射击一发炮弹,若有不少于 2 发炮弹命中目标时,目标就被击毁. 如果每门炮命中目标的概率为 0.6,求击毁目标的概率.

解　设 $A =$ “一门火炮命中目标”,则 $P(A) = 0.6$. 由题意知,本题可看作 $p = 0.6, n = 8$ 的 n 重伯努利试验,所求概率是事件 A 在 8 次独立试验中至少出现两次的概率 p,即

$$p = \sum_{k=2}^{8} P_8(k) = \sum_{k=2}^{8} C_8^k (0.6)^k (0.4)^{8-k}$$
$$= 1 - \sum_{k=0}^{1} C_8^k (0.6)^k (0.4)^{8-k}$$
$$= 1 - (0.4)^8 - 8 \times 0.6 \times (0.4)^7 = 0.9915.$$

例 1.6.11(先发生概率)　连续掷一对均匀的骰子,如果掷出的两点数之和被 7 整除则甲赢;如果掷出的两点之积为 5,则乙赢. 求甲在乙之前先赢的概率.

解　设

$$A_{n-1} = \text{“前 } n-1 \text{ 次试验(掷)甲与乙都没赢”};$$
$$B_n = \text{“第 } n \text{ 次试验甲赢”}, \qquad n = 1, 2, 3, \cdots.$$

因为每次试验甲赢,两点数之和应为 7,即出现 $(1,6), (6,1), (2,5), (5,2), (3,4),$

$(4,3)$ 之一, 故每次试验甲赢的概率为 $\dfrac{6}{36} = \dfrac{1}{6}$. 每次试验乙赢, 两点数之积应为 5, 即出现 $(1,5),(5,1)$ 之一, 故每次试验乙赢的概率为 $\dfrac{2}{36} = \dfrac{1}{18}$, 从而每次试验甲与乙都没有赢的概率为 $1 - \dfrac{1}{6} - \dfrac{1}{18} = \dfrac{7}{9}$. 又因 A_{n-1} 与 B_n 相互独立, 即 $P(A_{n-1}B_n) = P(A_{n-1}) \cdot P(B_n)$, 所以甲在乙之前赢的概率为

$$P\Big(\sum_{n=1}^{\infty} A_{n-1}B_n\Big) = \sum_{n=1}^{\infty} P(A_{n-1})P(B_n)$$
$$= \sum_{n=1}^{\infty} \Big(\frac{7}{9}\Big)^{n-1} \times \frac{1}{6} = \frac{9}{2} \times \frac{1}{6} = \frac{3}{4}.$$

稍加留意, 这个概率 $\Big(\dfrac{3}{4}\Big)$ 正好等于每次试验甲赢的概率 $\dfrac{1}{6}$ 除以甲赢概率与乙赢概率之和 $\dfrac{1}{6} + \dfrac{1}{18}$, 即 $\dfrac{1}{6} \div \Big(\dfrac{1}{6} + \dfrac{1}{18}\Big) = \dfrac{3}{4}$. 这不是巧合, 而是有普遍意义. 现在来证明更一般的事实: 设 A 与 B 为某试验的两个互斥事件. 则当独立重复这一试验时, 事件 A 发生在事件 B 之前的概率为

$$\frac{P(A)}{P(A) + P(B)}. \tag{1.6.1}$$

证明 设 $C =$ "A 在 B 之前发生".

(1) 当 $A + B \neq \Omega$ 时, 在第一次试验中, 可能 A 发生, 也可能 B 发生, 也可能 A 与 B 都不发生, 由全概率公式得

$$\begin{aligned} P(C) &= P(A)P(C \mid A) + P(B)P(C \mid B) \\ &\quad + P(\Omega - A - B)P(C \mid \Omega - A - B) \\ &= P(A) \cdot 1 + P(B) \cdot 0 + [1 - P(A) - P(B)]P(C) \\ &= P(A) + P(C) - [P(A) + P(B)]P(C), \end{aligned}$$

所以, 证得

$$P(C) = \frac{P(A)}{P(A) + P(B)}.$$

(2) 当 $A + B = \Omega$ 时, 仍由全概率公式, 亦得

$$\begin{aligned} P(C) &= P(A)P(C \mid A) + P(B)P(C \mid B) = P(A) \\ &= \frac{P(A)}{P(A) + P(B)}. \end{aligned}$$

如果 A 与 B 不互斥, 即 $AB \neq \varnothing$, 其他条件不变, 则类似可证 A 发生在 B 之前的概率为

$$P(C) = \frac{P(A) - P(AB)}{P(A) + P(B) - 2P(AB)}. \tag{1.6.2}$$

易见(1.7.16)式是(1.7.17)式的特殊情形.以上两式有广泛的应用.

1.7*　概率计算杂例

1.7.1　摸球问题

摸球问题是一类很重要的问题.很多实际问题可以化为这一类问题.例 1.3.3 是无放回摸球比较典型的例子.例 1.3.4 是有放回摸球比较典型的例子.其他例子还很多,这里就不再介绍了.

1.7.2　放球问题

这也是一类很重要的问题.

例 1.7.1(生日问题)　将 n 个不同编号的球随机放入 $N(N{\geqslant}n)$ 个盒中,每个球都以相同的概率被放入每个盒中,每盒容纳球数不限,求下列事件的概率:

(1) $A=$“某指定的 n 个盒中各有一个球”;

(2) $B=$“恰有 n 个盒中各有一个球”;

(3) $C=$“某指定盒中有 $m(m{\leqslant}n)$ 个球”;

(4) $D=$“有一个盒中有 $m(m{\leqslant}n)$ 个球”;

(5) $E=$“至少有两个球在同一盒中”.

解　(1)因为基本事件总数为 N^n,而有利场合数为 $n!$,故

$$P(A) = \frac{n!}{N^n}.$$

(2) 从 N 个盒子中取 n 个组合数为 C_N^n,再由(1),得

$$P(B) = C_N^n \frac{n!}{N^n}.$$

(3) 从 n 个球中取 m 个放入某指定的盒中有 C_n^m 种可能.而其余 $n-m$ 个球可随机放入其余 $N-1$ 个盒中,故

$$P(C) = C_n^m \frac{(N-1)^{n-m}}{N^n}.$$

(4) 由(3)得

$$P(D) = C_N^1 C_n^m \frac{(N-1)^{n-1}}{N^n}.$$

(5) 因为 E 与 B 互逆,故

$$P(E) = 1 - C_n^m \frac{n!}{N^n}.$$

例 1.7.2　将 n 个不同的球随机放入 $N(N{\leqslant}n)$ 个盒中,每个球以相同概率被

放入每盒中,每盒容纳球数不限,求下列事件的概率:

(1) $A=$ "每盒不空";

(2) $B=$ "恰有 $m(m<N)$ 个盒子是空的";

(3) $C=$ "某指定的 k 个盒中都有球".

解 (1) 设 $A_i=$ "第 i 个盒子是空的", $i=1,2,\cdots,N$,所以

$$P(A)=P(\overline{A}_1\overline{A}_2\cdots\overline{A}_N)=1-P\Big(\bigcup_{i=1}^{N}A_i\Big).$$

而

$$P\Big(\bigcup_{i=1}^{N}A_i\Big)=\sum_{i=1}^{N}P(A_i)-\sum_{1\leqslant i<j}^{N}P(A_iA_j)$$
$$+\sum_{1\leqslant i<j<k}^{N}P(A_iA_jA_k)-\cdots+(-1)^{N-1}P\Big(\bigcap_{i=1}^{N}A_i\Big).$$

因为

$$P(A_i)=\Big(\frac{N-1}{N}\Big)^n,\qquad i=1,2,\cdots,N,$$

$$P(A_iA_j)=P(A_i)P(A_j\mid A_i)=\Big(\frac{N-1}{N}\Big)^n\Big(\frac{N-2}{N-1}\Big)^n$$
$$=\Big(\frac{N-2}{N}\Big)^n,\quad i\neq j,\quad i,j=1,2,\cdots,N,$$

$$P(A_iA_jA_k)=\Big(\frac{N-3}{N}\Big)^n,\quad i\neq j\neq k,\quad i\neq k,\quad i,j,k=1,2,\cdots,N,$$

......

$$P(A_1A_2\cdots A_N)=\Big(\frac{N-N}{N}\Big)^n=0,$$

所以

$$P\Big(\bigcup_{i=1}^{N}A_i\Big)=C_N^1\Big(\frac{N-1}{N}\Big)^n-C_N^2\Big(\frac{N-2}{N}\Big)^n$$
$$+C_N^3\Big(\frac{N-3}{N}\Big)^n-\cdots+(-1)^N C_N^{N-1}\Big(\frac{1}{N}\Big)^n$$
$$=\sum_{i=1}^{N}(-1)^{i-1}C_N^i\Big(\frac{N-i}{N}\Big)^n.$$

故

$$P(A)=1-P\Big(\bigcup_{i=1}^{N}A_i\Big)=1-\sum_{i=1}^{N}(-1)^{i-1}C_N^i\Big(\frac{N-i}{N}\Big)^n$$

$$= \sum_{i=0}^{N} (-1)^i C_N^i \left(\frac{N-i}{N} \right)^n.$$

(2) N 盒中恰有 m 个是空的有 C_N^m 种可能. 某指定 m 个盒是空的(如前 m 个盒是空的)而其余都不空的概率为

$$P[A_1 A_2 \cdots A_m \overline{A}_{m+1} \overline{A}_{m+2} \cdots \overline{A}_N] = P(A_1 A_2 \cdots A_m) P\left(\bigcap_{i=m+1}^{N} \overline{A}_i \mid \bigcap_{i=1}^{m} A_i \right).$$

因为

$$P\left(\bigcap_{i=1}^{m} A_i \right) = \left(\frac{N-m}{N} \right)^n,$$

$$P\left(\bigcap_{i=m+1}^{N} \overline{A}_i \mid \bigcap_{i=1}^{m} A_i \right) = \sum_{i=0}^{N-m} (-1)^i C_{N-m}^i \left(\frac{N-m-i}{N-m} \right)^n,$$

故

$$\begin{aligned}
P(B) &= C_N^m (A_1 A_2 \cdots A_m \overline{A}_{m+1} \cdots \overline{A}_N) \\
&= C_N^m \cdot \left(\frac{N-m}{N} \right)^n \cdot \sum_{i=0}^{N-m} (-1)^i C_{N-m}^i \left(\frac{N-m-i}{N-m} \right)^n \\
&= C_N^m \frac{1}{N^n} \sum_{i=0}^{N-m} (-1)^i C_{N-m}^i (N-m-i)^n.
\end{aligned}$$

(3) 不妨设前 k 个盒中都有球,而由题意后面 $N-k$ 个盒中每个盒子或者有球或者无球,且设 $D_j =$ "在 n 次放球中后面 $N-k$ 个盒中共有 j 个球",$j = 0, 1, 2, \cdots, n-k$. 则 $P(D_j) = C_n^j \left(\frac{N-k}{N} \right)^j \left(\frac{k}{N} \right)^{n-j}$,且由全概率公式得

$$\begin{aligned}
P(C) &= \sum_{j=0}^{n-k} P(D_j) P(\overline{A}_1 \overline{A}_2 \cdots \overline{A}_k \mid D_j) \\
&= \sum_{j=0}^{n-k} C_n^j \left(\frac{N-k}{N} \right)^j \left(\frac{k}{N} \right)^{n-j} \sum_{i=0}^{k} (-1)^i C_k^i \left(\frac{k-i}{k} \right)^{n-j}.
\end{aligned}$$

例 1.7.3　将 n 个不同的球随机放入 N 个盒中,直至某指定的盒中有球为止. 设每个球被等可能地放入每个盒中,每盒容纳球数不限. 求放球次数为 $k(1 \leqslant k \leqslant n)$ 的概率 $P(k)$.

解　当 $1 \leqslant k < n$ 时,因为前 $k-1$ 次都没放入指定盒中,第 k 次才放入指定的盒中,故所求概率为 $P(k) = \left(\frac{N-1}{N} \right)^{k-1} \frac{1}{N}$.

当 $k = n$ 时,由于第 n 个球无论是否放入指定盒中,放球都将停止,故

$$P(k) = \left(\frac{N-1}{N} \right)^{n-1} \left(\frac{N-1}{N} + \frac{1}{N} \right) = \left(\frac{N-1}{N} \right)^{n-1}.$$

综上所述,所求概率为

$$P(k) = \begin{cases} \dfrac{1}{N}\left(\dfrac{N-1}{N}\right)^{k-1}, & k=1,2,\cdots,n-1, \\[4mm] \left(\dfrac{N-1}{N}\right)^{n-1}, & k=n. \end{cases}$$

由 $\displaystyle\sum_{k=1}^{n} P(k)=1$,得恒等式

$$\sum_{k=1}^{n-1}\left(\frac{N-1}{N}\right)^{k-1} + N\left(\frac{N-1}{N}\right)^{n-1} = N, \qquad n\geqslant 2, N\geqslant 2.$$

例 1.7.4　将 $2n$ 个不同的球随机放入两个杯中,每个杯子容纳球数不限,每个球以相同的概率被放入每个杯中,求两杯中最大球数为 $k(n\leqslant k\leqslant 2n)$ 的概率 $P(k)$.

解　(1) 当 $n<k\leqslant 2n$ 时,因基本事件总数为 2^{2n},有利场合数为 $C_2^1 C_{2n}^k$,故

$$P(k) = \frac{C_2^1 C_{2n}^k}{2^{2n}}.$$

(2) 当 $k=n$ 时,基本事件总数仍为 2^{2n},有利场合数为 C_{2n}^n,故这时

$$P(n) = \frac{C_{2n}^n}{2^{2n}},$$

从而得

$$P(k) = \begin{cases} C_2^1 C_{2n}^k / 2^{2n}, & k=n+1,n+2,\cdots,2n, \\[2mm] C_{2n}^n / 2^{2n}, & k=n. \end{cases}$$

例 1.7.5　在例 1.7.2 中,如果球是相同的,即不可辨的,求相应事件的概率.

解　因为这时球是不可辨的,所以球的分布仅仅依赖于盒中的球数,不再依赖于是哪几个球,从而基本事件总数不再是 N^n. 为了求基本事件总数,我们把 n 个球与 N 个盒子排成一行,把盒子相继靠拢,去掉最外面的两个壁,并把相接的两壁看成一个壁. 例如:

$$* \mid * * \mid\!-\!\mid \cdots \mid * * *$$

其中"$\mid$"表示盒壁,"$*$"表示球. 上面表示第一个盒中有一个球,第二个盒中有两个球,第三个盒子是空的,最后一个盒中有 3 个球. 这样 N 个盒子共有 $N-1$ 个壁, $N-1$ 个壁与 n 个球共占有 $n+N-1$ 个位置,而 n 个球的一种分布法,就应等于 n 个球占有这 $n+N-1$ 个位置中的 n 个位置的一种占有法,故基本事件总数为 C_{n+N-1}^n.

解　(1) 因 $n\geqslant N$,故要使每盒不空, $N-1$ 个壁必须且只需取球与球之间的 $n-1$ 个间隔中的 $N-1$ 个位置,即有利场合数为 C_{n-1}^{N-1},故

$$P(A) = \frac{C_{n-1}^{N-1}}{C_{n+N-1}^{n}}.$$

(2) N 个盒中有 m 个是空的,其余盒中都有球有 $C_N^m C_{n-1}^{N-m-1}$ 种可能,故

$$P(B) = \frac{C_N^m C_{n-1}^{N-m-1}}{C_{n+N-1}^{n}}.$$

(3) 不妨设前 k 个盒中都有球. 则前 k 个盒子有球总数至少是 k 个,最多是 n 个,当前 k 个盒中有球总数为 $m(k \leqslant m \leqslant n)$ 且后面 $N-k$ 个盒中有 $n-m$ 个球时,则有 $C_{m-1}^{k-1} C_{n-m+N-k-1}^{n-m}$ 种可能,$m=k,k+1,\cdots,n$,故

$$P(C) = \sum_{m=k}^{n} \frac{C_{m-1}^{k-1} C_{n-m+N-k-1}^{n-m}}{C_{n+N-1}^{n}}.$$

1.7.3　随机取数问题

例 1.7.6　从 $1,2,\cdots,n$ 这 n 个数中有放回随机取 $k(k \leqslant n)$ 个数,求下列事件的概率:

(1) $A =$ "k 个数字均不相同";

(2) $B =$ "不含有 $1,2,3$"$(n>3)$;

(3) $C =$ "1 恰好出现 r 次"$(r \leqslant k)$;

(4) $D =$ "至少出现 r 个 1"$(r \leqslant k)$.

解　(1) $P(A) = \dfrac{P_n^k}{n^k}$;

(2) $P\{B\} = \dfrac{(n-3)^k}{n^k}$;

(3) $P(C) = \dfrac{C_k^r (n-1)^{k-r}}{n^k}$;

(4) $P(D) = \displaystyle\sum_{i=r}^{k} C_k^i (n-1)^{k-i} / n^k$.

例 1.7.7　从 $1,2,\cdots,10$ 十个数字中

(1) 不重复地(无放回地);

(2) 重复地(有放回地)

随机取 5 个数字,求取出的 5 个数中按由小到大排列,中间的那个数等于 4 的概率 p.

解　(1) $p = \dfrac{C_3^2 C_1^1 C_6^2}{C_{10}^5} = \dfrac{3 \times 15}{7 \times 36} = \dfrac{5}{28}$.

(2) 因为中间的那个数 x_3 为 $4(x_3=4)$ 的概率为

$$P(x_3 = 4) = P(x_3 \leqslant 4) - P(x_3 \leqslant 3),$$

又因 $x_1 \leqslant x_2 \leqslant x_3 \leqslant x_4 \leqslant x_5$，故"$x_3 \leqslant 4$"表示取出的 5 个数中至少有 3 个不大于 4.
设 $A_k =$"取出的 5 个数中恰有 k 个不大于 4"，$k = 0, 1, 2, \cdots, 5$，则

$$P(A_k) = \frac{C_5^k 4^k (10-4)^{5-k}}{10^5},$$

$$P(x_3 \leqslant 4) = \sum_{k=3}^{5} \frac{C_5^k 4^k 6^{5-k}}{10^5},$$

所求概率为

$$p = P(x_3 = 4) = P(x_3 \leqslant 4) - P(x_3 \leqslant 3)$$
$$= \sum_{k=3}^{5} \frac{C_5^k [4^k \cdot 6^{5-k} - 3^k 7^{5-k}]}{10^5} = 0.15436.$$

1.7.4 分赌注问题

1654 年法国有个叫德梅雷（De Méré）的职业赌徒向法国数学家帕斯卡
（Pascal）提出了如何分赌注的问题：概括地说就是甲、乙两个赌徒下了赌注就按某
种方式赌了起来. 规定如果甲胜一局甲就得一分，乙胜一局乙也得一分. 约定，谁先
得到某个确定的分数谁就赢得所有赌注. 但是在谁也没有得到确定的分数之前赌
博因故中止了. 如果甲需再得 n 分才赢得所有赌注，乙需再得 m 分才赢得所有赌
注. 那么应该如何分这些赌注呢？ 为解决这一难题，帕斯卡与当时享有很高声誉的
数学家费马（Fermat）建立了联系，从而使当时很多有名的数学家对概率论发生了
兴趣，使得概率论得到了迅速的发展. 在概率论的发展史上，分赌注问题是极其著
名的问题. 有些人把帕斯卡与费马建立联系的日子（1654 年 7 月 29 日）作为概率
论的生日. 对这个问题，帕斯卡提出了一个很重要的思想：赌徒分得赌注的比例应
该等于从这以后继续赌下去他们各自能获胜的概率. 根据这一思想，可把上述的分
赌注问题归纳成如下的例子.

例 1.7.8 进行某种独立重复的试验，每次试验成功的概率为 $p(0 < p < 1)$，
失败的概率为 $1-p$，问在 m 次失败之前取得 n 次成功的概率（即甲获胜的概率）
$P(n, m)$ 是多少？

解法一 为了使 n 次成功发生在 m 次失败之前，必须且只需在前 $n+m-1$ 次
试验中至少成功 n 次. 一方面因为如果在前 $n+m-1$ 次试验中至少成功 n 次，那
么在前 $n+m-1$ 次试验中至多失败 $m-1$ 次，于是 n 次成功发生在 m 次失败之
前. 另一方面，如果在前 $n+m-1$ 次试验中成功次数少于 n，则在前 $n+m-1$ 次试
验中失败次数至少为 m 次，这样在 m 次失败之前就得不到 n 次成功.

又因在前 $n+m-1$ 次试验中有 k 次成功的概率为

$$C_{n+m-1}^k p^k (1-p)^{n+m-k-1},$$

故在前 $n+m-1$ 次试验中至少成功 n 次的概率为

$$P(n,m) = \sum_{k=n}^{n+m-1} C_{n+m-1}^k p^k (1-p)^{n+m-k-1}, \qquad (1.7.1)$$

此就是 m 次失败之前取得 n 次成功的概率.

解法二　无论 n 次成功发生在 m 次失败之前,还是 m 次失败发生在 n 次成功之前,试验都最多进行 $n+m-1$ 次. n 次成功发生在 m 次失败之前(即甲获胜),进行试验次数可能是 $n,n+1,\cdots,n+m-1$. 如果 n 次成功发生在 m 次失败之前是在第 $k(n \leqslant k \leqslant n+m-1)$ 次试验达到,则第 k 次试验一定是成功,而在前 $k-1$ 次试验中有 $n-1$ 次成功,$k-n$ 次失败,故在只需进行 k 次试验的概率为

$$C_{k-1}^{n-1} p^{n-1} (1-p)^{k-n} \cdot p = p^n C_{k-1}^{n-1} (1-p)^{k-n}, \quad k = n, n+1, \cdots, n+m-1,$$

从而所求概率为

$$P(n,m) = p^n \sum_{k=n}^{n+m-1} C_{k-1}^{n-1} (1-p)^{k-n}. \qquad (1.7.2)$$

当 $n=2, m=3, p=\dfrac{1}{2}$ 时,由解法一得

$$P(2,3) = \sum_{k=2}^{4} C_4^k \left(\frac{1}{2}\right)^k \left(\frac{1}{2}\right)^{4-k} = \frac{1}{16} \sum_{k=2}^{4} C_4^k = \frac{11}{16}.$$

由解法二得

$$P(2,3) = \frac{1}{4} \sum_{k=2}^{4} C_{k-1}^1 \left(\frac{1}{2}\right)^{k-2} = \frac{11}{16}.$$

由(1.7.1)与(1.7.2)式可以得到很多组合公式.

1.7.5　比赛规则问题

例 1.7.9　甲、乙进行某项比赛. 设每局比赛甲胜的概率为 p,乙胜的概率为 $q(q=1-p)$,且各局比赛相互独立. 求在下列比赛规则下甲获胜的概率:

(1) $2n+1$ 局 $n+1$ 胜制.

(2) 谁先胜 n 局谁获胜.

(3) 甲在乙胜 m 局之前先胜 n 局甲获胜,乙在甲胜 n 局之前先胜 m 局乙获胜.

(4) 谁比对方多胜 2 局谁获胜.

(5) 谁比对方多胜 n 局谁获胜.

(6) 甲比乙多胜 n 局甲获胜,乙比甲多胜 m 局乙获胜.

(7) 谁先胜 n 局谁获胜,但是如果出现 $n-1$ 比 $n-1$,则这以后谁比对方多胜 m 局谁获胜.

(8) 谁先胜 n 局谁获胜,但是如果出现 $n-1$ 比 $n-1$,则比赛重新开始.

解　显然(1)是(3)当 n,m 均为 $n+1$ 时的特例,(2)是(3)当 n,m 均为 n 时的

特例,而(3)就是例 1.7.8 的分赌注问题.

(4) 显然无论谁获胜比赛都必须进行偶数局. 设

$B=$"甲获胜";

$A_i=$"在前两局比赛中甲恰好胜 i 局",$i=0,1,2$,由全概率公式,并注意到 $P(B|A_1)=P(B),P(A_i)=C_2^i p^i q^{2-i}$,得

$$P(B) = \sum_{i=0}^{2} P(A_i)P(B \mid A_i)$$
$$=0+C_2^1 pqP(B)+C_2^2 p^2 \times 1$$
$$=2pqP(B)+p^2,$$

故

$$P(B) = \frac{p^2}{1-2pq}.$$

(4) 的另一解法:设 $A_n=$"在第 n 次比赛后甲获胜",则 n 为偶数,且甲在第 $n-1$ 局与第 n 局中都胜. 而在前 $n-2$ 局中甲只胜 $\frac{n-2}{2}$ 局,且因为

$$P(A_2)=p^2, \quad P(A_4)=2pqp^2=2p^3q \quad (q=1-p),$$
$$P(A_6)=p^2(2pq)^2$$

一般地,$P(A_{2m})=p^2(2pq)^{m-1}$,$m=1,2,\cdots$,且诸 A_{2m} 互斥,故所求概率为

$$P\left(\sum_{m=1}^{\infty} A_{2m}\right) = \sum_{m=1}^{\infty} P(A_{2m}) = p^2/(1-2pq).$$

(5) 现用差分方程来解. 设 $p \neq q$,并设 $P(j)$ 为甲已比乙多胜 $n-j$ 局情况下甲获胜的概率,$j=0,1,2,\cdots,2n$. 显然 $P(0)=1,P(2n)=0$,且所求概率就是 $P(n)$,由全概率公式得二阶差分方程

$$P(j) = pP(j-1)+qP(j+1), \qquad q=1-p, \qquad (1.7.3)$$

由此得

$$P(j+1)-P(j) = \frac{p}{q}[P(j)-P(j-1)].$$

递推得

$$p(j+1)-P(j) = \left(\frac{p}{q}\right)^j [P(1)-P(0)] = C\left(\frac{p}{q}\right)^j,$$

其中 C 为 $P(1)-P(0)$,从而

$$P(j) = C\left(\frac{p}{q}\right)^{j-1} + P(j-1) \qquad (递推)$$

$$=C\left[\left(\frac{p}{q}\right)^{j-1}+\left(\frac{p}{q}\right)^{j-2}+\cdots+\frac{p}{q}+1\right]+P(0)$$

$$=1+C\,\frac{1-(p/q)^j}{1-(p/q)}.$$

又因

$$-1=P(2n)-P(0)=\sum_{j=1}^{2n}\left[P(j)-P(j-1)\right]$$

$$=\sum_{j=1}^{2n}C\left(\frac{p}{q}\right)^{j-1}=C\,\frac{1-(p/q)^{2n}}{1-(p/q)},$$

所以

$$C=-\,\frac{1-(p/q)}{1-(p/q)^{2n}},$$

从而

$$P(j)=1-\frac{1-(p/q)}{1-(p/q)^{2n}}\cdot\frac{1-(p/q)^j}{1-(p/q)}$$

$$=\frac{(p/q)^j-(p/q)^{2n}}{1-(p/q)^{2n}}.$$

当 $p=q$ 时,易证 $P(j)=1-\dfrac{j}{2n}$,故

$$P(j)=\begin{cases}\dfrac{(p/q)^j-(p/q)^{2n}}{1-(p/q)^{2n}}, & p\neq q,\\[2mm] 1-\dfrac{j}{2n}, & p=q,\end{cases}\tag{1.7.4}$$

从而

$$P(n)=\begin{cases}\dfrac{p^n}{q^n+p^n}, & p\neq q,\\[2mm] \dfrac{1}{2}, & p=q.\end{cases}\tag{1.7.5}$$

差分方程(1.7.3)的另一解法:设 $P(j)=\lambda^j$(λ 为待定常数),则由(1.7.3)式得代数方程

$$\lambda=p+q\lambda^2.\tag{1.7.6}$$

当 $p\neq q$ 时,得(1.7.6)式的两个解 $\lambda_1=1,\lambda_2=p/q$. 故得 $P(j)$ 的两个特解 1 与 $(p/q)^j$,从而 $P(j)$ 的通解为 $P(j)=C_1+C_2(p/q)^j$. 再由边界条件 $P(0)=1$ 与 $P(2n)=0$ 可得 $C_1=(p/q)^{2n}/[(p/q)^{2n}-1],C_2=1/[1-(p/q)^{2n}]$,从而得

$$P(j)=\frac{(p/q)^j-(p/q)^{2n}}{1-(p/q)^{2n}}.\tag{1.7.7}$$

当 $p=q$ 时,由方程(1.7.6)可解得 $\lambda_1=\lambda_2=1$,从而得 $P(j)$ 的通解为 $P(j)=C_1+C_2j$. 再由边界条件可解得 $C_1=1,C_2=\dfrac{-1}{2n}$. 故得

$$P(j) = 1 - \frac{j}{2n}. \tag{1.7.8}$$

由(1.7.7)与(1.7.8)式得(1.7.4)式.

(6) 当 $p \neq q$ 时,利用解(5)的类似方法得

$$P(n) = \frac{p^n(q^m - p^m)}{q^{n+m} - p^{n+m}},$$

当 $p=q$ 时,$P(n) = 1 - \dfrac{n}{n+m} = \dfrac{m}{n+m}$.

在解上题中,只需注意这时边界条件为 $P(0)=1,P(n+m)=0$.

显然(4)是(5)当 $n=2$ 时的特例,而(5)又是(6)当 $n=m$ 时的特例.

(7) 甲可能在出现 $n-1$ 比 $n-1$ 之前获胜,也可能在出现 $n-1$ 比 $n-1$ 之后获胜,设这两个事件分别为 A 与 B. 显然 $AB=\varnothing$,且甲获胜的概率为 $P(A+B)=P(A)+P(B)$,由例 1.7.8 的解法二得

$$P(A) = p^n \sum_{k=n}^{2n-2} C_{k-1}^{n-1} q^{k-n}.$$

又因

$$P(B) = C_{2n-2}^{n-1} q^{n-1} p^{n-1} \frac{p^m}{q^m + p^m},$$

故

$$P(A+B) = p^n \sum_{k=n}^{2n-2} C_{k-1}^{n-1} q^{k-n} + C_{2n-2}^{n-1} p^{n+m-1} q^{n-1}/(q^m + p^m).$$

当 $m=1$ 时(7)变为(2).

(8) 设

$$A = \text{“甲在出现 } n-1 \text{ 比 } n-1 \text{ 之前获胜”},$$
$$B = \text{“甲在出现 } n-1 \text{ 比 } n-1 \text{ 之后获胜”},$$

则甲获胜概率为 $P(A+B)=P(A)+P(B)$. 设

$$a = P(A) = p^n \sum_{k=n}^{2n-2} C_{k-1}^{n-1} q^{k-n}, \qquad b = C_{2n-2}^{n-1} p^{n-1} q^{n-1},$$

则

$$P(A+B) = a + ba + b^2 a + b^3 a + \cdots = \frac{a}{1-b}.$$

(8)的另一解法:设 $D=$“甲获胜”,$A=$“在前 $k(n \leqslant k \leqslant 2n-2)$ 局甲胜 n 局”,$B=$“出现 $n-1$ 比 $n-1$”,$C=$“在前 $k(n \leqslant k \leqslant 2n-2)$ 局乙胜 n 局”,显然

$P(A)=a, P(B)=b,$ 由全概率公式得

$$P(D) = P(A)P(D \mid A) + P(B)P(D \mid B) + P(C)P(D \mid C)$$
$$= P(A) + bP(D) + P(C) \times 0 = a + bP(D),$$

所以

$$P(D) = \frac{a}{1-b}.$$

1.7.6 随机游动问题

例 1.7.10(无限制简单随机游动) 设一质点在整数集 $\{\cdots, -2, -1, 0, 1, 2, \cdots\}$ 中游动,每单位时间它向右边移动一单位距离的概率为 $p(0 < p < 1)$,向左边移动一单位距离的概率为 $q(1-p=q)$,设开始时它在原点求下列事件的概率:

(1) A="经 n 个单位时间它回到原点";

(2) B="在 n 时刻它位于 γ", $|\gamma| \leqslant n$.

解 (1) 当 n 为奇数时,$p(A)=0$. 当 n 为偶数时,由于经 n 个单位时间它回到原点,故在 n 步移动中向左移动的步数与向右移动的步数相等,都为 $\dfrac{n}{2}$,故 $P(A)=C_n^{n/2} p^{n/2} q^{n/2}$. 因此最后得

$$P(A) = \begin{cases} C_n^{n/2} p^{n/2} q^{n/2}, & n \text{ 为偶数}, \\ 0, & n \text{ 为奇数}. \end{cases}$$

(2) 类似于(1)得

$$P(B) = \begin{cases} C_n^{\frac{n+|r|}{2}} p^{\frac{n+|r|}{2}} q^{\frac{n-|r|}{2}}, & n+|r| \text{ 为偶数}, \\ 0, & n+|r| \text{ 为奇数}. \end{cases}$$

例 1.7.11(具有两个吸收壁的简单随机游动,即赌徒输光问题) 设一质点在整数集 $\{0, 1, 2, 3, \cdots, n+m\}$ 中游动,它开始时位于 n,经一单位时间向右移动一单位距离、向左移动一单位距离、不动的概率分别为 p, q, r,且 $p+q+r=1$. 当它位于 0 点或 $n+m$ 点时它就不再移动,求它最终移动到 0 点的概率 $P_0(n)$.

解 设 $P_0(j)$ 为质点位于点 j 时最终移动到 0 点的概率,$j=0, 1, 2, 3, \cdots,$ $n+m$. 显然有边界条件 $P_0(0)=1, P_0(n+m)=0$. 由全概率公式得

$$P_0(j) = pP_0(j+1) + \gamma P_0(j) + qP_0(j-1),$$
$$1 \leqslant j \leqslant n+m-1.$$

因 $\gamma=1-p-q$,故

$$P_0(j) = pP_0(j+1) + (1-p-q)P_0(j) + qP_0(j-1),$$

从而有

$$P_0(j+1) - P_0(j) = \frac{q}{p}[P_0(j) - P_0(j-1)] \qquad (\text{递推})$$

$$= \left(\frac{q}{p}\right)^j [P_0(1) - P_0(0)] = \left(\frac{q}{p}\right)^j C, \qquad (1.7.9)$$

其中 $C = P_0(1) - 1$. 于是

$$P_0(j) = P_0(j-1) + C\left(\frac{q}{p}\right)^{j-1}.$$

因为

$$-1 = P_0(n+m) - P_0(0) = \sum_{j=1}^{n+m} [P_0(j) - P_0(j-1)]$$

$$= C\sum_{j=1}^{n+m} \left(\frac{q}{p}\right)^{j-1} = C\frac{1-(p/q)^{n+m}}{1-(q/p)}, \qquad p \neq q,$$

所以

$$C = -\frac{1-(q/p)}{1-(q/p)^{n+m}},$$

因而

$$P_0(j) = C\left(\frac{q}{p}\right)^{j-1} + P_0(j-1) \qquad (\text{递推})$$

$$= C\left[\left(\frac{q}{p}\right)^{j-1} + \left(\frac{q}{p}\right)^{j-2} + \cdots + \frac{q}{p} + 1\right] + P_0(0)$$

$$= 1 - \frac{1-(q/p)}{1-(q/p)^{n+m}} \cdot \frac{1-(q/p)^j}{1-(q/p)}$$

$$= \frac{(q/p)^j - (q/p)^{n+m}}{1-(q/p)^{n+m}},$$

所以

$$P_0(n) = \frac{(q/p)^n[1-(q/p)^m]}{1-(q/p)^{n+m}}.$$

当 $p=q$ 时, 由 $P_0(j) - P_0(j-1) = P_0(1) - P_0(0) = C$ 得

$$P_0(n+m) - P_0(0) = \sum_{j=1}^{n+m} [P_0(j) - P_0(j-1)]$$

$$= \sum_{j=1}^{n+m} C = C(n+m),$$

即 $-1 = C(m+n)$，所以 $C = -\dfrac{1}{n+m}$. 又因

$$P_0(j) = C + P_0(j-1) = jC + P_0(0)$$

$$= 1 + jC = 1 - \frac{j}{n+m} = \frac{n+m-j}{n+m},$$

于是最后得所求概率为

$$P_0(n) = \begin{cases} \dfrac{(q/p)^n[1-(q/p)^m]}{1-(q/p)^{n+m}}, & p \neq q, \\ \dfrac{n+m-n}{n+m} = \dfrac{m}{n+m}, & p = q, \end{cases} \tag{1.7.10}$$

类似可得质点开始位于 n 点最终到达 $n+m$ 点的概率为

$$P_{n+m}(n) = \begin{cases} \dfrac{1-(q/p)^n}{1-(q/p)^{n+m}}, & p \neq q, \\ \dfrac{n}{n+m}, & p = q. \end{cases} \tag{1.7.11}$$

本题的另一解法：令 $P_0(j) = \lambda^j$，则由 (1.7.9) 式得代数方程

$$\lambda^2 - \lambda = \frac{q}{p}(\lambda - 1),$$

即

$$p\lambda^2 - (p+q)\lambda + q = 0. \tag{1.7.12}$$

当 $p \neq q$ 时，方程 (1.7.12) 有两个不相等的解：$\lambda_1 = 1, \lambda_2 = \dfrac{q}{p}$，故 $P_0(n)$ 有通解

$P_0(n) = C_1 + C_2\left(\dfrac{q}{p}\right)^n$. 由边界条件，得 $C_1 = -\dfrac{(q/p)^{m+n}}{1-(q/p)^{m+n}}$, $C_2 = \dfrac{1}{1-(q/p)^{m+n}}$，故

$P_0(n) = \dfrac{(q/p)[1-(q/p)^m]}{1-(q/p)^{m+n}}$.

当 $p = q$ 时方程 (1.7.12) 有两个相等的解：$\lambda_1 = \lambda_2 = 1$，故 $P_0(n)$ 有通解

$P_0(n) = C_1 + C_2 n$，由边界条件得 $C_1 = 1, C_2 = -\dfrac{1}{m+n}$，故 $P_0(n) = \dfrac{m}{m+n}$，从而得

(1.7.10) 式.

1.7.7　其他一些问题

例 1.7.12（确诊率问题）　某病被诊断出的概率为 0.95，无该病误诊有该病的概率为 0.002，如果某地区患该病的比例为 0.001，现随机选该地区一人，诊断患有该病，求该人确实患有该病的概率.

解　设 $B = $ "该人患有该病"，$A = $ "该人诊断患有该病"，则所求概率为

$P(B|A)$,由贝叶斯公式得

$$P(B \mid A) = \frac{P(B)P(A \mid B)}{P(B)P(A \mid B) + P(\overline{B})P(A \mid \overline{B})}$$

$$= \frac{0.001 \times 0.95}{0.001 \times 0.95 + 0.999 \times 0.002} = 0.32225.$$

例 1.7.13(波利亚(Polya)坛子问题) 设一坛子装有 b 个黑球,r 个红球,任意取出一个,然后放回并再放入 c 个与取出的颜色相同的球. 以后继续如此取球.

(1) 求第一次取出的是黑球,第二次也取出黑球的概率.

(2) 如将上述手续进行 n 次,求取出的正好是 n_1 个黑球,n_2 个红球的概率($n_1 + n_2 = n$).

(3) 证明任一次取出黑球的概率是 $\dfrac{b}{b+r}$,任一次取出红球的概率是 $\dfrac{r}{b+r}$.

(4) 证明第 m 次与第 n($m < n$)次取出的都是黑球的概率为 $\dfrac{b(b+c)}{(b+r)(b+r+c)}$.

解 (1) 设 A_i = "第 i 次取出的是黑球",$i = 1, 2, \cdots, n$,则前两次取出的都是黑球的概率为

$$P(A_1 A_2) = P(A_1)P(A_2 \mid A_1) = \frac{b}{b+r} \cdot \frac{b+c}{b+r+c}$$

$$= \frac{b(b+c)}{(b+r)(b+r+c)}.$$

(2) 在 n 次取球中有 n_1 次取得黑球有 $C_n^{n_1}$ 种可能取法. 对每种确定的取法,设 A_i = "第 i 次取得黑球",$i = 1, 2, \cdots, n$,B = "第 $s_1, s_2, \cdots, s_{n_1}$ 次取得黑球,第 r_1,$r_2, \cdots, r_{n_2}$ 取得红球",其中 $n_1 + n_2 = n$,而 $s_1, \cdots, s_{n_1}$ 是 $1, \cdots, n$ 中任意 n_1 个数,$r_1, \cdots, r_{n_2}$ 是其余 n_2 个数,则

$$P(A_{s_i}) = \frac{b + (i-1)c}{b + r + (s_i - 1)c},$$

$$P(\overline{A}_{r_j}) = \frac{r + (j-1)c}{b + r + (r_j - 1)c}.$$

故

$$P(B) = P(A_{s_1} A_{s_2} \cdots A_{s_{n_1}} \overline{A}_{r_1} \overline{A}_{r_2} \cdots \overline{A}_{r_{n_2}})$$

$$= \frac{b}{b + r + (s_1 - 1)c} \cdot \frac{b+c}{b + r + (s_1 - 1)c} \cdots$$

$$\cdot \frac{b + (n_1 - 1)c}{b + r + (s_{n_1} - 1)c} \cdot \frac{r}{b + r(r_1 - 1)c} \cdots$$

$$\cdot \frac{r + (n_2 - 1)c}{b + r + (r_{n_2} - 1)c}$$

$$= \prod_{i=0}^{n_1-1}(b+ic)\prod_{j=0}^{n_2-1}(r+jc)\Big/\prod_{k=0}^{n-1}(b+r+kc).$$

而所求概率为

$$\mathrm{C}_n^{n_1}P(B)=\mathrm{C}_n^{n_1}\prod_{i=0}^{n_1-1}(b+ic)\prod_{j=0}^{n_2-1}(r+jc)\Big/\prod_{k=0}^{n-1}(b+r+kc),$$

(3) A_i 如上所设,因为 $P(A_1)=\dfrac{b}{b+r}$. 设 $P(A_n)=\dfrac{b}{b+r}$,即等于坛中黑球与总

球数之比. 现往证 $P(A_{n+1})=\dfrac{b}{b+r}$. 因为

$$P(A_{n+1})=P(A_1)P(A_{n+1}\mid A_1)+P(\overline{A}_1)P(A_{n+1}\mid\overline{A}_1),$$

而 $P(A_{n+1}|A_1)$ 等于在装有 $b+c$ 个黑球 r 个红球的坛中第 n 次取出黑球的概率,
由假设得

$$P(A_{n+1}\mid A_1)=\frac{b+c}{b+c+r}.$$

同理 $P(A_{n+1}|\overline{A}_1)=\dfrac{b}{b+r+c}$,故

$$P(A_{n+1})=\frac{b}{b+r}\cdot\frac{b+c}{b+c+r}+\frac{r}{b+r}\cdot\frac{b}{b+r+c}=\frac{b}{b+r},$$

从而证得任一次取得黑球的概率为 $\dfrac{b}{b+r}$. 类似地,任一次取得红球的概率为 $\dfrac{r}{b+r}$.

(4) 先证当 $m=1$ 时,对一切 $n(n>m)$ 命题成立. 设 B_j＝"第 j 次取得黑球",
由(3)得

$$P(B_1B_n)=P(B_1)P(B_n\mid B_1)=\frac{b}{b+r}P(B_n\mid B_1)$$

$$=\frac{b}{b+r}\cdot\frac{b+c}{(b+c)+r}=\frac{b(b+c)}{(b+r)(b+r+c)}.$$

此示当 $m=1$ 时,对一切 $n(n>m)$ 命题成立. 设 $m=k-1$ 时对一切 $n(n>m)$ 命题成
立,往证 $m=k$ 时对一切 $n(n>m)$ 命题也成立.

因为

$$P(B_kB_n)=P(B_1)P(B_kB_n\mid B_1)+P(\overline{B}_1)P(B_kB_n\mid\overline{B}_1),$$

而 $P(B_kB_n|B_1)$ 等于从装有 $b+c$ 个黑球,r 个红球的袋中第 $k-1$ 次与第 $n-1$ 次
都取得黑球的概率,由假设得

$$P(B_kB_n\mid B_1)=\frac{b+c}{b+c+r}\cdot\frac{b+2c}{b+2c+r}.$$

同理

$$P(B_kB_n \mid \bar{B}_1) = \frac{b}{b+c+r} \cdot \frac{b+c}{b+2c+r},$$

从而

$$P(B_kB_n) = \frac{b}{b+r} \cdot \frac{b+c}{b+c+r} \cdot \frac{b+2c}{b+2c+r} + \frac{r}{b+r} \cdot \frac{b}{b+r+c} \cdot \frac{b+c}{b+2c+r}$$

$$= \frac{b(b+c)}{(b+r)(b+r+c)}.$$

例 1.7.14(巴拿赫(Banach)火柴盒问题) 某数学家左右衣袋里各装一盒火柴,每次使用时他任取两盒中的一盒,假设每盒各有 N 根,求:

(1) 他首次发现一盒空时,另一盒恰有 r 根的概率($r=0,1,2,\cdots,N$).

(2) 第一次用完一盒火柴时(不是发现)另一盒恰有 r 根的概率($r=0,1,2,\cdots,N$).

解 (1) 两盒火柴有一盒用完有两种可能情形,设手伸向左边衣袋表示"成功",伸向右边衣袋表示"失败",则发现左边一盒空时,右边一盒恰有 r 根的概率就是重复独立试验中,第 $N+1$ 次"成功"发生在第 $2N-r+1$ 次试验的概率,它是负二项概率,即 $C_{2N-r}^N \left(\frac{1}{2}\right)^N \left(\frac{1}{2}\right)^{N-r} \cdot \frac{1}{2}$,故所求概率为

$$C_2^1 \cdot C_{2N-r}^N \left(\frac{1}{2}\right)^{N+1} \left(\frac{1}{2}\right)^{N-r} = C_{2N-r}^N \left(\frac{1}{2}\right)^{2N-r}.$$

(2) 类似于(1)这是第 N 次"成功"发生在第 $2N-r$ 次试验的概率的 2 倍,即

$$C_{2N-r-1}^{N-1} \left(\frac{1}{2}\right)^{N-r-1}$$

例 1.7.15(配对问题) n 对夫妇随机坐在一张圆桌旁,求没有一个妻子坐在她丈夫身旁的概率($n>1$)与恰有 $r(r \leqslant n)$ 对夫妻相邻就坐的概率.

例 1.5.3 是一类很重要配对问题的例子.例 1.7.15 是另一类配对问题.

解 先来计算环状选排列种数.从 n 个不同的元素中任选 k 个不同的元素按元素之间相对位置不分首尾地围成一圈,这种排列叫环状选排列.从 n 个不同的元素中任选 k 个的环状选排列种数是 $\dfrac{P_n^k}{k}$.这是因为尽管元素的绝对位置不同,只要元素的相对位置一样仍只算一种排列.例如,图 1.7 中四个不同元素的 4 种环状排列,尽管 4 种排列元素的绝对位置不同,但相对位置都一样,故这 4 种排列只算一种排列.

从而 n 个不同元素的环状全排列种数为 $(n-1)!$,下面来解本题.

设 $A_i=$"第 i 对夫妇相邻就坐",$i=1,2,\cdots,n$,则没有妻子坐在他丈夫身旁的概率为

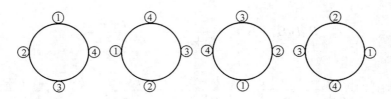

图 1.7

$$P\left(\bigcap_{i=1}^{n} \overline{A}_i\right) = 1 - P\left(\bigcup_{i=1}^{n} A_i\right).$$

由加法公式得

$$P\left(\bigcup_{i=1}^{n} A_i\right) = \sum_{i=1}^{n} P(A_i) - \sum_{1 \le i < j}^{n} P(A_i A_j) + \cdots + (-1)^{n-1} P(A_1 A_2 \cdots A_n),$$

$P(A_i A_j)$ 表示第 i 对夫妇相邻而坐第 j 对夫妇也相邻而坐的概率. 因为相邻而坐, 可把每对夫妇看成一个人, $2n - 4 + 2 = 2n - 2$ 个人环状全排列种数是 $(2n - 2 - 1)! = (2n - 3)!$. 又因每对夫妇相邻而坐又有两种可能, 故

$$P(A_i A_j) = \frac{2^2 (2n-3)!}{(2n-1)!}.$$

类似地

$$P(A_i) = \frac{2(2n-2)!}{(2n-1)!}, \qquad P(A_i A_j A_k) = \frac{2^3 (2n-4)!}{(2n-1)!},$$

$$P(A_1 A_2 \cdots A_n) = \frac{2^n (n-1)!}{(2n-1)!},$$

故没有妻子坐在她丈夫身旁的概率为

$$P\left(\bigcap_{i=1}^{n} \overline{A}_i\right) = 1 - \left[C_n^1 \frac{2(2n-2)!}{(2n-1)!} - C_n^2 \frac{2^2 (2n-3)!}{(2n-1)!} \right.$$

$$\left. + C_n^3 \frac{2^3 (2n-4)!}{(2n-1)!} - \cdots + (-1)^{n-1} C_n^n \frac{2^n (2n-3)!}{(2n-1)!} \right]$$

$$= 1 + \sum_{k=1}^{n} (-1)^k C_n^k \frac{2^k (2n-k-1)!}{(2n-1)!}.$$

恰有 r 对夫妇相邻就坐有 C_n^r 种可能, 对于指定 r 对夫妇相邻而坐其余 $n - r$ 对夫妇都不相邻而坐 (如前 r 对都相邻坐后 $n - r$ 对都不相邻而坐) 的概率为

$$P(A_1 A_2 \cdots A_r \overline{A}_{r+1} \overline{A}_{r+2} \cdots \overline{A}_n)$$

$$= P(A_1 \cdots A_r) P(\overline{A}_{r+1} \overline{A}_{r+1} \cdots \overline{A}_n \mid A_1 A_2 \cdots A_r)$$

$$= \frac{2^r (2n-r-1)!}{(2n-1)!} \left[1 + \sum_{k=1}^{n-r} C_{n-r}^k (-1)^k \frac{2^k (2n-2r-k-1)!}{(2n-2r-1)!} \right],$$

故所求概率, 即恰有 r 对夫妇相邻而坐的概率为

$$P = C_n^r \frac{2^r(2n-r-1)!}{(2n-1)!} \left[1 + \sum_{k=1}^{n-r} C_{n-r}^k (-1)^k \frac{2^k(2n-2r-k-1)!}{(2n-2r-1)!} \right].$$

例 1.7.16（选举定理） 设在一次选举中候选人甲得票 n 张，候选人乙得票 m 张（$m < n$），求在计票过程中

（1）甲的票数总比乙的票数多的概率；

（2）甲的票数总不少于乙的票数的概率.

解 我们用反射原理来解这一问题. 现用图 1.8 表示 $n+m$ 张票的一种排列（为简便，我们取 $m=3, n=5$）. 图中纵坐标表示计算到某张票为止所计算的甲票数与乙票数之差.

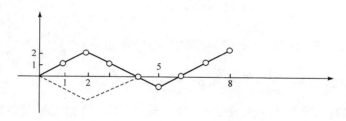

图 1.8

图 1.8 中表示计票过程中，甲、乙票出现的顺序是"甲甲乙乙乙甲甲甲"，对应于这样一个顺序可画出图中的一条折线. 对于甲的 n 张票与乙的 m 张票的不同顺序可画出不同的折线. 这样的折线一共有 C_{n+m}^m 条. 但是这 C_{n+m}^m 条折线可分为两类：计票过程中，取出的第一张票是乙的. 因为 $m < n$，所以这一类折线一定要与横轴相交，也就是甲、乙票数必定要在某个时刻相等. 另一类是计票过程中取出的第一张票是甲的，这一类折线可能与横轴相交也可能不与横轴相交. 第一类折线有 C_{n+m-1}^{m-1} 条，第二类中与横轴相交的折线的条数也是 C_{n+m-1}^{m-1} 条. 这是因为将上述图形中从 0 到首次与横轴相交的部分关于横轴作一反射，就得图中虚线部分，这虚线部分与其余部分一起就构成了一条第一张票是乙的折线，即得一个顺序"乙乙甲甲乙甲甲甲"，它与顺序"甲甲乙乙乙甲甲甲"对应，且对于每条以甲票开始且与横轴相交的所有折线与以乙票开始的所有折线是一一对应的. 这就是反射原理. 由此得计票过程中甲票数与乙票数在某时刻相等的概率为

$$P(\text{某时刻甲、乙票数相等}) = \frac{2C_{n+m-1}^{m-1}}{C_{n+m}^m} = \frac{2m}{n+m}.$$

（1）设 $P(n,m)$ 表示计算过程中，甲票数总多于乙票数的概率，则由上述知

$$P(n,m) = 1 - \frac{2m}{n+m} = \frac{n-m}{n+m}. \tag{1.7.13}$$

（2）设 $G(n,m)$ 表示计票过程中甲票数总不小于乙票数的概率,因为在第一张是乙的条件下,甲票数总多于乙票数的条件概率为零,故由全概率公式有

$$P(n,m)=\frac{n}{n+m}G(n-1,m).$$

因为 $P(n,m)=\frac{n-m}{n+m}$,所以 $G(n-1,m)=\frac{n-m}{n}$,从而

$$G(n,m)=\frac{n+1-m}{n+1},\qquad(1.7.14)$$

由此我们还可得计票过程中(在某时刻)乙票数多于甲票数的概率为

$$p=1-G(n,m)=\frac{m}{n+1}.\qquad(1.7.15)$$

例如,设 $n=2,m=1$,则 P（某时刻甲、乙票数相等）$=\frac{2m}{n+m}=\frac{2}{3}$, $P(2,1)=\frac{n-m}{n+m}=\frac{1}{3}$, $G(2,1)=\frac{n+1-m}{n+1}=\frac{2}{3}$, $p=\frac{m}{n+1}=\frac{1}{3}$.

例 1.7.17（三事件之一先发生概率）　设 A,B,C 为独立重复试验中三个事件,则这时 A 先发生的概率 $P(D)$ 为

$$P(D)=[P(A)-P(AB)-P(AC)+P(ABC)]/$$
$$[P(A)+P(B)+P(C)-2P(AB)-2P(AC)-2P(BC)+3P(ABC)].$$
$$(1.7.16)$$

证明　将样本空间分成 8 块互斥区域(图 1.9)：

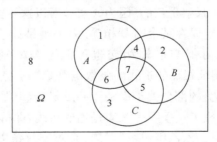

图 1.9

$$E_1=A-AB-(AC-ABC),E_2=B-AB-(BC-ABC),$$
$$E_3=C-AC-(BC-ABC),$$
$$E_4=AB-ABC,E_5=BC-ABC,E_6=AC-ABC,$$
$$E_7=ABC,E_8=\Omega-\sum_{i=1}^{7}E_i.$$

因为 $AC-ABC$ 是 $A-AB$ 的子事件, AB 是 A 的子事件, ABC 是 AC 的子事件,所以

$$P(E_1)=P(A-AB-(AC-ABC))$$
$$=P(A-AB)-P(AC-ABC)=P(A)-P(AB)-P(AC)+P(ABC).$$

类似地，
$$P(E_2)=P(B)-P(AB)-P(BC)+P(ABC),$$
$$P(E_3)=P(C)-P(AC)-P(BC)+P(ABC).$$

由全概率公式，得

$$P(D)=\sum_{i=1}^{8}P(E_1)P(D/E_i)=P(E_1)+\sum_{i=4}^{8}P(E_1)P(D/E_i)$$

$$=P(E_1)+\sum_{i=4}^{7}P(E_i)P(D)+\Big[1-\sum_{i=i}^{7}P(E_i)\Big]P(D)$$

$$=P(E_1)+P(D)-(D)\sum_{i=1}^{3}P(E_i).$$

从而，$P(D)=P(E_1)\Big/\sum_{i=1}^{3}P(E_i)$，于是(1.7.16) 式得证.

当 C 为不可能事件时，(1.7.16) 式变为(1.6.2) 式.

当三事件均互斥时，(1.7.16) 式变为
$$P(D)=P(A)/[P(A)+P(B)+P(C)]. \tag{1.7.17}$$

如果仅 A 与 B 不互斥，则(1.7.16) 式变为
$$P(D)=[P(A)-P(AB)]/[P(A)+P(B)+P(C)-2P(AB)]. \tag{1.7.18}$$

如果用 E 表示仅 A 与 B 同时先发生的事件，则
$$P(E)=P(E_4)+P(E_7)P(E)+P(E_8)P(E)$$

$$=P(E_4)+P(E_7)P(E)+P(E)-P(E)\sum_{i=1}^{7}P(E_i)=P(E_4)\Big/\sum_{i=1}^{6}P(E_i)$$

$$=[P(AB)-P(ABC)]/[P(A)+P(B)+P(C)-2P(AB)-P(AC)$$
$$-P(BC)+P(ABC)]. \tag{1.7.19}$$

类似地可求仅 A,C 或 (B,C) 同时先发生的概率.

当 $P(C)=0$ 时，(1.7.19)变为
$$P(E)=P(AB)/[P(A)+P(B)-2P(AB)]. \tag{1.7.20}$$

如果用 F 表示 A,B,C 三事件同时先发生的事件，则类似地可证
$$P(E)=P(ABC)/[P(A)+P(B)+P(C)-P(AB)-P(AC)-P(BC)+P(ABC)]. \tag{1.7.21}$$

习 题 1

1. 设 A,B,C 为事件，证明：

(1) $(A\bigcup B)C=(AC)\bigcup(BC)$；$(AB)\bigcup C=(A\bigcup C)(B\bigcup C)$.

(2) $\overline{A\bigcup B}=\overline{A}\,\overline{B}$；$\overline{AB}=\overline{A}\bigcup\overline{B}$.

(3) 如果 $A\subset B$，则 $\overline{B}\subset\overline{A}$.

2. 设 $A_1,A_2,A_3,\cdots$ 为事件序列，C 为一事件，则

(1) $\left(\bigcup\limits_{i=1}^{\infty}A_i\right)C=\bigcup\limits_{i=1}^{\infty}(A_iC)$；$\left(\bigcap\limits_{i=1}^{\infty}A_i\right)\bigcup C=\bigcap\limits_{i=1}^{\infty}(A_i\bigcup C)$.

(2) $\overline{\left(\bigcup\limits_{i=1}^{\infty}A_i\right)}=\bigcap\limits_{i=1}^{\infty}\overline{A}_i$；$\overline{\left(\bigcap\limits_{i=1}^{\infty}A_i\right)}=\bigcup\limits_{i=1}^{\infty}\overline{A}_i$.

3. 设 $\{A_n\}$ 为两两互斥的事件列，则 $\lim\limits_{n\to\infty}A_n=\varnothing$.

4. 设 $\{A_n\}$ 为一任意事件列，B 为一事件，证明：

(1) $B\smallsetminus\underline{\lim\limits_{n\to\infty}}A_n=\overline{\lim\limits_{n\to\infty}}(B\smallsetminus A_n)$.

(2) $B\smallsetminus\overline{\lim\limits_{n\to\infty}}A_n=\underline{\lim\limits_{n\to\infty}}(B\smallsetminus A_n)$.

5. 设 $\{A_{n_k}\}$ 为事件列 $\{A_n\}$ 的任一子事件列，证明：

(1) 如果 $\lim\limits_{n\to\infty}A_n$ 存在，则 $\lim\limits_{k\to\infty}A_{n_k}$ 也存在.

(2) 如果 $\lim\limits_{k\to\infty}A_{n_k}$ 不存在，则 $\lim\limits_{n\to\infty}A_n$ 也不存在.

6. 设 A,B 为两个事件，令 $A_n=\begin{cases}A,&当 n 为偶数时，\\ B,&当 n 为奇数时，\end{cases}$ 求 $\underline{\lim\limits_{n\to\infty}}A_n$ 与 $\overline{\lim\limits_{n\to\infty}}A_n$，并回答 $\lim\limits_{n\to\infty}A_n$ 是否存在.

7. 从 $0\sim9$ 的十个整数中（不重复）任取 $i(2\leqslant i<10)$ 个数，问这 i 个数能排成一个 i 位偶数的概率是多少？能排成一个 i 位奇数的概率是多少？

8. 在分别写有 2,4,6,7,8,11,12,13 的八张卡片中任取两张，把卡片中的两个数字组成一个分数，求所得分数为既约分数的概率.

9. 一部四卷的文集，按任意次序放到书架上，问各卷自左向右或自右向左的卷号顺序恰为 1,2,3,4 的概率是多少？

10. 将 13 个字母，A,A,A,C,E,H,I,I,M,M,N,T,T 随机排成一行，问能组成"MATHE-MATICIAN"的概率是多少？

11. 将 n 个人排成一行，甲与乙是其中的两人，求这 n 个人的任意排列中，甲与乙之间恰有 r 个人的概率. 如果 n 个人围成一圆圈，试证明：甲与乙之间恰有 r 个人的概率与 r 无关，是 $\dfrac{1}{n-1}$（在圆圈排列时仅考虑从甲到乙的顺时针方向）.

12. 口袋内有 2 个伍分，3 个贰分，5 个壹分的硬币，任取其中 5 个，求总值超过一角的概率.

13. 甲袋中有 6 个白球 4 个黑球，乙袋中有 4 个白球 8 个黑球，从甲、乙两袋中各摸一个球，求两球颜色相同的概率.

14. 一架电梯开始时有 6 个乘客，每位乘客等可能地停于 10 层楼的每一层，求下列事件的概率：

(1) 某指定的一层有两位乘客离开；　　　(2) 没有两位乘客在同一层离开；

(3) 恰有两位乘客在同一层离开；　　　(4) 至少有两位乘客在同一层离开.

15. 从 10 个数 $1,2,\cdots,10$ 中不放回随机抽取 4 个，问(1)最大的数是 5 的概率是多少？(2)最小的数是 5 的概率是多少？(3)至少有一个数小于 6 的概率是多少？

16. 四颗骰子掷一次至少得一个一点与两颗骰子掷 24 次至少有一次得两个一点哪个概率大？

17. 把 n 个"0"与 n 个"1"随机地排成一行,求没有两个 1 连在一起的概率.

18. 一列火车共 n 节车厢,有 $k(k\geqslant n)$ 个旅客上火车并随意选择车厢(每节车厢都可以容纳 k 个旅客),求下列事件的概率:

(1) A="每节车厢至少有一个人";

(2) B="恰有 $m(m<n)$ 节车厢无人".

19. 从 n 双尺码不同的鞋子中任取 $2r(2r<n)$ 只,求下列事件的概率:

(1) A="没有两只成对"; 　　　　(2) B="恰有两只成对";

(3) C="恰有 4 只成对"; 　　　　(4) D="恰好成 r 对".

20. 把 n 根同样长的棒的每根都分成长度为 1 与 2 之比的两小根,然后把这 $2n$ 根小棒任意分成 n 对,每对又接成一根新棒,求下列事件的概率:

(1) A="全部新棒都是原来分开的两小棒相接的";

(2) B="全部新棒的长度都与原来的一样".

21. 把 n 个不同的球随机放入 n 个匣子中去,求下列事件的概率:

(1) A="恰好每个匣中都有一个球";

(2) B="恰有一个匣子是空的";

(3) C="某指定的一个匣中恰有 m 个球"$(m\leqslant n)$.

22. 从数 $1,2,\cdots,N$ 中不重复任取 $n(n\leqslant N)$ 个数,按大小排成 $x_1<x_2<x_3<\cdots<x_m<\cdots<x_n$. 求 $x_m=M(m\leqslant M\leqslant N)$ 的概率.

23. 从数 $1,2,\cdots,N$ 中可重复地任取 n 个数,按大小排成 $x_1\leqslant x_2\leqslant x_m\leqslant\cdots\leqslant x_n$,求 $x_m=M(m\leqslant M\leqslant N)$ 的概率.

24. 试证:

(1) 如果 $P(A|B)>P(A)$,则 $P(B|A)>P(B)$;

(2) 如果 $P(A|B)=P(A|\bar{B})$,则事件 A 与 B 相互独立.

25. 设 $P(AB)=P(A)P(B)$,且 $P(A)=p,P(B)=q$,求 $P(A\bigcup B),P(\bar{A}\bigcup B),P(\bar{A}B)$ 与 $P(\overline{AB})$.

26. 试证:

(1) $P\left(\bigcup\limits_{i=1}^{n} A_i\right)=1-P\left(\bigcap\limits_{i=1}^{n} \bar{A}_i\right);$

(2) $P\left(\bigcap\limits_{i=1}^{n} A_i\right)=\sum\limits_{i=1}^{n}P(A_i)-\sum\limits_{i\leqslant i<j}^{n}P(A_i\bigcup A_k)+\sum\limits_{i\leqslant i<j<k}^{n}P(A_i\bigcup A_j\bigcup A_k)-\cdots$

$$+(-1)^{n-1}P\left(\bigcup\limits_{i=1}^{n} A_i\right).$$

27. 将线段 $(0,a)$ 任意折成三段,试求此三段线段构成三角形的概率.

28. 在三角形 $\triangle ABC$ 中任取一点 P,证明:$\triangle ABP$ 与 $\triangle ABC$ 的面积之比大于 $\dfrac{n-1}{n}$ 的概率是 $\dfrac{1}{n^2}$.

29. 在矩形 $\{(p,q);|p|\leqslant 1,|q|\leqslant 1\}$ 中任取一点,求使方程 $x^2+px+q=0$ 有(1)两个实根的概率;(2)两个正根的概率.

30. 两批相同的产品各有 12 件与 10 件,在每批产品中有一件废品,今任意地从第一批中抽出一件混入第二批中,然后再从第二批产品中任抽一件,求从第二批产品中抽出的是废品的概率.

31. 在一盒子中装有 15 个乒乓球,其中有 9 个新球.在第一次比赛时任取 3 个球,比赛后放回原盒中.在第二次比赛时,同样任取 3 个球,求第二次取出的 3 个球都是新的概率.

32. 发报台分别以概率 0.6 与 0.4 发出信号"·"与"—",由于通信系统受到干扰,当发出"·"时,收报台分别以概率 0.8 与 0.2 收到"·"与"—";当发出信号"—"时,收报台分别以 0.9 与 0.1 收到信号"—"与"·".求

(1) 收报台收到信号"·"的概率;(2) 当收到信号"·"时发报台确实发出信号"·"的概率.

33. 要验收一批 100 件的物品,从中随机取 3 件来测试(设 3 件物品的测试是相互独立的).如果 3 件中有 1 件不合格,就拒绝接收这批物品.设 1 件不合格的物品经测试查出的概率为 0.95,而 1 件合格品经测试误认为不合格的概率为 0.01.如果这 100 件物品中有 4 件是不合格的,问这批物品被接收的概率是多少?

34. 设某地区患某病的概率为 0.05%,患该病经诊断查出的概率为 0.98,不患该病误诊为该病的概率为 0.1%.今从该地区任选一人经诊断患有该病,求该人确实患该病的概率.

35. 掷两颗均匀的骰子,以 F 表示第一个骰子是 4 个点,以 E_1 表示两骰子点数之和为 6,以 E_2 表示两骰子点数之和为 7,问 F 与 E_1 是否独立? F 与 E_2 是否独立?

36. 证明:如果三事件 A,B,C 相互独立,则 $A \cup B,AB,A\bar B$ 都分别与 C 独立.

37. 设 $A_1,A_2,\cdots,A_n$ 为 n 个相互独立的事件,$P(A_i)=p_i,1 \leqslant i \leqslant n$,求在一次试验中下列事件的概率:

(1) $A=$"n 个事件全不发生";(2) $B=$"n 个事件中至少 1 个发生";(3) $C=$"n 个事件恰有 1 个发生".

38. 设每次随机试验中事件 A 出现的概率为 0.3.如果 A 不出现,事件 B 也不出现;如果 A 出现,B 以概率 0.6 出现,进行 4 次独立的试验;如果 A 出现不少于 2 次,则 B 出现的概率为 1,今进行 4 次独立试验,求 B 出现的概率.

39. 在四次独立试验中事件 A 至少出现一次的概率是 0.59,试问在一次试验中 A 出现的概率是多少?

40. 每门高射炮击中敌机的概率为 0.6,现一架敌机来犯,问至少需要多少门高射炮才能以 99% 的概率击中它?

41. 甲、乙、丙三人进行某棋类比赛,规定甲、乙先比赛,胜者与丙比赛,依次循环,直至一人接连胜两次时为止,此人即为冠军.假定比赛双方取胜的概率均为 $\frac{1}{2}$,求各人得冠军的概率.

42. 掷一枚均匀硬币 $n+m$ 次,已知至少出现一次正面,求第一次正面出现在第 n 次的概率.

43. 在伯努利试验中事件 A 出现的概率为 p,求在 n 重伯努利试验中 A 出现偶数次的概率.

44. 设随机试验中某事件 A 出现的概率为 $\varepsilon>0$,求在三次独立试验中 A 出现的概率,并证明:不断独立地重复此试验,A 迟早要出现的概率为 1,而不论 ε 如何小.

45*. 某赌徒与一个有无穷赌本的对手赌博,每赌一局,赌徒赢 1 元的概率为 p,输 1 元的概率为 $q(q=1-p)$,若开始时他有 n 元赌本,求下列事件的概率:

(1) 赌徒最终输光;(2) 赌徒恰好在第 $n+2j$ 局输光.

46. 把 $2n$ 根线握在手中,仅露出它们的头和尾.然后另一人把 $2n$ 个头两两连接,把 $2n$ 个尾也两两连接,求放开手后 $2n$ 根线恰好构成一个环的概率.

47. 设一袋中有 N 个球,其中 M 个为黑球,其余均为白球,现从中无放回取球,直到取到 r 个黑球为止,求取球次数为 $m(m=r,r+1,\cdots,N-M+r)$ 的概率.

48. 将 6 个球随机放入 3 个杯中,每球以等可能放入每个杯中,每杯容纳球数不限,求 3 杯中最大球数为 $k(k=2,\cdots,6)$ 的概率.

49. 将 $3n$ 个球随机放入 3 个杯中,每球等可能放入每个杯中,每杯容纳球数不限,求每个杯中恰有 n 个球的概率.

50. 将 $2n$ 个球随机放入 2 个杯中,每球等可能放入每个杯中,每杯容纳球数不限,求两杯中最小球数为 $k(k=0,1,2,\cdots,n)$ 的概率.

51*. 在伯努利试验中事件 A 出现的概率为 p,令 G_n 表示在 n 重伯努利试验中 A 出现奇数次的概率,证明

$$G_n = p + (1-2p)G_{n-1}.$$

由此证明

$$G_n = \frac{1}{2} - \frac{1}{2}(1-2p).$$

52*. 利用概率模型证明恒等式:

(1) $1 + \dfrac{A-a}{A-1} + \dfrac{(A-a)(A-a-1)}{(A-1)(A-2)} + \cdots + \dfrac{(A-a)(A-a-1)\cdots 2}{(A-1)(A-2)\cdots(a+1)a} = \dfrac{A}{a}$;

(2) $C_m^m + C_{m+1}^m + C_{m+2}^m + \cdots + C_{m+n-1}^m = C_{m+n}^{m+1}$;

(3) $1 + \dfrac{(n-m)(m+1)}{nm} + \dfrac{(n-m)(n-m-1)(m+2)}{n^2 m} + \cdots$

$$+ \dfrac{(n-m)(n-m-1)\cdots 2 \cdot 1 \cdot n}{n^{n-m} m} = \dfrac{n}{m}.$$

53*. 售票处有 $2n$ 个人排队买五元钱一张的戏票,其中 n 个人只有五元钱一张的钞票,其余 n 个人只有十元钱一张的钞票。开始售票时售票处无钱可找,求售票处不会找不出钱的概率.

54. 设图 1.10 中两个系统中各元件通达与否相互独立,且每元件通达的概率均为 p,求系统 KL 与 KR 通达的概率.

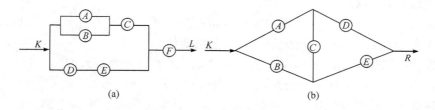

图 1.10

55. 证明(1.6.2)式.

56*. 已知自动织布机在 Δt 这段时间内因故障而停机的概率为 $\alpha \cdot \Delta t + o(\Delta t)$($\alpha$ 是常数),并设机器在不重复时间内停机的各个事件是彼此独立的.假定在时刻 t 机器在工作着,试求此机器由时刻 t_0 到 $t+t_0$ 这段时间内不停止工作的概率 $P(t)$(设 $P(t)$ 与初始时刻 t_0 无关).

第 2 章　随机变量及其分布

2.1　随机变量及其分布函数

2.1.1　随机变量的定义

我们发现在随机试验中,有的随机试验的样本点可以是数量性的,有的则是非数量性的. 前者如某电话总机在某确定时间间隔内收到呼叫次数可能是 0,1,2,…. 后者如掷一枚硬币试验中的"正面出现"与"反面出现". 用文字表达掷硬币试验的这两个结果很不方便,为了便于全面揭示这个试验的内在规律性,我们可以用数"1"代表"正面出现",用数"0"代表"反面出现",这样当我们说到这个试验的结果时,就可简单地说结果是 1 或 0.

一般地,对于随机试验 E 的样本空间 Ω 中的每个样本点 ω,都可用一个实数与之对应. 这实际上就是在样本空间 Ω 上定义了一个单值实函数,这个函数如果再满足一些条件,它就是后面要介绍的随机变量.

对于随机试验来说,我们不仅关心试验出现什么结果,更重要的是要知道这些结果将以什么概率出现. 而对于随机变量来说,我们不仅要知道它取哪些数值,更重要的是要知道它取这些数值的概率. 因此就要求使得随机变量取这些值的样本点组成的集合应该是事件.

定义 2.1.1　设 $(\Omega,\mathscr{F},P)$ 为一概率空间,ξ 为定义于 Ω 上的单值实函数. 如果对于任意实数 x,都有

$$\{\omega:\xi(\omega)<x,\omega\in\Omega\}\in\mathscr{F}, \tag{2.1.1}$$

则称 ξ 为 $(\Omega,\mathscr{F},P)$ 上的一个随机变量,或随机变数.

以后我们简写 $\{\omega:\xi(\omega)<x,\omega\in\Omega\}$ 为 $\{\xi<x\}$ 或 $\xi^{-1}(-\infty,x)$,即

$$\{\omega:\xi(\omega)<x,\omega\in\Omega\}=\{\xi<x\}=\xi^{-1}(-\infty,x).$$

注意 1　随机变量是一个函数,且是定义于抽象样本空间 Ω 上满足(2.1.1)式的单值实函数.

注意 2　(2.1.1)式表示满足 $\xi(\omega)<x$ 的所有样本点 $\omega(\omega\in\Omega)$ 构成的集合是事件.

注意 3　如果 ξ 是一个随机变量,则 $\{\xi=x\}$,$\{a\leqslant\xi<b\}$,$\{\xi\leqslant x\}$,$\{a<\xi\leqslant b\}$,$\{a\leqslant\xi\leqslant b\}$ 都是事件(其中 x,a,b 都是实数且 $a<b$). 这是因为

$$\{\xi=x\}=\bigcap_{n=1}^{\infty}\left\{\xi<x+\frac{1}{n}\right\}-\{\xi<x\},$$

$$\{a \leqslant \xi < b\} = \{\xi < b\} - \{\xi < a\},$$
$$\{\xi \leqslant x\} = \{\xi < x\} + \{\xi = x\},$$
$$\{a < \xi \leqslant b\} = \{\xi \leqslant b\} - \{\xi \leqslant a\},$$
$$\{a \leqslant \xi \leqslant b\} = \{a < \xi \leqslant b\} + \{\xi = a\}.$$

注意 4　因为

$$\{\xi < x\} = \bigcup_{n=1}^{\infty} \left\{ \xi \leqslant x - \frac{1}{n} \right\}$$

与

$$\{\xi \leqslant x\} = \bigcap_{n=1}^{\infty} \left\{ \xi < x + \frac{1}{n} \right\},$$

所以定义 2.1.1 中的 $\{\xi < x\}$ 可用 $\{\xi \leqslant x\}$ 来替换.

定义 2.1.2　对任意集合 $A \subset \Omega$, 令

$$I_A(\omega) = \begin{cases} 1, & \omega \in A, \\ 0, & \omega \overline{\in} A, \end{cases}$$

则称 $I_A(\omega)$ 为 A 的示性函数, 一般简记 $I_A(\omega)$ 为 I_A.

可以证明, 对于给定的概率空间 $(\Omega, \mathscr{F}, P)$, 则 I_A 是随机变量的充要条件是 $A \in \mathscr{F}$. 因为对于任意实数 x, 有

$$\{I_A < x\} = \begin{cases} \varnothing, & x \leqslant 0, \\ \overline{A}, & 0 < x \leqslant 1, \\ \Omega, & 1 < x, \end{cases} \tag{2.1.2}$$

所以, 如果 I_A 是随机变量, 则 $\overline{A} \in \mathscr{F}$, 从而 $A \in \mathscr{F}$. 反之如果 $A \in \mathscr{F}$, 则 $\overline{A} \in \mathscr{F}$. 又显然 $\varnothing \in \mathscr{F}, \Omega \in \mathscr{F}$, 从而对任意实数 x, 有 $\{I_A < x\} \in \mathscr{F}$, 所以 I_A 是随机变量.

注意 5　如果样本空间 Ω 是由可列多个样本点组成且事件域是由 Ω 的一切子集组成, 则定义于 Ω 上的任一个单值实函数 ξ 都是随机变量. 因为对任意实数 x 均有 $\{\xi < x\} \subset \Omega$, 所以 $\{\xi < x\} \in \mathscr{F}$.

2.1.2　分布函数

定义 2.1.3　设 ξ 为概率空间 $(\Omega, \mathscr{F}, P)$ 上的随机变量, 令

$$F_\xi(x) = P\{\xi < x\}, \qquad x \in \mathbf{R}, \tag{2.1.3}$$

则称 $F_\xi(x)$ 为 ξ 的分布函数, 常简记 $F_\xi(x)$ 为 $F(x)$.

定理 2.1.1　随机变量 ξ 的分布函数 $F(x)$ 具有下列基本性质:

(1) 单调不减, 即如果 $a < b$, 则 $F(a) \leqslant F(b)$;

(2) $F(-\infty) = 0, F(+\infty) = 1$, 其中 $(-\infty) = \lim\limits_{x \to -\infty} F(x), F(+\infty) = \lim\limits_{x \to +\infty} F(x)$;

(3) 左连续[1]，即 $F(x-0)=F(x),x\in\mathbf{R}.$

证明　(1)设 $a<b$，则 $F(b)-F(a)=P\{\xi<b\}-P\{\xi<a\}.$ 因为 $\{\xi<a\}\subset\{\xi<b\}$，所以由概率的单调性立证(1).

(2) 设 $A_n=(-\infty,n)$，则 $A_n\uparrow\mathbf{R}$，由 $F(x)$ 的单调性得

$$\lim_{x\to+\infty}F(x)=\lim_{n\to+\infty}F(n)=\lim_{n\to+\infty}P\{\xi<n\}=P\{\xi<\infty\}=P\{n\}=1$$

令 $B_n=(-\infty,-n)$，则 $B_n\downarrow\varnothing$，由 $F(x)$ 的单调性得

$$\lim_{x\to-\infty}F(x)=\lim_{y\to+\infty}F(-y)=\lim_{n\to+\infty}F(-n)=P\{\xi<-\infty\}$$
$$=P\{\phi\}=0.$$

(3) 在 $\mathbf{R}$ 中取数列 x_n，使 $x_n\uparrow x$，由 $F(x)$ 的单调性与概率的下连续性得

$$F(x-0)=\lim_{y\to x-0}F(y)=\lim_{n\to+\infty}F(x_n)$$
$$=P\{\xi\in(-\infty,x)\}=F(x).$$

可以证明，定义于 $\mathbf{R}$ 上的任一实函数 $F(x)$，如果它满足分布函数的三个基本性质，则 $F(x)$ 一定是某概率空间上的某随机变量的分布函数.

有了分布函数后，概率的计算就可化为分布函数值的计算. 这是因为

$$P\{\xi=a\}=P\left\{\bigcap_{n=1}^{\infty}\left\{\xi<a+\frac{1}{n}\right\}\right\}-P\{\xi<a\}$$
$$=\lim_{n\to\infty}P\left\{\xi<a+\frac{1}{n}\right\}-P\{\xi<a\}$$
$$=\lim_{n\to\infty}F\left(a+\frac{1}{n}\right)-F(a)$$
$$=F(a+0)-F(a),$$
$$P\{\xi\leqslant a\}=P\{\xi<a\}+P\{\xi=a\}$$
$$=F(a)+F(a+0)-F(a)$$
$$=F(a+0),$$
$$P\{\xi\geqslant a\}=P\{-\infty<\xi<+\infty\}-P\{\xi<a\}$$
$$=1-F(a),$$
$$P\{\xi>a\}=P\{\xi\geqslant a\}-P\{\xi=a\}$$
$$=1-F(a)-[F(a+0)-F(a)]$$
$$=1-F(a+0),$$
$$P\{a\leqslant\xi<b\}=P\{\xi<b\}-\{\xi<a\}\}$$
$$=P\{\xi<b\}-P\{\xi<a\}$$
$$=F(b)-F(a),$$

---

[1]　如果分布函数定义为 $F_\xi(x)=P\{\xi\leqslant x\},x\in\mathbf{R}$，则 $F_\xi(x)$ 右连续，即 $F_\xi(x+0)=F_\xi(x).$

$$P\{a<\xi\leqslant b\}=P\{\xi\leqslant b\}-P\{\xi\leqslant a\}$$
$$=F(b+0)-F(a+0).$$

定理 2.1.2 分布函数 $F_\xi(x)$ 的不连续点的集合至多是可列集.

证明[*] 因为 $F_\xi(x)$ 单调不减,所以 $F_\xi(x)$ 在 $(-\infty,+\infty)$ 上的不连续点都是第一类间断点. 设 $F_\xi(x)$ 的所有不连续点组成的集合为 D,并设 $F_\xi(x)$ 在 **R** 内至少有 n 个不连续点:

$$-\infty<x_1<x_2<\cdots<x_n<+\infty.$$

由 $F_\xi(x)$ 的单调不减性与左连续性,则

$$F_\xi(-\infty)\leqslant F_\xi(x_1)<F_\xi(x_1+0)\leqslant F_\xi(x_2)$$
$$<F_\xi(x_2+0)\leqslant\cdots\leqslant F_\xi(x_n)<F_\xi(x_n+0)\leqslant F_\xi(+\infty).$$

设 p_k 为 $F_\xi(x)$ 在 x_k 点的跃度,即 $p_k=F_\xi(x_k+0)-F_\xi(x_k),k=1,2,\cdots,n.$ 则

$$\sum_{k=1}^n p_k = \sum_{k=1}^n [F_\xi(x_k+0)-F_\xi(x_k)]$$
$$\leqslant F_\xi(+\infty)-F_\xi(-\infty)=1.$$

所以在 **R** 内 $F_\xi(x)$ 具有跃度 $p(x)\geqslant\dfrac{1}{n}$ 的不连续点 x 所组成的集合 D_n 至多含有 n 个点,但 $D=\bigcup\limits_{n=1}^\infty D_n$,从而本定理得证.

例 2.1.1 设一袋中有 10 个球,其中有两个球上标有数字 $0,3$ 个球上标有数字 $1,4$ 个球上标有数字 $2,1$ 个球上标有数字 3. 现从袋中任摸一个球,以 ξ 表示摸出的球上标有的数字,求 ξ 的分布函数 $F(x)$.

解 显然 ξ 是随机变量,且 ξ 可能取的值为 $0,1,2,3$. 它取这些值的概率分别为 $P\{\xi=0\}=\dfrac{2}{10},P\{\xi=1\}=\dfrac{3}{10},P\{\xi=2\}=\dfrac{4}{10},P\{\xi=3\}=\dfrac{1}{10}$. 所以当 $x\leqslant 0$ 时,$\{\xi<x\}$ 是不可能事件,故 $F(x)=P\{\xi<x\}=0$.

当 $0<x\leqslant 1$ 时,$\{\xi<x\}=\{\xi=0\}$,故 $F(x)=P\{\xi<x\}=P\{\xi=0\}=\dfrac{1}{5}$.

当 $1<x\leqslant 2$ 时,$\{\xi<x\}=\{\xi=0\}+\{\xi=1\}$,故 $F(x)=P\{\xi<x\}=P\{\xi=0\}+P\{\xi=1\}=\dfrac{1}{2}$.

当 $2<x\leqslant 3$ 时,$\{\xi<x\}=\{\xi=0\}+\{\xi=1\}+\{\xi=2\}$,$F(x)=\dfrac{9}{10}$.

当 $3<x$ 时,$\{\xi<x\}$ 为必然事件,故 $F(x)=P\{\xi<x\}=1$. 综上所述,ξ 的分布函数 $F(x)$ 为

$$F(x) = \begin{cases} 0, & x \leqslant 0, \\ \dfrac{1}{5}, & 0 < x \leqslant 1, \\ \dfrac{1}{2}, & 1 < x \leqslant 2, \\ \dfrac{9}{10}, & 2 < x \leqslant 3, \\ 1, & 3 < x. \end{cases}$$

$F(x)$的图形如图 2.1 所示,是阶梯形的.

例 2.1.2　在区间$[0,1]$中随机取一数 ξ,求 ξ 的分布函数 $F(x)$.

解　因为 ξ 只能在$[0,1]$中取值且等可能取$[0,1]$中任一值,由几何概率定义,当 $x \leqslant 0$ 时,$\{\xi < x\} = \varnothing$;当 $0 < x \leqslant 1$ 时,$\{\xi < x\} = (-\infty, x) \bigcap [0,1] = [0,x)$;当 $x > 1$ 时,$\{\xi < x\} = (-\infty, x) \bigcap [0,1] = [0,1]$,所以 $F(x)$(图 2.2)为

$$F(x) = \begin{cases} 0, & x \leqslant 0, \\ x, & 0 < x \leqslant 1, \\ 1, & 1 < x. \end{cases}$$

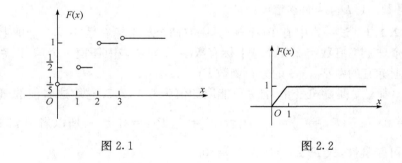

图 2.1　　　　　　　　　　　　　　　图 2.2

2.2　离散型随机变量及其分布

2.2.1　离散型随机变量及其分布列

定义 2.2.1　称概率空间$(\Omega, \mathscr{F}, P)$上的随机变量 ξ 为离散型的,如果它只取可列多个不同的值.

如果对于 $x \in \mathbf{R}$,有 $P\{\xi = x\} > 0$,则称 x 为 ξ 的分布函数的跃点,称概率 $P\{\xi = x\}$ 为 ξ 的分布函数在跃点 x 处的跃度.

定义 2.2.2　设 ξ 是一个离散型随机变量,它取的全部可能值为 $x_1, x_2,$ $x_3, \cdots, x_n, \cdots$,且当 $i \neq j$ 时,$x_i \neq x_j$,则称它取这些值的概率

$$p_n \equiv P\{\xi = x_n\}, \qquad n = 1, 2, 3, \cdots \qquad (2.2.1)$$

为 ξ 的分布列, 或分布律. ξ 的分布列(2.2.1)也常用下述形式表示:

$$
\begin{array}{c|ccccc}
\xi & x_1 & x_2 & \cdots & x_n & \cdots \\
\hline
P & p_1 & p_2 & \cdots & p_n & \cdots
\end{array}
\qquad (2.2.1')
$$

或

$$
\begin{pmatrix}
x_1 & x_2 & \cdots & x_n & \cdots \\
p_1 & p_2 & \cdots & p_n & \cdots
\end{pmatrix}.
\qquad (2.2.1'')
$$

显然有

(1) $p_n \geqslant 0, n = 1, 2, 3, \cdots$;

(2) $\displaystyle\sum_{n=1}^{\infty} p_n = 1.$

证明 (1) 因为 $p_n = P\{\xi = x_n\} \geqslant 0, n = 1, 2, 3, \cdots$.

(2) 因为 $x_1, x_2, x_3, \cdots, x_n, \cdots$ 是 ξ 所有可能的值, 且当 $x_i \neq x_j$ 时 $\{\xi = x_i\} \bigcap \{\xi = x_j\} = \varnothing$, 故 $\Omega = \displaystyle\sum_{n=1}^{\infty} \{\xi = x_n\}$, 从而

$$1 = P(\Omega) = P\Big\{\sum_{n=1}^{\infty} \{\xi = x_n\}\Big\} = \sum_{n=1}^{\infty} P\{\xi = x_n\} = \sum_{n=1}^{\infty} p_n.$$

有了随机变量 ξ 的分布列(2.2.1), 可得 ξ 的分布函数:

$$F_\xi(x) = P\{\xi < x\} = \sum_{x_n < x} P\{\xi = x_n\} = \sum_{x_n < x} p_n, \qquad (2.2.2)$$

其中求和是对满足 $x_n < x$ 的一切 n 进行. 显然 $F_\xi(x)$ 是单调不减的阶梯形函数.

如果我们定义函数 μ 如下:

$$\mu(x) = \begin{cases} 0, & x \leqslant 0, \\ 1, & x > 0, \end{cases} \qquad (2.2.3)$$

则有

$$F_\xi(x) = \sum_{n=1}^{\infty} p_n \mu(x - x_n). \qquad (2.2.4)$$

2.2.2 常见的离散型随机变量

(1) 退化分布(单点分布). 如果随机变量 ξ 只取一个值 C, 即 $P\{\xi = C\} = 1$, 则称 ξ 服从退化分布.

实际上, 这时 ξ 已不具有随机性, 但为讨论问题方便起见, 仍把它看成在 C 点退化的随机变量. 它是描述确定性现象的概率模型. 这时 ξ 的分布函数为 $F_\xi(x) = \mu(x - c)$.

(2) 两点分布. 如果随机变量 ξ 的分布列为

$$
\begin{array}{c|cc}
\xi & a & b \\
\hline
P & 1-p & p
\end{array}
\qquad 0<p<1,
$$

则称 ξ 服从两点分布或伯努利分布. 特别当 $a=0,b=1$ 时, 上表变为

$$
\begin{array}{c|cc}
\xi & 0 & 1 \\
\hline
P & 1-p & p
\end{array}
\qquad 0<p<1,
$$

则称 ξ 服从 0-1 分布, 记为 $\xi \sim B(1,p)$.

（3）几何分布. 如果随机变量 ξ 的分布列为

$$
p_k = P\{\xi = k\} = pq^{k-1},
$$
$$
k = 1,2,3,\cdots, \quad 0<p<1, \quad q=1-p,
$$

或

$$
\begin{array}{c|ccccc}
\xi & 1 & 2 & 3\cdots & k\cdots \\
\hline
P & p & pq & pq^2\cdots & pq^{k-1}\cdots
\end{array}
\qquad 0<p<1, q=1-p,
$$

则称 ξ 服从几何分布, 记为 $\xi \sim \mathrm{Geo}(p)$. 显然 $p_k \geqslant 0, k=1,2,\cdots,$ 且 $\sum\limits_{k=1}^{\infty} p_k = \sum\limits_{k=1}^{\infty} pq^{k-1} = 1.$ ξ 的分布函数可表示为 $F_{\xi}(x) = \sum\limits_{k=1}^{\infty} pq^{k-1}\mu(x-k).$ 几何分布是例 1.3.3 中 (2) 的概率模型.

定理 2.2.1　设 ξ 为只取正整数值的随机变量, 则下列命题等价:

（1）ξ 服从几何分布;

（2）

$$
P\{\xi>m+n \mid \xi>n\} = P\{\xi>m\}, \qquad m,n=0,1,2,\cdots; \tag{2.2.5}
$$

（3）

$$
P\{\xi=m+n \mid \xi>n\} = P\{\xi=m\}, \qquad m,n=1,2,\cdots, \tag{2.2.6}
$$

其中 $P\{\xi>m+n\mid\xi>n\}$ 表示在事件 $\{\xi>n\}$ 发生下事件 $\{\xi>m+n\}$ 发生的条件概率, $P\{\xi=m+n\mid\xi>n\}$ 有类似的含义.

证明　(1)$\Rightarrow$(2). 设 $P\{\xi=k\}=pq^{k-1}, k=1,2,\cdots,0<p<1, q=1-p,$ 则由条件概率定义和 $\{\xi>m+n, \xi>n\}$ 表示 $\{\xi>m+n\} \bigcap \{\xi>n\}$ 得

$$
P\{\xi>m+n \mid \xi>n\} = \frac{P\{\xi>m+n, \xi>n\}}{P\{\xi>n\}}
$$
$$
= \frac{P\{\xi>m+n\}}{P\{\xi>n\}}
$$
$$
= \sum_{k=m+n+1}^{\infty} pq^{k-1} \Big/ \sum_{k=n+1}^{\infty} pq^{k-1} = q^{m+n}/q^n
$$

$$= q^m = P\{\xi > m\},$$

于是(2)得证.

(2)⇒(3). 由(2)得

$$\frac{P\{\xi > m+n\}}{P\{\xi > n\}} = P\{\xi > m\},$$

由此式得

$$\frac{P\{\xi > m-1+n\}}{P\{\xi > n\}} = P\{\xi > m-1\},$$

后式减去前式得

$$\frac{P\{\xi = m+n\}}{P\{\xi > n\}} = P\{\xi = m\},$$

即

$$P\{\xi = m+n \mid \xi > n\} = P\{\xi = m\}.$$

(3)⇒(1). 因为 $P\{\xi = m+n \mid \xi > n\} = P\{\xi = m\}$,所以有

$$P\{\xi = m+n\} = P\{\xi > n\} P\{\xi = m\}.$$

令 $G(m) = P\{\xi > m\}$,$F(m) = P\{\xi = m\}$,$m = 1,2,3,\cdots$,则上式变为

$$F(m+n) = G(n)F(m),$$

且

$$G(1) + F(1) = 1,$$

从而

$$P\{\xi = k\} = F(k) = G(1)F(k-1)$$
$$= [G(1)]^2 F(k-2) = \cdots = [G(1)]^{k-1} F(1),$$

即 $P\{\xi = k\} = F(1)[G(1)]^{k-1}$,$k = 1,2,3,\cdots$. 所以 ξ 服从参数为 $p = F(1)$ 的几何分布.

定理 2.2.1 中的(2)与(3)均称为几何分布的无记忆性.

(4) 超几何分布. 如果随机变量 ξ 的分布列为

$$p_k = P\{\xi = k\} = \frac{C_M^k C_N^{n-k}}{C_{M+N}^n}, \quad k = 0,1,2,\cdots,\min(M,n), \quad n \leqslant M+N,$$

其中 M, N, n 均为正整数,则称 ξ 服从超几何分布.

显然,$p_k \geqslant 0$,$k = 1,2,\cdots,\min(M,n)$ 且由(1.3.1)式得

$$\sum_{k=0}^{\min(M,n)} p_k = \sum_{k=0}^{\min(M,n)} \frac{1}{C_{M+N}^n} C_M^k C_N^{n-k}$$
$$= \frac{1}{C_{M+N}^n} \sum_{k=0}^{n} C_M^k C_N^{m-k} = \frac{1}{C_{M+N}^n} \cdot C_{M+N}^n$$
$$= 1 \quad (因为当 k > M 时 C_M^k = 0).$$

超几何分布的实际背景是例 1.3.2 中(3)的一般情况.

(5) 帕斯卡分布. 如果随机变量 ξ 的分布列为

$$p_k = P\{\xi = k\} = C_{k-1}^{r-1} p^r q^{k-r},$$

$$0 < p < 1, \quad q = 1 - p, \quad k = r, r+1, r+2, \cdots,$$

且 r 为正整数,则称 ξ 服从帕斯卡分布或负二项分布.

显然,$p_k \geq 0, k = r, r+1, r+2, \cdots$,且由例 1.3.3 的(3)有

$$\sum_{k=r}^{\infty} p_k = \sum_{k=r}^{\infty} C_{k-1}^{r-1} p^r q^{k-r} = p^r (1-q)^{-r} = 1.$$

帕斯卡分布是例 1.3.3 的(3)的概率模型. 当 $r=1$ 时,帕斯卡分布就变成了几何分布.

(6) 二项分布. 如果随机变量 ξ 的分布列为

$$p_k = P\{\xi = k\} = C_n^k p^k q^{n-k}, 0 < p < 1, q = 1 - p, k = 0, 1, 2, \cdots, n,$$

则称 ξ 服从二项分布,记为 $\xi \sim B(n, p)$.

显然有 $p_k \geq 0, k = 0, 1, 2, \cdots, n$,且 $\sum_{k=1}^{n} p_k = 1$. 当 $n=1$ 时二项分布就变成0-1分布. 实际上,二项分布是例 1.3.3 的(1)(n 重伯努利试验)的概率模型. 其分布函数可表示为

$$F_\xi(x) = \sum_{k=0}^{n} C_n^k p^n q^{n-k} \mu(x - k).$$

设 $b(k, n, p) = C_n^k p^k q^{n-k}$,则

$$\frac{b(k, n, p)}{b(k-1, n, p)} = \frac{C_n^k p^k q^{n-k}}{C_n^{k-1} p^{k-1} q^{n-k+1}} = \frac{(n-k+1)p}{kq}$$

$$= 1 + \frac{(n+1)p - k}{kq}.$$

所以

(1) 当 $k < (n+1)p$ 时,$b(k, n, p) > b(k-1, n, p)$,此时后项大于前项,$b(k, n, p)$ 随 k 增大而增大;

(2) 当 $k > (n+1)p$ 时,$b(k, n, p) < b(k-1, n, p)$,此时后项小于前项,$b(k, n, p)$ 随 k 增大而减小;

(3) 当 $k = (n+1)p$ 时,$b(k, n, p) = b(k-1, n, p)$,这时 $b((n+1)p; n, p)$ 与 $b((n+1)p-1, n, p)$ 两项相等且为最大.

由此我们得下述定理.

定理 2.2.2　二项分布的最大可能值 k_0 存在,即满足

$$b(k_0, n, p) = \max_{0 \leq k \leq n} b(k, n, p)$$

的整数 k_0 存在,且

$$k_0 = \begin{cases} (n+1)p, (n+1)p - 1, & (n+1)p \text{ 为整数}, \\ [(n+1)p], & (n+1)p \text{ 不为整数}. \end{cases} \tag{2.2.7}$$

即①当 $(n+1)p$ 为整数时,$b((n+1)p;n,p)$ 与 $b((n+1)p-1;n,p)$ 均为最大项;②当 $(n+1)p$ 不为整数时,$b([(n+1)p];n,p)$ 为唯一的最大项.

一般称 $b(k_0,n,p)$ 为二项分布的中心项.

例 2.2.1 9 个人同时向同一目标各打一枪,如果每个人射击是相互独立的且每人射击一次击中的概率均为 0.3,求有两人以上击中目标的概率以及最可能击中目标的人数.

解 设 ξ 为击中目标的人数,则 ξ 服从 $n=9$,$p=0.3$ 二项分布,所求概率为

$$p\{\xi > 2\} = \sum_{k=3}^{9} C_9^k (0.3)^k (0.7)^{9-k}$$

$$= 1 - \sum_{k=0}^{2} C_9^k (0.3)^k (0.7)^{9-k}$$

$$= 1 - 0.4628 = 0.5372.$$

又因为 $(n+1)p = (9+1) \times 0.3 = 3$,所以由定理 2.2.2 知最可能击中目标人数是 3 或 2.

二项分布的概率计算有时很复杂,然而在实际当中经常碰到这样的 n 重伯努利试验,其中 n 较大,p 较小,但是乘积 $np = \lambda$ 大小适中,在这种情况下有一个比较有用的近似公式,即下面的定理.

定理 2.2.3(泊松(Poisson)定理) 如果 $\lim_{n \to \infty} np_n = \lambda > 0$,则

$$\lim_{n \to \infty} b(k,n,p_n) = e^{-\lambda} \frac{\lambda^k}{k!}, \qquad k = 0,1,2,\cdots.$$

证明 记 $\lambda_n = np_n$,当 $k=0$ 时,$b(k,n,p) = (1-p_n)^n = \left(1 - \frac{\lambda_n}{n}\right)^n$,故结论成立.

当 $k \geq 1$ 时,

$$b(k,n,p_n) = C_n^k p_n^k (1-p_n)^{n-k}$$

$$= \frac{n(n-1)\cdots(n-k+1)}{k!} p_n^k (1-p_n)^{n-k}$$

$$= \left(\frac{\lambda_n^k}{k!}\right) \left(1 - \frac{1}{n}\right)\left(1 - \frac{2}{n}\right)\cdots\left(1 - \frac{k-1}{n}\right)\left(1 - \frac{\lambda_n}{n}\right)^{n \cdot \frac{n-k}{n}}.$$

因为对于固定的 k,有

$$\lim_{n \to \infty} \lambda_n^k = \lambda^k, \quad \lim_{n \to \infty} \left(1 - \frac{\lambda_n}{n}\right)^{n \cdot \frac{n-k}{n}} = e^{-\lambda},$$

所以

$$\lim_{n \to \infty} b(k,n,p_n) = e^{-\lambda} \frac{\lambda^k}{k!}, \qquad k = 0,1,2,\cdots.$$

由定理 2.2.3,如果 $np_n=\lambda>0$,显然有 $\lim\limits_{n\to\infty}b(k,n,p_n)=\mathrm{e}^{-\lambda}\dfrac{\lambda^k}{k!}$,$k=0,1,2,\cdots$. 由此,当 p 很小(一般为 $p\leqslant0,1$)且 n 较大时,我们有近似公式

$$b(k,n,p)\approx\mathrm{e}^{-np}\frac{(np)^k}{k!},\qquad k=0,1,2,\cdots.$$

由例 1.3.4 的一般情况知,从装有 M 个黑球与 N 个白球的袋中无放回摸取 n 个球,正好摸到 k 个黑球的概率为

$$C_M^k C_N^{n-k}/C_{M+N}^n,\qquad k=0,1,2,\cdots,\min(M,n).$$

从直观上看,如果袋中的球数无限地增加且保持黑球数与白球数的比例不变,这时有放回摸球与无放回摸球区别应很小. 这一思想引导出下面的定理.

定理 2.2.4(超几何分布的二项分布的逼近)　设 $T=N+M,h(k;n,N,M)=\dfrac{C_M^k C_N^{m-k}}{C_{M+N}^n}$,$k=0,1,2,\cdots,\min(M,n)$. 若 $\lim\limits_{T\to\infty}\dfrac{M}{T}=p>0$,则对任意正整数 n 有

$$\lim_{T\to\infty}h(k;n,N,M)=b(k,n,p),\qquad k=0,1,2,\cdots,n.$$

证明　因为

$$\frac{C_M^k C_N^{n-k}}{C_{M+N}^n}=C_n^k\left(\frac{M}{T}\right)^k\left(1-\frac{M}{T}\right)^{n-k}$$

$$\cdot\frac{\left(1-\dfrac{1}{M}\right)\left(1-\dfrac{2}{M}\right)\cdots\left(1-\dfrac{k-1}{M}\right)\left(1-\dfrac{1}{N}\right)\cdots\left(1-\dfrac{n-k-1}{N}\right)}{\left(1-\dfrac{1}{T}\right)\left(1-\dfrac{2}{T}\right)\cdots\left(1-\dfrac{n-1}{T}\right)},$$

由条件知:当 $T\to\infty$ 时,$M\to\infty$,所以令 $T\to\infty$ 时,上式趋于 $b(k,n,p)$.

(7) 泊松分布. 如果随机变量 ξ 的分布列为

$$p_k=P\{\xi=k\}=\mathrm{e}^{-\lambda}\frac{\lambda^k}{k!},\qquad k=0,1,2,\cdots,\ \lambda>0,$$

则称 ξ 服从泊松分布,记为 $\xi\sim P(\lambda)$. 由此知,泊松分布是二项分布的极限分布. 显然,$p_k\geqslant0,k=0,1,2,\cdots$,且

$$\sum_{k=0}^{\infty}p_k=\sum_{k=0}^{\infty}\mathrm{e}^{-\lambda}\frac{\lambda^k}{k!}=\mathrm{e}^{-\lambda}\sum_{k=0}^{\infty}\frac{\lambda^k}{k!}=\mathrm{e}^{-\lambda}\mathrm{e}^{\lambda}=1.$$

记

$$p(k,\lambda)=\mathrm{e}^{-\lambda}\frac{\lambda^k}{k!},\qquad k=0,1,2,\cdots,$$

因为 $\dfrac{p(k;\lambda)}{p(k-1;\lambda)}=\dfrac{\lambda}{k}$,所以

当 $k<\lambda$ 时,$p(k-1;\lambda)<p(k;\lambda)$,故 $p(k;\lambda)$ 随 k 增加而上升;

当 $k>\lambda$ 时,$p(k-1;\lambda)>p(k;\lambda)$,故 $p(k;\lambda)$ 随 k 增加而下降;

当 $k=\lambda$ 时，$p(k-1;\lambda)=p(k;\lambda)$，故 $p(k;\lambda)$ 有最大值 $p(k-1;\lambda)=p(k;\lambda)$.

由此知，当 λ 不为整数时，必存在整数 $[\lambda]$ 使 $p([\lambda],\lambda)$ 为最大值，即当 k 由 0 变到 $[\lambda]$ 时 $p(k,\lambda)$ 上升；当 $k=[\lambda]$ 时，$p(k;\lambda)$ 达到最大值；当 $k>\lambda$ 时 $p(k;\lambda)$ 下降，且如果 $\lambda=[\lambda]$，则 $p(k;\lambda)$ 在 $\lambda-1,\lambda$ 两点都达到最大值. 如果 $\lambda\neq[\lambda]$，$p(k;\lambda)$ 仅在一点处达到最大值. 由此得如下定理.

定理 2.2.5 泊松分布的最可能值 k_0，即满足

$$P(k_0;\lambda)=\max_{k\geqslant 0}P(k,\lambda)$$

的整数 k_0 存在，且

$$k_0=\begin{cases}\lambda,\lambda-1, & \lambda \text{ 为整数},\\ [\lambda], & \lambda \text{ 不为整数}.\end{cases} \tag{2.2.8}$$

例 2.2.2（频数分布） 掷两颗均匀的骰子其出现的点数和 ξ 的分布为

ξ	2	3	4	5	6	7	8	9	10	11	12
P	1/36	2/36	3/36	4/36	5/36	6/36	5/36	4/36	3/36	2/36	1/36

我们称

ξ	2	3	4	5	6	7	8	9	10	11	12
$\overline{P}$	1	2	3	4	5	6	5	4	3	2	1

为掷两颗均匀骰子出现点数和频数分布. 简记为

$$[2(1),3(2),4(3),5(4),6(5),7(6),8(5),9(4),10(3),11(2),12(1)].$$

由此频数分布，将所有频数相加得 36，再将每个频数除以 36，即可得频率（概率）分布. 也就是说由频数分布很容易求得概率分布. 反之，由概率分布却未必很容易求得频数分布. 不过，很易看出频数分布比概率分布简单，而且使用起来也方便.

2.2.3 S 矩阵及其应用

（1）S 矩阵的定义

为了给出 S 矩阵的定义，先来看一个例子.

例 2.2.3 从 10 双不同鞋中，随机取 5 只，设 ξ 为取出的 5 只鞋子配对数。求 ξ 的概率分布.

解法一 ξ 能取得的值为 $0,1,2$. 且

$$P\{\xi=i\}=C_{10}^i(C_2^2)^i C_{10-i}^{5-2i}(C_2^1)^{5-2i}p$$

$$=C_{10}^i C_{10-i}^{5-2i}2^{5-2i}p,i=0,1,2,$$

$$P=1/C_{20}^5=1/15504.$$

即 ξ 的概率分布为

$$\begin{cases} P\{\xi=0\}=C_{10}^5 2_2^5\, p=8064p, \\ P\{\xi=1\}=C_{10}^1 C_9^3 2^3\, p=6720p, \\ P\{\xi=2\}=C_{10}^2 C_8^1 2\, p=720p. \end{cases}$$

现在应用解法一的结果来推导一种新的解法,为了说话方便,我们称它为解法二(S 矩阵法). 设

$M_i=C_{10}^i C_{20-2i}^{5-2i}\, p$, $i=1,2$, $p=1/15504$, $C_{10}^i C_{20-2i}^{5-2i}=C_{10}^i (C_2^2)^i C_{20-2i}^{5-2i}$ 表示从 10 双鞋中取 i 双,每双两只都取,然后再从剩下的 $20-20i$ 只鞋中取 $5-2i$ 只. 因此,M_i 表示至少有 $2i$ 只鞋配成 i 对的概率. 由解法一的结果知

$$M_2 = C_{10}^2 C_{16}^1\, p=C_{10}^2 C_8^1 2p=P\{\xi=2\}=720P.$$

由于 $M_1=C_{10}^1 C_{18}^3\, p=8160P$,而 C_{18}^3 表示从 18 只(9 双)鞋中随机取 3 只. 这 3 只鞋中可能有 2 只配对,也可能都不配对. 因此

$$C_{18}^3 = C_9^1 C_8^1 2 + C_9^3 (C_2^2)^3 = C_9^1 C_8^1 2 + C_9^3 2^3,$$

所以,

$$M_1 = C_{10}^1 C_9^1 C_8^1 2p + C_{10}^1 C_9^3 2^3\, p = 2M_2 + p\{\xi=1\}.$$

即

$$P\{\xi=1\} = M_1 - 2M_2.$$

又因为

$$p\{\xi=0\}=1-p\{\xi=1\}-p\{\xi=2\}=1-M_1+2M_2-M_2=1-M_1+M_2.$$

从而得 ξ 的概率分布

$$\begin{cases} p\{\xi=0\}=1-M_1+M_2, \\ p\{\xi=1\}=M_1-2M_2, \\ p\{\xi=2\}=M_2. \end{cases} \tag{2.2.9}$$

由(2.2.9)式右边,得关于 M_i 的系数矩阵

$$\begin{bmatrix} 1 & -1 & 1 \\ 0 & 1 & -2 \\ 0 & 0 & 1 \end{bmatrix} \tag{2.2.10}$$

此是一个右上三角方阵,记为 S_3,我们称新矩阵 S_3 为 $3\times3S$ 矩阵.

由(2.2.10)式,可以看出 S 矩阵有如下性质:

(ⅰ)在每行每列(除第一列和末行外)中正负符号是交错的. (ⅱ)在第一行中的每元素的绝对值是 1;主对角线上每元素的值也是 1;所有元素之和也是 1,第二行各元素绝对值是递增的,次对角线上各元素全负且递减. (ⅲ)如果设 $x_{i,j}$ 表示第 i 行第 j 列的元素的绝对值,则有

$$x_{i,j}+x_{i+1,j}=x_{i+1,j+1}, i,j=1,2,3,\cdots, \tag{2.2.11}$$

例如,在(2.2.10)式中

$$x_{1,1}+x_{2,1}=1+0=1=x_{2,2};$$
$$x_{1,2}+x_{2,2}=x_{2,3}=|-1|+1=2=|-2|;$$
$$x_{2,2}+x_{3,2}=x_{3,3}, \text{即 } 1+0=1.$$

利用上述 S 矩阵的三个性质,可很容易写出各阶 S 矩阵. 如 M_5 与 M_6 分别为

$$M_5=\begin{bmatrix} 1 & -1 & 1 & -1 & 1 \\ & 1 & -2 & 3 & -4 \\ & & 1 & -3 & 6 \\ & & & 1 & -4 \\ & & & & 1 \end{bmatrix}, M_6=\begin{bmatrix} 1 & -1 & 1 & -1 & 1 & -1 \\ & 1 & -2 & 3 & -4 & 5 \\ & & 1 & -3 & 6 & -10 \\ & & & 1 & -4 & 10 \\ & & & & 1 & -5 \\ & & & & & 1 \end{bmatrix},$$

(2) S 矩阵的应用

例 2.2.4(三同问题) 设有黑桃、红桃、方块各 10 张牌,大小均为从 1 到 10,现从中随机抽取 10 张,用 ξ 表示抽出的 10 张中数字相同的个数(三同个数)求 ξ 的概率分布.

解法一 显然,ξ 只能取值 $0,1,2,3$. 且
$$P\{\xi=3\}=C_{10}^3(C_3^3)^3C_7^1C_3^1 p(\text{其中 } p=1/C_{30}^{10}=1/30045015)$$
$$=2520p.$$
$$P\{\xi=2\}=C_{10}^2\left[C_8^4(C_3^1)^4+C_8^2(C_3^2)^2+C_8^1C_3^2C_7^2(C_3^1)^2\right]p$$
$$=470610p.$$

事件 $\{\xi=1\}$ 表示只有一个三同. 但是其他 7 张牌可以有 0 到 3 个两同,故

$$P\{\xi=1\}=C_{10}^1\left[\sum_{i=0}^3 C_9^i(C_3^2)^iC_{9-i}^{7-2i}(C_3^1)^{7-2i}\right]p$$
$$=727320p+3674160p+3061800p+408240p$$
$$=7931520p.$$

事件 $\{\xi=0\}$ 表示取出的 10 张牌中没有一个是三同的,但是可以有两个数字相同的,且相同的两个数可能有 $0,1,2,3,4,5$ 个,所以

$$P\{\xi=0\}=\sum_{i=0}^5 C_{10}^i(C_3^2)^iC_{10-i}^{10-2i}(C_3^1)^{10-2i}$$
$$=59049p+1771470p+8266860p+9185400p+2296350p+61236p$$
$$=21640365p.$$

解法二(S 矩阵法),这时应该用 4×4 的 S 矩阵 M_4. 当然,我们首先会问:能不能用 S 矩阵来解?这容易回答,我们先用 S 矩阵来解,如果解得的结果与解法一结果一样,则说明可以用 S 矩阵来解,否则,就不能用. 这时

$$M_i = C_{10}^i C_{30-3i}^{10-3i} p, i=1,2,3, p=1/30045015,$$
$$M_1 = C_{10}^1 C_{27}^7 p = 8880300p,$$
$$M_2 = C_{10}^2 C_{24}^4 p = 478170p,$$
$$M_3 = C_{10}^3 C_{21}^1 p = 2520p.$$

由矩阵 M_4，得

$$\begin{cases} p\{\xi=0\}=1-M_1+M_2-M_3=21640365p, \\ p\{\xi=1\}=M_1-M_2-3M_3=7931520p, \\ p\{\xi=2\}=M_2-3M_3=470610p, \\ p\{\xi=3\}=M_3=2520p. \end{cases}$$

由此知，两种解法的结果相同，从而，现在能肯定地回答上述问题：可以用 S 矩阵解上述（三同）问题. 而且，用 S 矩阵解比解法一简单得多.

上例是一个三同问题. 实际上，鞋子配对是两同问题。既然，两同问题和三同问题都可以用 S 矩阵来解，那么，四同问题、五同问题……是否都可以用 S 矩阵来解？答案是肯定的. 而且，对四同以上的问题用解法一求解太复杂了，几乎无法进行. 即使对三同问题. 如果牌的张数较多，用解法一也是很难求解的.

例 2.2.5　从黑桃、红桃、方块各 16 张（编号均为 1 到 16）的 48 张牌中随机取 16 张，用 ξ 表示取出的牌中三同数. 求 ξ 的概率分布.

解　这时 ξ 能取的值是 $0,1,2,3,4,5$. 用上述的解法一解此问题太复杂了. 我们现在用 S 矩阵来解. 设

$$M_i = C_{16}^i (C_3^3)^i C_{48-3i}^{16-3i} p, i=1,2,3,4,5.$$

其中 $p=1/C_{48}^{16}=1/2.254848914\times10^{12}$，即

$$M_1 = C_{16}^1 C_{45}^{13} p = 1.168099345\times10^{12}p,$$
$$M_2 = C_{16}^2 C_{42}^{10} p = 1.765731568\times10^{11}p,$$
$$M_3 = C_{16}^3 C_{39}^7 p = 8613324720p,$$
$$M_4 = C_{16}^4 C_{36}^4 p = 107207100p,$$
$$M_5 = C_{16}^5 C_{33}^1 p = 144144p.$$

由矩阵 M_6，得 ξ 的概率分布：

$$\begin{cases} p\{\xi=0\}=1-M_1+M_2-M_3+M_4-M_5=1.254816464\times10^{12}p, \\ p\{\xi=1\}=M_1-2M_2+3M_3-4M_4+5M_5=8.403648979\times10^{11}p, \\ p\{\xi=2\}=M_2-3M_3+6M_4-10M_5=1.513749838\times10^{11}p, \\ p\{\xi=3\}=M_3-4M_4+10M_5=8185937760p, \\ p\{\xi=4\}=M_4-5M_5=106486380p, \\ p\{\xi=5\}=M_5=144144p. \end{cases}$$

2.2.4* 泊松事件流

泊松分布是一种很重要的分布,它不仅具有很多良好的性质与应用,而且它是许多随机事件流的概率模型.所谓随机事件流(或随机质点流)就是在随机时刻源源不断地出现的事件(或质点)所形成的序列.例如,在任意给定的时间间隔内,鱼贯到达某公共设施要求给予服务的顾客流,某城市出现的事故流,放射性物质不断放射出的 α 粒子流,天空某部分出现的流星流……都是随机事件流的例子.

如果随机事件流满足下列条件:

(1) 平稳性:在时间区间 $(t_0, t_0+t]$ 上到达 k 个事件的概率 $P_k(t)=P\{\xi(t_0, t_0+t]=k\}$ 只与时间区间的长度 t 有关,而与时间起点 t_0 无关,其中 $\xi(t_0, t_0+t]$ 表示在时间区间 $(t_0, t_0+t]$ 上到达的事件数,简记为 $\xi(t)$,即 $\xi(t)=\xi(t_0, t_0+t]$;

(2) 无后效性:在任意 n 个不相交的时间区间 $(a_i, b_i](i=1,2,\cdots,n)$ 中各自到达的事件数是相互独立的,即诸事件 $\{\xi(a_i, b_i]=k_i\}(i=1,2,\cdots,n, k_i\geqslant 0)$ 是相互独立的,其中当 $i\neq j$ 时 $(a_i, b_i]\bigcap(a_j, b_j]=\varnothing$,即 $\xi(t)$ 的增量具有独立性;

(3) 普通性:在足够小的时间区间中,最多到达一个事件,即若记 $\Psi(t)=1-P_0(t)-P_1(t)$,则

$$\lim_{t\to 0}\frac{\Psi(t)}{t}=0,$$

即

$$\Psi(t)=o(t) \quad \text{或} \quad P_1(t)=1-P_0(t)-o(t);$$

(4) 非平凡性:$P_0(t)\not\equiv 1, \sum_{k=0}^{\infty}P_k(t)=1$,

则称该事件流为泊松事件流.

定理 2.2.6 对于泊松事件流,在长度为 t 的时间区间上到达的事件数 $\xi(t)$ 服从参数为 λt 的泊松分布,其中 $\lambda>0$ 是一个常数,即

$$P_k(t)=P\{\xi(t)=k\}=\mathrm{e}^{-\lambda t}\frac{(\lambda t)^k}{k!}, \qquad k=0,1,2,\cdots, \lambda>0.$$

证明 (1) 先证明存在 $\lambda>0$,使得 $P_0(t)=\mathrm{e}^{-\lambda t}, t>0$.

设 $t_1>0, t_2>0$,由泊松事件流的无后效性与平稳性,有

$$\begin{aligned}
P_0(t_1+t_2)&=P\{\xi(0,t_1+t_2]=0\}=P\{\xi(0,t_1]=0, \xi(t_1, t_1+t_2]=0\}\\
&=P\{\xi(0,t_1]=0\}P\{\xi(t_1, t_1+t_2]=0\}\\
&=P\{\xi(0,t_1]=0\}P\{\xi(0,t_2]=0\}\\
&=P_0(t_1)P_0(t_2), \qquad\qquad\qquad\qquad\qquad (2.2.12)
\end{aligned}$$

由此式得

$$P_0(nt)=[P_0(t)]^n, \qquad t>0. \qquad\qquad (2.2.13)$$

令 $t=\dfrac{1}{n}$（记 $P_0(1)=a$），得 $a=\left[P_0\left(\dfrac{1}{n}\right)\right]^n$，故 $P_0\left(\dfrac{1}{n}\right)=a^{\frac{1}{n}}$. 由 (2.2.13) 式得

$$P_0(mt)=[P_0(t)]^m, \qquad t>0.$$

令 $t=\dfrac{1}{n}$ 得

$$P_0\left(\frac{m}{n}\right)=\left[P_0\left(\frac{1}{n}\right)\right]^m=a^{\frac{m}{n}},$$

此示对任意（正）有理数 r 有

$$P_0(r)=a^r. \tag{2.2.14}$$

又因为 $P_0(t)$ 是 t 的单调不增函数，故对任意正实数 t，取有理数列 r_n 与 r'_n 使得 $r_n\uparrow t, r'_n\downarrow t$，则有

$$P_0(r'_n)\leqslant P_0(t)\leqslant P_0(r_n),$$

即

$$a^{r'_n}\leqslant p_0(t)\leqslant a^{r_n}.$$

令 $n\to\infty$ 得

$$a^t\leqslant P_0(t)\leqslant a^t,$$

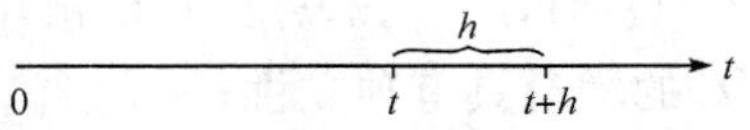

所以

$$P_0(t)=a^t, \qquad t>0. \tag{2.2.15}$$

图 2.3

因为 $0\leqslant a=P_0(1)\leqslant 1$，如果 $a=0$，则由 (2.2.15) 得 $P_0(t)\equiv 0$，所以在任意时间间隔内必有事件到达，从而在任一有限时间内必有无穷多个事件到达. 故对于任意非负整数 k 有 $P_k(t)=0$，于是有 $\sum\limits_{k=0}^{\infty}P_k(t)=0$. 这与非平凡性第二式矛盾，于是得 $a\neq 0$. 如果 $a=1$，则由 (2.2.15) 式得 $P_0(t)\equiv 1$. 这与非平凡性第一式矛盾，故 $a\neq 1$，从而有 $0<a<1$. 令 $\lambda=-\ln a$，则 $a=\mathrm{e}^{-\lambda}$，从而得 $P_0(t)=\mathrm{e}^{-\lambda t}, t>0, \lambda>0$.

(2) 证明 $P_k(t)=\mathrm{e}^{-\lambda t}\dfrac{(\lambda t)^k}{k!}, k=1,2,3,\cdots, t>0$.

由平稳性与无后效性以及事件的互斥性，由图 2.3，在时间间隔 $(0, t+h]$ 中到达 k 个事件的概率 $P_k(t+h)$ 为

$$P_k(t+h)=P\{\xi(t+h)=k\}=\sum_{i=0}^{k}P_{k-i}(t)P_i(h), \qquad k=1,2,\cdots.$$

因为

$$P_0(h)=\mathrm{e}^{-\lambda h}=1-\lambda h+o(h),$$
$$P_1(h)=1-P_0(h)-o(h)=\lambda h+o(h),$$
$$\sum_{i=2}^{k}P_{k-i}(t)P_i(h)\leqslant\sum_{i=2}^{k}P_i(h)=o(h),$$

其中假定：当 $n>0$ 时，$P_{-n}(t)=0$，从而得

$$P_k(t+h) = P_k(t)P_0(h) + P_{k-1}(t)P_1(h) + \sum_{i=2}^{k} P_{k-i}(t)P_i(h)$$
$$= P_k(t)[1-\lambda h] + P_{k-1}(t)\lambda h + o(h),$$

所以

$$\frac{P_k(t+h) - P_k(t)}{h} = -\lambda P_k(t) + \lambda P_{k-1}(t) + o(1).$$

令 $h \to 0$ 得

$$P'_k(t) = -\lambda P_k(t) + \lambda P_{k-1}(t), \qquad k = 1, 2, \cdots, \tag{2.2.16}$$

即

$$e^{\lambda t}[P'_k(t) + \lambda P_k(t)] = \lambda e^{\lambda t} P_{k-1}(t),$$

即

$$[e^{\lambda t} P_k(t)]'_t = \lambda e^{\lambda t} P_{k-1}(t).$$

对上式两边从零到 t 积分,并注意到 $P_k(0) = 0, k = 1, 2, \cdots,$ 得

$$P_k(t) = \lambda e^{-\lambda t} \int_0^t e^{\lambda \tau} P_{k-1}(\tau) d\tau, \qquad k = 1, 2, \cdots. \tag{2.2.17}$$

由 $P_0(t) = e^{-\lambda t}$ 与 (2.2.17) 式得 $P_1(t) = e^{-\lambda t} \lambda t.$

假设对于 $k-1$ 有 $P_{k-1}(t) = e^{-\lambda t} \dfrac{(\lambda t)^{k-1}}{(k-1)!}$,由此假设与 (2.2.17) 式得

$$P_k(t) = \lambda e^{-\lambda t} \int_0^t e^{\lambda \tau} \cdot e^{-\lambda \tau} \frac{(\lambda \tau)^{k-1}}{(k-1)!} d\tau$$
$$= e^{-\lambda t} \frac{(\lambda t)^k}{k!}.$$

由数学归纳法,(2) 得证.

2.3 连续型随机变量及其分布

2.3.1 连续型随机变量的密度函数

在 2.2 节我们讨论了离散型随机变量,现在我们来讨论另一重要类型的随机变量,这一类型随机变量的分布函数 $F(x)$ 可以表示为一个非负函数在区间 $(-\infty, x)$ 上的积分. 例如,例 2.1.3 中的分布函数可以表示为函数

$$f(x) = \begin{cases} 1, & x \in [0,1], \\ 0, & x \overline{\in} [0,1] \end{cases}$$

的积分 $\displaystyle\int_{-\infty}^{x} f(t) dt.$

定义 2.3.1 如果概率空间 $(\Omega, \mathcal{F}, P)$ 上的随机变量 ξ 的分布函数 $F(x)$ 可表示为非负函数 $f(x)$ 的积分

$$F(x) = \int_{-\infty}^{x} f(t)\mathrm{d}t, \qquad x \in \mathbf{R}, \tag{2.3.1}$$

则称 ξ 为连续型随机变量,称 ξ 的分布函数 $F(x)$ 为连续型分布函数,称 $f(x)$ 为 ξ 的密度函数,简称为密度.

由上定义,密度函数 $f(x)$ 具有下列性质:

(1) $f(x) \geqslant 0, x \in \mathbf{R}$;

(2) $\int_{-\infty}^{+\infty} f(x)\mathrm{d}x = 1$;

(3) 当 x 为 $f(x)$ 的连续点时,有 $F'(x) = f(x)$.

证明 (1) 是定义所要求的.

(2) $\int_{-\infty}^{+\infty} f(x)\mathrm{d}x = \lim\limits_{x \to +\infty} F(x) = F(+\infty) = 1$.

(3) 因为 $F(x) = \int_{-\infty}^{x} f(t)\mathrm{d}t$,所以

$$\frac{F(x+\Delta x) - F(x)}{\Delta x} = \frac{1}{\Delta x}\int_{x}^{x+\Delta x} f(t)\mathrm{d}t.$$

由积分中值定理得

$$\int_{x}^{x+\Delta x} f(t)\mathrm{d}t = f(x + \Delta x \cdot \theta)\Delta x, \qquad 0 < \theta < 1,$$

所以当令 $\Delta x \to 0$ 且注意到 x 为 $f(x)$ 的连续点时,得 $F'(x) = f(x)$.

性质(1)与性质(2)是密度函数的两个基本性质.反之,如果任一实函数 $f(x)$ 具有性质(1)与(2),则由(2.3.1)式定义的函数 $F(x)$ 是某连续型随机变量的分布函数.

证明 显然 $F(x)$ 单调不减,且 $F(+\infty) = 1$,又因

$$\lim_{\Delta x \to 0} \Delta F(x) = \lim_{\Delta x \to 0}\left[F(x+\Delta x) - F(x)\right]$$

$$= \lim_{\Delta x \to 0}\int_{x}^{x+\Delta x} f(t)\mathrm{d}t = 0,$$

所以 $F(x)$ 处处连续,从而 $F(x)$ 处处左连续. 由此得

$$\lim_{s \to -\infty} F(s) = \lim_{s \to -\infty}\int_{-\infty}^{s} f(x)\mathrm{d}t$$

$$= \lim_{s \to -\infty}\left[1 - \int_{s}^{+\infty} f(t)\mathrm{d}t\right] = 0.$$

这样我们就证得 $F(x)$ 满足分布函数的三条基本性质,从而它是某随机变量的分布函数,再由(2.3.1)式知它是连续型分布函数.

注意 1 由以上证明可知连续型分布函数一定是连续的函数,但是连续的分布函数却不一定是连续型分布函数.

注意 2 因为连续型随机变量 ξ 的分布函数 $F(x)$ 是处处连续的,所以对任意实数 a,有 $P\{\xi = a\} = F(a+0) - F(a) = 0$. 由此知概率为零的事件不一定是不可能

事件,概率为 1 的事件也不一定是必然事件,并且对于连续型随机变量考虑它取可列多个值的概率是没有意义的.

注意 3 任一分布函数 $F_\xi(x)$ 在任一点 a 连续当且仅当 $P\{\xi=a\}=0$.

2.3.2 常见的连续型随机变量

1. 均匀分布

如果随机变量 ξ 的密度函数为

$$f(x)=\begin{cases} \dfrac{1}{b-a}, & x\in[a,b], \\ 0, & x\overline{\in}[a,b], \end{cases} \tag{2.3.2}$$

则称 ξ 服从区间 $[a,b]$ 上的均匀分布. 均匀分布含有两个参数 a 与 b,当它们确定时,该分布就完全确定了,故记"ξ 服从区间 $[a,b]$ 上的均匀分布"为"$\xi\sim U(a,b)$"或"$\xi\sim U[a,b]$",其分布函数为

$$F(x)=\begin{cases} 0, & x\leqslant a, \\ \dfrac{x-a}{b-a}, & a<x\leqslant b, \\ 1, & x>b, \end{cases} \tag{2.3.3}$$

$f(x)$ 与 $F(x)$ 的图形如图 2.4 与图 2.5 所示.

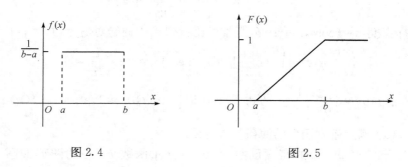

图 2.4   图 2.5

显然,$f(x)$ 满足:① $f(x)\geqslant 0,x\in\mathbf{R}$;② $\displaystyle\int_{-\infty}^{+\infty}f(x)\mathrm{d}t=1$.

不难看出例 2.1.3 是 $U(a,b)$ 中 $a=0,b=1$ 的特殊情形.

2. 正态分布

如果随机变量 ξ 的密度函数为

$$f(x)=\frac{1}{\sqrt{2\pi}\sigma}\exp\left\{-\frac{1}{2\sigma^2}(x-a)^2\right\}, \qquad x\in\mathbf{R}, \tag{2.3.4}$$

其中 a,σ 均为常数且 $\sigma>0,\exp\{t\}=\mathrm{e}^t$,则称 ξ 服从参数为 a 与 σ^2 的正态分布,记

为 $\xi \sim N(a,\sigma^2)$. 正态分布也叫做高斯分布，其分布函数为

$$F(x) = \frac{1}{\sqrt{2\pi}\sigma} \int_{-\infty}^{x} e^{-\frac{(t-a)^2}{2\sigma^2}} \, dt, \qquad x \in \mathbf{R}. \tag{2.3.5}$$

特别当 $a=0, \sigma=1$ 时，(2.3.4)式变为

$$f(x) = \frac{1}{\sqrt{2\pi}} e^{-x^2/2}, \qquad x \in \mathbf{R}, \tag{2.3.6}$$

并以 $\varphi(x)$ 表示 $\dfrac{e^{-x^2/2}}{\sqrt{2\pi}}$，即

$$\varphi(x) = \frac{1}{\sqrt{2\pi}} e^{-x^2/2}, \qquad x \in \mathbf{R}, \tag{2.3.7}$$

这时称 ξ 服从标准正态分布.

由(2.3.4)式知 $f(x) \geqslant 0$ 处处成立. 为证明 $\int_{-\infty}^{+\infty} f(x) dt = 1$，令 $t = \dfrac{x-a}{\sigma}$，则

$$\int_{-\infty}^{+\infty} f(x) dx = \int_{-\infty}^{+\infty} \frac{1}{\sqrt{2\pi}} e^{-t^2/2} dt = \int_{-\infty}^{+\infty} \varphi(t) dt. \quad \text{因为}$$

$$\left(\int_{-\infty}^{+\infty} \varphi(t) dt \right)^2 = \int_{-\infty}^{+\infty} \varphi(t) dt \cdot \int_{-\infty}^{\infty} \varphi(s) ds$$

$$= \int_{-\infty}^{+\infty} \int_{-\infty}^{\infty} \frac{1}{2\pi} e^{-\frac{t^2+s^2}{2}} dt ds,$$

作极坐标变换：$s = r\cos\theta, t = r\sin\theta$，则雅可比行列式 J 的绝对值为 $|J| = |r| = r$.

$$\left(\int_{-\infty}^{+\infty} \varphi(t) dt \right)^2 = \frac{1}{2\pi} \int_{0}^{2\pi} d\theta \int_{0}^{\infty} r e^{\frac{r^2}{2}} dr = 2\pi \cdot \frac{1}{2\pi} = 1.$$

又因 $\int_{-\infty}^{+\infty} \varphi(t) dt = \int_{-\infty}^{+\infty} \frac{1}{\sqrt{2\pi}} e^{-t^2/2} dt > 0$，所以 $\int_{-\infty}^{+\infty} \varphi(t) dt = 1$，从而 $\int_{-\infty}^{+\infty} f(x) dx = 1$，即函数 $f(x)$ 满足密度函数的两条基本性质.

正态分布 $N(a,\sigma^2)$ 的密度函数 $f(x)$ 与分布函数 $F(x)$ 的图形如图 2.6 与图 2.7所示.

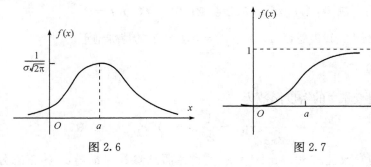

图 2.6　　　　　　　　　　　　　　　　图 2.7

正态分布是概率论中最重要的分布之一,因为它是自然界中常见的一种分布.例如,测量的误差,炮弹的落点,人的身高、体重,产品的长度、宽度、高度等都服从或近似服从正态分布.一般地说,如果影响某一数量指标的因素很多,且每个因素相互独立以及所起的作用都很小,则这个数量指标就服从或近似服从正态分布.正态分布还具有许多良好的性质,许多分布可以用正态分布来逼近.再者许多重要的分布就是由正态分布导出的,例如,数理统计中的 χ^2 分布、t 分布、F 分布都是由正态分布导出的.因此无论在实际应用中还是在理论研究中,正态分布都占有极其重要的地位.

正态分布 $N(a,\sigma^2)$ 的密度函数 $f(x)$ 与分布函数 $F(x)$ 具有下列性质:

(1) $f(x)$ 与 $F(x)$ 处处大于 0,且具有各阶导数.

(2) $f(x)$ 在 $(-\infty,a)$ 中严格上升,在 $(a,+\infty)$ 中严格下降,在 a 点达到最大值 $\dfrac{1}{\sigma\sqrt{2\pi}}$. 当 $x\to+\infty$ 或 $x\to-\infty$ 时,$f(x)\to0$.

(3) $f(x)$ 的图形关于直线 $x=a$ 对称,即 $f(a+x)=f(a-x)$.

(4) $F(a-x)=1-F(a+x)$.

(5) 标准正态分布 $N(0,1)$ 的分布函数 $\Phi(x)$ 满足
$$\Phi(y)-\Phi(x)=\Phi(-x)-\Phi(-y), \qquad x,y\in\mathbf{R}.$$

(6) $F(x)=\Phi\left(\dfrac{x-a}{\sigma}\right),x\in\mathbf{R}.$

(7) $\Phi(-x)=1-\Phi(x),x\in\mathbf{R}.$

证明 由定义,(1),(2),(3)显然成立.现证(4).因为
$$1=\int_{-\infty}^{+\infty}f(t)\mathrm{d}t=\int_{-\infty}^{a-x}f(t)\mathrm{d}t+\int_{a-x}^{+\infty}f(t)\mathrm{d}t$$
$$=F(a-x)+\int_{a-x}^{+\infty}f(t)\mathrm{d}t.$$

令 $t=2a-y$,则由(3)得
$$f(t)=f(2a-y)=f(a+a-y)=f(y),$$
从而得
$$\int_{a-x}^{+\infty}f(t)\mathrm{d}t=\int_{a+x}^{-\infty}f(2a-y)(-1)\mathrm{d}y$$
$$=\int_{-\infty}^{a+x}f(y)\mathrm{d}y=F(a+x),$$

于是得 $1=F(a-x)+F(a+x)$,这样(4)得证.

证明(6).因为
$$F(x)=\frac{1}{\sqrt{2\pi}\sigma}\int_{-\infty}^{x}\exp\left\{-\frac{(t-a)^2}{2\sigma^2}\right\}\mathrm{d}t \qquad \left(\text{令 } y=\frac{t-a}{\sigma}\right)$$

$$= \int_{-\infty}^{\frac{x-a}{\sigma}} \frac{1}{\sqrt{2\pi}} e^{-y^2/2} dy = \Phi\left(\frac{x-a}{\sigma}\right).$$

证明(5). 由 $1 = F(a-x) + F(a+x)$ 得

$$1 = \Phi(-x) + \Phi(x) \text{ 与 } 1 = \Phi(-y) + \Phi(y).$$

上两式相减得

$$\Phi(y) - \Phi(x) = \Phi(-x) - \Phi(-y).$$

证明(7). 由(4)立得(7).

例 2.3.1　设 $\xi \sim N(1.5, 4)$，计算：

(1) $P\{\xi < 3.5\}$;　　　　　(2) $P\{\xi < -4\}$;

(3) $P\{\xi > 2\}$;　　　　　　(4) $P\{|\xi| < 3\}$.

解　因为正态分布的密度函数的积分一般不能用初等函数表示. 故一般概率论书后都附有标准正态分布函数值表，利用此表与上述性质(6)与(7)可计算一般正态分布的概率.

(1) $P\{\xi < 3.5\} = F(3.5) = \Phi\left(\frac{3.5-1.5}{2}\right) = \Phi(1) = 0.8413$;

(2) $P\{\xi < -4\} = F(-4) = \Phi\left(\frac{-4-1.5}{2}\right) = \Phi(-2.75)$

$$= 1 - \Phi(2.75) = 1 - 0.9970 = 0.0030;$$

(3) $P\{\xi > 2\} = 1 - P\{\xi \leqslant 2\} = 1 - F(2) = 1 - \Phi\left(\frac{2-1.5}{2}\right)$

$$= 1 - \Phi(0.25) = 1 - 0.5987 = 0.4013;$$

(4) $P\{|\xi| < 3\} = P\{-3 < \xi < 3\} = F(3) - F(-3)$

$$= \Phi\left(\frac{3-1.5}{2}\right) - \Phi\left(\frac{-3-1.5}{2}\right)$$

$$= \Phi(0.75) - \Phi(-2.25)$$

$$= 0.7734 - [1 - \Phi(2.25)]$$

$$= 0.7734 - 1 + 0.9878$$

$$= 0.7612.$$

关于正态分布的产生我们将在 2.6 节中讨论.

3. 韦布尔(Weibull)分布

如果随机变量 ξ 的密度函数为

$$f(x) = \begin{cases} \dfrac{m}{x_0}(x-r)^{m-1} e^{-\frac{(x-r)^m}{x_0}}, & x \geqslant r, \\ 0, & x < r, \end{cases} \quad (2.3.8)$$

则称 ξ 服从韦布尔分布. 其中 $m>0$, 称为形状参数, 称 r 为位置参数, $x_0>0$, 称为尺度参数.

显然

$$f(x)\geqslant 0, \qquad x\in \mathbf{R}.$$

令 $u=\dfrac{(x-r)^m}{x_0}$,

$$\int_{-\infty}^{+\infty} f(x)\,\mathrm{d}x = \frac{m}{x_0}\int_r^{+\infty}(x-r)^{m-1}\mathrm{e}^{-\frac{(x-r)^m}{x_0}}\,\mathrm{d}x$$

$$= \int_0^{+\infty}\mathrm{e}^{-u}\,\mathrm{d}u = 1,$$

所以 $f(x)$ 满足密度函数的两个基本性质.

下面说明韦布尔分布的产生.

设一条由 n 个同类型的环构成的链, 两端受大小相等方向相反的力 x 作用, 如图 2.8. 以 ξ 表示单个环不被拉断所能承受的最大力. 因为不同类型的环所能承受最大的力不同, 所以 ξ 是随机变量. 显然, 只要有一个环被力 x 拉断, 则整个链就失效. 故链失效的概率为 $P\{\xi<x\}$. 现来求 $P\{\xi<x\}$.

图 2.8

由于单个环不被拉断的概率为 $1-P\{\xi<x\}$, 且因为

$$0\leqslant 1-P\{\xi<x\}\leqslant 1,$$

故可令

$$1-P\{\xi<x\} = \mathrm{e}^{-g(x)}.$$

如果所讨论的环的最低承受力为 r(常数), 则当 $x<r$ 时, 环不被拉断, 故这时 $\mathrm{e}^{-g(x)}=1$, 从而 $g(x)=0$. 当 $x\geqslant r$ 时, 不能保证环不被拉断, 故这时 $0<\mathrm{e}^{-g(x)}\leqslant 1$, 从而 $g(x)\geqslant 0$, 即

$$g(x)\begin{cases} =0, & x<r, \\ \geqslant 0, & x\geqslant r. \end{cases}$$

由于 x 越大不被拉断的概率越小, 即 $\mathrm{e}^{-g(x)}$ 是 x 不增函数. 又因幂函数是一种最基本的函数, 所以令

$$g(x)=\begin{cases} \dfrac{(x-r)^m}{x_0}, & x\geqslant r, \\ 0, & x<r, \end{cases}$$

其中 $m>0, x_0>0$, 从而

$$P\{\xi<x\}=1-\mathrm{e}^{-g(x)}=\begin{cases}1-\mathrm{e}^{\frac{-(x-r)^m}{x_0}}, & x\geqslant r,\\ 0, & x<r.\end{cases}$$

如果记 $F(x),f(x)$ 分别为 ξ 的分布函数与密度函数,则

$$f(x)=F'(x)=[P\{\xi<x\}]'_x$$

$$=\begin{cases}\dfrac{m}{x_0}(x-r)^{m-1}\mathrm{e}^{\frac{-(x-r)^m}{x_0}}, & x\geqslant r,\\ 0, & x<r.\end{cases}$$

韦布尔分布在工程实践中有着广泛的应用. 它除了是链失效的概率模型外在一些生存现象的领域中也有广泛的应用,它还适用于由某一局部失效就引起全部失效的现象.

4. 指数分布

如果随机变量 ξ 的密度函数为

$$f(x)=\begin{cases}\lambda\mathrm{e}^{-\lambda x}, & x>0, \quad \lambda>0,\\ 0, & x\leqslant 0,\end{cases}\tag{2.3.9}$$

则称 ξ 服从指数分布,记为 $\xi\sim\Gamma(1,\lambda)$.

因为指数分布是韦布尔分布当 $m=1,\dfrac{1}{x_0}=\lambda,\gamma=0$ 时的特殊情形,故指数分布的密度函数满足密度函数的两条基本性质.

指数分布常用来作为各种"寿命"分布的近似分布. 它具有"无记忆性". 我们称非负连续型随机变量 ξ 具有无记忆性,如果对于非负实数 s,t 有

$$P\{\xi>s+t\,|\,\xi>t\}=P\{\xi>s\},$$

即如果已知寿命大于 t 年,则再活 s 年以上的概率与已活 t 年无关. 也就是如果在时刻 t 仍活着,则其剩余寿命的分布仍与原来的寿命分布相同. 一般地,有下述定理.

定理 2.3.1   设 ξ 是非负连续型随机变量. 则下列命题等价:

(1) ξ 服从指数分布;

(2) 对任意实数 $x,y>0$ 有 $P\{\xi>x+y\,|\,\xi>x\}=P\{\xi>y\}$;

(3) 对任意实数 $x,y,x>0$,有

$$P\{x+y<\xi<x+y+z\}=P\{y<\xi<y+z\}P\{\xi>x\}.$$

证明   (1)$\Rightarrow$(2). 设 ξ 服从参数为 $\lambda>0$ 的指数分布,则

$$P\{\xi>x\}=\begin{cases}1, & x\leqslant 0,\\ \mathrm{e}^{-\lambda x}, & x>0,\end{cases}$$

所以,由条件概率定义有

$$P\{\xi>x+y\,|\,\xi>x\}=\frac{P\{\xi>x+y,\xi>x\}}{P\{\xi>x\}}$$

$$=\frac{P\{\xi>x+y\}}{P\{\xi>x\}}=\mathrm{e}^{-\lambda(x+y)}/\mathrm{e}^{-\lambda x}$$

$$=\mathrm{e}^{-\lambda y}=P\{\xi>y\},\qquad x,y>0.$$

(2)⇒(3). 由(2)得

$$\frac{P\{\xi>x+y\}}{P\{\xi>x\}}=P\{\xi>y\},$$

所以

$$\frac{P\{\xi>x+y+z\}}{P\{\xi>x\}}=P\{\xi>y+z\}.$$

上两式相减得

$$\frac{P\{x+y<\xi\leqslant x+y+z\}}{P\{\xi>x\}}=P\{y<\xi\leqslant y+z\},$$

即

$$P\{x+y<\xi<x+y+z\}=P\{y<\xi<y+z\}P\{\xi>x\}.$$

(3)⇒(2). 在(3)中令 $z\rightarrow+\infty$ 得

$$P\{\xi>x+y\}=P\{\xi>y\}P\{\xi>x\},$$

即

$$P\{\xi>x+y\,|\,\xi>x\}=P\{\xi>y\}.$$

(2)⇒(1). 由(2)得

$$P\{\xi>x+y\}=P\{\xi>y\}P\{\xi>x\},\qquad x,y>0.$$

令 $G(x)=P\{\xi>x\}$,则上式变为

$$G(x+y)=G(y)G(x),\qquad x,y>0,$$

且

$$0\leqslant G(x)\leqslant1,\qquad x>0.$$

设 $0<x<y$,则 $G(y)=G(y-x+x)=G(y-x)G(x)$,故 $G(x)-G(y)=G(x)$ $[1-G(y-x)]\geqslant0$,所以 $G(x)$ 在区间 $[0,+\infty]$ 上单调不增,类似于定理 2.2.6 中 (1)的证明,对任意实数 $x>0$ 得

$$G(x)=a^x,\qquad x>0.$$

因为 $0\leqslant a\equiv G(1)\leqslant1$,如果 $a=0$,则得

$$a^x=G(x)=P\{\xi>x\}\equiv0,\qquad x>0,$$

这表示 $P\{\xi=0\}=1$,与 ξ 是连续型随机变量矛盾. 若 $a=1$,则得

$$G(x)=P\{\xi>x\}\equiv1,\qquad x>0,$$

这表示 ξ 只取 $+\infty$,与 ξ 为连续型随机变量矛盾,故 $0<a<1$. 令 $\lambda=-\ln a$,则有

$a = \mathrm{e}^{-\lambda}$，从而得

$$G(x) = \mathrm{e}^{-\lambda x}, \qquad x > 0, \quad \lambda > 0.$$

如果记 $F(x), f(x)$ 分别为 ξ 的分布函数与密度函数，则

$$F(x) = P\{\xi < x\} = \begin{cases} 0, & x \leqslant 0, \\ 1 - G(x) = 1 - \mathrm{e}^{-\lambda x}, & x > 0, \end{cases}$$

$$f(x) = F'(x) = \begin{cases} \lambda \mathrm{e}^{-\lambda x}, & x > 0, \\ 0, & x \leqslant 0. \end{cases}$$

5. 埃尔朗(Erlang)分布

如果随机变量 ξ 的密度函数为

$$f(x) = \begin{cases} \dfrac{\lambda^k}{\Gamma(k)} x^{k-1} \mathrm{e}^{-\lambda x}, & x > 0, \\ 0, & x \leqslant 0, \end{cases} \tag{2.3.10}$$

其中 λ, k 均为常数，且 $\lambda > 0, k$ 为正整数，$\Gamma(k) \equiv \displaystyle\int_0^{+\infty} x^{k-1} \mathrm{e}^{-x} \mathrm{d}x$，则称 ξ 服从埃尔朗分布，记为 $\xi \sim \Gamma(k, \lambda)$.

显然 $f(x) \geqslant 0, x \in \mathbf{R}$，且

$$\int_{-\infty}^{+\infty} f(x)\mathrm{d}t = \int_0^{+\infty} \frac{\lambda^k}{\Gamma(k)} x^{k-1} \mathrm{e}^{-\lambda x} \mathrm{d}x \qquad (\diamondsuit\ \lambda x = t)$$

$$= \int_0^{+\infty} \frac{1}{\Gamma(k)} t^{k-1} \mathrm{e}^{-t} \mathrm{d}t$$

$$= \frac{\Gamma(k)}{\Gamma(k)} = 1,$$

故 $f(x)$ 满足密度函数的两个基本性质.

下面我们来介绍指数分布与埃尔朗分布的产生，因为指数分布是埃尔朗分布当 $k = 1$ 时的特例，所以我们只需介绍埃尔朗分布的产生.

定理 2.3.2 设 $\xi(t)$ 为时间间隔 $(0, t]$ 中泊松事件流到达的事件数，记 S_k 为第 k 个事件到达的时刻，$k = 1, 2, \cdots$，则 S_k 服从埃尔朗分布.

证明 当 $t \leqslant 0$ 时，显然 $P\{S_k < t\} = 0$，当 $t > 0$ 时，因为 $\{S_k \leqslant t\} = \{\xi(t) \geqslant k\}$，即第 k 个事件到达的时刻不大于 t 当且仅当在时间区间 $(0, t]$ 中到达的事件数不小于 k. 又因 S_k 为连续型随机变量，由定理 2.2.6 得

$$P\{S_k < t\} = P\{S_k \leqslant t\} = P\{\xi(t) \geqslant k\}$$

$$= \sum_{j=k}^{\infty} P\{\xi(t) = j\} = \sum_{j=k}^{\infty} \mathrm{e}^{-\lambda t} \frac{(\lambda t)^j}{j!}.$$

故如果设 $F_k(t), f_k(t)$ 分别为 S_k 的分布函数与密度函数,则

$$F_k(t) = \begin{cases} 0, & t \leqslant 0, \\ \displaystyle\sum_{j=k}^{\infty} \mathrm{e}^{-\lambda t} \frac{(\lambda t)^j}{j!}, & t > 0, \end{cases} \quad \lambda > 0,$$

$$f_k(t) = \big[F_k(t)\big]'_t = \begin{cases} 0, & t \leqslant 0, \\ \displaystyle\lambda \sum_{j=k}^{\infty} \mathrm{e}^{-\lambda t} \frac{(\lambda t)^{j-1}}{(j-1)!} - \lambda \sum_{j=k}^{\infty} \mathrm{e}^{-\lambda t} \frac{(\lambda t)^j}{j!}, & t > 0, \end{cases}$$

即

$$f_k(t) = \begin{cases} 0, & t \leqslant 0, \\ \displaystyle\lambda \mathrm{e}^{-\lambda t} \frac{(\lambda t)^{k-1}}{(k-1)!} = \frac{\lambda^k t^{k-1} \mathrm{e}^{-\lambda t}}{\Gamma(k)}, & t > 0. \end{cases}$$

6. 对数正态分布

如果随机变量 ξ 的密度函数为

$$f(x) = \begin{cases} \dfrac{\lg \mathrm{e}}{\sqrt{2\pi}\sigma x} \exp\left\{ -\dfrac{1}{2\sigma^2}(\lg x - a)^2 \right\}, & x > 0, \\ 0, & x \leqslant 0, \end{cases} \tag{2.3.11}$$

其中 a, σ 均为常数且 $\sigma > 0$,则称 ξ 服从对数正态分布.

显然

$$f(x) \geqslant 0, \quad x \in \mathbf{R},$$

且

$$\int_{-\infty}^{+\infty} f(x)\,\mathrm{d}t = \int_0^{+\infty} \frac{\lg \mathrm{e}}{\sqrt{2\pi}\sigma x} \exp\left\{ -\frac{1}{2\sigma^2}(\lg x - a)^2 \right\}\mathrm{d}x$$

$$\left(\diamondsuit\ y = \frac{\lg x - a}{\sigma} \right)$$

$$= \int_{-\infty}^{+\infty} \frac{1}{\sqrt{2\pi}} \mathrm{e}^{-y^2/2}\,\mathrm{d}y = 1.$$

对数正态分布是由正态分布诱导出来的. 即如果 $\eta \sim N(a, \sigma^2)$,则 $\xi = 10^\eta$ 服从对数正态分布.

证明 因为 ξ 的分布函数为

$$F_\xi(x) = P\{\xi < x\} = P\{10^\eta < x\}$$

$$= \begin{cases} P\{\eta < \lg x\} = F_\eta(\lg x), & x > 0, \\ 0, & x \leqslant 0, \end{cases}$$

所以 ξ 的密度函数为

$$f_\xi(x) = \left[F_\xi(x)\right]'_x$$

$$= \begin{cases} f_\eta(\lg x) \cdot \dfrac{\lg e}{x} = \dfrac{\lg e}{\sqrt{2\pi}\sigma x} \exp\left\{-\dfrac{1}{2\sigma^2}(\lg x - a)^2\right\}, & x > 0, \\ 0, & x \leqslant 0. \end{cases}$$

7. Γ 分布

对于 $\alpha > 0$，伽马函数 $\Gamma(\alpha)$ 由下式定义：

$$\Gamma(\alpha) = \int_0^{+\infty} x^{\alpha-1} e^{-x} dx,$$

且有公式 $\Gamma(\alpha+1) = \alpha\Gamma(\alpha)$，$\Gamma(1) = 1$，$\Gamma\left(\dfrac{1}{2}\right) = \sqrt{\pi}$. 令 $x = \lambda t, \lambda > 0$，则上式变为

$$\Gamma(\alpha) = \int_0^{+\infty} \lambda^\alpha t^{\alpha-1} e^{-\lambda t} dt,$$

于是

$$\int_0^{+\infty} \frac{\lambda^\alpha t^{\alpha-1} e^{-\lambda t}}{\Gamma(\alpha)} dt = 1.$$

因为上式中被积函数对于 $t > 0$ 是正的，由此得函数

$$f(x) = \begin{cases} \dfrac{\lambda^\alpha}{\Gamma(\alpha)} x^{\alpha-1} e^{-\lambda x}, & x > 0, \alpha > 0, \lambda > 0, \\ 0, & x \leqslant 0. \end{cases} \tag{2.3.12}$$

如果随机变量 ξ 的密度函数由 (2.3.12) 式所定义，则称 ξ 服从参数为 α 与 λ 的 Γ 分布，并记为 $\xi \sim \Gamma(\alpha, \lambda)$.

易见埃尔朗分布是 Γ 分布当 $\alpha = k$ 时的特例. Γ 分布另一重要特例是 $\alpha = \dfrac{n}{2}$，$\lambda = \dfrac{1}{2}$（n 为正整数）的情况.

8. 卡方分布

如果随机变量 ξ 的密度函数为

$$f(x) = \begin{cases} \dfrac{1}{2^{n/2}\Gamma\left(\dfrac{n}{2}\right)} x^{\frac{n}{2}-1} e^{-x/2}, & x > 0, \\ 0, & x \leqslant 0, \end{cases} \tag{2.3.13}$$

则称 ξ 服从自由度为 n 的卡方分布，并记为 $\xi \sim \chi^2(n) = \Gamma\left(\dfrac{n}{2}, \dfrac{1}{2}\right)$.

9. 贝塔分布

对于 $\alpha > 0, \beta > 0$，贝塔函数 $B(\alpha, \beta)$ 由下式定义：

$$B(\alpha, \beta) = \int_0^1 x^{\alpha-1}(1-x)^{\beta-1}\mathrm{d}x.$$

由此得

$$\int_0^1 \frac{x^{\alpha-1}(1-x)^{\beta-1}}{B(\alpha, \beta)}\mathrm{d}x = 1,$$

于是得函数

$$f(x) = \begin{cases} \dfrac{x^{\alpha-1}(1-x)^{\beta-1}}{B(\alpha, \beta)}, & x \in [0, 1], \\ 0, & x \overline{\in} [0, 1]. \end{cases} \tag{2.3.14}$$

如果随机变量 ξ 的密度函数由 (2.3.14) 式所定义，则称 ξ 服从参数为 α 与 β 的贝塔分布，并记为 $\xi \sim B(\alpha, \beta)$.

因为贝塔函数 $B(\alpha, \beta)$ 与伽马函数 $\Gamma(\alpha)$ 有关系式

$$B(\alpha, \beta) = \frac{\Gamma(\alpha)\Gamma(\beta)}{\Gamma(\alpha+\beta)}, \tag{2.3.15}$$

所以贝塔函数可以利用伽马函数来计算. 当 $\alpha = \beta = 1$ 时，贝塔分布就变成了均匀分布 $U(0, 1)$.

易证，如果 $\xi \sim B(\alpha, \beta)$，则 $1 - \xi \sim B(\beta, \alpha)$. 特别地，$\xi \sim B(\alpha, \alpha)$ 当且仅当 $1 - \xi \sim B(\alpha, \alpha)$.

关于其他一些常见的连续型随机变量，我们将在以后的章节中介绍.

现证 (2.3.15) 式. 令 $x = \sin^2\theta$，则

$$B(\alpha, \beta) = \int_0^1 x^{\alpha-1}(1-x)^{\beta-1}\mathrm{d}x = 2\int_0^{\pi/2} \sin^{2\alpha-1}\theta\cos^{2\beta-1}\theta\mathrm{d}\theta.$$

因为 $B(\alpha, \beta) = B(\beta, \alpha)$，所以

$$\Gamma(\alpha) = \int_0^{+\infty} x^{\alpha-1}\mathrm{e}^{-x}\mathrm{d}x \xrightarrow{\text{令} x = t^2} 2\int_0^{+\infty} t^{2\alpha-1}\mathrm{e}^{-t^2}\mathrm{d}t,$$

从而得

$$\Gamma(\alpha)\Gamma(\beta) = 4\int_0^{+\infty} t^{2\alpha-1}\mathrm{e}^{-t^2}\mathrm{d}t \cdot \int_0^{+\infty} s^{2\beta-1}\mathrm{e}^{-s^2}\mathrm{d}s$$

$$(\text{令} t = r\cos\theta, s = r\sin\theta)$$

$$= 4\int_0^{\pi/2} \cos^{2\alpha-1}\theta\sin^{2\beta-1}\theta\mathrm{d}\theta$$

$$\cdot \int_0^{+\infty} r^{2(\alpha+\beta)-1}\mathrm{e}^{-r^2}\mathrm{d}r \quad (\text{令} r^2 = y)$$

$$= B(\beta,\alpha)\Gamma(\alpha+\beta) = B(\alpha,\beta)\Gamma(\alpha+\beta).$$

于是得

$$B(\alpha,\beta) = \frac{\Gamma(\alpha)\Gamma(\beta)}{\Gamma(\alpha+\beta)}.$$

2.3.3 随机变量的类型

由上述可知离散型随机变量的分布函数是阶梯函数,而连续型随机变量的分布函数是绝对连续函数. 但是不要认为只有这两种类型的分布函数,还存在另一类型的分布函数. 例如:

设 $0 \leqslant a_1, a_2 \leqslant 1$,且 $a_1 + a_2 = 1$. 又设 $F_1(x), F_2(x)$ 为任意两个分布函数,则 $F(x) = a_1 F_1(x) + a_2 F_2(x)$ 也是分布函数. 现令 $a_1 = a_2 = \dfrac{1}{2}$,且令

$$F_1(x) = \begin{cases} 1, & x>0, \\ 0, & x\leqslant 0, \end{cases} \qquad F_2 = \begin{cases} 0, & x\leqslant 0, \\ x, & 0<x\leqslant 1, \\ 1, & x>1, \end{cases}$$

则

$$F(x) = \begin{cases} 0, & x\leqslant 0, \\ \dfrac{x+1}{2}, & 0<x\leqslant 1, \\ 1, & x>1. \end{cases}$$

显然 $F(x)$ 在原点不连续,故 $F(x)$ 不是连续型随机变量的分布函数. 又 $F(x)$ 不是阶梯形函数,故 $F(x)$ 也不是离散型随机变量的分布函数(图 2.9).

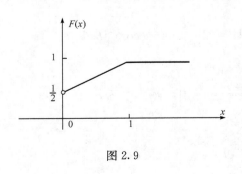

图 2.9

定义 2.3.2 如果分布函数 $F(x)$ 是连续的(不是连续型的)且其导数几乎处处为零,则称 $F(x)$ 是奇异型分布函数,并称 $F(x)$ 所对应的随机变量为奇异型随机变量.

可以证明,对任一分布函数 $F(x)$ 有如下分解式:

$$F(x) = a_1 F_1(x) + a_2 F_2(x) + a_3 F_3(x),$$

其中 $0 \leqslant a_i \leqslant 1, i=1,2,3$,且 $a_1 + a_2 + a_3 = 1, F_1(x), F_2(x), F_3(x)$ 均为分布函数,且它们分别是阶梯形的、绝对连续的与奇异型的.

不过我们经常碰到的随机变量大都是离散型与连续型的,因此,没有必要对奇异型随机变量作过多的讨论.

2.4 一维随机变量的函数及其分布

在分析和解决问题时,我们往往要对随机变量进行运算或进行变换,于是我们就得到新的变量——随机变量的函数. 很自然我们会问随机变量的这些函数是否仍为随机变量,如果是,它们的分布又如何求? 我们在这一节就讨论这些问题.

2.4.1 一般随机变量的函数

定理 2.4.1 设 ξ 为概率空间 $(\Omega, \mathscr{F}, P)$ 上的随机变量,则

(1) $\eta_1 = a\xi + b \,(a, b$ 均为常数),

(2) $\eta_2 = |\xi|$,

(3) $\eta_3 = \sqrt{\xi} \; (\xi \geqslant 0)$,

(4) $\eta_4 = \xi^2$,

(5) $\eta_5 = \dfrac{1}{\xi} \; (\xi \neq 0)$

都是随机变量.

证明 (1) 设 $x \in \mathbf{R}$,因为 $\{\eta_1 < x\} = \{a\xi < x - b\}$,所以

① 当 $a > 0$ 时,$\{\eta_1 < x\} = \left\{\xi < \dfrac{x-b}{a}\right\} \in \mathscr{F}$;

② 当 $a < 0$ 时,$\{\eta_1 < x\} = \left\{\xi > \dfrac{x-b}{a}\right\} \in \mathscr{F}$;

③ 当 $a = 0$ 时,$\{\eta_1 < x\} = \{b < x\} = \begin{cases} \Omega \in \mathscr{F}, & \text{当 } x > b \text{ 时} \\ \varnothing \in \mathscr{F}, & \text{当 } x \leqslant b \text{ 时} \end{cases}$.

从而 η_1 是随机变量. 由此得当 $a \neq 0$ 时,$\eta_1 = a\xi + b$ 的分布函数为

$$F_{\eta_1}(x) = \begin{cases} F_{\xi}\left(\dfrac{x-b}{a}\right), & a > 0, \\[3mm] 1 - F_{\xi}\left(\dfrac{x-b}{a} + 0\right), & a < 0. \end{cases} \qquad (2.4.1)$$

如果 ξ 还是连续型随机变量,且有密度函数 $f_{\xi}(x)$,则 η_1 也是连续型随机变量且 η_1 的密度函数为

$$f_{\eta_1}(x) = \begin{cases} \dfrac{1}{a} f_{\xi}\left(\dfrac{x-b}{a}\right), & a > 0, \\[3mm] -\dfrac{1}{a} f_{\xi}\left(\dfrac{x-b}{a}\right), & a < 0, \end{cases}$$

即

$$f_{a\xi+b}(x)=\frac{1}{|a|}f_\xi\left(\frac{x-b}{a}\right),\qquad a\neq 0.\qquad (2.4.2)$$

(2) 设 $x\in \mathbf{R}$，因为

$$\{\eta_2<x\}=\{|\xi|<x\}=\begin{cases}\{-x<\xi<x\}\in\mathscr{F},&x>0,\\\varnothing\in\mathscr{F},&x\leqslant 0,\end{cases}$$

所以 η_2 是随机变量，且 η_2 的分布函数为

$$F_{\eta_2}(x)=F_{|\xi|}(x)=\begin{cases}0,&x\leqslant 0,\\F_\xi(x)-F_\xi(-x+0),&x>0.\end{cases}\qquad (2.4.3)$$

如果 ξ 还是连续型的，则 $\eta_2=|\xi|$ 也是连续型的，且其密度函数为

$$f_{|\xi|}(x)=\begin{cases}f_\xi(x)+f_\xi(-x),&x>0,\\0,&x\leqslant 0.\end{cases}\qquad (2.4.4)$$

(3) 设 $x\in \mathbf{R}$，因为

$$\{\eta_3<x\}=\{\sqrt{\xi}<x\}=\begin{cases}\varnothing\in\mathscr{F},&x\leqslant 0,\\\{\xi<x^2\}\in\mathscr{F},&x>0,\end{cases}$$

所以 $\eta_3=\sqrt{\xi}$ 是随机变量，且 η_3 的分布函数为

$$F_{\sqrt{\xi}}(x)=\begin{cases}0,&x\leqslant 0,\\F_\xi(x^2),&x>0.\end{cases}\qquad (2.4.5)$$

如果 ξ 还是连续型的，则 $\sqrt{\xi}$ 也是连续型的，且其密度函数为

$$f_{\sqrt{\xi}}(x)=\begin{cases}0,&x\leqslant 0,\\2xf_\xi(x^2),&x>0.\end{cases}\qquad (2.4.6)$$

(4) 设 $x\in \mathbf{R}$，因为

$$\{\eta_4<x\}=\{\xi^2<x\}=\begin{cases}\varnothing\in\mathscr{F},&x\leqslant 0,\\\{-\sqrt{x}<\xi<\sqrt{x}\}\in\mathscr{F},&x>0,\end{cases}$$

所以 η_4 是随机变量，且其分布函数为

$$F_{\xi^2}(x)=\begin{cases}0,&x\leqslant 0,\\F_\xi(\sqrt{x})-F_\xi(-\sqrt{x}+0),&x>0.\end{cases}\qquad (2.4.7)$$

如果 ξ 还是连续型的，则 $\eta_4=\xi^2$ 也是连续型的，且其密度函数为

$$f_{\xi^2}(x)=\begin{cases}0,&x\leqslant 0,\\\dfrac{1}{2\sqrt{x}}[f_\xi(\sqrt{x})+f_\xi(-\sqrt{x})],&x>0.\end{cases}\qquad (2.4.8)$$

(5) 设 $x\in \mathbf{R}$，因为

① 当 $x<0$ 时，$\left\{\dfrac{1}{\xi}<x\right\}=\left\{\dfrac{1}{\xi}<x,\xi<0\right\}=\left\{\xi>\dfrac{1}{x},\xi<0\right\}=\left\{\dfrac{1}{x}<\xi<0\right\}\in\mathscr{F}$;

② 当 $x=0$ 时，$\left\{\dfrac{1}{\xi}<x\right\}=\left\{\dfrac{1}{\xi}<0\right\}=\left\{\xi<0\right\}\in\mathscr{F}$;

③ 当 $x>0$ 时，$\left\{\dfrac{1}{\xi}<x\right\}=\left\{\dfrac{1}{\xi}<0\right\}+\left\{0\leqslant\dfrac{1}{\xi}<x\right\}=\left\{\xi<0\right\}+\left\{\xi>\dfrac{1}{x}\right\}\in\mathscr{F}$，

所以 $\eta_5=\dfrac{1}{\xi}$ 是随机变量，且其分布函数为

$$F_{\frac{1}{\xi}}(x)=\begin{cases}F_\xi(0)-F\left(\dfrac{1}{x}+0\right), & x<0,\\ F_\xi(0), & x=0,\\ F_\xi(0)+1-F_\xi\left(\dfrac{1}{x}+0\right), & x>0.\end{cases} \quad (2.4.9)$$

如果 ξ 是连续型的，则 $\dfrac{1}{\xi}$ 也是连续型的，且其密度函数为

$$f_{\frac{1}{\xi}}(x)=\begin{cases}\dfrac{1}{x^2}f_\xi\left(\dfrac{1}{x}\right), & x\neq0,\\ 0, & x=0.\end{cases} \quad (2.4.10)$$

例 2.4.1 设 ξ 为概率空间 (Ω,F,P) 上的随机变量，定义

$$\xi^+=\begin{cases}0, & \xi\leqslant0,\\ \xi, & \xi>0,\end{cases} \qquad \xi^-=\begin{cases}\xi, & \xi<0,\\ 0, & \xi\geqslant0,\end{cases} \quad (2.4.11)$$

则 ξ^+ 与 ξ^- 都是随机变量.

证明 对任意实数 x，因为

$$\{\xi^+<x\}=\begin{cases}\varnothing\in\mathscr{F}, & x\leqslant0,\\ \{\xi^+=0\}+\{0<\xi^+<x\}\\ \quad=\{\xi\leqslant0\}+\{0<\xi<x\}\in\mathscr{F}, & x>0,\end{cases}$$

所以 ξ^+ 是随机变量.

对于任意实数 x，因为 $\{\xi^-<x\}=\begin{cases}\{\xi<x\}\in\mathscr{F}, & x\leqslant0,\\ \Omega\in\mathscr{F}, & x>0,\end{cases}$ 所以 ξ^- 也是随机变量，且

$$F_{\xi^+}(x)=\begin{cases}0, & x\leqslant0,\\ F_\xi(x), & x>0,\end{cases} \qquad F_{\xi^-}(x)=\begin{cases}F_\xi(x), & x\leqslant0,\\ 1, & x>0.\end{cases} \quad (2.4.12)$$

2.4.2 离散型随机变量的函数

设 ξ 为概率空间 $(\Omega,\mathscr{F},P)$ 上的离散型随机变量，A 是 ξ 的值域，即 $P\{\xi\in A\}=1$，且当 $x\in A$ 时 $P\{\xi=x\}>0$. 设 g 是由 A 到 B 的一个一一对应映射，则 g^{-1} 是 B 上的单值函数. 令 $\eta=g(\xi)$，则对任意 $y\in\mathbf{R}$，当 $y\in B$ 时，A 中有唯一的 x 使 $g(x)=y$，于是

$$P\{\eta=y\}=P\{g(\xi)=y\}=P\{\xi=x,g(\xi)=y\}=P\{\xi=x\}. \quad (2.4.13)$$

当 $y\bar{\in}B$ 时，因为 $g(\xi)=y$ 不可能成立，所以 $P\{\eta=y\}=P\{g(\xi)=y\}=0$.

如果对于 $y \in B$，$g^{-1}(y)$ 不是单值的，而有值 $x_1, x_2, x_3 \cdots$，则由概率的可列可加性，当 $y \in B$ 时，A 中有 x_i 使 $g(x_i) = y$，$i = 1, 2, 3, \cdots$，于是

$$P\{\eta = y\} = P\{g(\xi) = y\} = P\Big\{\sum_i \{\xi = x_i, g(x_i) = y\}\Big\} = \sum_i P\{\xi = x_i\}.$$

$$(2.4.14)$$

当 $y \overline{\in} B$ 时，$P\{\eta = y\} = P\{g(\xi) = y\} = 0$. 这样不管 g^{-1} 是否为单值函数，只要 g 是博雷尔可测的，且 ξ 是离散型随机变量，则 $\eta = g(\xi)$ 也是离散型随机变量，且其分布由 (2.4.13) 式或 (2.4.14) 式给出.

例 2.4.2　设离散型随机变量 ξ 的分布列为

ξ	-2	-1	0	1	2
P	$\dfrac{1}{5}$	$\dfrac{1}{6}$	$\dfrac{1}{5}$	$\dfrac{1}{15}$	$\dfrac{11}{30}$

求 $\eta = \xi^2$ 的分布列.

解　因为 ξ 的值域为 $A = \{-2, -1, 0, 1, 2\}$，所以 $\eta = \xi^2$ 的值域为 $B = \{0, 1, 4\}$ 且

$$P\{\eta = 0\} = P\{\xi^2 = 0\} = P\{\xi = 0\} = \frac{1}{5},$$

$$\begin{aligned} P\{\eta = 1\} &= P\{\xi^2 = 1\} = P\{\xi = 1, 1^2 = 1\} \\ &\quad + P\{\xi = -1, (-1)^2 = 1\} \\ &= P\{\xi = 1\} + P\{\xi = -1\} = \frac{1}{15} + \frac{1}{6} = \frac{7}{30}, \end{aligned}$$

$$\begin{aligned} P\{\eta = 4\} &= P\{\xi^2 = 4\} = P\{\xi = -2, (-2)^2 = 4\} \\ &\quad + P\{\xi = 2, 2^2 = 4\} \\ &= P\{\xi = -2\} + P\{\xi = 2\} = \frac{1}{5} + \frac{11}{30} = \frac{17}{30}, \end{aligned}$$

所以 $\eta = \xi^2$ 的分布列为

η	0	1	4
P	$\dfrac{1}{5}$	$\dfrac{7}{30}$	$\dfrac{17}{30}$

一般利用表格求离散型随机变量的函数的分布列更为简便.

例 2.4.3　设随机变量 ξ 的分布列为

ξ	-2	-1	0	1	2
P	$\dfrac{1}{5}$	$\dfrac{1}{6}$	$\dfrac{1}{5}$	$\dfrac{1}{15}$	$\dfrac{11}{30}$

求 $\eta_1=2\xi+3$,$\eta_2=3\xi^2+2$,$\eta_3=\mathrm{e}^\xi$,$\eta_4=|\xi|$ 的分布列.

解 由 ξ 的分布列可得如下表格:

P	$\dfrac{1}{5}$	$\dfrac{1}{6}$	$\dfrac{1}{5}$	$\dfrac{1}{15}$	$\dfrac{11}{30}$
ξ	-2	-1	0	1	2
$2\xi+3$	-1	1	3	5	7
$3\xi^2+2$	14	5	2	5	14
e^ξ	e^{-2}	e^{-1}	1	e^1	e^2
$|\xi|$	2	1	0	1	2

由此表格,得 $\eta_1,\eta_2,\eta_3,\eta_4$ 的分布列分别为

η_1	-1	1	3	5	7
P	$\dfrac{1}{5}$	$\dfrac{1}{6}$	$\dfrac{1}{5}$	$\dfrac{1}{15}$	$\dfrac{11}{30}$

η_2	2	5	14
P	$\dfrac{1}{5}$	$\dfrac{7}{30}$	$\dfrac{17}{30}$

η_3	e^{-1}	e^{-1}	1	e	e^2
P	$\dfrac{1}{5}$	$\dfrac{1}{6}$	$\dfrac{1}{5}$	$\dfrac{1}{15}$	$\dfrac{11}{30}$

η_4	0	1	2
P	$\dfrac{1}{5}$	$\dfrac{7}{30}$	$\dfrac{17}{30}$

2.4.3 逐个纸上作业法

从装有 $1,2,3$ 三个数(字)的袋中有效回随机取四个数,用 ξ_i 表示第 i 次取出的数,$i=1,2,3,4$. 求 $\xi_1+\xi_2+\xi_3+\xi_4$ 的(频数)分布.

设 $\eta_j=\sum\limits_{i=1}^{j}\xi_i$,$j=1,2,3,4$. 现来求 η_2 的频数分布,显然 ξ_i 有分布

$$P\{\xi_i=i\}=1/3,i=1,2,3.$$

求 η_2 的分布可由 (ξ_1,ξ_2) 的联合分布求得. 由于 ξ_1 与 ξ_2 相互独立,所以

$$P\{\xi_1=i,\xi_2=j\}=p\{\xi_1=i\}p\{\xi_2=j\}=\frac{1}{3}\times\frac{1}{3}=\frac{1}{9},$$

从而频数分布为

$$\overline{p}=\{\xi_1=i,\xi_2=j\}=1,i,j=1,2,3.$$

为了计算 $\xi_1+\xi_2$ 的频数分布,我们把 (ξ_1,ξ_2) 的频数分布写成表 2.1.

表 2.1

ξ_1	1	2	3
$\overline{P}$（频数）	1	1	1
(ξ_1,ξ_2)	(1,1)	(2,1)	(3,1)
	(1,2)	(2,2)	(3,2)
	(1,3)	(2,3)	(3,3)
η_2	2	3	4
	3	4	5
	4	5	6

其中,第一行是 ξ_1 能取的 $1,2,3$ 三个数.第二行三个 1 表示 ξ_1 取 $1,2,3$ 三个数的频数均匀为 1,也表示 (ξ_1,ξ_2) 取中间九个数组中任一组的频数也均匀为 1.下面三行中各数表示相应数组两数之和.例如,$(1,1)$ 中两数和为 2,$(1,2)$ 中两数之和 3,$(1,3)$ 中两数之和为 4,等等.

由于 η_2 取值 2 为 1 次,且 2 对应第二行频数是 1,所以 $\eta_2=2$ 的频数是 1;η_2 取值 3 为两次,且两个 3 对应第 2 行的频数均是 1,所以 $\eta_2=3$ 的频数为 $1+1=2$;η_2 取值 4 为 3 次,且三个 4 对应第 2 行的频数也均匀 1,所以 $\eta_2=4$ 的频数为 $1+1+1=3$;类似地,$\eta_2=5$ 的频数为 $1+1=2$,$\eta_2=6$ 的频数为 1.于是得 η_2 的频数分布为

$$[2(1),3(2),4(3),5(2),6(1)].$$

为计算 η_3 的频数分布,由于 ξ_3 与 η_2 相互独立,从而,

$$\overline{P}\{\eta_2=i,\xi_3=j\}=\overline{p}\{\eta_2=i\}\overline{p}\{\xi_3=i\}=\overline{p}\{\eta_2=i\},j=1,2,3,i=2,3,4,5,6.$$
类似地,得表 2.2.

表 2.2

η_2	2	3	4	5	6
$\overline{P}$	1	2	3	2	1
(η_2,ξ_3)	(2,1)	(3,1)	(4,1)	(5,1)	(6,1)
	(2,2)	(3,2)	(4,2)	(5,2)	(6,2)
	(2,3)	(3,3)	(4,3)	(5,3)	(6,3)
η_3	3	4	5	6	7
	4	5	6	7	8
	5	6	7	8	9

由于 $\eta_2+\xi_3$ 取值 3 为 1 次,且 3 对应第 2 行的频数是 1,所以 $\eta_2+\xi_3=3$ 的频数是 1;$\eta_2+\xi_3$ 取值 4 为两次,且两个 4 对应第 2 行的频数分别为 1 与 2,所以其频数为 $1+2=3$;$\eta_2+\xi_3$ 取值 5 为三次,且三个 5 对应第 2 的频数分别为 $1,2,3$,所以 $\eta_2+\xi_3=5$ 的频数为 $1+2+3=6$;类似的,$\eta_2+\xi_3$ 取值为 $6,7,8,9$ 的频数分别为 7,

$6,3,1$. 从而得 $\eta_2 + \xi_3 = \xi_1 + \xi_2 + \xi_3$ 的频数分布为

$$[3(1), 4(3), 5(6), 6(7), 7(6), 8(3), 9(1)].$$

由于分布是对称的, 在实际中我们只需计算前四项, 后三项由对称性立得.

由 η_3 的频数分布类似可得 η_4 的频数分布. 显然, η_3 与 ξ_4 独立, 故

$$\overline{P}\{\eta_3 = i, \xi_4 = j\} = \overline{P}\{\xi_4 = j\}\overline{P}\{\eta = i\} = \overline{P}\{\eta = i\}, j = 1, 2, 3, i = 3, 4, \cdots, 9.$$

从而, 得表 2.3.

表 2.3

η_3	3	4	5	6	7	8	9
$\overline{P}$	1	3	6	7	6	3	1
	4	5	6	7	8	9	10
$\eta_3 + \xi_4$	5	6	7	8	9	10	11
	6	7	8	9	10	11	12

上表省略了中间关于 (η_3, ξ_4) 的部分. 由此表知, $\eta_3 + \xi_4$ 能取值 $4, 5, 6, \cdots, 12$ 这 9 个值, 且

$\overline{P}\{\eta_3 + \xi_4 = 4\} = 1, \overline{P}\{\eta_3 + \xi_4 = 5\} = 1 + 3 = 4, \overline{P}\{\eta_3 + \xi_4 = 6\} = 1 + 3 + 6 = 10,$

$\overline{P}\{\eta_3 + \xi_4 = 7\} = 3 + 6 + 7 = 16 = 10 + 7 - 1, \overline{P}\{\eta_3 + \xi_4 = 8\} = 6 + 7 + 6 = 19 = 16 + 6 - 3,$

$\overline{P}\{\eta_3 + \xi_4 = 9\} = 7 + 6 + 3 = 16 = 19 + 3 - 6, \overline{P}\{\eta_3 + \xi_4 = 10\} = 6 + 3 + 1 = 10 = 16 + 1 - 7,$

$\overline{P}\{\eta_3 + \xi_4 = 11\} = 3 + 1 = 4 = 10 + 0 - 6, \overline{P}\{\eta_3 + \xi_4 = 12\} = 1 = 4 + 0 - 3,$

即设 $\overline{P}\{\eta_3 = k\} = p_k, k = 3, 4, \cdots, 9$, 则 $\overline{P}\{\eta_3 + \xi_4 = n\} = p_n + p_{n-1} + p_{n-2}, n = 4, 5, \cdots, 12$, 其中, 当 $k > 9$ 或 $k < 3$ 时, $p_k = 0$.

于是, 得 η_4 的频数分布:

$$[4(1), 5(4), 6(10), 7(16), 8(19), 9(16), 10(10), 11(4), 12(1)].$$

由此频数分布和其计算过程, 我们得下述结论:

(1) 此类分布是对称的. 如果设 $\sum_{i=1}^{n}\xi_i$ 为从此袋中有放回随机取 n 个数的和, 当 $3n - (n-1) = 2n + 1$ 为奇数时, $\sum_{i=1}^{n}\xi_i$ 的 (频数) 分布有中心项, 且第 $[(2n+1)/2] + 1$ 项为中心项, 当 $2n + 1$ 为偶数时, 分布无中心项. (但是, $2n + 1$ 总为奇数, 故分布总有中心项.) 因此, 计算频数只需计算到第 $n + 2$ 项.

(2) 设 $\overline{p}_{i,j}$ 为取 i 个数和的第 j 项频数, 即 $\overline{p}_{i,j}$ 为 $\sum_{i=1}^{n}\xi_k = j + i - 1$ 的频数, 则有 $(2 \leqslant i \leqslant n)$

$$\overline{p}_{i,j} = \begin{cases} \sum_{k=1}^{n}\overline{p}_{i-1,k}, & 1 \leqslant j \leqslant 3, \\ \overline{p}_{i,j-1} + \overline{p}_{i-1,j-1} - \overline{p}_{i-1,j-3}, & 4 \leqslant j \leqslant [(2i+1)/2] + 2. \end{cases} \quad (2.4.15)$$

如果袋中不是装 3 个数,而是装有编号从 1 到 m 的 m 个数,从中有放回随机取 n 个数,则有公式(只需将上式中 3 换成 m)

$$\bar{p}_{i,j} = \begin{cases} \sum_{k=1}^{n} \bar{p}_{i-1,k}, & 1 \leqslant j \leqslant m, \\ \bar{p}_{i,j-1} + \bar{p}_{i-1,j-1} - \bar{p}_{i-1,j-m}, & m+1 \leqslant j \leqslant \left[\dfrac{(m-1)i+1}{2}\right] + 2. \end{cases}$$

$$(2.4.16)$$

这时,当 $(mn-n+1)$ 为奇数时,有中心项,即(频数)分布的第 $(mn-n+2)/2$ 为中心项. 当 $(mn-n+1)$ 为偶数时,无中心项,分布的第 $(mn-n+1)/2$ 为半数项。当 m 为奇数时,$mn-n+1=(m-1)n+1$ 总为奇数,故均有中心项.

由(2.4.15)式,得

表 2.4

η_1	1	2	3					
$\bar{P}$	1	1	1					
η_2	2	3	4	5	6			
$\bar{P}$	1	2	3	2	1			
η_3	3	4	5	6	7	8	9	
$\bar{P}$	1	3	6	7	6	3	1	
η_4	4	5	6	7	8	9	10	11	12
$\bar{P}$	1	4	10	16	19	16	10	4	1

从而得 η_4 的频数分布为

$$[4(1),5(4),6(10),7(16),8(19),9(16),10(10),11(4),12(1)].$$

我们称表 2.4 或(2.4.15)式或更一般地(2.4.16)式为逐个纸上作业法.

作为(2.4.16)式的应用,我们来看下面几个例子.

例 2.4.4[*]   从 $1,2,3,4$ 四个数中有放回随机取 4 个数,求取出的 4 个数之和的频数分布.

解   设 ξ_i 为第 i 次取出的数,$i=1,2,3,4$,$\eta_j=\xi_1+\xi_2+\cdots+\xi_j$,$j=1,2,3,4$,则 ξ_1,ξ_2,ξ_3,ξ_4 相互独立. 由(2.4.16)式(这是 $m=4$),得表 2.5.

表 2.5

ξ_1	1	2	3	4						
$\bar{P}$	1	1	1	1						
η_2	2	3	4	5	6	7	8			
$\bar{P}$	1	2	3	4	3	2	1			
η_3	3	4	5	6	7	8	9	10	11	12
$\bar{P}$	1	3	6	10	12	12	10	6	3	1
η_4	4	5	6	7	8	9	10	11	$\cdots$	16
$\bar{P}$	1	4	10	20	31	40	44	40	$\cdots$	1

由上表最后两行,得 η_4 的频数分布为

$$[4(1),5(4),6(10),7(20),8(31),9(40),10(44),11(40),\cdots16(1)].$$

显然,我们少写了易知的四项.

例 2.4.5 设 $\xi\sim\mathrm{B}(6,p)$,η 为参数 $N=5$ 的离散均匀分布. 即

$$P\{\xi=k\}=\mathrm{C}_6^k p^k q^{6-k},k=0,1,\cdots,6,P\{\eta=k\}=\frac{1}{5},k=1,2,\cdots,5.$$

且 ξ 与 η 相互独立,求 $\xi+\eta$ 的概率(频率)分布.

解 设 $p_k=\mathrm{C}_6^k p^k q^{6-k},k=0,1,\cdots,6.$ 因为 ξ 与 η 独立,所以,$p\{\xi=i,\eta=k\}=p_k/5,i=1,2,\cdots,5,k=0,1,\cdots,6.$ 设 $g_j=\sum_{i=0}^{j}p_i$,从而得表 2.6.

表 2.6

ξ	0	1	2	3	4	5
P	p_0	p_1	p_2	p_3	p_4	p_5
$\xi+\eta$	1	2	3	4	5	6
ξ	6	7	8	9	10	
P	p_6	0	0	0	0	
$\xi+\eta$	7	8	9	10	11	
P	$\dfrac{g_0}{5}$	$\dfrac{g_1}{5}$	$\dfrac{g_2}{5}$	$\dfrac{g_3}{5}$	$\dfrac{g_4}{5}$	$\dfrac{g_5-g_0}{5}$
P	$\dfrac{g_6-g_0-g_1}{5}$	$\dfrac{1}{5}\sum_{k=3}^{6}p_k$	$\dfrac{1}{5}\sum_{k=4}^{6}p_k$	$\dfrac{p_5+p_6}{5}$	$\dfrac{p_6}{5}$	

由上表知,$\xi+\eta=n$ 的概率为 $\dfrac{1}{5}(p_{n-1}+p_{n-2}+p_{n-3}+p_{n-4}+p_{n-5})$,$n=1,$

$2,\cdots,11.$ 故，当 $n \leqslant 5$ 时，$P\{\xi+\eta=n\}=\dfrac{1}{5}\sum\limits_{k=0}^{n-1}p_k$，当 $n>5$ 时，$P\{\xi+\eta=n\}=\dfrac{1}{5}\sum\limits_{k=n-5}^{n-1}p_k.$

（注意：n 只能取 $1,2,\cdots,11$ 这 11 个值，且当 $k>6$ 时，$p_k=0$，当 $k<0$ 时，$p_k=0.$）从而得

$$P\{\xi+\eta=n\}=\begin{cases}\dfrac{1}{5}\sum\limits_{k=0}^{n-1}p_k, & 1\leqslant n\leqslant 5, \\[2mm] \dfrac{1}{5}\sum\limits_{k=n-5}^{n-1}p_k, & 5<n\leqslant 11.\end{cases}$$

例 2.4.6　设 $\xi\sim p(\lambda)$，η 为参数 $N=6$ 的离散均匀分布，且 ξ 与 η 独立求 $\xi+\eta$ 的概率分布.

解　$\xi+\eta$ 能取的值为 $1,2,3,\cdots$ 当设 $p_k=P\{\xi=k\}=\mathrm{e}^{-\lambda}\dfrac{\lambda^k}{k!}$，$k=0,1,2,\cdots$ 时，则有（因为当 $k<0$ 时，$p_k=0$）

$$P\{\xi+\eta=n\}=\dfrac{1}{6}(p_{n-1}+p_{n-2}+p_{n-3}+p_{n-4}+p_{n-5}+p_{n-6}),n=1,2,\cdots,$$ 从而得

$$p\{\xi+\eta=n\}=\begin{cases}\dfrac{1}{6}\sum\limits_{k=0}^{n-1}p_k, & 1\leqslant n\leqslant 6, \\[2mm] \dfrac{1}{6}\sum\limits_{k=n-6}^{n-1}p_k, & n<6.\end{cases}$$

易见，

$$\begin{aligned}\sum_{n=1}^{\infty}p\{\xi+\eta=n\}=&\frac{1}{6}\Big(\sum_{k=0}^{0}p_k+\sum_{k=0}^{1}p_k+\cdots+\sum_{k=0}^{5}p_k\Big)\\ &+\frac{1}{6}\Big(\sum_{k=1}^{6}p_k+\sum_{k=2}^{7}p_k+\cdots+\sum_{k=6}^{11}p_k\Big)\\ &+\sum_{k=7}^{12}p_k+\sum_{k=8}^{13}p_k+\cdots+\sum_{k=12}^{17}p_k\\ &+\sum_{k=13}^{18}p_k+\cdots)\\ =&\sum_{k=0}^{\infty}p_k=1\end{aligned}$$

例 2.4.7　甲、乙两人玩如下的游戏：先从 $1,2,3,4$ 四个数中有放回取两个数，再从 $1,2,3,4,5$ 五个数中有放回取两个数。如果取出的 4 个数之和能被 3 整除则甲赢，如果取出的 4 个数能被 4 整除则乙赢，求甲赢的概率与乙赢的概率. 如

果重复这一游戏,求甲在乙赢之前先赢的概率.

解 为求甲赢、乙赢的概率,设从 4 数中取出的两数为 ξ_1,ξ_2;从 5 个数中取出的两数为 ξ_3,ξ_4. 我们可以先求 $\xi_1+\xi_2$ 的分布,再求 $\xi_3+\xi_4$ 的分布,最后求 $\xi_1+\xi_2+\xi_3+\xi_4$ 的分布. 但是为了快,我们在求出 $\xi_1+\xi_2$ 的分布后,求 $\xi_1+\xi_2+\xi_3$ 的分布,最后求 $\xi_1+\xi_2+\xi_3+\xi_4$ 的分布. 设 $\eta_j=\sum\limits_{i=1}^{j}\xi_i, j=1,2,3,4$。由逐个纸上作业法,得表 2.7.

表 2.7

η_1	1	2	3	4								
$\overline{P}$	1	1	1	1								
η_2	2	3	4	5	6	7	8					
$\overline{P}$	1	2	3	4	3	2	1					
η_3	3	4	5	6	7	8	9	10	11	12	13	
$\overline{P}$	1	3	6	10	13	14	13	10	6	3	1	
η_4	4	5	6	7	8	9	10	11	12	13	14	……　18
$\overline{P}$	1	4	10	20	33	46	56	60	56	46	33	……　1

由上表知,4 数和被 3 整除的有 6,9,12,15,18,它们所对应的频数分别为 10,46,56,20,1,故甲赢的概率 $p_{甲}$ 为

$$p_{甲}=(10+46+56+20+1)/(4^2\times5^2)=133/400.$$

而能被 4 整除的有 4,8,12,16,它们所对应的频数分别为 1,33,56,20,故乙赢的概率 $p_{乙}$ 为

$$p_{乙}=(1+33+56+20)/(4^2\times5^2)=110/400<p_{甲}$$

为求甲在乙赢之前先赢的概率,设 A 与 B 为某重复独立试验中的两个事件,则由(1.6.2)式,甲先赢的概率 $p(C)$ 为

$$p(C)=\frac{P(A)-P(AB)}{P(A)+P(B)-2P(AB)}=(133-56)/(110+133-112)=77/131.$$

而乙在甲赢之前先赢的概率为

$$p(\overline{C})=\frac{P(B)-P(AB)}{P(A)+P(B)-2P(AB)}=(110-56)/131=54/131.$$

例 2.4.8* 设 ξ 有频数分布 $[4(1),5(4),6(6),7(4)8(1)]$,$\eta$ 有频数分布 $[1(1),2(1),3(1)]$,即 η 为参数 $N=3$ 的离散均匀分布,且 ξ 与 η 独立,求 $\xi-\eta$ 的频数分布.

解 类似表 2.1,得表 2.8.

表 2.8

ξ	4	5	6	7	8
$\bar{P}$	1	4	6	4	1
(ξ,η)	(4,1)	(5,1)	(6,1)	(7,1)	(8,1)
	(4,2)	(5,2)	(6,2)	(7,2)	(8,2)
	(4,3)	(5,3)	(6,3)	(7,3)	(8,3)
$\xi-\eta$	3	4	5	6	7
	2	3	4	5	6
	1	2	3	4	5

由上表知，$\xi-\eta$ 能取值：1，2，3，4，5，6，7. 且如果 $\xi=i$ 的频数为 $\bar{P}_{i-3}$，$i=4,5$，6，7，8，即 $\bar{p}_1=1,\bar{p}_2=4,\bar{p}_3=6,\bar{p}_4=4,\bar{p}_5=1$. 则

$$\bar{p}\{\xi-\eta=n\}=\bar{p}_n+\bar{p}_{n-1}+\bar{p}_{n-2},1,2,\cdots,7, \tag{2.4.17}$$

从而，

$$\bar{p}\{\xi-\eta=1\}=\bar{p}_1=1,\bar{p}\{\xi-\eta=2\}=\bar{p}_2+\bar{p}_1=1+4=5,$$

$$\bar{p}\{\xi-\eta=3\}=1+4+6=11,\bar{p}\{\xi-\eta=4\}=4+6+4=14,$$

$$\bar{p}\{\xi-\eta=5\}=6+4+1=11,\bar{p}\{\xi-\eta=6\}=\bar{p}_6+\bar{p}_5+\bar{p}_4=\bar{p}_5+\bar{p}_4=4+1=5,$$

$$\bar{p}\{\xi-\eta=7\}=\bar{p}_7+\bar{p}_6+\bar{p}_5=\bar{p}_5=1.$$

即 $\xi-\eta$ 的频数分布为

$$[1(1),2(5),3(11),4(14),5(11),6(5),7(1)]$$

例 2.4.9[*]　设 $\xi\sim p(\lambda)$，η 为参数 $N=6$ 均匀分布，且 ξ 与 η 独立. 求 $\xi-\eta$ 的概率分布.

解　设 $p_k=P\{\xi=k\}=\mathrm{e}^{-\lambda}\dfrac{\lambda^k}{k!},k=0,1,2,\cdots$

因为 $N=6$，由(2.4.16)式，得

$$P\{\xi-\eta=n\}=\frac{1}{6}(p_{n+6}+p_{n+5}+p_{n+4}+p_{n+3}+p_{n+2}+p_{n+1}),$$

$$n=-6,-5,\cdots,-1,0,1,2,\cdots$$

即

$$P\{\xi-\eta=n\}=\begin{cases}\dfrac{1}{6}\displaystyle\sum_{k=0}^{n+6}p_k, & -6\leqslant n\leqslant-1,\\[3mm]\dfrac{1}{6}\displaystyle\sum_{k=n}^{n+5}p_k, & 0\leqslant n.\end{cases}$$

一般地，如果 ξ 为离散型随机变量，η 为参数 $N=m$ 的离散均匀分布，且 ξ 与 η 独立，p_k 为 ξ 取第 k 值的概率，$k=1,2,3,\cdots$（或 k 为有限数），则有

$$p\{\xi-\eta=n\}=\begin{cases}\dfrac{1}{m}\sum_{k=1}^{n+m}p_k, & 1-m\leqslant n\leqslant-1,\\[3mm]\dfrac{1}{m}\sum_{k=n+1}^{n+m}p_k, & 0\leqslant n.\end{cases} \tag{2.4.18}$$

如果 $k=0,1,2,3,\cdots$（或 k 为有限数）则

$$p\{\xi-\eta=n\}=\begin{cases}\dfrac{1}{m}\sum_{k=0}^{n+m}p_k, & -m\leqslant n\leqslant-1,\\[3mm]\dfrac{1}{m}\sum_{k=n}^{n+m-1}p_k, & 0\leqslant n.\end{cases} \tag{2.4.19}$$

2.4.4 连续型随机变量的函数

定理 2.4.2 设 ξ 为一连续型随机变量,且具有密度函数 $f(x)$,设函数 $g(x)$ 对任意 $x\in\mathbf{R}$,$g'(x)$ 存在、连续且 $g'(x)\neq0$,则 $\eta=g(\xi)$ 也是连续型随机变量,且有密度函数

$$f_\eta(y)=\begin{cases}f[g^{-1}(y)]\cdot\left|\dfrac{\mathrm{d}}{\mathrm{d}y}g^{-1}(y)\right|, & \alpha<y<\beta,\\[3mm]0, & \text{其他},\end{cases} \tag{2.4.20}$$

其中 $\alpha=\min\limits_{f(x)>0}\{g(x)\}$,$\beta=\max\limits_{f(x)>0}\{g(x)\}$.

证明 先设对于任意 $x\in\mathbf{R}$,$g'(x)>0$,则由定理 2.4.2 后的说明,$\eta=g(\xi)$ 是随机变量,由于 $g(x)$ 单调连续,故 $g(-\infty)$,$g(+\infty)$ 均存在(可能为无穷),从而 α,β 也都存在(可能为无穷). 因为反函数存在、单调、连续可微,故对任意 $y\in(\alpha,\beta)$ 有

$$F_\eta(y)=P\{\eta<y\}=P\{g(\xi)<y\}$$
$$=P\{\xi<g^{-1}(y)\}=\int_{-\infty}^{g^{-1}(y)}f(t)\mathrm{d}t.$$

对上式两边关于 y 求导数得

$$f_\eta(y)=F'_\eta(y)=f[g^{-1}(y)]\cdot\frac{\mathrm{d}}{\mathrm{d}y}[g^{-1}(y)], \qquad \alpha<y<\beta,$$

因为 $g^{-1}(y)$ 单调增加,故 $\dfrac{\mathrm{d}}{\mathrm{d}y}[g^{-1}(y)]>0$.

当 $y\bar\in(\alpha,\beta)$ 时,因为当 $y\leqslant\alpha$ 时,$F_\eta(y)=0$;当 $y\geqslant\beta$ 时,$F_\eta(y)=1$,故这时 $f_\eta(y)=0$.

类似地,对于任意 $x\in\mathbf{R}$,如果 $g'(x)<0$,则对于 $y\in(\alpha,\beta)$ 有

$$F_\eta(g)=P\{g(\xi)<y\}=P\{\xi>g^{-1}(y)\}$$
$$=1-P\{\xi\leqslant g^{-1}(y)\}=1-\int_{-\infty}^{g^{-1}(y)}f(t)\mathrm{d}t.$$

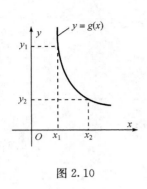

图 2.10

由于 $g^{-1}(y)$ 单调下降(图 2.10),故 $\dfrac{d}{dy}[g^{-1}(y)]<0$,从而

$$f_\eta(g)=\begin{cases} -f[g^{-1}(y)]\dfrac{d}{dy}[g^{-1}(y)], & \alpha<y<\beta, \\ 0, & \text{其他}. \end{cases}$$

综上所述,无论 $g'(x)>0$ 还是 $g'(x)<0$,总有

$$f_\eta(y)=\begin{cases} f[g^{-1}(y)]\left|\dfrac{d}{dy}[g^{-1}(y)]\right|, & \alpha<y<\beta, \\ 0, & \text{其他}. \end{cases}$$

例 2.4.10　设随机变量 ξ 的密度函数为

$$f(x)=\begin{cases} \dfrac{2}{\pi}, & x\in\left[0,\dfrac{\pi}{2}\right], \\ 0, & x\overline{\in}\left[0,\dfrac{\pi}{2}\right], \end{cases}$$

求 $\eta_1=\mathrm{e}^\xi$ 与 $\eta_2=\sin\xi$ 的密度函数.

解　(1) 因为 $y=g(x)=\mathrm{e}^x$,所以 $\alpha=\min\limits_{f(x)>0}\{\mathrm{e}^x\}=1,\beta=\max\limits_{f(x)>0}\{\mathrm{e}^x\}=\mathrm{e}^{\frac{\pi}{2}}$,$x=\ln y$. 由定理 2.4.3 得 η_1 的密度函数为

$$f_{\eta_1}(y)=\begin{cases} f[\ln y]\left|\dfrac{d}{dy}\ln y\right|=\dfrac{2}{\pi y}, & 1<y<\mathrm{e}^{\frac{\pi}{2}}, \\ 0, & \text{其他}. \end{cases}$$

或者,因为

$$F_\eta(y)=P\{\mathrm{e}^\xi<y\}=P\{\xi<\ln y\}=F_\xi(\ln y).$$

从而

$$\begin{aligned} f_\eta(y)=F'_\eta(y)&=F'_\xi(\ln y)\dfrac{1}{y} \\ &=f_\xi(\ln y)/y=\begin{cases} \dfrac{2}{\pi y}, & \ln y\in\left[0,\dfrac{\pi}{2}\right], \\ 0, & \text{其他}. \end{cases} \\ &=\begin{cases} \dfrac{2}{\pi y}, & y\in[0,\mathrm{e}^{\pi/2}], \\ 0, & \text{其他}. \end{cases} \end{aligned}$$

(2) 因为 $y=g(x)=\sin x$,所以当 $x\in\left[0,\dfrac{\pi}{2}\right]$时,$\sin x$ 是 x 的单调上升函数,所以 $\alpha=\min\limits_{f(x)>0}\{\sin x\}=0,\beta=\max\limits_{f(x)>0}\{\sin x\}=1,x=\arcsin y$. 由定理 2.4.3 得 η_2 的密

度函数为

$$f_{\eta_2}(y)=\begin{cases}\dfrac{2}{\pi}\dfrac{1}{\sqrt{1-y^2}}, & 0<y<1,\\ 0, & \text{其他}.\end{cases}$$

或者,因为

$$F_\eta(y)=P\{\sin\xi<y\}=P\{\xi<\arcsin y\}=F_\xi(\arcsin y).$$

所以

$$f_\eta(y)=f_\xi(\arcsin y)\cdot\dfrac{1}{\sqrt{1-y^2}}=\begin{cases}\dfrac{2}{\pi}\dfrac{1}{\sqrt{1-y^2}}, & \arcsin y\in\left[0,\dfrac{\pi}{2}\right],\\ 0 & \text{其他}\end{cases}$$

$$=\begin{cases}\dfrac{2}{\pi}\dfrac{1}{\sqrt{1-y^2}}, & 0<y<1,\\ 0 & \text{其他}.\end{cases}$$

例 2.4.11 设随机变量 ξ 具有密度函数

$$f(x)=\begin{cases}\dfrac{2x}{\pi^2}, & 0\leqslant x\leqslant\pi,\\ 0, & \text{其他},\end{cases}$$

求 $\eta=\sin\xi$ 的密度 $f_\eta(y)$.

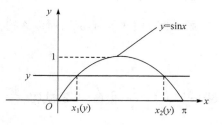

图 2.11

解 记 $F_\eta(y)$ 为 η 的分布函数,则对任意实数 y,当 $y\leqslant0$ 时,$F_\eta(y)=P\{\eta<y\}=0$;当 $y>1$ 时,$F_\eta(y)=1$;当 $0<y\leqslant1$ 时,$F_\eta(y)=P\{\eta<y\}=P\{\sin\xi<y\}$. 而由图 2.11 知,$\sin\xi<y$ 当且仅当 $0<\xi<x_1(y)$ 或 $x_2(y)<\xi<\pi$, 故 $F_\eta(y)=P\{0<\xi<x_1(y)\}+P\{x_2(y)<\xi<\pi\}$,即

$$F_\eta(y)=F_\xi[x_1(y)]-F_\xi(0)+F_\xi(\pi)-F_\xi[x_2(y)],$$

其中 $x_1(y)=\arcsin y, x_2(y)=\pi-\arcsin y$,于是

$$f_\eta(y)=\begin{cases}f[\arcsin y]\cdot\dfrac{1}{\sqrt{1-y^2}}+f[\pi-\arcsin y]\dfrac{1}{\sqrt{1-y^2}}, & 0<y<1,\\ 0, & \text{其他},\end{cases}$$

即

$$f_\eta(y)=\begin{cases}\dfrac{2}{\pi\cdot\sqrt{1-y^2}}, & 0<y<1,\\ 0, & \text{其他}.\end{cases}$$

例 2.4.12　设 $\xi \sim N(0, \sigma^2)$，求 $\eta = \xi^2$ 的密度函数 $f_\eta(y)$.

解　由于 ξ 的密度函数为 $f(x) = \dfrac{1}{\sigma\sqrt{2\pi}}\exp\left\{-\dfrac{x^2}{2\sigma^2}\right\}, x \in \mathbf{R}$，由 (2.4.8) 式得

$$f_\eta(y) = \begin{cases} \left[f(-\sqrt{y}) + f(\sqrt{y})\right] \cdot \dfrac{1}{2\sqrt{y}}, & y \in (0, +\infty), \\[2mm] 0, & y \overline{\in} (0, +\infty), \end{cases}$$

即

$$f_\eta(y) = \begin{cases} \dfrac{1}{\sigma\sqrt{2\pi y}}\mathrm{e}^{-y/2\sigma^2}, & y > 0, \\[2mm] 0, & y \leqslant 0. \end{cases}$$

因为 $\sqrt{\pi} = \Gamma\left(\dfrac{1}{2}\right)$，所以 $\eta = \xi^2$ 服从参数为 $\dfrac{1}{2}$ 与 $\dfrac{1}{2\sigma^2}$ 的 Γ 分布，即 $\eta \sim \Gamma\left(\dfrac{1}{2}, \dfrac{1}{2\sigma^2}\right)$.

例 2.4.13　设 $\xi \sim N(a, \sigma^2)$，求 $\eta = \dfrac{\xi - a}{\sigma}$ 的密度函数 $f_\eta(x)$.

解　因为 $\xi \sim N(a, \sigma^2)$，所以 ξ 的密度函数为

$$f_\xi(x) = \frac{1}{\sigma\sqrt{2\pi}}\mathrm{e}^{-\frac{1}{2\sigma^2}(x-a)^2}.$$

又因 $\eta = \dfrac{1}{\sigma}\xi - \dfrac{a}{\sigma}$，由 (2.4.2) 式得

$$f_\eta(x) = \sigma f_\xi\left[\sigma\left(x + \frac{a}{\sigma}\right)\right] = \sigma f_\xi(\sigma x + a)$$

$$= \frac{1}{\sqrt{2\pi}}\mathrm{e}^{-\frac{x^2}{2}},$$

此是标准正态密度函数，所以 $\eta = \dfrac{\xi - a}{\sigma} \sim N(0, 1)$.

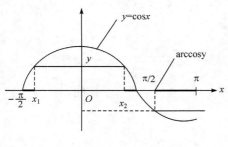

图 2.12

例 2.4.14　设随机变量 $\xi \sim U\left(-\dfrac{\pi}{2}, \pi\right)$，求 $\eta = \cos\xi$ 的密度函数 $f_\eta(y)$.

解　设 $F_\eta(y)$ 为 η 的分布函数，$F_\xi(x)$，$f_\xi(x)$ 分别为 ξ 的分布函数与密度函数. 由图 2.12，以及 $x_1 = -\arccos y$，$x_2 = \arccos y$，当 $0 < y < 1$ 时，有

$$F_\eta(y) = P\{\cos\xi < y\}$$

$$= P\left\{-\frac{\pi}{2} < \xi < x_1\right\} + P\left\{x_2 < \xi < \frac{\pi}{2}\right\}$$

$$= F_\xi(x_1) - F_\xi\left(-\frac{\pi}{2}\right) + F_\xi\left(\frac{\pi}{2}\right) - F_\xi(x_2),$$

从而

$$f_\eta(y) = f_\xi(-\arccos y)\frac{1}{\sqrt{1-y^2}} + f_\xi(\arccos y)\frac{1}{\sqrt{1-y^2}}.$$

当 $-1 < y \leqslant 0$ 时,有

$$F_\eta(y) = P\{\cos\xi < y\} = P\{\arccos y < \xi < \pi\} = F_\xi(\pi) - F_\xi(\arccos y),$$

从而 $f_\eta(y) = f_\xi(\arccos y)\dfrac{1}{\sqrt{1-y^2}}.$

当 $y \leqslant -1$ 时,$F_\eta(y) = 0$,当 $y > 1$ 时,$F_\eta(y) = 1$,且因为

$$f_\xi(x) = \begin{cases} \dfrac{2}{3\pi}, & -\dfrac{\pi}{2} \leqslant x < \pi, \\ 0, & \text{其他}, \end{cases}$$

所以

$$f_\eta(y) = \begin{cases} \dfrac{2}{3\pi\sqrt{1-y^2}}, & -1 < y \leqslant 0, \\ \dfrac{4}{3\pi\sqrt{1-y^2}}, & 0 < y \leqslant 1, \\ 0, & \text{其他}. \end{cases}$$

例 2.4.15[*]　设 $\eta = \xi^4$,$\xi \sim U\left[-\dfrac{\pi}{2}, \dfrac{3\pi}{2}\right]$,求 η 的密度函数 $f_\eta(y)$.

解　设 $F_\eta(y)$ 为 η 的分布函数. 当 $y \leqslant 0$ 时,显然,$F_\eta(y) = 0$;当 $y > 0$ 时,设 $F_\xi(x)$ 与 $f_\xi(x)$ 为 ξ 的分布函数与密度函数,则

$$F_\eta(y) = P\{\xi^4 < y\} = P\{-y^{\frac{1}{4}} < \xi < y^{\frac{1}{4}}\} = F_\xi(y^{\frac{1}{4}}) - F_\xi(-y^{\frac{1}{4}}).$$

于是得

$$f_\eta(y) = \begin{cases} \dfrac{1}{4}y^{-3/4}\left[f_\xi(y^{\frac{1}{4}}) + f_\xi(-y^{\frac{1}{4}})\right], & y > 0, \\ 0, & y \leqslant 0. \end{cases}$$

因为

$$f_\xi(x) = \begin{cases} \dfrac{1}{2\pi}, & -\dfrac{\pi}{2} \leqslant x \leqslant \dfrac{3\pi}{2}, \\ 0, & \text{其他}, \end{cases}$$

所以,要使 $f_\xi(y^{\frac{1}{4}})$ 不为 0 $\left(为 \dfrac{1}{2\pi}\right)$,必须 $-\dfrac{\pi}{2} \leqslant y^{\frac{1}{4}} \leqslant \dfrac{3\pi}{2}$ 且 $y > 0$,即 $0 < y^{\frac{1}{4}} \leqslant \dfrac{3\pi}{2}$,也即

$0 < y \leqslant \left(\dfrac{3\pi}{2}\right)^4$. 要使 $f_\xi(-y^{\frac{1}{4}})$ 不为 0 $\left(为 \dfrac{1}{2\pi}\right)$,必须 $-\dfrac{\pi}{2} \leqslant -y^{\frac{1}{4}} \leqslant \dfrac{3\pi}{2}$ 且 $y > 0$,即

$-\dfrac{3\pi}{2} \leqslant y^{\frac{1}{4}} \leqslant \dfrac{\pi}{2}$ 且 $y > 0$,也即 $0 < y^{\frac{1}{4}} \leqslant \dfrac{\pi}{2}$,此即 $0 < y \leqslant \left(\dfrac{\pi}{2}\right)^4$. 从而得

$$f_\eta(y) = \begin{cases} \dfrac{1}{4\pi} y^{-3/4}, & 0 < y \leqslant \left(\dfrac{\pi}{2}\right)^4, \\[2mm] \dfrac{1}{8\pi} y^{-3/4}, & \left(\dfrac{\pi}{2}\right)^4 < y \leqslant \left(\dfrac{3\pi}{2}\right)^4, \\[2mm] 0, & 其他. \end{cases} \tag{2.4.21}$$

另一解法. 当 $y \leqslant 0$ 时,$F_\eta(y) = 0$. 当 $0 < y \leqslant \left(\dfrac{\pi}{2}\right)^4$ 时,由图 2.13 得

$$F_\eta(y) = P\{\xi^4 < y\} = P\{-y^{\frac{1}{4}} < \xi < y^{\frac{1}{4}}\} = F_\xi(y^{\frac{1}{4}}) - F_\xi(-y^{\frac{1}{4}}),$$

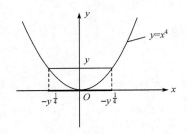

故

$$f_\eta(y) = \dfrac{1}{4} y^{-3/4} [f_\xi(y^{\frac{1}{4}}) + f_\xi(-y^{\frac{1}{4}})].$$

又 $\left\{-\dfrac{\pi}{2} \leqslant y^{\frac{1}{4}} \leqslant \dfrac{\pi}{2} 且 0 < y \leqslant \left(\dfrac{\pi}{2}\right)^4\right\}$ 与

$\left\{-\dfrac{\pi}{2} \leqslant -y^{\frac{1}{4}} \leqslant \dfrac{\pi}{2}, 且 0 < y \leqslant \left(\dfrac{\pi}{2}\right)^4\right\}$ 都

图 2.13

等价于 $\left\{0 < y \leqslant \left(\dfrac{\pi}{2}\right)^4\right\}$,故这时

$$f_\eta(y) = \dfrac{1}{2} y^{-3/4} f_\xi(y^{\frac{1}{4}}) = \dfrac{1}{4\pi} y^{-3/4}, \qquad 0 < y \leqslant \left(\dfrac{\pi}{2}\right)^4.$$

当 $\left(\dfrac{\pi}{2}\right)^4 < y \leqslant \left(\dfrac{3\pi}{2}\right)^4$ 时,$F_\eta(y) = P\{\xi^4 < y\} = P\left\{\dfrac{\pi}{2} < \xi < y^{\frac{1}{4}}\right\} = F_\xi(y^{\frac{1}{4}}) -$

$F_\xi\left(\dfrac{\pi}{2}\right)$,故这时 $f_\eta(y) = \dfrac{1}{4} y^{-3/4} f_\xi(y^{\frac{1}{4}}) = \dfrac{1}{8\pi} y^{-3/4}, \left(\dfrac{\pi}{2}\right)^4 < y \leqslant \left(\dfrac{3\pi}{2}\right)^4.$ 当 $y >$

$\left(\dfrac{3\pi}{2}\right)^4$ 时,$F_\eta(y) = 1$,故 $f_\eta(y) = 0$,从而亦得(2.4.21)式.

2.5　随机向量及其分布

2.5.1　随机向量及其分布函数

在实际问题中,有些随机试验的结果往往需要两个或两个以上的数来描述.例如,掷一对骰子,其结果将是数对 (ξ, η),其中 ξ, η 分别表示第一、第二个骰子出现的点数. ξ, η 都是随机变量.又如测量一批产品的长、宽、高的尺寸,结果将是数组 (ξ, η, ζ),其中 ξ, η, ζ 分别表示产品的长、宽、高,它们都是随机变量.

定义 2.5.1　设 $\xi_1, \xi_2, \cdots, \xi_n$ 为同一概率空间 (Ω, F, P) 上的随机变量,则称 $(\xi_1, \xi_2, \cdots, \xi_n)$ 为 n 维随机向量或 n 维随机变量.对任意 n 个实数 $x_1, x_2, \cdots, x_n$,显然

$$\{\omega : \xi_1(\omega) < x_1, \xi_2(\omega) < x_2, \cdots, \xi_n(\omega) < x_n\}$$
$$\equiv \bigcap_{i=1}^{n} \{\omega : \xi_i(\omega) < x_i\} \in \mathscr{F}.$$

记

$$F(x_1, x_2, \cdots, x_n) = P\{\omega : \xi_1(\omega) < x_1, \quad \xi_2(\omega) < x_2, \cdots, \xi_n(\omega) < x_n\}, \quad (2.5.1)$$

则称 $F(x_1, x_2, \cdots, x_n)$ 为 $(\xi_1, \xi_2, \cdots, \xi_n)$ 的联合分布函数或简称为 n 维分布函数,还常简记 $P\{\omega : \xi_1(\omega) < x_1, \cdots, \xi_n(\omega) < x_n\}$ 为 $P\{\xi_1 < x_1, \cdots, \xi_n < x_n\}$.

n 维分布函数有类似于一维分布函数的性质.下面我们仅对二维分布函数进行讨论,对于二维以上的分布函数可仿二维分布函数进行讨论.

定理 2.5.1　设 $F(x, y)$ 为随机向量 (ξ, η) 的分布函数,则

(1) $F(x, y)$ 对每个变元单调不减,即当 $x_1 < x_2$ 时, $F(x_1, y) \leqslant F(x_2, y)$;当 $y_1 < y_2$ 时, $F(x, y_1) \leqslant F(x, y_2)$.

(2) $F(x, y)$ 对每个变元左连续,即

$$F(x-0, y) = F(x, y-0) = F(x, y).$$

(3) $F(-\infty, y) = F(x, -\infty) = 0, F(+\infty, +\infty) = 1$,其中 $F(-\infty, y) = \lim_{x \to -\infty} F(x, y), F(x, -\infty) = \lim_{y \to -\infty} F(x, y), F(+\infty, +\infty) = \lim_{\substack{x \to +\infty \\ y \to +\infty}} F(x, y)$.

(4) 对任意四个数 $a_1 \leqslant b_1, a_2 \leqslant b_2$ 有

$$F(b_1, b_2) - F(a_1, b_2) - F(b_1, a_2) + F(a_1, a_2) \geqslant 0.$$

证明　(1)~(3)的证明类似于定理 2.1.3.

(4)的证明由图 2.14 知,

$$0 \leqslant P\{a_1 \leqslant \xi < b_1, a_2 \leqslant \eta < b_2\}$$
$$= F(b_1, b_2) - F(a_1, b_2) - F(b_1, a_2) + F(a_1, a_2),$$

从而得证.

我们指出定理 2.5.1 的逆也是成立的. 即如果二元实函数 $F(x,y)$ 满足定理 2.5.1 中的四个性质, 则必存在概率空间 $(\Omega,\mathscr{F},P)$ 与其上的随机向量 (ξ,η) 使得 $F(x,y)$ 为 (ξ,η) 的分布函数.

还要指出的是: 定理 2.5.1 中的 (4) 不能由前三个性质推出.

例 2.5.1 令 $F(x,y)=\begin{cases} 1, & x+y>-1, \\ 0, & x+y\leqslant-1, \end{cases}$ 显然 $F(x,y)$ 满足定理 2.5.1 中 (1),
(2), (3) 三个性质, 但是它不满足 (4). 因为
$$F(1,1)-F(-1,1)-F(1,-1)+F(-1,-1)$$
$$=1-1-1+0=-1<0$$
(图 2.15), 故定义一个二维函数为分布函数时条件 (4) 不能省.

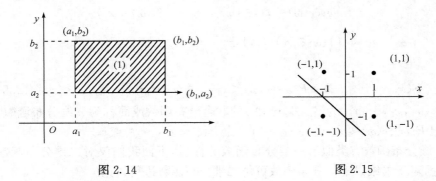

图 2.14   图 2.15

2.5.2   二维离散型随机向量

类似于一维离散型随机变量, 我们给出二维离散型随机向量的定义.

定义 2.5.2   如果概率空间 $(\Omega,\mathscr{F},P)$ 上的随机变量 (ξ,η) 最多只能取可列多个不同的实数对, 则称 (ξ,η) 为二维离散型随机向量, 称其联合分布函数为二维离散型分布函数.

类似于一维情形, 用表格形式给出二维离散型随机向量的分布列不仅方便也较直观.

定义 2.5.3   设二维离散型随机向量 (ξ,η) 所有可能的取值为
$$(x_i,y_k), \qquad i,k=1,2,3,\cdots,$$
且
$$p_{ik}=P\{\xi=x_i,\eta=y_k\}, \qquad i,k=1,2,3,\cdots, \tag{2.5.2}$$
我们称 (2.5.2) 式或表格

ξ \ η	y_1	y_2	$\cdots$	y_k	$\cdots$
x_1	p_{11}	p_{12}	$\cdots$	p_{1k}	$\cdots$
x_2	p_{21}	p_{22}	$\cdots$	p_{2k}	$\cdots$
$\vdots$	$\vdots$	$\vdots$		$\vdots$	
x_i	p_{i1}	p_{i2}	$\cdots$	p_{ik}	$\cdots$
$\vdots$	$\vdots$	$\vdots$		$\vdots$	

$$(2.5.3)$$

为(ξ,η)的分布列或分布律. 显然

(1) $p_{ik}\geqslant 0, i,k=1,2,3,\cdots$;

(2) $\sum\limits_{i=1}^{\infty}\sum\limits_{k=1}^{\infty}p_{ik}=1$.

这时(ξ,η)的分布函数为(由(2.2.3 式))

$$F(x,y)=\sum_{x_i<x}\sum_{y_k<y}P\{\xi=x_i,\eta=y_k\}=\sum_{x_i<x}\sum_{y_k<y}p_{ik}$$

$$=\sum_{i=1}^{\infty}\sum_{k=1}^{\infty}p_{ik}\mu(x-x_i)\mu(y-y_k).\qquad(2.5.4)$$

例 2.5.2 设一袋中有 3 个球,它们上面依次标有数字 $1,1,2$,现从袋中无放回连续摸出两个球,以 ξ,η 分别表示第一次与第二次摸出的球上标有的数字,求(ξ,η)的分布列.

解 (ξ,η)能取的值为$(1,1),(1,2),(2,1)$,设 $A_i=$"第一次取得的球上有数字 i",$i=1,2$,$B_k=$"第二次取得的球上有数字 k",$k=1,2$,则

$$P\{\xi=1,\eta=1\}=P(A_1B_1)=P(A_1)P(B_1\mid A_1)=\frac{2}{3}\times\frac{1}{2}=\frac{1}{3},$$

$$P\{\xi=1,\eta=2\}=P(A_1B_2)=P(A_1)P(B_2\mid A_1)=\frac{2}{3}\times\frac{1}{2}=\frac{1}{3},$$

$$P\{\xi=2,\eta=1\}=P(A_2B_1)=P(A_2)P(B_1\mid A_2)=\frac{1}{3}\times 1=\frac{1}{3}.$$

于是得(ξ,η)的分布列为

ξ \ η	1	2
1	$\frac{1}{3}$	$\frac{1}{3}$
2	$\frac{1}{3}$	0

我们指出,如果非负数列 p_{ik},$i,k=1,2,3,\cdots$ 满足 $\sum\limits_{i=1}^{\infty}\sum\limits_{k=1}^{\infty}p_{ik}=1$,则它一定是某二维离散型随机向量 (ξ,η) 的分布列.因为由 p_{ik},$i,k=1,2,3,\cdots$ 和(2.5.4)式可定义二元函数 $F(x,y)$,易证 $F(x,y)$ 满足二维分布函数的四个基本性质,所以 $F(x,y)$ 是某二维随机向量的分布函数.

2.5.3   二维连续型随机向量

定义 2.5.4   设 $F(x,y)$ 为二维随机向量 (ξ,η) 的分布函数,如果存在非负二元实函数 $f(x,y)$ 使得

$$F(x,y)=\int_{-\infty}^{x}\int_{-\infty}^{y}f(u,v)\mathrm{d}u\mathrm{d}v,\qquad x,y\in\mathbf{R}, \qquad (2.5.5)$$

则称 (ξ,η) 为连续型的,称 $f(x,y)$ 为 (ξ,η) 的密度函数,称 $F(x,y)$ 为二维连续型分布函数.由定义 2.5.4 与分布函数的性质有

(1) $f(x,y)\geqslant 0$,$x,y\in\mathbf{R}$;

(2) $\int_{-\infty}^{+\infty}\int_{-\infty}^{+\infty}f(x,y)\mathrm{d}x\mathrm{d}y=1$;

(3) $F(x,y)$ 处处连续;

(4) 在 $f(x,y)$ 的连续点 (x,y) 处,$\dfrac{\partial^2 F(x,y)}{\partial x\partial y}=f(x,y)$;

(5)

$$P\{(\xi,\eta)\in D\}=\iint\limits_{D}f(x,y)\mathrm{d}x\mathrm{d}y, \qquad (2.5.6)$$

其中 D 为平面 xOy 上的一个区域.

证明   (1)~(4)的证明与一维情形类似,现证(5).如果 D 是矩形区域(如图 2.14 所示),则由定理 2.5.1 的(4)与(2.5.5)式有

$$\begin{aligned}P\{(\xi,\eta)\in D\}&=P\{a_1\leqslant\xi<b_1,a_2\leqslant\eta<b_2\}\\&=F(b_1,b_2)-F(a_1,b_2)-F(b_1,a_2)+F(a_1,a_2)\\&=\iint\limits_{D}f(x,y)\mathrm{d}x\mathrm{d}y.\end{aligned}$$

如果 D 不是矩形区域,可用平行于坐标轴的等距离直线将 D 分成若干小矩形,对位于 D 内每个小矩形 ΔD_{ik} 运用上述方法得 $P\{(\xi,\eta)\in\Delta D_{ik}\}=P(x_i\leqslant\xi<x_i+\Delta x$,$y_k\leqslant\eta<y_k+\Delta y)\approx f(x_i,y_k)\Delta x\Delta y$,求和再令小矩形最大直径 λ 趋于零得

$$P\{(\xi,\eta)\in D\}=\lim_{\lambda\to 0}\sum f(x_i,y_k)\Delta x\Delta y=\iint\limits_{D}f(x,y)\mathrm{d}x\mathrm{d}y.$$

如果随机向量 (ξ,η) 的密度函数为

$$f(x,y)=\begin{cases} \dfrac{1}{S(A)}, & (x,y)\in A, \\ 0, & \text{其他}, \end{cases} \qquad (2.5.7)$$

其中 A 为平面区域,$S(A)$ 为 A 的面积,则称 (ξ,η) 服从二维均匀分布. 显然 $f(x,y)\geqslant 0$ 处处成立,且 $\displaystyle\int_{-\infty}^{+\infty}\int_{-\infty}^{+\infty}f(x,y)\mathrm{d}x\mathrm{d}y=1$.

如果随机向量 (ξ,η) 的密度函数为

$$f(x,y)=\frac{1}{2\pi\sigma_1\sigma_2\sqrt{1-r^2}}\exp\left\{-\frac{1}{2(1-r)^2}\left[\frac{(x-a_1)^2}{\sigma_1^2}\right.\right.$$
$$\left.\left.-2r\frac{(x-a_1)(y-a_2)}{\sigma_1\sigma_2}+\frac{(y-a_2)^2}{\sigma_2^2}\right]\right\}, \qquad (2.5.8)$$

其中 $a_1,a_2,\sigma_1,\sigma_2,r$ 均为常数且 $\sigma_1>0,\sigma_2>0,|r|<1,x,y\in\mathbf{R}$,则称 (ξ,η) 服从二维正态分布,记为 $(\xi,\eta)\sim N(a_1,\sigma_1^2;a_2,\sigma_2^2;r)$.

显然 $f(x,y)\geqslant 0$ 恒成立,为证明 $\displaystyle\int_{-\infty}^{+\infty}\int_{-\infty}^{+\infty}f(x,y)\mathrm{d}x\mathrm{d}y=1$,令 $u=\dfrac{x-a_1}{\sigma_1}$,

$v=\dfrac{y-a_2}{\sigma_2}$,则

$$\int_{-\infty}^{+\infty}f(x,y)\mathrm{d}y=\frac{1}{2\pi\sigma_1\sqrt{1-r^2}}\int_{-\infty}^{+\infty}\exp\left\{-\frac{1}{2(1-r^2)}\left[u^2-2ruv+v^2\right]\right\}\mathrm{d}v$$

$$=\frac{1}{2\pi\sigma_1\sqrt{1-r^2}}\mathrm{e}^{-u^2/2}\int_{-\infty}^{+\infty}\exp\left\{-\frac{(v-ru)^2}{2(1-r^2)}\right\}\mathrm{d}v$$

$$\left(\text{令}\frac{v-ru}{\sqrt{1-r^2}}=t\right)$$

$$=\frac{1}{2\pi\sigma_1}\mathrm{e}^{-u^2/2}\int_{-\infty}^{\infty}\exp\left\{-\frac{t^2}{2}\right\}\mathrm{d}t=\frac{1}{\sqrt{2\pi}\sigma_1}\mathrm{e}^{-u^2/2}$$

$$=\frac{1}{\sqrt{2\pi}\sigma_1}\mathrm{e}^{\frac{(x-a_1)^2}{2\sigma_1^2}}, \qquad (2.5.9)$$

上式为正态分布 $N(a_1,\sigma_1^2)$ 的密度函数,所以

$$\int_{-\infty}^{+\infty}\int_{-\infty}^{+\infty}f(x,y)\mathrm{d}y\mathrm{d}x=\int_{-\infty}^{+\infty}\frac{1}{\sqrt{2\pi}\sigma_1}\mathrm{e}^{\frac{(x-a_1)^2}{2\sigma_1^2}}\cdot\mathrm{d}x=1.$$

由定理 2.5.1 后的说明知:如果非负二元实函数 $f(x,y)$ 满足 $\displaystyle\int_{-\infty}^{+\infty}\int_{-\infty}^{+\infty}f(x,y)\mathrm{d}x\mathrm{d}y=1$,则 $f(x,y)$ 一定是某二维随机向量的密度函数. 因为由 $f(x,y)$ 和 (2.5.5)式可得函数 $F(x,y)$,易证 $F(x,y)$ 满足二维分布函数的四个基本性质,所以 $F(x,y)$ 是二维分布函数. 再由(2.5.5)式可知 $f(x,y)$ 是二维连续型随机向量的

密度函数.

类似于定理 2.1.2,我们有下述定理 2.5.2.

定理 2.5.2 设 $(\xi_1,\xi_2,\cdots,\xi_n)$ 为概率空间 $(\Omega,\mathscr{F},P)$ 上的 n 维随机向量,G 为定义于 $\mathscr{B}_n$ 上的集合函数:

$$G(A_n)=P\{\omega:(\xi_1,\xi_2,\cdots,\xi_n)\in A_n\}, \qquad A_n\in\mathscr{B}_n, \qquad (2.5.10)$$

则 G 是 $(\mathbf{R}^n,\mathscr{B}_n)$ 上的概率测度,并称由 $(2.5.10)$ 式定义的集合函数 $G(A_n)$ 为 $\{\xi_1,\xi_2,\cdots,\xi_n\}$ 的概率分布,简称为分布.当 $n=2$ 时我们就得到二维随机向量的概率分布.

证明 完全与定理 2.1.2 的证明类似.

由定理 2.5.2 知,$(\mathbf{R}^n,\mathscr{B}_n,G)$ 是概率空间,它是由概率空间 $(\Omega,\mathscr{F},P)$ 通过随机向量 $(\xi_1,\xi_2,\cdots,\xi_n)$ 诱导出来的.

2.5.4 边缘分布

所谓边缘分布(或边沿分布)就是已知随机向量的分布求各个分量的分布,并称各个分量的分布为原随机向量的边缘分布.

设 $F(x,y)$ 为二维随机向量 (ξ,η) 的分布函数,则对任意实数 x,有

$$\{\xi<x\}=\{\xi<x,\eta<+\infty\},$$

所以

$$P\{\xi<x\}=P\{\xi<x,\eta<+\infty\}$$
$$=\lim_{y\to+\infty}F(x,y)=F(x,+\infty).$$

同理对任意实数 y 有

$$P\{\eta<y\}=F(+\infty,y).$$

定义 2.5.5 设 $F(x,y)$ 为随机向量 (ξ,η) 的分布函数,记

$$F_1(x)=F(x,+\infty), \qquad F_2(y)=F(+\infty,y), \qquad (2.5.11)$$

则称 $F_1(x)$ 为 (ξ,η) 关于 ξ 的边缘分布函数,称 $F_2(y)$ 为 (ξ,η) 关于 η 的边缘分布函数,简称 $F_1(x),F_2(y)$ 分别为 ξ,η 的边缘分布函数.

由此定义可知,ξ 的边缘分布函数 $F_1(x)$ 就是 ξ 的分布函数,η 的边缘分布函数 $F_2(y)$ 就是 η 的分布函数,即

$$\begin{cases} F_\xi(x)=F_1(x)=F(x,+\infty), \\ F_\eta(y)=F_2(y)=F(+\infty,y). \end{cases} \qquad (2.5.12)$$

如果随机向量 (ξ,η) 是连续型的,且 $f(x,y)$ 为其密度函数,则

$$F_1(x)=\int_{-\infty}^{x}\left[\int_{-\infty}^{+\infty}f(u,v)\,\mathrm{d}v\right]\mathrm{d}u,$$

$$F_2(y)=\int_{-\infty}^{y}\left[\int_{-\infty}^{+\infty}f(u,v)\,\mathrm{d}u\right]\mathrm{d}v,$$

从而

$$F'_1(x) = \int_{-\infty}^{+\infty} f(x,v)\,\mathrm{d}v,$$

$$F'_2(x) = \int_{-\infty}^{+\infty} f(u,y)\,\mathrm{d}u.$$

我们称 $\int_{-\infty}^{+\infty} f(x,y)\,\mathrm{d}y$ 与 $\int_{-\infty}^{+\infty} f(x,y)\,\mathrm{d}x$ 分别为 ξ 与 η 的边缘密度函数,并分别记为 $f_1(x)$ 与 $f_2(y)$,即

$$\begin{cases} f_1(x) = \int_{-\infty}^{+\infty} f(x,y)\,\mathrm{d}y, \\ f_2(x) = \int_{-\infty}^{+\infty} f(x,y)\,\mathrm{d}x. \end{cases} \tag{2.5.13}$$

由(2.5.12)式显然有 $f_1(x)=f_\xi(x)$, $f_2(y)=f_\eta(y)$.

如果随机向量 (ξ,η) 为离散型的,且其分布列由(2.5.2)或(2.5.3)给出,则

$$P\{\xi=x_i\} = P\{\xi=x_i, \eta < +\infty\} = \sum_{k=1}^{\infty} P\{\xi=x_i, \eta=k\}$$

$$= \sum_{k=1}^{\infty} p_{ik}, \qquad i=1,2,\cdots.$$

类似

$$P\{\eta=y_k\} = \sum_{i=1}^{\infty} p_{ik}, \qquad k=1,2,3,\cdots,$$

记

$$p_{i\cdot} = \sum_{k=1}^{\infty} p_{ik}, \qquad p_{\cdot k} = \sum_{i=1}^{\infty} p_{ik}, \tag{2.5.14}$$

则

$$P\{\xi=x_i\} = p_{i\cdot}, \qquad i=1,2,3,\cdots, \tag{2.5.15}$$

$$P\{\xi=y_k\} = p_{\cdot k}, \qquad k=1,2,3,\cdots, \tag{2.5.16}$$

或

ξ	x_1	x_2	$\cdots$	x_i	$\cdots$
$p_{i\cdot}$	$p_1.$	$p_2.$	$\cdots$	$p_i.$	$\cdots$

$$\tag{2.5.17}$$

η	y_1	y_2	$\cdots$	y_k	$\cdots$
$p_{\cdot k}$	$p_{\cdot 1}$	$p_{\cdot 2}$	$\cdots$	$p_{\cdot k}$	$\cdots$

$$\tag{2.5.18}$$

我们称(2.5.15)式或表格(2.15.17)为 ξ 的边缘分布列,而称(2.5.16)式或表格(2.5.18)为 η 的边缘分布列.

由上述可知,如果随机向量(ξ,η)是连续型的,则其边缘随机变量也都是连续型的,如果随机向量(ξ,η)是离散型的,则其边缘随机变量也都是离散型的.下面来看几个例子.

例 2.5.3　设$(\xi,\eta)\sim N(a_1,\sigma_1^2;a_2,\sigma_2^2;r)$,求$\xi$与$\eta$的边缘密度函数.

解　由(2.5.9)式,ξ的边缘密度函数为

$$f_1(x)=\int_{-\infty}^{+\infty}f(x,y)\mathrm{d}y=\frac{1}{\sqrt{2\pi}\sigma_1}\mathrm{e}^{-\frac{1}{2\sigma_1^2}(x-a_1)^2},\qquad x\in\mathbf{R}.$$

类似地η的边缘密度函数为

$$f_2(y)=\frac{1}{\sqrt{2\pi}\sigma_2}\mathrm{e}^{-\frac{1}{2\sigma_2^2}(y-a_2)^2},\qquad y\in\mathbf{R}.$$

例 2.5.4　设一袋中有 5 个球,有两个球上标有数字 1,3 个球上标有数字 0,现从中

(1) 有放回摸两个球;

(2) 无放回摸两个球,

并以ξ表示第一次摸到的球上标有的数字,以η表示第二次摸到的球上标有的数字,求(ξ,η)的分布列及其两个边缘分布列.

解　(1) (ξ,η)所有可能取的值为$(0,0),(0,1),(1,0),(1,1)$. 设$A_i=\{\xi=i\}$,$B_j=\{\eta=j\},i=0,1,j=0,1$.因为摸球是有放回的,且$\{(\xi,\eta)=(i,j)\}=\{\xi=i,\eta=j\}=A_iB_j,i,j=0,1$,故由乘法公式得

$$P\{(\xi,\eta)=(0,0)\}=P(A_0B_0)=P(A_0)P(B_0\mid A_0)$$
$$=P(A_0)P(B_0)=\frac{9}{25}.$$

类似地,$P\{(\xi,\eta)=(0,1)\}=\frac{6}{25},P\{(\xi,\eta)=(1,0)\}=\frac{6}{25},P\{(\xi,\eta)=(1,1)\}=\frac{4}{25}$.于是$(\xi,\eta)$的分布列为

ξ＼η	0	1
0	$\frac{9}{25}$	$\frac{6}{25}$
1	$\frac{6}{25}$	$\frac{4}{25}$

由此得表格

ξ $\diagdown$ η	0	1	$p_i.$
0	$\dfrac{9}{25}$	$\dfrac{6}{25}$	$\dfrac{3}{5}$
1	$\dfrac{6}{25}$	$\dfrac{4}{25}$	$\dfrac{2}{5}$
$p._k$	$\dfrac{3}{5}$	$\dfrac{2}{5}$	1

从而得

ξ	0	1
$P_i.$	$\dfrac{3}{5}$	$\dfrac{2}{5}$

η	0	1
$P._k$	$\dfrac{3}{5}$	$\dfrac{2}{5}$

(2) (ξ,η) 所有可能的值仍为 $(0,0),(0,1),(1,0),(1,1)$. 但是由于摸球是无放回的, 所以 $P(B_j|A_i)\neq P(B_j)$, $i,j=0,1$, 故

$$P\{(\xi,\eta)=(0,0)\}=P(A_0)P(B_0|A_0)=\frac{3}{5}\times\frac{2}{4}=\frac{3}{10}.$$

类似地, $P\{(\xi,\eta)=(0,1)\}=\dfrac{3}{10}$, $P\{(\xi,\eta)=(1,0)\}=\dfrac{3}{10}$, $P\{(\xi,\eta)=(1,1)\}=\dfrac{1}{10}$, 于是 (ξ,η) 的分布列为

ξ $\diagdown$ η	0	1
0	$\dfrac{3}{10}$	$\dfrac{3}{10}$
1	$\dfrac{3}{10}$	$\dfrac{1}{10}$

从而得表格

ξ $\diagdown$ η	0	1	$p_i.$
0	$\dfrac{3}{10}$	$\dfrac{3}{10}$	$\dfrac{3}{5}$
1	$\dfrac{3}{10}$	$\dfrac{1}{10}$	$\dfrac{2}{5}$
$p._k$	$\dfrac{3}{5}$	$\dfrac{2}{5}$	1

于是 ξ,η 的边缘分布列分别为

ξ	0	1
$P_i.$	$\frac{3}{5}$	$\frac{2}{5}$

η	0	1
$P._k$	$\frac{3}{5}$	$\frac{2}{5}$

值得注意的是：上述两种情况 ξ,η 的边缘分布是相同的,但 (ξ,η) 的分布不同. 这说明由联合分布可得到唯一的边缘分布,但是由边缘分布却不能唯一确定联合分布.

2.6 随机变量的独立性与条件分布

2.6.1 随机变量的独立性

借助于随机事件的独立性,我们可以引进随机变量独立性的概念.

定义 2.6.1 设 $\xi_1,\xi_2,\cdots,\xi_n$ 均为概率空间 $(\Omega,\mathscr{F},P)$ 上的随机变量,如果对任意 n 个实数 $x_1,x_2,\cdots,x_n$ 均有

$$P\{\xi_1<x_1,\xi_2<x_2,\cdots,\xi_n<x_n\}=P\{\xi_1<x_1\}P\{\xi_2<x_2\}\cdots P\{\xi_n<x_n\},$$
$$(2.6.1)$$

则称 $\xi_1,\xi_2,\cdots,\xi_n$ 相互独立.

设 $F(x_1,x_2,\cdots,x_n),F_i(x_i)$ 分别为随机向量 $(\xi_1,\xi_2,\cdots,\xi_n)$ 与随机变量 ξ_i, $i=1,2,\cdots,n$ 的分布函数,则由定义 2.6.1 知,(2.6.1)式等价于

$$F(x_1,x_2,\cdots,x_n)=F_1(x_1)F_2(x_2)\cdots F_n(x_n).\qquad(2.6.2)$$

定理 2.6.1 设 $\xi_1,\xi_2,\cdots,\xi_n$ 均为概率空间 $(\Omega,\mathscr{F},P)$ 上的离散型随机变量,则 (2.6.1)式与

$$P\{\xi_1=x_1,\xi_2=x_2,\cdots,\xi_n=x_n\}=P\{\xi_1=x_1\}P\{\xi_2=x_2\}\cdots P\{\xi_n=x_n\}$$
$$(2.6.3)$$

等价,其中 $(x_1,x_2,\cdots,x_n)$ 为 $(\xi_1,\xi_2,\cdots,\xi_n)$ 所能取的任一组值.

证明 $(2.6.3)\Rightarrow(2.6.1)$. 设 $F(x_1,x_2,\cdots,x_n),F_i(x_i)$ 分别为 $(\xi_1,\xi_2,\cdots,\xi_n)$ 与 $\xi_i(i=1,2,\cdots,n)$ 的分布函数,由(2.6.3)式得

$$F(x_1,x_2,\cdots,x_n)=\sum_{x_{1_i}<x_1}\sum_{x_{2_i}<x_2}\cdots\sum_{x_{n_i}<x_n}P\{\xi_1=x_{1_i},\xi_2=x_{2_i},\cdots,\xi_n=x_{n_i}\}$$
$$=\sum_{x_{1_i}<x_1}P\{\xi_1=x_{1_i}\}\sum_{x_{2_i}<x_2}P\{\xi_2=x_{2_i}\}\cdots$$
$$\cdot\sum_{x_{n_i}<x_n}P\{\xi_n=x_{n_i}\}=F_1(x_1)F_2(x_2)\cdots F(x_n).$$

再由(2.6.2)式即得(2.6.1)式.

$(2.6.1)\Rightarrow(2.6.3)$. 设$(2.6.1)$式成立, 故对任意一组实数$(x_1, x_2, \cdots, x_n)$有
$$P\{\xi_1 < x_1, \xi_2 < x_2, \cdots, \xi_n < x_n\}$$
$$= P\{\xi_1 < x_1\}P\{\xi_2 < x_2\}\cdots P\{\xi_n < x_n\}. \tag{2.6.4}$$
取实数列$y_{n_k} \downarrow x_n$, 则对实数组$(x_1, x_2, \cdots, x_{n-1}, y_{n_k})$亦有
$$P\{\xi_1 < x_1, \xi_2 < x_2, \cdots, \xi_{n-1} < x_{n-1}, \xi_n < y_{n_k}\}$$
$$= P\{\xi_1 < x_1\}P\{\xi_2 < x_2\}\cdots P\{\xi_{n-1} < x_{n-1}\}P\{\xi_n < y_{y_k}\}.$$
令$k\rightarrow\infty$得

$$P\{\xi_1 < x_1, \cdots, \xi_{n-1} < x_{n-1}, \xi_n < x_n + 0\}$$
$$= P\{\xi_1 < x_1\}\cdots P\{\xi_{n-1} < x_{n-1}\}P\{\xi_n < x_n + 0\}. \tag{2.6.5}$$
因为$\{\xi_1 < x_1, \cdots, \xi_{n-1} < x_{n-1}, \xi_n < x_n + 0\} = \{\xi_1 < x_1, \cdots, \xi_{n-1} < x_{n-1}, \xi_n < x_n\} + \{\xi_1 < x_1, \cdots, \xi_{n-1} < x_{n-1}, \xi_n = x_n\}$, 故$(2.6.5) - (2.6.4)$得
$$P\{\xi_1 < x_1, \cdots, \xi_{n-1} < x_{n-1}, \xi_n = x_n\}$$
$$= P\{\xi_1 < x_1\}\cdots P\{\xi_{n-1} < x_{n-1}\}P\{\xi_n = x_n\}. \tag{2.6.6}$$
对$(2.6.6)$式继续运用此法最后可得$(2.6.3)$式对任意实数组$(x_1, x_2, \cdots, x_n)$成立, 当然对$(\xi_1, \xi_2, \cdots, \xi_n)$能取的任意一组值$(x_1, x_2, \cdots, x_n)$也成立.

定理 2.6.2 设$(\xi_1, \xi_2, \cdots, \xi_n)$为概率空间$(\Omega, \mathscr{F}, P)$上的连续型随机向量, $f(x_1, x_2, \cdots, x_n)$, $f_i(x_i)$分别为$(\xi_1, \xi_2, \cdots, \xi_n)$, $\xi_i(i=1, 2, \cdots, n)$的密度函数, 则$\xi_1, \xi_2, \cdots, \xi_n$相互独立的充要条件是在$f(x_1, x_2, \cdots, x_n)$的连续点$(x_1, x_2, \cdots, x_n)$处均有

$$f(x_1, x_2, \cdots, x_n) = \prod_{i=1}^{n} f_i(x_i). \tag{2.6.7}$$

证明 必要性. 设$(2.6.1)$式成立, 从而$(2.6.2)$式成立, 即
$$F(x_1, x_2, \cdots, x_n) = \prod_{i=1}^{n} F_i(x_i),$$
即

$$\int_{-\infty}^{x_1} \int_{-\infty}^{x_2} \cdots \int_{-\infty}^{x_n} f(t_1, t_2, \cdots, t_n) \mathrm{d}t_1 \mathrm{d}t_2 \cdots \mathrm{d}t_n$$
$$= \prod_{i=1}^{n} \int_{-\infty}^{x_i} f_i(t_i) \mathrm{d}t_i$$
$$= \int_{-\infty}^{x_1} \int_{-\infty}^{x_2} \cdots \int_{-\infty}^{x_n} f_i(t_1) f_2(t_2) \cdots f_n(t_n) \mathrm{d}t_1 \mathrm{d}t_2 \cdots \mathrm{d}t_n,$$
从而在$f(x_1, x_2, \cdots, x_n)$的连续点$(x_1, x_2, \cdots, x_n)$处均有

$$f(x_1, x_2, \cdots, x_n) = \prod_{i=1}^{n} f_i(x_i).$$

充分性. 如果$(2.6.7)$式在$f(x_1, x_2, \cdots, x_n)$的连续点$(x_1, x_2, \cdots, x_n)$处均成立, 对它两边进行积分得

$$F(x_1, x_2, \cdots, x_n) = \int_{-\infty}^{x_1} \cdots \int_{-\infty}^{x_n} f(t_1, t_2, \cdots, t_n) \mathrm{d}t_1 \mathrm{d}t_2 \cdots \mathrm{d}t_n$$

$$= \int_{-\infty}^{x_1} f_1(t_1)\,\mathrm{d}t_1 \int_{-\infty}^{x_2} f_2(t_2)\,\mathrm{d}t_2 \cdots \int_{-\infty}^{x_n} f_n(t_n)\,\mathrm{d}t_n$$

$$= F_1(x_1)F_2(x_2)\cdots F_n(x_n),$$

这表示(2.6.2)式成立,从而(2.6.1)式也成立,充分性得证.

定理 2.6.3　如果随机变量 $\xi_1,\xi_2,\cdots,\xi_n$ 相互独立,则其中任意 $k(2\leqslant k\leqslant n)$ 个随机变量 $\xi_{n_1},\xi_{n_2},\cdots,\xi_{n_k}$ 也相互独立.

证明　不失一般性,不妨设 $n_1=1,n_2=2,\cdots,n_k=k$,则由(2.6.1)式对任意 k 个实数 $x_1,x_2,\cdots,x_k$ 有

$$P\{\xi_1<x_1,\xi_2<x_2,\cdots,\xi_k<x_k\}$$

$$= P\{\xi_1<x_1,\cdots,\xi_k<x_k,\xi_{k+1}<+\infty,\cdots,\xi_n<+\infty\}$$

$$= \lim_{\substack{x_{k+1}\to+\infty\\ \vdots\\ x_n\to+\infty}} P\{\xi_1<x_1,\cdots\xi_k<x_k,\cdots,\xi_{k+1}<x_{k+1},\cdots,\xi_n<x_n\}$$

$$= \lim_{\substack{x_{k+1}\to+\infty\\ \vdots\\ x_n\to+\infty}} P\{\xi_1<x_1\}\cdots P\{\xi_n<x_n\}$$

$$= \prod_{i=1}^{k} P\{\xi_i<x_i\}.$$

由定义 2.6.1 知,$\xi_1,\xi_2,\cdots,\xi_k$ 相互独立.

例 2.6.1　设 $(\xi,\eta)\sim N(a_1,\sigma_1^2;a_2,\sigma_2^2;r)$,则 ξ 与 η 相互独立的充要条件是 $r=0$.

证明　必要性. 设 ξ,η 相互独立,由定理 2.6.2 与例 2.5.4,得

$$\frac{1}{2\pi\sigma_1\sigma_2\sqrt{1-r^2}}\exp\left\{\frac{1}{2(1-r^2)}\left[\frac{(x-a_1)^2}{\sigma_1^2}\right.\right.$$

$$\left.\left.-2r\frac{(x-a_1)(y-a_2)}{\sigma_1\sigma_2}+\frac{(y-a_2)^2}{\sigma_2^2}\right]\right\}$$

$$= \frac{1}{\sqrt{2\pi}\sigma_1}e^{-\frac{1}{2\sigma_1^2}(x-a_1)^2}\cdot\frac{1}{\sqrt{2\pi}\sigma_2}e^{-\frac{1}{2\sigma_2^2}(y-a_2)^2}$$

对任意实数 x,y 都成立,这是因为 (ξ,η) 的密度函数处处连续. 令 $x=a_1,y=a_2$ 得 $\frac{1}{2\pi\sigma_1\sigma_2\sqrt{1-r^2}}=\frac{1}{2\pi\sigma_1\sigma_2}$,从而得 $r=0$.

充分性. 设 $r=0$,则 (ξ,η) 的密度函数 $f(x,y)$ 为

$$f(x,y)=\frac{1}{2\pi\sigma_1\sigma_2}\exp\left\{-\frac{1}{2}\left[\frac{(x-a_1)^2}{\sigma_1^2}+\frac{(y-a_2^2)}{\sigma_2^2}\right]\right\}$$

$$= \frac{1}{\sqrt{2\pi}\sigma_1}e^{\frac{1(x-a_1)^2}{2\sigma_1^2}}\cdot\frac{1}{\sqrt{2\pi}\sigma_2}e^{-\frac{(y-a_2)^2}{2\sigma_2^2}}$$

$$=f_1(x) \cdot f_2(y),$$

其中 $f_1(x), f_2(y)$ 分别为 ξ 与 η 的边缘密度函数. 由定理 2.6.2 知, ξ 与 η 相互独立.

例 2.6.2 在例 2.5.4 中随机变量 ξ 与 η 是否相互独立?

解 (1) 由例 2.5.4 的(1)不难验证, 恒有 $P_{ij}=p_{i\cdot} \cdot p_{\cdot k}, i,k=0,1$, 所以 ξ 与 η 相互独立.

(2) 由例 2.5.4 的(2)得 $p_{00}=\dfrac{3}{10}, p_{0\cdot} \times p_{\cdot 0}=\dfrac{3}{5}\times\dfrac{3}{5}=\dfrac{9}{25}$, 所以 $P_{00}\neq p_{0\cdot}\cdot p_{\cdot 0}$, 从而 ξ 与 η 不相互独立.

定义 2.6.2 设 $\xi_1,\xi_2,\xi_3,\cdots$ 均为概率空间 $(\Omega,\mathscr{F},P)$ 上的随机变量, 如果其中任意有限多个随机变量都是相互独立的, 则称这可列无穷多个随机变量 $\xi_1,\xi_2,\xi_3,\cdots$ 是相互独立的.

2.6.2* 随机向量的独立性

定义 2.6.3 称概率空间 $(\Omega,\mathscr{F},P)$ 上的随机向量 $(\xi_1,\xi_2,\cdots,\xi_n)$ 与 $(\eta_1,\eta_2,\cdots,\eta_m)$ 是相互独立的, 如果对任意 $n+m$ 个实数 $x_1,x_2,\cdots,x_n,y_1,y_2,\cdots,y_m$, 均有
$$P\{\xi_1<x_1,\cdots,\xi_n<x_n,\eta_1<y_1,\cdots,\eta_m<y_m\}$$
$$=P\{\xi_1<x_1,\cdots,\xi_n<x_n\}P\{\eta_1<y_1,\cdots,\eta_m<y_m\}. \quad (2.6.8)$$

定理 2.6.4 如果随机变量 $\xi_1,\xi_2,\cdots,\xi_n$ 相互独立, 则由其中任意 $k(1\leqslant k\leqslant n-1)$ 个随机变量组成的随机向量与其余 $n-k$ 个随机变量组成的随机向量相互独立.

证明 不失一般性, 只需证明随机向量 $(\xi_1,\xi_2,\cdots,\xi_k)$ 与 $(\xi_{k+1},\cdots,\xi_n)$ 相互独立就足够了. 由定理 2.6.3 与假设, 对任意 n 个实数 $x_1,x_2,\cdots,x_n$ 有
$$P\{\xi_1<x_1,\cdots,\xi_k<x_k,\xi_{k+1},\cdots,\xi_n<x_n\}$$
$$=\prod_{i=1}^{k}P\{\xi_i<x_i\}\cdot\prod_{j=k+1}^{n}P\{\xi_j<x_j\}$$
$$=P\{\xi_1<x_1,\cdots,\xi_k<x_k\}P\{\xi_{k+1}<x_{k+1},\cdots,\xi_n<x_n\}.$$

注意 随机向量 $(\xi_1,\xi_2,\cdots,\xi_n)$ 与 $(\eta_1,\eta_2,\cdots,\eta_m)$ 相互独立, 没有蕴含 $\xi_1,\xi_2,\cdots,\xi_n$ 相互独立, 也没有蕴含 $\eta_1,\eta_2,\cdots,\eta_m$ 相互独立, 例如:

设 (ξ,η) 为二维连续型随机向量, 且有密度函数
$$f(x,y)=\frac{1}{2\pi\sqrt{1-r^2}}e^{-\frac{1}{2(1-r^2)}[x^2-2rxy+y^2]}, \qquad x,y\in\mathbf{R},$$

其中 $0<|r|<1$. 设二维随机向量 (U,V) 具有密度函数
$$g(u,v)=\begin{cases}\dfrac{1}{4}[1+uv(u^2-v^2)], & |u|\leqslant1,|v|\leqslant1,\\ 0, & \text{其他}.\end{cases}$$

设 (ξ,η,U,V) 的密度函数为

$$
h(x,y,u,v)=\begin{cases}\dfrac{1}{8\pi\sqrt{1-r^2}}[1+uv(u^2-v^2)]\\[3mm]\quad\cdot\exp\left\{-\dfrac{1}{2(1-r^2)}[x^2-2rxy+y^2]\right\},\quad |u|\leqslant1,|v|\leqslant1,\\[3mm]0,\hspace{6cm}\text{其他},\end{cases}
$$

则 (ξ,η) 与 (U,V) 相互独立,但是 ξ 与 η 不相互独立,U 与 V 也不相互独立.

定理 2.6.5 如果随机向量 $(\xi_1,\xi_2,\cdots,\xi_n)$ 与 $(\eta_1,\eta_2,\cdots,\eta_m)$ 相互独立,则 $\xi_1,\xi_2,\cdots,\xi_n$ 中任意 $k(1\leqslant k\leqslant n)$ 个随机变量组成的随机向量与 $\eta_1,\eta_2,\cdots,\eta_m$ 中任意 $j(1\leqslant j\leqslant m)$ 个随机变量组成的随机向量相互独立.

证明 不失一般性,只需证明随机向量 $(\xi_1,\xi_2,\cdots,\xi_k)$ 与 $(\eta_1,\eta_2,\cdots,\eta_j)$ 相互独立. 为此只需在 (2.6.8) 式中令 $x_{k+1},\cdots,x_n,y_{j+1},\cdots,y_m$ 都为 $+\infty$,得

$$
P\{\xi_1<x_1,\xi_2<x_2,\cdots,\xi_k<x_k,\eta_1<y_1,\eta_2<y_2,\cdots,\eta_j<y_j\}
$$
$$
=P\{\xi_1<x_1,\cdots,\xi_k<x_k\}P\{\eta_1<y_1,\cdots,\eta_j<y_j\}.
$$

引理 2.6.1 设 $(\xi_1,\xi_2,\cdots,\xi_n)$ 是概率空间 $(\Omega,\mathscr{F},P)$ 上的 n 维随机向量,g 为 $\mathbf{R}^n\to\mathbf{R}$ 的博雷尔可测函数,即对于任意 $B\in\mathscr{B}$,有

$$
g^{-1}(B)=\{(x_1,x_2,\cdots,x_n):g(x_1,x_2,\cdots,x_n)\in B\}\in\mathscr{B}_n,
$$

则 $g(\xi_1,\xi_2,\cdots,\xi_n)$ 是一维随机变量.

证明 对于任意实数 x,

$$
\{g(\xi_1,\xi_2,\cdots,\xi_n)<x\}=\{g(\xi_1,\xi_2,\cdots,\xi_n)\in(-\infty,x)\}
$$
$$
=\{(\xi_1,\xi_2,\cdots,\xi_n)\in g^{-1}(-\infty,x)\},
$$

因为 $g^{-1}(-\infty,x)\in\mathscr{B}_n$,又 $(\xi_1,\xi_2,\cdots,\xi_n)$ 是 n 维随机向量,由定理 2.5.2,知

$$
\{(\xi_1,\xi_2,\cdots,\xi_n)\in g^{-1}(-\infty,x)\}\in\mathscr{F}.
$$

现在,我们利用随机变量相互独立概念,来介绍产生正态分布的一个例子.

例 2.6.3[*]（射击偏差的分布） 在打靶问题中,设靶心位于所在坐标平面的原点. 由于各因素的影响,子弹落点 A 的坐标 (ξ,η) 是一个二维随机向量,如果它满足下列条件:

(1) ξ 与 η 具有连续密度函数 $f_1(x)$ 与 $f_2(y)$ 且 $f_1(0)f_2(0)>0$;

(2) ξ 与 η 相互独立;

(3) (ξ,η) 的密度函数在 (x,y) 处的值只依赖于该点到靶心（原点）的距离 $r=\sqrt{x^2+y^2}$,则 ξ 与 η 均服从正态分布.

证明 由上述三个条件,(ξ,η) 的密度函数为

$$
f_1(x)f_2(y)=g(r),\qquad r=\sqrt{x^2+y^2},\qquad(2.6.9)
$$

其中 $g(r)$ 为 γ 的函数. 令 $x=0$, 得

$$f_1(0)f_2(y)=g(|y|).$$

令 $y=0$, 得

$$f_1(x)f_2(0)=g(|x|), \quad \text{故 } f_1(y)f_2(0)=g(|y|),$$

从而 $f_1(r)f_2(0)=g(r)$, 由此知 $f_1(x), f_2(x)$ 均为偶函数. 又因

$$f_2(y)=\frac{g(|y|)}{f_1(0)}=\frac{f_1(y)f_2(0)}{f_1(0)}, \qquad g(r)=f_1(r)f_2(0),$$

将此两式均代入 (2.6.9) 式并除以 $f_1(0)f_2(0)$ 得

$$\frac{f_1(x)}{f_1(0)} \cdot \frac{f_1(y)}{f_1(0)}=\frac{f_1(r)}{f_1(0)}, \qquad r^2=x^2+y^2. \tag{2.6.10}$$

令 $f(x)=\ln\dfrac{f_1(x)}{f_1(0)}$, 于是上式变为

$$f(r)=f(x)+f(y), \qquad r^2=x^2+y^2.$$

当 $x^2=x_1^2+x_2^2$ 时, 由上式得

$$f(r)=f(x_1)+f(x_2)+f(y), \qquad r^2=x_1^2+x_2^2+y^2.$$

一般地有

$$f(r)=\sum_{i=1}^{k}f(x_i), \qquad r^2=\sum_{i=1}^{k}x_i^2.$$

令 $k=n^2$, 且令 $x=x_1=x_2=\cdots=x_k$, 上式变为

$$f(nx)=n^2f(x). \tag{2.6.11}$$

令 $x=1$ 得

$$f(n)=n^2f(1),$$

令 $x=\dfrac{m}{n}$ (m 为整数), 由 (2.6.11) 式得 $n^2f\left(\dfrac{m}{n}\right)=f(m)$, 故 $f\left(\dfrac{m}{n}\right)=\dfrac{1}{n^2}f(m)=$
$\dfrac{m^2}{n^2}f(1)$, 即

$$f\left(\frac{m}{n}\right)=C\left(\frac{m}{n}\right)^2, \qquad C=f(1).$$

此示对一切有理数 x, 有 $f(x)=Cx^2$. 又因 $f_1(x)$ 连续, 所以 $f(x)=\ln\dfrac{f_1(x)}{f_1(0)}$ 也连续, 从而对一切实数 x, 亦有 $f(x)=Cx^2$, 故得

$$f_1(x)=f_1(0)\mathrm{e}^{Cx^2}.$$

因为 $f_1(x)$ 是密度函数, 要使它在 $(-\infty, +\infty)$ 上可积, 必须 $C<0$. 故可令 $C=-\dfrac{1}{2\sigma^2}$, 再由 $\displaystyle\int_{-\infty}^{+\infty}f_1(x)\mathrm{d}x=1$, 得 $f_1(0)=\dfrac{1}{\sqrt{2\pi}\sigma}$, 于是得 $f_1(x)=\dfrac{1}{\sqrt{2\pi}\sigma}\mathrm{e}^{-\frac{x^2}{2\sigma^2}}$, 所以 $\xi\sim N(0,\sigma^2)$.

同理得 $f_2(y) = \dfrac{1}{\sqrt{2\pi}\sigma} \mathrm{e}^{-\frac{y^2}{2\sigma^2}}$，即 $\eta \sim N(0, \sigma^2)$.

如果靶心位于靶所在的坐标平面上点 (a_1, a_2) 处，通过坐标平移再利用以上方法最后可证明 $\xi \sim (a_1, \sigma^2)$，$\eta \sim N(a_2, \sigma^2)$.

2.6.3　条件分布

对于多个事件我们曾讨论了它们的条件概率，对于多个随机变量我们可以讨论它们的条件分布. 下面我们利用事件的条件概率来讨论随机变量的条件分布，着重对二维随机向量进行讨论.

1. 离散型情形

设二维离散型随机向量的分布列为

ξ ＼ η	y_1	y_2	$\cdots$	$y_k \cdots$
x_1	p_{11}	p_{12}	$\cdots$	$p_{1k} \cdots$
x_2	p_{21}	p_{22}	$\cdots$	$p_{2k} \cdots$
$\vdots$	$\vdots$	$\vdots$		$\vdots$
x_i	p_{i1}	p_{i2}	$\cdots$	$p_{ik} \cdots$
$\vdots$	$\vdots$	$\vdots$		$\vdots$

由事件的条件概率定义，当 $P\{\eta = y_k\} > 0$ 时，在事件 $\{\eta = y_k\}$ 发生下，事件 $\{\xi = x_i\}$ 发生的条件概率为

$$\frac{P\{\xi = x_i, \eta = y_k\}}{P\{\eta = y_k\}} = \frac{p_{ik}}{p._k}, \qquad i = 1, 2, 3, \cdots, \qquad (2.6.12)$$

它给出了在事件 $\{\eta = y_k\}$ 发生下，ξ 的取值规律. 由此我们引进条件分布列的概念.

定义 2.6.4　设 (ξ, η) 为二维离散型随机向量，其分布列由上面给出. 如果 $P\{\eta = y_k\} = p._k > 0$，则称

$$\frac{p_{ik}}{p._k}, \qquad i = 1, 2, 3, \cdots$$

为在 $\eta = y_k$ 下 ξ 的条件分布列，记为 $p\{\xi = x_i \mid \eta = y_k\}$，简记为 $p_{i|k}$，即

$$P_{i|k} = P\{\xi = x_i \mid \eta = y_k\} = \frac{p_{ik}}{p._k}, \qquad i = 1, 2, \cdots.$$

如果 $p_i. > 0$，则称

$$\frac{p_{ik}}{p_i.}, \qquad k = 1, 2, 3, \cdots$$

为在 $\xi = x_i$ 下 η 的条件分布列,记为 $P\{\eta = y_k | \xi = x_i\}$,简记为 $p_{k|i}$,即

$$p_{k|i} = P\{\eta = y_k | \xi = x_i\} = \frac{p_{ik}}{p_{i\cdot}}, \qquad k = 1, 2, 3, \cdots, \qquad (2.6.13)$$

称

$$P\{\xi < x \mid \eta = y_k\} = \sum_{x_i < x} \frac{p_{ik}}{p_{\cdot k}}$$

为在 $\eta = y_k$ 下 ξ 的条件分布函数,记为 $F(x | y_k)$,即

$$F(x \mid y_k) = P\{\xi < x \mid \eta = y_k\} = \sum_{x_i < x} \frac{p_{ik}}{p_{\cdot i}}, \qquad (2.6.14)$$

称 $P\{\eta < y \mid \xi = x_i\} = \sum_{x_i < x} \dfrac{p_{ik}}{p_{i\cdot}}$ 为在 $\xi = x_i$ 下 η 的条件分布函数,记为 $F(y \mid x_i)$,即

$$F(y \mid x_i) = P\{\eta < y \mid \xi = x_i\} = \sum_{y_k < y} \frac{p_{ik}}{p_{i\cdot}}. \qquad (2.6.15)$$

例 2.6.4　　设 (ξ, η) 的分布列为

ξ＼η	0	1	$p_{i\cdot}$
0	$\frac{1}{4}$	$\frac{1}{4}$	$\frac{1}{2}$
1	$\frac{1}{6}$	$\frac{1}{8}$	$\frac{7}{24}$
2	$\frac{1}{8}$	$\frac{1}{12}$	$\frac{5}{24}$
$p_{\cdot k}$	$\frac{13}{24}$	$\frac{11}{24}$	1

则在 $\xi = 0$ 下 η 的条件分布列为

η	0	1
$p_{k|0}$	$\frac{1}{4} \Big/ \frac{1}{2}$	$\frac{1}{4} \Big/ \frac{1}{2}$

在 $\xi = 1$ 下 η 的条件分布列为

η	0	1
$p_{k|1}$	$\frac{1}{6} \Big/ \frac{7}{24}$	$\frac{1}{8} \Big/ \frac{7}{24}$

则在 $\xi = 2$ 下 η 的条件分布列为

η	0	1
$p_{k|2}$	$\dfrac{1}{8}\Big/\dfrac{5}{24}$	$\dfrac{1}{12}\Big/\dfrac{5}{24}$

则在 $\eta=0$ 下 ξ 的条件分布列为

ξ	0	1	2
$p_{i|0}$	$\dfrac{6}{13}$	$\dfrac{4}{13}$	$\dfrac{3}{13}$

则在 $\eta=1$ 下 ξ 的条件分布列为

ξ	0	1	2
$p_{i|1}$	$\dfrac{6}{11}$	$\dfrac{3}{11}$	$\dfrac{2}{11}$

从而得在 $\eta=0$ 下 ξ 的条件分布函数为

$$F(x\mid 0)=\sum_{x_i<x}\frac{p_{i0}}{p_{\cdot 0}}=\frac{24}{13}\sum_{x_i<x}p_{i0}=\begin{cases}0, & x\leqslant 0,\\ \dfrac{6}{13}, & 0<x\leqslant 1,\\ \dfrac{10}{13}, & 1<x\leqslant 2,\\ 1, & x>2.\end{cases}$$

类似地可求得其余的条件分布函数.

2. 连续型情形

设 (ξ,η) 为二维连续型随机向量, 由于这时 ξ 与 η 都是连续型随机变量, 所以对任意实数 x,y 都有

$$P\{\xi=x\}=P\{\eta=y\}=0.$$

我们自然会问这时如何定义在 $\eta=y$ 下 ξ 的条件分布函数及在 $\xi=x$ 下 η 条件分布函数呢? 很自然我们会考虑极限 $\lim\limits_{\alpha\to 0+}P\{\xi<x\mid y\leqslant\eta<y+\alpha\}$, 如果它存在, 记 $f(x,y),f_1(x),f_2(y)$ 分别为 $(\xi,\eta),\xi,\eta$ 的密度函数, 则

$$\lim_{\alpha\to 0+}P\{\xi<x\mid y\leqslant\eta<y+\alpha\}$$
$$=\lim_{\alpha\to 0+}\frac{P\{\xi<x,y\leqslant\eta<y+\alpha\}}{P\{y\leqslant\eta<y+\alpha\}}$$
$$=\lim_{\alpha\to 0+}\int_y^{y+\alpha}\int_{-\infty}^x f(s,t)\,\mathrm{d}s\mathrm{d}t\Big/\int_{-\infty}^{+\infty}\int_y^{y+\alpha}f(s,t)\,\mathrm{d}s\mathrm{d}t$$

（由积分中值定理）

$$= \lim_{\alpha \to 0+} \frac{\int_{-\infty}^{x} f(s, y + \theta\alpha) \mathrm{d}s}{\int_{-\infty}^{+\infty} f(x, y + \theta\alpha) \mathrm{d}s} \qquad (0 < \theta < 1)$$

$$= \frac{\int_{-\infty}^{x} f(s, y) \mathrm{d}s}{\int_{-\infty}^{+\infty} f(s, y) \mathrm{d}s} = \frac{\int_{-\infty}^{x} f(s, y) \mathrm{d}s}{f_{\eta}(y)}$$

$$= \int_{-\infty}^{x} \frac{f(s, y)}{f_{\eta}(y)} \mathrm{d}s, \qquad f_{\eta}(y) > 0.$$

由此,我们引进如下定义.

定义 2.6.5 设 (ξ, η) 为二维连续型随机向量,$f(x, y)$,$f_{\xi}(x)$,$f_{\eta}(y)$ 分别为 (ξ, η),ξ,η 的密度函数,我们定义在 $\eta = y$ 下 ξ 的条件分布函数为 $\int_{-\infty}^{x} \frac{f(x, y)}{f_{\eta}(y)} \mathrm{d}s$,记为 $P\{\xi < x \mid \eta = y\}$ 或 $F(x \mid y)$,即

$$F(x \mid y) = P\{\xi < x \mid \eta = y\}$$
$$= \int_{-\infty}^{x} \frac{f(x, y)}{f_{\eta}(y)} \mathrm{d}s, \qquad f_{\eta}(y) > 0, \qquad (2.6.16)$$

并称 $\dfrac{f(x, y)}{f_{\eta}(y)}$ 为在 $\eta = y$ 下 ξ 的条件密度函数,简记为 $f(x \mid y)$,即

$$f(x \mid y) = \frac{f(x, y)}{f_{\eta}(y)}, \qquad f_{\eta}(y) > 0. \qquad (2.6.17)$$

在 $\xi = x$ 下 η 的条件分布函数与条件密度函数类似可以定义.

例 2.6.5 设 $(\xi, \eta) \sim N(a_1, \sigma_1^2; a_2, \sigma_2^2; r)$,求条件密度函数 $f(x \mid y)$ 与 $f(y \mid x)$.

解 因为 (ξ, η) 的密度函数 $f(x, y)$ 为

$$f(x, y) = \frac{1}{2\pi\sigma_1\sigma_2\sqrt{1-r^2}} \exp\left\{ -\frac{1}{2(1-r^2)} \left[\frac{(x-a_1)^2}{\sigma_1^2} \right. \right.$$
$$\left. \left. -2r\frac{(x-a_1)(y-a_2)}{\sigma_1\sigma_2} + \frac{(y-a_2)^2}{\sigma_2^2} \right] \right\},$$

由(2.5.9)式,ξ, η 的密度函数分别为

$$f_1(x) = \frac{1}{\sqrt{2\pi}\sigma_1} \mathrm{e}^{-\frac{1}{2\sigma_1^2}(x-a_1)^2},$$

$$f_2(y) = \frac{1}{\sqrt{2\pi}\sigma_2} \mathrm{e}^{-\frac{1}{2\sigma_2^2}(y-a_2)^2}.$$

由(2.6.17)式得

$$f(x \mid y) = \frac{f(x, y)}{f_2(y)} = \frac{1}{\sqrt{2\pi}\sigma_1\sqrt{1-r^2}}$$

$$\cdot \exp\left\{\frac{-1}{2\sigma_1^2(1-r^2)}\left[x-\left(a_1+\frac{\sigma_1 ry-\sigma_1 ra_2}{\sigma_2}\right)\right]^2\right\},$$

$$f(y\mid x)=\frac{f(x,y)}{f_1(x)}=\frac{1}{\sqrt{2\pi}\sigma_2\ \sqrt{1-r^2}}$$

$$\cdot \exp\left\{\frac{-1}{2\sigma_2^2(1-r^2)}\left[y-\left(a_2+\frac{\sigma_2 rx-\sigma_2 ra_1}{\sigma_1}\right)\right]^2\right\}.$$

这表示,在 $\eta=y$ 下 ξ 的条件分布是正态分布 $N\left(a_1+\dfrac{\sigma_1 ry-\sigma_1 ra_2}{\sigma_2},\sigma_1^2(1-r^2)\right)$. 在 $\xi=x$ 下 η 的条件分布是正态分布 $N\left(a_2+\dfrac{\sigma_2 rx-\sigma_2 ra_1}{\sigma_1},\sigma_2^2(1-r^2)\right)$.

例 2.6.6   设随机向量 (ξ,η) 具有密度函数:

$$f(x,y)=\begin{cases}8xy, & 0\leqslant x\leqslant y\leqslant 1,\\ 0, & \text{其他},\end{cases}$$

求 $f(x\mid y)$ 与 $f(y\mid x)$.

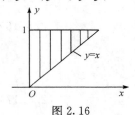

图 2.16

解   由图 2.16 得 ξ 的边缘密度函数

$$f_\xi(x)=\int_{-\infty}^{+\infty}f(x,y)\mathrm{d}y$$

$$=\begin{cases}\displaystyle\int_x^1 8xy\,\mathrm{d}y=4x-4x^3, & 0\leqslant x\leqslant 1,\\ 0, & \text{其他}.\end{cases}$$

同理得 η 的边缘密度函数

$$f_\eta(y)=\int_{-\infty}^{+\infty}f(x,y)\mathrm{d}x$$

$$=\begin{cases}\displaystyle\int_0^y 8xy\,\mathrm{d}x=4y^3, & 0\leqslant y\leqslant 1,\\ 0, & \text{其他}.\end{cases}$$

由定义 2.6.5 得

$$f(x\mid y)=\frac{f(x,y)}{f_\eta(y)}=\begin{cases}\dfrac{2x}{y^2}, & 0\leqslant x\leqslant y,\\ 0, & \text{其他},\end{cases}\qquad 0<y\leqslant 1,$$

$$f(y\mid x)=\frac{f(x,y)}{f_\xi(y)}=\begin{cases}\dfrac{2y}{1-x^2}, & x\leqslant y\leqslant 1,\\ 0, & \text{其他},\end{cases}\qquad 0\leqslant x<1,$$

3. 一般情形

定义 2.6.6   设二维随机向量 (ξ,η) 的分布函数为 $F(x,y)$,记

$$P\{\xi < x \mid \eta = y\} = \lim_{\substack{\alpha \to 0+ \\ \beta \to 0+}} \frac{F(x, y+\beta) - F(x, y-\alpha)}{F(+\infty, y+\beta) - F(+\infty, y-\alpha)}. \qquad (2.6.18)$$

如果右边的极限存在,则称之为在 $\eta = y$ 下 ξ 的条件分布函数. 记

$$P\{\eta < y \mid \xi = x\} = \lim_{\substack{\alpha \to 0+ \\ \beta \to 0+}} \frac{F(x+\beta, y) - F(x-\alpha, y)}{F(y+\beta, +\infty) - F(y-\alpha, +\infty)}. \qquad (2.6.19)$$

如果右边的极限存在,则称之为在 $\xi = x$ 下 η 的条件分布函数.

不难证明,定义 2.6.4 与定义 2.6.5 是定义 2.6.6 的特殊情形.

还需指出,若 ξ 与 η 相互独立,则 η 在 $\xi = x$ 下的条件分布函数与 η 的(无条件)分布函数 $F_\eta(y)$ 相等. 因为如果 ξ 与 η 相互独立,则由(2.6.19)式得

$$\begin{aligned}
P\{\eta < y \mid \xi = x\} &= \lim_{\substack{\alpha \to 0+ \\ \beta \to 0+}} \frac{F(x+\beta, y) - F(x-\alpha, y)}{F(x+\beta, +\infty) - F(x-\alpha, +\infty)} \\
&= \lim_{\substack{\alpha \to 0+ \\ \beta \to 0+}} \frac{F_1(x+\beta) F_2(y) - F_1(x-\alpha) F_2(y)}{F_1(x+\beta) F_2(+\infty) - F_1(x-\alpha) F_2(+\infty)} \\
&= \lim_{\substack{\alpha \to 0+ \\ \beta \to 0+}} \frac{[F_1(x+\beta) - F_1(x-\alpha)] F_2(y)}{F_1(x+\beta) - F_1(x-\alpha)} \\
&= F_2(y).
\end{aligned}$$

2.7 随机向量的函数及其分布

现在来讨论随机向量的函数的分布. 主要讨论二维随机向量的函数的分布. 由引理 2.6.1 知,如果 $\{\xi_1, \xi_2, \cdots, \xi_n\}$ 是概率空间 $(\Omega, \mathscr{F}, P)$ 上的 n 维随机向量,g 为 $\mathbf{R}^n \to \mathbf{R}$ 的博雷尔可测函数,则 $g(\xi_1, \xi_2, \cdots, \xi_n)$ 是一维随机变量.

2.7.1 离散型随机向量的函数

我们用例子来说明二维离散型随机向量的函数的分布.

例 2.7.1 设二维离散型随机向量 (ξ, η) 的分布列为

ξ \ η	-1	0
-1	$\dfrac{1}{4}$	$\dfrac{1}{4}$
1	$\dfrac{1}{6}$	$\dfrac{1}{8}$
2	$\dfrac{1}{8}$	$\dfrac{1}{12}$

求 $\xi+\eta,\xi-\eta,\xi\eta$ 与 η/ξ 的分布列.

解　由 (ξ,η) 的分布列可得如下表格:

P	$\dfrac{1}{4}$	$\dfrac{1}{4}$	$\dfrac{1}{6}$	$\dfrac{1}{8}$	$\dfrac{1}{8}$	$\dfrac{1}{12}$
(ξ,η)	$(-1,-1)$	$(-1,0)$	$(1,-1)$	$(1,0)$	$(2,-1)$	$(2,0)$
$\xi+\eta$	-2	-1	0	1	1	2
$\xi-\eta$	0	-1	2	1	3	2
$\xi\eta$	1	0	-1	0	-2	0
η/ξ	1	0	-1	0	$-\dfrac{1}{2}$	0

故得 $\xi+\eta,\xi-\eta,\xi\eta,\xi/\eta$ 的分布列分别为

$\xi+\eta$	-2	-1	0	1	2
P	$\dfrac{1}{4}$	$\dfrac{1}{4}$	$\dfrac{1}{6}$	$\dfrac{1}{4}$	$\dfrac{1}{12}$

$\xi-\eta$	-1	0	1	2	3
P	$\dfrac{1}{4}$	$\dfrac{1}{4}$	$\dfrac{1}{8}$	$\dfrac{1}{4}$	$\dfrac{1}{8}$

$\xi\eta$	-2	-1	0	1
P	$\dfrac{1}{8}$	$\dfrac{1}{6}$	$\dfrac{11}{24}$	$\dfrac{1}{4}$

η/ξ	-1	$-\dfrac{1}{2}$	0	1
P	$\dfrac{1}{6}$	$\dfrac{1}{8}$	$\dfrac{11}{24}$	$\dfrac{1}{4}$

例 2.7.2　设 ξ 与 η 为相互独立的随机变量,且 $\xi\sim P(\lambda_1),\eta\sim P(\lambda_2)$,求 $\xi+\eta$ 的分布列.

解　因为 $\xi\sim P(\lambda_1),\eta\sim P(\lambda_2)$,所以

$$P\{\xi=i\}=\mathrm{e}^{-\lambda_1}\frac{\lambda_1^i}{i!},\qquad i=0,1,2,\cdots,$$

$$P\{\eta=k\}=\mathrm{e}^{-\lambda_2}\frac{\lambda_2^k}{k!},\qquad k=0,1,2,\cdots,$$

故 $\xi+\eta$ 的取值范围为 $\{0,1,2,\cdots\}$. 由事件的互斥性与 ξ,η 的相互独立性,得

$$P\{\xi+\eta=n\}=P\{\eta=n-\xi\}=P\{\bigcup_{i=0}^{n}(\eta=n-i,\xi=i)\}$$

$$=\sum_{i=0}^{n}P\{\eta=n-i,\xi=i\}$$

$$=\sum_{i=0}^{n}P\{\eta=n-i\}P\{\xi=i\}$$

$$=\sum_{i=0}^{n}\mathrm{e}^{-\lambda_2}\frac{\lambda_2^{n-i}}{(n-i)!}\mathrm{e}^{-\lambda_1}\frac{\lambda_1^i}{i!}$$

$$=\mathrm{e}^{-(\lambda_1+\lambda_2)}\frac{1}{n!}\sum_{i=0}^{n}\mathrm{C}_n^i\lambda_1^i\lambda_2^{n-i}$$

$$=\mathrm{e}^{-(\lambda_1+\lambda_2)}\frac{(\lambda_1+\lambda_2)^n}{n!},\qquad n=0,1,2,\cdots,$$

所以 $\xi+\eta\sim P(\lambda_1+\lambda_2)$.

例 2.7.3 设 ξ 与 η 为相互独立的随机变量,且 $\xi\sim B(n_1,p),\eta\sim B(n_2,p)$,求 $\xi+\eta$ 的分布列.

解 因为 $\xi\sim B(n_1,p),\eta\sim B(n_2,p)$,所以

$$P\{\xi=i\}=\mathrm{C}_{n_1}^i p^i(1-p)^{n_1-i},\qquad i=0,1,\cdots,n_1,$$

$$P\{\eta=k\}=\mathrm{C}_{n_2}^k p^k(1-p)^{n_2-k},\qquad k=0,1,\cdots,n_2,$$

故 $\xi+\eta$ 的值域为 $\{0,1,2,\cdots,n_1+n_2\}$,于是由事件的互斥性与 ξ,η 的相互独立性,得

$$P\{\xi+\eta=n\}=P\{\eta=n-\xi\}=\sum_{i=0}^{n}P\{\eta=n-i\}P\{\xi=i\}$$

$$=\sum_{i=0}^{n}\mathrm{C}_{n_2}^{n-i}p^{n-i}(1-p)^{n_2-n+i}\mathrm{C}_{n_1}^i p^i(1-p)^{n_1-i}$$

$$=\sum_{i=0}^{n}p^n(1-p)^{n_1+n_2-n}\mathrm{C}_{n_1}^i\mathrm{C}_{n_2}^{n-i}$$

$$=\mathrm{C}_{n_1+n_2}^n p^n(1-p)^{n_1+n_2-n},\qquad n=0,1,\cdots,n_1+n_2,$$

所以 $\xi+\eta\sim B(n_1+n_2,p)$.

2.7.2　连续型随机向量的函数

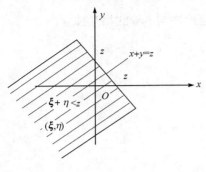

图 2.17

定理 2.7.1　设二维连续型随机向量 (ξ,η) 的密度函数为 $f(x,y)$，则 $\xi+\eta,\xi-\eta,$ $\xi\eta$ 与 $\dfrac{\xi}{\eta}$ 的密度函数分别为

$$f_{\xi+\eta}(z) = \int_{-\infty}^{+\infty} f(x,z-x)\mathrm{d}x, \qquad (2.7.1)$$

$$f_{\xi-\eta}(z) = \int_{-\infty}^{+\infty} f(x,x-z)\mathrm{d}x, \qquad (2.7.2)$$

$$f_{\xi\eta}(z) = \int_{-\infty}^{+\infty} f\left(x,\frac{z}{x}\right)\frac{1}{|x|}\mathrm{d}x, \qquad (2.7.3)$$

$$f_{\xi/\eta}(z) = \int_{-\infty}^{+\infty} f(zy,y)\,|y|\,\mathrm{d}y. \qquad (2.7.4)$$

证明　设 $F_{\xi+\eta}(z)$ 为 $\xi+\eta$ 的分布函数，由图 2.16，有

$$F_{\xi+\eta}(z) = P\{\xi+\eta<z\} = \iint_{x+y<z} f(x,y)\mathrm{d}x\mathrm{d}y$$

$$= \int_{-\infty}^{+\infty}\left[\int_{-\infty}^{z-x} f(x,y)\mathrm{d}y\right]\mathrm{d}x \qquad (\text{令 } x+y=t)$$

$$= \int_{-\infty}^{+\infty}\left[\int_{-\infty}^{z} f(x,t-x)\mathrm{d}t\right]\mathrm{d}x\,(\text{交换积分次序})$$

$$= \int_{-\infty}^{z}\left[\int_{-\infty}^{+\infty} f(x,t-x)\mathrm{d}x\right]\mathrm{d}t.$$

再由密度函数定义得

$$f_{\xi+\eta}(z) = \int_{-\infty}^{+\infty} f(x,z-x)\mathrm{d}x,$$

于是(2.7.1)得证.

(2.7.2)式证法与(2.7.1)式类似.

证(2.7.3)式. 设 $F_{\xi\eta}(z)$ 为 $\xi\eta$ 的分布函数，因为对任意实数 z

$$F_{\xi\eta}(z) = P\{\xi\eta<z\} = \iint_{xy<z} f(x,y)\mathrm{d}x\mathrm{d}y.$$

由(2.5.6)式与图 2.17 可知，无论 $z>0$，还是 $z<0$，均有

$$\iint_{xy<z} f(x,y)\mathrm{d}x\mathrm{d}y = \left[\int_{-\infty}^{0}\int_{z/x}^{+\infty} f(x,y)\mathrm{d}y\right]\mathrm{d}x + \int_{0}^{+\infty}\left[\int_{-\infty}^{z/x} f(x,y)\mathrm{d}y\right]\mathrm{d}x$$

$$\xrightarrow{\text{令 } xy=t} \int_{0}^{+\infty}\left[\int_{-\infty}^{z} f\left(x,\frac{t}{x}\right)\frac{1}{x}\mathrm{d}t\right]\mathrm{d}x$$

$$+ \int_{-\infty}^{0}\left[\int_{z}^{-\infty} f\left(x,\frac{t}{x}\right)\frac{1}{x}\mathrm{d}t\right]\mathrm{d}x$$

$$= \int_{-\infty}^{0} \left[\int_{-\infty}^{z} f\left(x, \frac{t}{x}\right) \frac{1}{|x|} \mathrm{d}t \right] \mathrm{d}x$$

$$+ \int_{0}^{+\infty} \left[\int_{-\infty}^{z} f\left(x, \frac{t}{x}\right) \frac{1}{|x|} \mathrm{d}t \right] \mathrm{d}x$$

$$= \int_{-\infty}^{+\infty} \left[\int_{-\infty}^{z} f\left(x, \frac{t}{x}\right) \frac{1}{|x|} \mathrm{d}t \right] \mathrm{d}x$$

$$= \int_{-\infty}^{z} \left[\int_{-\infty}^{+\infty} f\left(x, \frac{t}{x}\right) \frac{1}{|x|} \mathrm{d}x \right] \mathrm{d}t.$$

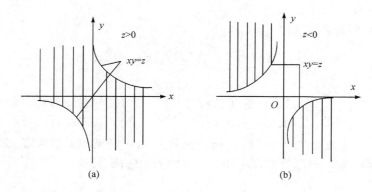

图 2.18

再由密度函数定义得

$$f_{\xi\eta}(z) = \int_{-\infty}^{+\infty} f\left(x, \frac{z}{x}\right) \frac{1}{|x|} \mathrm{d}x,$$

从而(2.7.3)式得证.

用证明(2.7.3)式的方法可证明(2.7.4)式.

特别,如果 ξ 与 η 相互独立,且 $f_{\xi}(x), f_{\eta}(y)$ 分别为 ξ, η 的密度函数,则由 (2.6.7)式,(2.7.1)~(2.7.4)式分别变为

$$f_{\xi+\eta}(z) = \int_{-\infty}^{+\infty} f_{\xi}(x) f_{\eta}(z-x) \mathrm{d}x, \tag{2.7.1'}$$

$$f_{\xi-\eta}(z) = \int_{-\infty}^{+\infty} f_{\xi}(x) f_{\eta}(x-z) \mathrm{d}x, \tag{2.7.2'}$$

$$f_{\xi\eta}(z) = \int_{-\infty}^{+\infty} f_{\xi}(x) f_{\eta}\left(\frac{z}{x}\right) \frac{1}{|x|} \mathrm{d}x, \tag{2.7.3'}$$

$$f_{\xi/\eta}(z) = \int_{-\infty}^{+\infty} f_{\xi}(yz) f_{\eta}(y) |y| \mathrm{d}y. \tag{2.7.4'}$$

又因在(2.7.1)式中 ξ 与 η 是对称的,故(2.7.1)式可改为

$$f_{\xi+\eta}(z) = \int_{-\infty}^{+\infty} f(z-y,y)\mathrm{d}y. \tag{2.7.1''}$$

而 $\xi - \eta = (-\eta) + \xi$,故(2.7.2)可改为

$$f_{\xi-\eta}(z) = \int_{-\infty}^{+\infty} f(z+y,y)\mathrm{d}y. \tag{2.7.2''}$$

类似于(2.7.1'')式有

$$f_{\xi\eta}(z) = \int_{-\infty}^{+\infty} f\left(\frac{z}{y},y\right)\frac{1}{|y|}\mathrm{d}y. \tag{2.7.3''}$$

例 2.7.4　设 $\xi \sim U(0,1), \eta \sim U(0,1)$ 且 ξ 与 η 相互独立,求 $\xi+\eta$ 及 $\xi\eta$ 的密度函数.

解　由(2.7.1')式得

$$f_{\xi+\eta}(z) = \int_{-\infty}^{+\infty} f_\xi(x)f_\eta(z-x)\mathrm{d}x.$$

因为

$$f_\xi(x) = \begin{cases} 1, & x\in(0,1), \\ 0, & x\in(0,1), \end{cases} \qquad f_\eta(y) = \begin{cases} 1, & y\in(0,1), \\ 0, & y\overline{\in}(0,1), \end{cases}$$

所以当 $0 < x < 1$ 且 $0 < z-x < 1$ 时,被积函数为 1,否则被积函数为零. 即 $(x,z) \in D$ 时被积函数为 1,否则为零,D 为图 2.19 中的阴影部分. 故

$$\int_{-\infty}^{+\infty} f_\xi(x)f_\eta(z-x)\mathrm{d}x = \begin{cases} \displaystyle\int_0^z 1\mathrm{d}x = z, & 0 < z \leqslant 1, \\ \displaystyle\int_{z-1}^1 1\mathrm{d}x = 2-z, & 1 < z \leqslant 2, \\ 0, & \text{其他}, \end{cases}$$

即

$$f_{\xi+\eta}(z) \begin{cases} z, & 0 < z \leqslant 1, \\ 2-z, & 1 < z \leqslant 2, \\ 0, & \text{其他}. \end{cases}$$

由(2.7.3')式与图 2.20 得

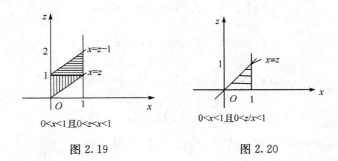

$$0 < x < 1 \text{ 且 } 0 < z < x < 1 \qquad\qquad 0 < x < 1 \text{ 且 } 0 < z/x < 1$$

图 2.19　　　　　　　　　　　　图 2.20

$$f_{\xi\eta}(z) = \int_{-\infty}^{+\infty} f_\xi(x) f_\eta\left(\frac{z}{x}\right) \frac{1}{|x|} dx$$

$$= \begin{cases} \int_z^1 \frac{1}{x} dx = -\ln z, & 0 < z \leqslant 1, \\ 0, & \text{其他}. \end{cases}$$

需要注意的是：由(2.4.2)式有

$$f_{2\xi}(z) = \frac{1}{2} f_\xi\left(\frac{z-0}{2}\right) = \begin{cases} \frac{1}{2}, & z \in (0,2), \\ 0, & z \overline{\in} (0,2). \end{cases}$$

此示虽然 ξ 与 η 独立同服从单位区间上的均匀分布，但是 $\xi+\eta$ 的分布不同于 $\xi+\xi$ 的分布.

例 2.7.5 设 ξ 与 η 为相互独立随机变量，且分别有密度函数

$$f_\xi(x) = \begin{cases} \frac{1}{2}, & x \in (1,3), \\ 0, & x \overline{\in} (1,3), \end{cases}$$

$$f_\eta(y) = \begin{cases} e^{-(y-2)}, & y \in (2,+\infty), \\ 0, & y \overline{\in} (2,+\infty), \end{cases}$$

求 ξ/η 的密度函数 $f_{\xi/\eta}(z)$.

解 由(2.7.4′)及图 2.21 得

$$f_{\xi/\eta}(z) = \int_{-\infty}^{+\infty} f_\xi(yz) f_\eta(y) |y| dy$$

$$= \begin{cases} \int_{\frac{1}{z}}^{3/z} \frac{y}{2} e^{-(y-2)} dy, & 0 < z \leqslant \frac{1}{2} \\ \int_2^{3/z} \frac{y}{2} e^{-(y-2)} dy, & \frac{1}{2} < z \leqslant \frac{3}{2} \\ 0, & \text{其他} \end{cases}$$

$$= \begin{cases} \dfrac{e^2}{2z}\left[(z+1)e^{-\frac{1}{z}} - (z+3)e^{-3/z}\right], & 0 < z \leqslant \frac{1}{2}, \\ \dfrac{3}{2} - \dfrac{e^2}{2z}(z+3)e^{-3/z}, & \frac{1}{2} < z \leqslant \frac{3}{2}, \\ 0, & \text{其他}. \end{cases}$$

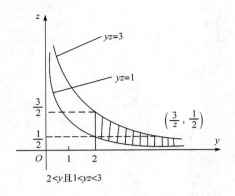

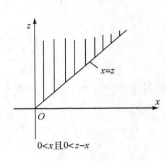

图 2.21   图 2.22

例 2.7.6   设 $\xi_i \sim \Gamma(\alpha_i, \lambda), i = 1, 2, \cdots, n$，且 $\xi_1, \xi_2, \cdots, \xi_n$ 相互独立，则 $\xi_1 + \xi_2 + \cdots + \xi_n \sim \Gamma(\sum_{i=1}^{n} \alpha_i, \lambda)$.

证明   当 $n = 2$ 时，由 $(2.7.1')$ 式及图 2.22 得

$$f_{\xi_1 + \xi_2}(z) = \int_{-\infty}^{+\infty} f_{\xi_1}(x) f_{\xi_2}(z - x) \mathrm{d}x$$

$$= \begin{cases} \int_0^z f_{\xi_1}(x) f_{\xi_2}(z - x) \mathrm{d}x, & z > 0, \\ 0, & z \leqslant 0. \end{cases}$$

因为

$$f_{\xi_i}(x) = \begin{cases} \dfrac{\lambda^{\alpha_i}}{\Gamma(\alpha_i)} x^{\alpha_i - 1} \mathrm{e}^{-\lambda x}, & x > 0, i = 1, 2, \\ 0, & x \leqslant 0, \end{cases}$$

所以由 $(2.3.15)$ 式得

$$\int_0^z f_{\xi_1}(x) f_{\xi_2}(z - x) \mathrm{d}x$$

$$= \int_0^z \frac{\lambda^{\alpha_1 + \alpha_2}}{\Gamma(\alpha_1) \Gamma(\alpha_2)} x^{\alpha_1 - 1} \cdot \mathrm{e}^{-\lambda z} (z - x)^{\alpha_2 - 1} \mathrm{d}x$$

$$= \frac{\lambda^{\alpha_1 + \alpha_2}}{\Gamma(\alpha_1) \Gamma(\alpha_2)} \mathrm{e}^{-\lambda z} \int_0^z x^{\alpha_1 - 1} (z - x)^{\alpha_2 - 1} \mathrm{d}x \quad (\text{令 } x = zt)$$

$$= \frac{\lambda^{\alpha_1 + \alpha_2}}{\Gamma(\alpha_1) \Gamma(\alpha_2)} \mathrm{e}^{-\lambda z} \int_0^1 z^{\alpha_1 + \alpha_2 - 1} t^{\alpha_1 - 1} (1 - t)^{\alpha_2 - 1} \mathrm{d}t$$

$$= \frac{\lambda^{\alpha_1 + \alpha_2}}{\Gamma(\alpha_1) \Gamma(\alpha_2)} \mathrm{e}^{-\lambda z} z^{\alpha_1 + \alpha_2 - 1} B(\alpha_1, \alpha_2)$$

$$= \frac{\lambda^{\alpha_1+\alpha_2}}{\Gamma(\alpha_1+\alpha_2)} \mathrm{e}^{-\lambda z} z^{\alpha_1+\alpha_2-1},$$

从而

$$f_{\xi_1+\xi_2}(z) = \begin{cases} \dfrac{\lambda^{\alpha_1+\alpha_2}}{\Gamma(\alpha_1+\alpha_2)} z^{\alpha_1+\alpha_2-1} \mathrm{e}^{-\lambda z}, & z>0, \\ 0, & z\leqslant 0, \end{cases}$$

即 $\xi_1+\xi_2 \sim \Gamma(\alpha_1+\alpha_2,\lambda)$. 设当 $n=k$ 时结论成立, 即 $\sum\limits_{i=1}^{k} \xi_i \sim \Gamma(\sum\limits_{i=1}^{k}\alpha_i,\lambda)$, 往证 $n=k+1$ 时结论也成立. 因为 $\xi_1,\xi_2,\cdots,\xi_k,\xi_{k+1}$ 相互独立, 由定理 2.6.5 知 $(\xi_1,\xi_2,\cdots,\xi_k)$ 与 ξ_{k+1} 独立. 由假设与刚才的证明知 $\xi_1+\xi_2+\cdots+\xi_{k+1} = \sum\limits_{i=1}^{k}\xi_i+\xi_{k+1} \sim \Gamma(\sum\limits_{i=1}^{k}\alpha_i+\alpha_{k+1},\lambda) = \Gamma(\sum\limits_{i=1}^{k+1}\alpha_i,\lambda)$, 由数学归纳法知对任意正整数 n 有 $\sum\limits_{i=1}^{n}\xi_i \sim \Gamma(\sum\limits_{i=1}^{n}\alpha_i,\lambda)$.

2.7.3 随机向量的函数的联合分布

定理 2.7.2 设 (ξ_1,ξ_2) 为具有密度函数 $f_\xi(x_1,x_2)$ 的二维连续型随机向量, 如果函数

$$\begin{cases} y_1=g_1(x_1,x_2), \\ y_2=g_2(x_1,x_2) \end{cases} \tag{2.7.5}$$

满足下列条件:

(1) 存在唯一的反函数

$$\begin{cases} x_1=h_1(y_1,y_2), \\ x_2=h_2(y_1,y_2); \end{cases} \tag{2.7.6}$$

(2) $h_1(y_1,y_2),h_2(y_1,y_2)$ 在一切点 (y_1,y_2) 存在连续的偏导数, 记

$$J(y_1,y_2) = \begin{vmatrix} \dfrac{\partial x_1}{\partial y_1} & \dfrac{\partial x_1}{\partial y_2} \\ \dfrac{\partial x_2}{\partial y_1} & \dfrac{\partial x_2}{\partial y_2} \end{vmatrix}, \tag{2.7.7}$$

则 $\eta_1=g_1(\xi_1,\xi_2)$ 与 $\eta_2=g_2(\xi_1,\xi_2)$ 的联合密度函数 $f_\eta(y_1,y_2)$ 为

$$f_\eta(y_1,y_2) = f_\xi[h_1(y_1,y_2),h_2(y_1,y_2)]|J(y_1,y_2)|. \tag{2.7.8}$$

证明 设 $F_\eta(y_1,y_2)$ 为 (η_1,η_2) 的联合分布函数, 则对任意实数 y_1 与 y_2 有

$$F_\eta(y_1,y_2) = P\{g_1(\xi_1,\xi_2)<y_1, g_2(\xi_1,\xi_2)<y_2\}$$

$$= \iint\limits_{\substack{g_1(x_1,x_2)<y_1 \\ g_2(x_1,x_2)<y_2}} f_\xi(x_1,x_2)\mathrm{d}x_1\mathrm{d}x_2.$$

令 $t_1 = g_1(x_1, x_2), t_2 = g_2(x_1, x_2)$，由重积分中的变量变换得

$$\iint\limits_{\substack{g_1(x_1,x_2)<y_1 \\ g_2(x_1,x_2)<y_2}} f_\xi(x_1,x_2)\,\mathrm{d}x_1\,\mathrm{d}x_2$$

$$= \iint\limits_{\substack{t_1<y_1 \\ t_2<y_2}} f_\xi[h_1(t_1,t_2),h_2(t_1,t_2)]\mid J(t_1,t_2)\mid \mathrm{d}t_1\,\mathrm{d}t_2$$

$$= \int_{-\infty}^{y_1}\int_{-\infty}^{y_2} f_\xi[h_1(t_1,t_2),h_2(t_1,t_2)]\mid J(t_1,t_2)\mid \mathrm{d}t_1\,\mathrm{d}t_2.$$

由密度函数定义，得

$$f_\eta(y_1,y_2) = f_\xi[h_1(y_1,y_2),h_2(y_1,y_2)]\mid J(y_1,y_2)\mid.$$

例 2.7.7　设二维连续型随机向量 (ξ_1,ξ_2) 有密度函数

$$f_\xi(x_1,x_2)=\begin{cases} \mathrm{e}^{-(x_1+x_2)}, & x_1>0, x_2>0, \\ 0, & \text{其他}. \end{cases}$$

又设 $\eta_1=\xi_1+\xi_2, \eta_2=\dfrac{\xi_1}{\xi_2}$，求 (η_1,η_2) 的联合密度函数 $f_\eta(y_1,y_2)$。

解　由方程组

$$y_1=x_1+x_2, \qquad y_2=\frac{x_1}{x_2}$$

解得

$$x_1=\frac{y_1 y_2}{1+y_2}, \qquad x_2=\frac{y_1}{1+y_2},$$

所以

$$J(y_1,y_2)=-\frac{y_1}{(1+y_2)^2}, \qquad \mid J(y_1,y_2)\mid=\frac{\mid y_1\mid}{(1+y_2)^2}.$$

由 (2.7.8) 式得

$$f_\eta(y_1,y_2)=\begin{cases} \mathrm{e}^{-\left(\frac{y_1 y_2}{1+y_2}+\frac{y_1}{1+y_2}\right)}\dfrac{\mid y_1\mid}{(1+y_2)^2}, & \dfrac{y_1 y_2}{1+y_2}>0, \quad \dfrac{y_1}{1+y_2}>0, \\ 0, & \text{其他}. \end{cases}$$

因 $\dfrac{y_1 y_2}{1+y_2}>0$ 且 $\dfrac{y_1}{1+y_2}>0$，所以

$$0<\frac{y_1 y_2}{1+y_2}+\frac{y_1}{1+y_2}=y_1, \qquad 0<\frac{y_1 y_2}{1+y_2}\div\frac{y_1}{1+y_2}=y_2,$$

于是得

$$f_\eta(y_1,y_2)=\begin{cases} \dfrac{y_1}{(1+y_2)^2}\mathrm{e}^{-y_1}, & y_1>0, \quad y_2>0, \\ 0, & \text{其他}. \end{cases}$$

由上式得 η_1 的边缘密度函数

$$f_{\eta_1}(y_1) = \int_{-\infty}^{+\infty} f_\eta(y_1, y_2)\,\mathrm{d}y_2 = \begin{cases} y_1 \mathrm{e}^{-y_1}, & y_1 > 0, \\ 0, & y \leqslant 0. \end{cases}$$

类似得 η_2 的边缘密度函数为

$$f_{\eta_2}(y_2) = \begin{cases} \dfrac{1}{(1+y_2)^2}, & y_2 > 0, \\ 0, & y_2 \leqslant 0. \end{cases}$$

这表示在 $f_\eta(y_1, y_2)$ 的连续点处均有 $f_\eta(y_1, y_2) = f_{\eta_1}(y_1) f_{\eta_2}(y_2)$，所以 η_1 与 η_2 相互独立，并注意到 $f_{\eta_1}(y_1)$ 与 $f_{\eta_2}(y_2)$ 分别是 $\xi_1 + \xi_2$ 与 ξ_1/ξ_2 的密度函数，这样定理 2.7.5 为求随机向量的函数的密度函数提供了另一个行之有效的方法.

在定理 2.7.5 中，如果方程组 (2.7.20) 的反函数不唯一，也就是对应于平面 $y_1 O' y_2$ 上的点 (y_1, y_2)，平面 $x_1 O x_2$ 上有多于一个点与之对应. 这时可以想像把平面 $x_1 O x_2$ 分割成许多不相交的部分 D_i，使每一个部分只有唯一的反函数，即平面 $y_1 O' y_2$ 与平面 $x_1 O x_2$ 上每一部分一一对应. 于是 (η_1, η_2) 取值于平面 $y_1 O' y_2$ 上的某集合的概率就等于 (ξ_1, ξ_2) 取值于平面 $x_1 O x_2$ 上每部分对应集合的概率和. 故对每一反函数应用定理 2.7.5 的结论. 然后将所得结果相加便得 (η_1, η_2) 的联合密度函数：

$$f_\eta(y_1, y_2) = \begin{cases} \sum_{i=1}^{n} f_\xi[h_1^{(i)}(y_1, y_2), & \text{如果 } y_1, y_2 \text{ 使方程组} \\ h_2^{(i)}(y_1, y_2)] |J^{(i)}(y_1, y_2)|, & (2.7.11) \text{ 有 } n \text{ 组解,} \\ 0, & \text{否则.} \end{cases} \quad (2.7.9)$$

例 2.7.8（瑞利分布）　设 $(\xi_1, \xi_2) \sim N(0, \sigma^2, 0, \sigma^2, 0)$，$\eta_1 = \sqrt{\xi_1^2 + \xi_2^2}$，求 η_1 的密度函数 $f_{\eta_1}(y_1)$.

解法一　对任意实数 y_1 有

$$F_{\eta_1}(y_1) = P\{\sqrt{\xi_1^2 + \xi_2^2} < y_1\}$$

$$= \begin{cases} 0, & y_1 \leqslant 0, \\ P\{\xi_1^2 + \xi_2^2 < y_1^2\} = \iint\limits_{x_1^2 + x_2^2 < y_1^2} f_\xi(x_1, x_2)\,\mathrm{d}x_1 \mathrm{d}x_2, & y_1 > 0. \end{cases}$$

令 $x_1 = \gamma\cos\theta, x_2 = \gamma\sin\theta$，则 $J = \gamma$. 又因 $f_\xi(x_1, x_2) = \dfrac{1}{2\pi\sigma^2} \mathrm{e}^{-\frac{x_1^2 + x_2^2}{2\sigma^2}}$，于是

$$\iint\limits_{x_1^2 + x_2^2 < y_1^2} f_\xi(x_1, x_2)\,\mathrm{d}x_1 \mathrm{d}x_2 = \int_0^{2\pi}\int_0^{y_1} \frac{\gamma}{2\pi\sigma^2} \mathrm{e}^{-\frac{\gamma^2}{2\sigma^2}}\,\mathrm{d}r \mathrm{d}\theta$$

$$= \left(-\mathrm{e}^{-\frac{\gamma^2}{2\sigma^2}}\right)\Bigg|_0^{y_1} = 1 - \mathrm{e}^{-y_1^2/2\sigma^2}.$$

故

$$f_{\eta_1}(y_1)=\begin{cases}\dfrac{y_1}{\sigma^2}\mathrm{e}^{-\frac{y_1^2}{2\sigma^2}}, & y_1>0,\\[2mm] 0, & y_1\leqslant0.\end{cases}$$

解法二* 因为 $f_\xi(x_1,x_2)=f_{\xi_1}(x_1)f_{\xi_2}(x_2)$，其中 $f_{\xi_i}(x_i)=\dfrac{1}{\sqrt{2\pi}\sigma}\mathrm{e}^{-x_i^2/2\sigma^2}$，$i=$

$1,2$，所以 ξ_1 与 ξ_2 相互独立. 由例 2.4.7 知 $\xi_i^2\sim\Gamma\left(\dfrac{1}{2},\dfrac{1}{2\sigma^2}\right)$，$i=1,2$. 由例 2.4.6 知

$\xi_1^2+\xi_2^2\sim\Gamma\left(1,\dfrac{1}{2\sigma^2}\right)$，故

$$f_{\xi_1^2+\xi_2^2}(x)=\begin{cases}\dfrac{1}{2\sigma^2}\mathrm{e}^{-\frac{x}{2\sigma^2}}, & x>0,\\[2mm] 0, & x\leqslant0,\end{cases}$$

再由(2.4.6)式得

$$f_{\eta_1}(y_1)=\begin{cases}0, & y_1\leqslant0,\\[2mm] 2y_1f_{\xi_1^2+\xi_2^2}(y_1^2)=\dfrac{y_1}{\sigma^2}\mathrm{e}^{-\frac{y_1^2}{2\sigma^2}}, & y_1>0.\end{cases}$$

解法三* 令 $\eta_2=\xi_2$，由方程组 $\begin{cases}y_1=\sqrt{x_1^2+x_2^2},\\ y_2=x_2,\end{cases}$ 解得 $\begin{cases}x_1=\pm\sqrt{y_1^2-y_2^2},\\ x_2=y_2,\end{cases}$ 所以

$$J^{(1)}(y_1,y_2)=\begin{vmatrix}\dfrac{y_1}{\sqrt{y_1^2-y_2^2}} & \dfrac{-y_2}{\sqrt{y_1^2-y_2^2}}\\[3mm] 0 & 1\end{vmatrix}$$

$$=\frac{y_1}{\sqrt{y_1^2-y_2^2}},\qquad y_1>|y_2|,\quad y_2\in\mathbf{R},$$

$$J^{(2)}(y_1,y_2)=\begin{vmatrix}\dfrac{-y_1}{\sqrt{y_1^2-y_2^2}} & \dfrac{y_2}{\sqrt{y_1^2-y_2^2}}\\[3mm] 0 & 1\end{vmatrix}$$

$$=-\frac{y_1}{\sqrt{y_1^2-y_2^2}},\qquad y_1>|y_2|,\quad y_2\in\mathbf{R}.$$

由(2.7.9)式得

$$f_{(\eta_1,\eta_2)}(y_1,y_2)=\sum_{i=1}^2 f_\xi[h_1^{(i)}(y_1,y_2),h_2^{(i)}(y_1,y_2)]\,|J^{(i)}(y_1,y_2)|$$

$$=\frac{2}{\pi\sigma^2}\mathrm{e}^{-y_1^2/2\sigma^2}\cdot\frac{y_1}{\sqrt{y_1^2-y_2^2}},\qquad y_1>|y_2|,$$

所以当 $y_1 > 0$ 时,

$$f_{\eta_1}(y_1) = \int_{-\infty}^{+\infty} f_{\eta_1,\eta_2}(y_1,y_2)\mathrm{d}y_2$$

$$= \int_{-y_1}^{y_1} \frac{y_1}{\pi\sigma^2} e^{-\frac{y_1^2}{2\sigma^2}} \cdot \frac{1}{\sqrt{y_1^2 - y_2^2}}\mathrm{d}y_2$$

$$= \frac{y_1}{\pi\sigma^2} e^{-y_1^2/2\sigma^2} \left(\arcsin\frac{y_2}{y_1} \right) \Big|_{-y_1}^{y_1}$$

$$= \frac{y_1}{\sigma^2} e^{-y_1^2/2\sigma^2};$$

当 $y_1 < 0$ 时,方程组 $y_1 = x_2^2 + x_2^2$,$y_2 = x_2$ 无解;当 $y_1 = 0$ 时 $J^{(i)}(y_1,y_2)$ 无意义. 故当 $y_1 \leqslant 0$ 时 $f_{(\eta_1,\eta_2)}(y_1,y_2) = 0$,故 $f_{\eta_1}(y_1) = 0$,从而得

$$f_{\eta_1}(y_1) = \begin{cases} \dfrac{y_1}{\sigma^2} e^{-y_1^2/2\sigma^2}, & y_1 > 0, \\ 0, & y_1 \leqslant 0. \end{cases}$$

例 2.7.9 设 ξ_1 与 ξ_2 是独立同分布随机变量且具有共同的密度函数

$$f(x) = \begin{cases} \lambda e^{-\lambda x}, & x > 0, \\ 0, & x \leqslant 0, \end{cases} \quad \lambda > 0,$$

求 $\eta_1 = \xi_1 + \xi_2$ 与 $\eta_2 = \dfrac{\xi_1}{\xi_1 + \xi_2}$ 的密度函数 $f_{\eta_1}(y_1)$ 与 $f_{\eta_2}(y_2)$ 和 $(\xi_1, \xi_1 + \xi_2)$ 的密度函数.

解 由方程组 $\begin{cases} y_1 = x_1 + x_2, \\ y_2 = \dfrac{x_1}{x_1 + x_2} \end{cases}$ 解得 $\begin{cases} x_1 = y_1 y_2, \\ x_2 = y_1 - y_1 y_2, \end{cases}$ 所以

$$J = \begin{vmatrix} y_2 & y_1 \\ 1 - y_2 & -y_1 \end{vmatrix} = -y_1.$$

由 (2.7.8) 式得 (η_1, η_2) 的联合密度函数

$$f_{\eta}(y_1,y_2) = \begin{cases} \lambda e^{-\lambda y_1 y_2} \lambda e^{-\lambda(y_1 - y_1 y_2)} |y_1|, & y_1 y_2 > 0, \quad y_1 - y_1 y_2 > 0, \\ 0, & \text{其他}, \end{cases}$$

即

$$f_{\eta}(y_1,y_2) = \begin{cases} \lambda^2 y_1 e^{-\lambda y_1}, & y_1 > 0, \quad 1 > y_2 > 0, \\ 0, & \text{其他}. \end{cases}$$

所以

$$f_{\eta_1}(y_1) = \int_{-\infty}^{+\infty} f_{\eta}(y_1,y_2)\mathrm{d}y_2 = \begin{cases} \lambda^2 y_1 e^{-\lambda y_1}, & y_1 > 0, \\ 0, & y_1 \leqslant 0, \end{cases}$$

$$f_{\eta_2}(y_2) = \int_{-\infty}^{+\infty} f_\eta(y_1, y_2)\mathrm{d}y_1 = \begin{cases} \int_0^{+\infty} \lambda^2 y_1 \mathrm{e}^{-\lambda y_1}\mathrm{d}y_1 = 1, & 0 < y_2 < 1, \\ 0, & \text{其他}. \end{cases}$$

这表示 $\eta_1 = \xi_1 + \xi_2$ 与 $\eta_2 = \dfrac{\xi_1}{\xi_1+\xi_2}$ 是相互独立的随机变量.

令 $\zeta_1 = \xi_1, \zeta_2 = \xi_1 + \xi_2$，由 $\begin{cases} z_1 = x_1, \\ z_2 = x_1 + x_2 \end{cases}$ 得 $\begin{cases} x_1 = z_1, \\ x_2 = z_2 - z_1, \end{cases}$ 故

$$J = \begin{vmatrix} 1 & 0 \\ -1 & 1 \end{vmatrix} = 1.$$

由 (2.7.8) 式得 (ζ_1, ζ_2) 的密度函数为

$$f_\xi(z_1, z_2) = \begin{cases} \lambda^2 \mathrm{e}^{-\lambda z_2}, & z_2 > z_1 > 0, \\ 0, & \text{其他}. \end{cases}$$

因为 $\zeta_1 = \xi_1$ 的密度函数与 $\zeta_2 = \eta_1 = \xi_1 + \xi_2$ 的密度函数之积不等于 ζ_1, ζ_2 的联合密度函数，故 ζ_1, ζ_2 不相互独立. 这说明虽然 ζ_1 与 ζ_2 的联合密度函数 $f_\zeta(z_1, z_2)$ 可分解为两个函数 $f_1(z_1)$ 与 $f_2(z_2)$ 之积，但不能由此断言 ζ_1 与 ζ_2 相互独立.

例 2.7.10（两个母公式）　设 $f(x, y)$ 为随机向量 (ξ, η) 的密度函数，分别求 $a\xi + b\eta + c$ 与 $\xi\eta^d$ 的密度函数，其中 a, b, c, d 均为常数，且 a, b 不全为零.

解　先求 $a\xi + b\eta + c$ 的密度函数. 当 $a \neq 0$ 时，令 $\zeta_1 = a\xi + b\eta + c, \zeta_2 = \eta$. 由 $z_1 = ax + by + c, z_2 = y$，解得 $x = (z_1 - bz_2 - c)/a, y = z_2$，所以

$$J(z_1, z_2) = \begin{vmatrix} \dfrac{1}{a} & -\dfrac{b}{a} \\ 0 & 1 \end{vmatrix} = \dfrac{1}{a}.$$

由定理 2.7.5，(ζ_1, ζ_2) 的密度函数为

$$f\left(\frac{z_1 - bz_2 - c}{a}, z_2\right)\left|\frac{1}{a}\right|,$$

从而，由边缘密度函数公式，$a\xi + b\eta + c$ 的密度函数为

$$f_{a\xi+b\eta+c}(z_1) = \frac{1}{|a|}\int_{-\infty}^{\infty} f\left(\frac{z_1 - bz_2 - c}{a}, z_2\right)\mathrm{d}z_2,$$

即

$$f_{a\xi+b\eta+c}(z) = \frac{1}{|a|}\int_{-\infty}^{\infty} f\left(\frac{z - by - c}{a}, y\right)\mathrm{d}y.$$

当 $b \neq 0$ 时，类似可得

$$f_{a\xi+b\eta+c}(z) = \frac{1}{|b|}\int_{-\infty}^{\infty} f\left(x, \frac{z - ax - c}{b}\right)\mathrm{d}x,$$

于是得

$$f_{a\xi+b\eta+c}(z) = \frac{1}{|a|}\int_{-\infty}^{\infty} f\left(\frac{z-by-c}{a}, y\right)\mathrm{d}y \qquad (a \neq 0) \qquad (2.7.10)$$

$$= \frac{1}{|b|}\int_{-\infty}^{\infty} f\left(x, \frac{z-ax-c}{b}\right)\mathrm{d}x \qquad (b \neq 0). \qquad (2.7.11)$$

为求 $\xi\eta^d$ 的密度函数,令 $\zeta_1 = \xi\eta^d, \zeta_2 = \eta$,类似地,得 $\xi\eta^d$ 的密度函数:

$$f_{\xi\eta^d}(z) = \int_{-\infty}^{\infty} f\left(\frac{z}{y^d}, y\right)\frac{1}{|y|^d}\mathrm{d}y. \qquad (2.7.12)$$

令 $a=b=1, c=0$,由(2.7.10)式得(2.7.1)式.

令 $a=1, b=-1, c=0$,由(2.7.11)式得(2.7.2)式.

令 $d=1$,由(2.7.12)式得(2.7.12)式.

令 $d=-1$,由(2.7.12)式得(2.7.12)式.

令 $b=0$,由(2.7.10)式得

$$f_{a\xi+c}(z) = \frac{1}{|a|}\int_{-\infty}^{\infty} f\left(\frac{z-c}{a}, y\right)\mathrm{d}y$$

$$= \frac{1}{|a|}f_\xi\left(\frac{z-c}{a}\right) \qquad (a \neq 0),$$

此即(2.4.2)式.

令 $d=-\dfrac{1}{2}$,由(2.7.12)式得 $\xi/\sqrt{\eta}$ 的密度函数:

$$f_{\xi/\sqrt{\eta}}(z) = \int_{-\infty}^{\infty} f\left(\frac{z}{\sqrt{y}}, y\right)\frac{1}{\sqrt{|y|}}\mathrm{d}y. \qquad (2.7.13)$$

令 $d=0$,由(2.7.12)式或令 $a=1, b=c=0$,由(2.7.10)式得 ξ 的密度函数:

$$f_\xi(z) = \int_{-\infty}^{\infty} f(z, y)\mathrm{d}y,$$

即

$$f_\xi(x) = \int_{-\infty}^{\infty} f(x, y)\mathrm{d}y.$$

令 $d=2$,由(2.7.12)式得 $\xi\eta^2$ 的密度函数:

$$f_{\xi\eta^2}(z) = \int_{-\infty}^{\infty} f(z/y^2, y)\frac{1}{y^2}\mathrm{d}y. \qquad (2.7.14)$$

令 $d=-2$,由(2.7.12)式得 ξ/η^2 的密度函数:

$$f_{\xi/\eta^2}(z) = \int_{-\infty}^{\infty} f(zy^2, y)y^2\mathrm{d}y. \qquad (2.7.15)$$

如果令 a, b, c, d 取其他不同的数值,由(2.7.10)、(2.7.11)与(2.7.12)式还可得很多公式.

例 2.7.11　设 $\xi \sim U(0,1)$, $\eta \sim U(0,1)$, 且 ξ 与 η 独立. 求:

(1) $2\xi + 3\eta + 1$ 的密度函数;

(2) $\xi \eta^2$ 的密度函数.

解　(1) 由 (2.7.11) 式和图 2.23 得

$$f_{2\xi+3\eta+1}(z) = \frac{1}{3} \int_{-\infty}^{\infty} f_{\xi}(x) f_{\eta}\left(\frac{z-2x-1}{3}\right) \mathrm{d}x$$

$$= \begin{cases} \dfrac{1}{3} \displaystyle\int_{0}^{(z-1)/2} 1 \mathrm{d}x = \dfrac{z-1}{6}, & 0 < z < 3, \\[3mm] \dfrac{1}{3} \displaystyle\int_{0}^{1} 1 \mathrm{d}x = \dfrac{1}{3}, & 3 < z < 4, \\[3mm] \dfrac{1}{3} \displaystyle\int_{0}^{1} 1 \mathrm{d}x = \dfrac{6-z}{6}, & 4 < z < 4, \\[3mm] 0, & \text{其他}. \end{cases}$$

(2) 由 (2.7.14) 式和图 2.24 得

$$f_{\xi\eta^2}(z) = \int_{-\infty}^{\infty} f_{\xi}(z/y^2) f_{\eta}(y) \frac{1}{y^2} \mathrm{d}y$$

$$= \begin{cases} \displaystyle\int_{\sqrt{z}}^{1} \frac{1}{y^2} \mathrm{d}y = z^{\frac{-1}{2}} - 1, & 0 < z < 1, \\[3mm] 0, & \text{其他}. \end{cases}$$

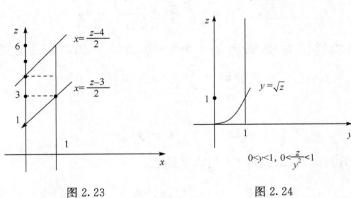

图 2.23　　　　　　　　　　图 2.24

例 2.7.12*　设 ξ_1, ξ_2, ξ_3 为独立同分布随机变量, 且 $\xi_1 \sim N(0,1)$. 求 $\eta_1 = (\xi_1 - \xi_2)/\sqrt{2}$, $\eta_2 = (\xi_1 + \xi_2 - 2\xi_3)/\sqrt{6}$, $\eta_3 = (\xi_1 + \xi_2 + \xi_3)/\sqrt{3}$ 的联合密度函数 $f_{\eta}(y_1, y_2, y_3)$.

解 由方程组

$$
\begin{cases}
y_1 = \dfrac{x_1 - x_2}{\sqrt{2}}, \\[2mm]
y_2 = \dfrac{x_1 + x_2 - 2x_3}{\sqrt{6}}, \\[2mm]
y_3 = \dfrac{x_1 + x_2 + x_3}{\sqrt{3}}
\end{cases}
$$

得

$$
\begin{cases}
x_1 = \dfrac{y_1}{\sqrt{2}} + \dfrac{y_2}{\sqrt{6}} + \dfrac{y_3}{\sqrt{3}}, \\[2mm]
x_2 = -\dfrac{y_1}{\sqrt{2}} + \dfrac{y_2}{\sqrt{6}} + \dfrac{y_3}{\sqrt{3}}, \\[2mm]
x_3 = -\dfrac{\sqrt{2}\,y_2}{\sqrt{3}} + \dfrac{y_3}{\sqrt{3}},
\end{cases}
$$

所以

$$
J = \begin{vmatrix}
\dfrac{1}{\sqrt{2}} & \dfrac{1}{\sqrt{6}} & \dfrac{1}{\sqrt{3}} \\[2mm]
-\dfrac{1}{\sqrt{2}} & \dfrac{1}{\sqrt{6}} & \dfrac{1}{\sqrt{3}} \\[2mm]
0 & -\dfrac{\sqrt{2}}{\sqrt{3}} & \dfrac{1}{\sqrt{3}}
\end{vmatrix} = 1,
$$

$$
x_1^2 + x_2^2 + x_3^2 = y_1^2 + y_2^2 + y_3^2.
$$

由类似于(2.7.8)式的理由得

$$
f_\eta(y_1, y_2, y_3) = \frac{1}{(\sqrt{2\pi})^3} e^{-(y_1^2 + y_2^2 + y_3^2)/2},
$$

此示 η_1, η_2, η_3 也相互独立同服从标准正态分布.

2.7.4 顺序统计量及其应用

定义 2.7.1 设 $\xi_1, \xi_2, \cdots, \xi_n$ 为 n 个独立同分布随机变量,ξ_1^* 为 $\xi_1, \xi_2, \cdots, \xi_n$ 中最小的,ξ_2^* 为 $\xi_1, \xi_2, \cdots, \xi_n$ 中第二小的,$\cdots\cdots$,ξ_j^* 为 $\xi_1, \xi_2, \cdots, \xi_n$ 中第 j 小的,ξ_n^* 为 $\xi_1, \xi_2, \cdots, \xi_n$ 中最大的,则称 ξ_j^* 为 $\xi_1, \xi_2, \cdots, \xi_n$ 的第 j 个顺序统计量($1 \leqslant j \leqslant n$).

由上定义,显然

$$
\xi_1^* \leqslant \xi_2^* \leqslant \cdots \leqslant \xi_j^* \leqslant \cdots \leqslant \xi_n^*. \tag{2.7.16}
$$

定理 2.7.3 设 ξ_j^* 为 $\xi_1, \xi_2, \cdots, \xi_n$ 的第 j 个顺序统计量,$1 \leqslant j \leqslant n$,则其分布

函数为

$$F_{\xi_j^*}(x_j) = \sum_{k=j}^{n} C_n^k [F(x_j)]^k [1-F(x_j)]^{n-k}, \qquad x_j \in \mathbf{R},$$
$$j = 1, 2, \cdots, n, \qquad (2.7.17)$$

其中 $F(x_j)$ 为 ξ_1 的分布函数.

如果 ξ_1 是连续型随机变量, 且有密度函数 $f(x)$, 则 ξ_j^* 为连续型随机变量, 且有密度函数

$$f_{\xi_j^*}(x_j) = j C_n^j [F(x_j)]^{j-1} [1-F(x_j)]^{n-j} f(x_j). \qquad (2.7.18)$$

证明　由 (2.7.16) 式, 有

$$F_{\xi_j^*}(x_j) = P\{\xi_j^* < x_j\} = P\{\xi_1, \xi_2, \cdots, \xi_n \text{ 中至少有 } j \text{ 个小于 } x_j\}$$

$$= P\left\{\bigcup_{k=j}^{n} \{\xi_1, \xi_2, \cdots, \xi_n \text{ 中恰有 } k \text{ 个小于 } x_j\}\right\} \qquad \text{(由事件互斥性)}$$

$$= \sum_{k=j}^{n} P\{\xi_1, \xi_2, \cdots, \xi_n \text{ 中恰有 } k \text{ 个小于 } x_j\}$$

$$= \sum_{k=j}^{n} C_n^k [P\{\xi_1 < x_j\}]^k [P\{\xi_1 \geqslant x_j\}]^{n-k}$$

$$= \sum_{k=j}^{n} C_n^k [F(x_j)]^k [1-F(x_j)]^{n-k}.$$

当 ξ_1 为连续型随机变量时, 则对上式两边关于 x_j 求导数, 得

$$f_{\xi_j^*}(x_j) = \frac{\mathrm{d}}{\mathrm{d}x_j} F_{\xi_j^*}(x_j)$$

$$= \frac{\mathrm{d}}{\mathrm{d}x_j}\left\{\sum_{k=j}^{n-1} C_n^k [F(x_j)]^k [1-F(x_j)]^{n-k} + [F(x_j)]^n\right\}$$

$$= \sum_{k=j}^{n-1} C_n^k \{k[F(x_j)]^{k-1} [1-F(x_j)]^{n-k}$$
$$- (n-k)[F(x_j)]^k [1-F(x_j)]^{n-k-1}\} f(x_j)$$
$$+ n f(x_j) [F(x_j)]^{n-1}$$

$$= \sum_{k=j}^{n} k C_n^k f(x_j) [F(x_j)]^{k-1} [1-F(x_j)]^{n-k}$$

$$- \sum_{k=j}^{n-1} (k+1) C_n^{k+1} f(x_j) [F(x_j)]^k [1-F(x_j)]^{n-k-1}$$

$$= j C_n^j f(x_j) [F(x_j)]^{j-1} [1-F(x_j)]^{n-j}.$$

推论 2.7.1

$$F_{\xi_1^*}(x_1) = 1 - [1-F(x_1)]^n, \qquad (2.7.19)$$

$$F_{\xi_n^*}(x_n) = [F(x_n)]^n, \qquad (2.7.20)$$

如果 ξ_1 为连续型随机变量且有密度函数 $f(x)$, 则

$$f_{\xi_1^*}(x_1) = nf(x_1)[1-F(x_1)]^{n-1}, \qquad (2.7.21)$$

$$f_{\xi_n^*}(x_n) = nf(x_n)[F(x_n)]^{n-1}. \qquad (2.7.22)$$

推论 2.7.2 如果 $\xi_1 \sim U(0,t)$,则

$$F_{\xi_j^*}(x_j) = \sum_{k=j}^{n} C_n^k \left(\frac{x_j}{t}\right)^k \left(1-\frac{x_j}{t}\right)^{n-k}, \qquad (2.7.23)$$

$$f_{\xi_j^*}(x_j) = jC_n^j \frac{1}{t} \left(\frac{x_j}{t}\right)^{j-1} \left(1-\frac{x_j}{t}\right)^{n-j}. \qquad (2.7.24)$$

定理 2.7.4 设 $\xi_1^*, \xi_2^*, \cdots, \xi_n^*$ 为 $\xi_1, \xi_2, \cdots, \xi_n$ 的顺序统计量,ξ_1 具有分布函数 $F(x)$,则 ξ_r^* 与 ξ_s^* $(1 \leqslant r < s \leqslant n)$ 的联合分布函数为

$$F_{rs}(x,y) = \begin{cases} \sum_{j=s}^{n} \sum_{k=r}^{j} C_n^j C_j^k F^k(x)[F(y)-F(x)]^{j-k}[1-F(y)]^{n-j}, & x<y, \\ \sum_{j=s}^{n} C_n^j F^j(y)[1-F(y)]^{n-j}, & x \geqslant y. \end{cases}$$

$$(2.7.25)$$

特别

$$F_{1n}(x,y) = \begin{cases} F^n(y)-[F(y)-F(x)]^n, & x<y, \\ F^n(y), & x \geqslant y. \end{cases} \qquad (2.7.26)$$

证明 只需证明(2.7.25)式. 当 $x \geqslant y$ 时,由定理 2.7.3 得

$$F_{rs}(x,y) = P\{\xi_r^* < x, \xi_s^* < y\} = P\{\xi_s^* < y\} = \sum_{j=s}^{n} C_n^j F^j(y)[1-F(y)]^{n-j}.$$

当 $x<y$ 时,由事件互斥性,得

$$F_{rs}(x,y)$$
$$=P\{\xi_r^* < x, \xi_s^* < y\}$$
$$=P\{\xi_1, \xi_2, \cdots, \xi_n \text{ 中至少有 } s \text{ 个} <y \text{ 且} <y \text{ 的 } s \text{ 个} \xi_i \text{ 中至少有 } r \text{ 个} <x\}$$
$$=\sum_{j=s}^{n} \sum_{k=r}^{j} P\{\xi_1, \xi_2, \cdots, \xi_n \text{ 中恰有 } j \text{ 个} <y \text{ 且} <y \text{ 的 } j \text{ 个} \xi_i \text{ 中恰有 } k \text{ 个} <x\}$$
$$=\sum_{j=s}^{n} \sum_{k=r}^{j} C_n^j C_j^k F^k(x)[F(y)-F(x)]^{j-k}[1-F(y)]^{n-j},$$

从而(2.7.31)式得证. 于是定理 2.7.4 得证.

由(2.7.26)式立得(ξ_1^*, ξ_n^*)的联合密度函数为

$$f_{1n}(x,y) = \begin{cases} n(n-1)f(x)f(y)[F(y)-F(x)]^{n-2}, & x<y, \\ 0, & x \geqslant y, \end{cases} \qquad (2.7.27)$$

其中 $f(x)$ 为 ξ_1 的密度函数,从而由(2.7.2'')极差 $D^* \equiv \xi_n^* - \xi_1^*$ 的密度函数为

$$f_{D^*}(z) = \begin{cases} n(n-1) \int_{-\infty}^{+\infty} f(x)f(x+z) \cdot [F(x+z)-F(x)]^{n-2} \mathrm{d}x, & z>0, \\ 0, & z \leqslant 0. \end{cases}$$

$$(2.7.28)$$

例 2.7.13   设系统 L 由相互独立的 n 个元件组成,联接方式为①串联;②并联;③冷储备(起初由一个元件工作,其他 $n-1$ 个元件作冷储备,当工作元件失效时,储备的元件逐个地自动替换);④L 为 n 个取 k 个的表决系统,即当 n 个元件中有 k 个或 k 个以上元件正常工作时,L 才正常工作$(1 \leqslant k \leqslant n)$.

如果 n 个元件的寿命分别为 $\xi_1, \xi_2, \cdots, \xi_n$ 且 $\xi_1, \xi_2, \cdots, \xi_n$ 都服从参数为 λ 的指数分布,即 ξ_1 具有密度函数

$$f_{\xi_1}(x) = \begin{cases} \lambda e^{-\lambda x}, & x > 0, \quad \lambda > 0, \\ 0, & x \leqslant 0, \end{cases}$$

试就上述四种组成方式求出系统 L 的寿命 ξ 的密度函数.

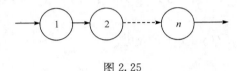

图 2.25

解   (1) 串联情形. 由图 2.25 知,只要这 n 个元件中有一个失效,系统 L 就失效,故

$$\xi = \min(\xi_1, \xi_2, \cdots, \xi_n).$$

又因

$$1 - F_{\xi_1}(x) = \begin{cases} e^{-\lambda x}, & x > 0, \\ 1, & x \leqslant 0, \end{cases}$$

所以由(2.7.21)式得

$$f_\xi(x) = n f_{\xi_1}(x) [1 - F_{\xi_1}(x)]^{n-1} = \begin{cases} n\lambda e^{-n\lambda x}, & x > 0, \\ 0, & x \leqslant 0, \end{cases}$$

即 $\xi \sim \Gamma(1, n\lambda)$.

(2) 并联情形. 由图 2.26 知,当最长寿命元件失效时,系统才失效,故

$$\xi = \max(\xi_1, \xi_2, \cdots, \xi_n).$$

由(2.7.22)式得

$$\begin{aligned} f_\xi(x) &= n f_{\xi_1}(x) [F_{\xi_1}(x)]^{n-1} \\ &= \begin{cases} n\lambda e^{-\lambda x}(1 - e^{-\lambda x})^{n-1}, & x > 0, \\ 0, & x \leqslant 0. \end{cases} \end{aligned}$$

(3) 冷储备情形. 由图 2.27 知,$\xi = \xi_1 + \xi_2 + \cdots + \xi_n$. 又因 $\xi_1, \xi_2, \cdots, \xi_n$ 相互独立同服从参数为 λ 的指数分布. 由例 2.7.6 知,$\xi = \sum\limits_{i=1}^{n} \xi_i \sim \Gamma(n, \lambda)$,所以 ξ 的密度函数为

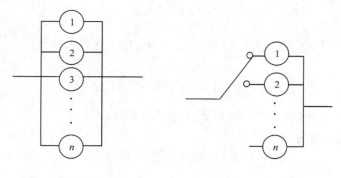

图 2.26   图 2.27

$$f_\xi(x) = \begin{cases} \dfrac{\lambda^n x^{n-1}}{\Gamma(n)} \mathrm{e}^{-\lambda x}, & x > 0, \\ 0, & x \leqslant 0. \end{cases}$$

(4) 表决系统情形. 因为

$$F_\xi(x) = P\{\xi < x\} = \begin{cases} 1 - P\{\xi \geqslant x\}, & x > 0, \\ 0, & x \leqslant 0, \end{cases}$$

而

$$P\{\xi \geqslant x\} = P\{\xi_1, \xi_2, \cdots, \xi_n \text{ 中至少有 } k \text{ 个不小于 } x\}$$

$$= \sum_{j=k}^{n} C_n^j [P\{\xi_1 \geqslant x\}]^j [P\{\xi_1 < x\}]^{n-j}$$

$$= \sum_{j=k}^{n} C_n^j [1 - F_{\xi_1}(x)]^j [F_{\xi_1}(x)]^{n-j},$$

所以 ξ 的分布函数为

$$F_\xi(x) = \begin{cases} 1 - \displaystyle\sum_{j=k}^{n} C_n^j [1 - F_{\xi_1}(x)]^j [F_{\xi_1}(x)]^{n-j}, & x > 0, \\ 0, & x \leqslant 0. \end{cases} \tag{2.7.29}$$

因为

$$\frac{\mathrm{d}}{\mathrm{d}x}\left\{ \sum_{j=k}^{n} C_n^j [1 - F_{\xi_1}(x)]^j [F_{\xi_1}(x)]^{n-j} \right\}$$

$$= \frac{\mathrm{d}}{\mathrm{d}x}\left\{ \sum_{j=k}^{n-1} C_n^j [1 - F_{\xi_1}(x)]^j [F_{\xi_1}(x)]^{n-j} + [1 - F_{\xi_1}(x)]^n \right\}$$

$$= -\sum_{j=k}^{n-1} C_n^j j [1 - F_{\xi_1}(x)]^{j-1} f_{\xi_1}(x) [F_{\xi_1}(x)]^{n-j}$$

$$+ \sum_{j=k}^{n-1} C_n^{j+1} (j+1) [1 - F_{\xi_1}(x)]^j f_{\xi_1}(x) [F_{\xi_1}(x)]^{n-j-1}$$

$$-nf_{\xi_1}(x)[1-F_{\xi_1}(x)]^{n-1}$$

$$=\sum_{j=k}^{n-1}C_n^{j+1}(j+1)f_{\xi_1}(x)[1-F_{\xi_1}(x)]^j[F_{\xi_1}(x)]^{n-j-1}$$

$$-\sum_{j=k}^{n}C_n^j jf_{\xi_1}(x)[1-F_{\xi_1}(x)]^{j-1}[F_{\xi_1}(x)]^{n-j}$$

$$=-C_n^k kf_{\xi_1}(x)[1-F_{\xi_1}(x)]^{k-1}[F_{\xi_1}(x)]^{n-k},$$

所以 ξ 的密度函数为

$$f_\xi(x)=\begin{cases}C_n^k kf_{\xi_1}(x)[1-F_{\xi_1}(x)]^{k-1}[F_{\xi_1}(x)]^{n-k}, & x>0,\\ 0, & x\leqslant 0,\end{cases}\qquad(2.7.30)$$

即

$$f_\xi(x)=\begin{cases}C_n^k k\lambda \mathrm{e}^{-k\lambda x}(1-\mathrm{e}^{-\lambda x})^{n-k}, & x>0,\\ 0, & x\leqslant 0.\end{cases}$$

由此例可知,如果 $\xi_1,\xi_2,\cdots,\xi_n$ 相互独立同服从指数分布,则其和服从埃尔朗分布.其最小值仍服从指数分布,是表决系统中 $k=n$ 的特例.其最大值分布是表决系统中 $k=1$ 的特例.

习　题　2

1. 掷一枚硬币,正面出现的概率为 $p(0<p<1)$,设 ξ 为直至掷到正面出现为止所需抛掷次数,求 ξ 的分布列.

2. 掷一枚硬币,正面出现的概率为 $p(0<p<1)$,设 ξ 表示直至掷到正、反面都出现为止所需抛掷次数,η 表示直至正面出现 γ 次为止所需抛掷次数,求 ξ 的分布列与 η 的分布列.

3. 从 $1,2,\cdots,10$ 十个数字中无放回随机地取出五个数字,将这五个数字按由小到大的顺序排成一行:$\xi_1<\xi_2<\xi_3<\xi_4<\xi_5$,求 ξ_1 的分布列与 ξ_3 的分布列.

如果取数是有放回的(这时 $\xi_1\leqslant\xi_2\leqslant\xi_3\leqslant\xi_4\leqslant\xi_5$),$\xi_1,\xi_3$ 与 ξ_5 的分布列又各为什么?

4. 把一颗骰子连续掷两次,以 ξ 表示所得点数之和,求 ξ 的分布列.

5. 一试验成功的概率为 $p(0<p<1)$,经过 m 次成功试验后获得满意结果的概率为

$$G(m)=1-\left(1-\frac{1}{\omega}\right)^m, \qquad \omega\ 为正的常数,$$

求获得满意结果所需试验次数 ξ 的分布列.

6. 两名篮球队员轮流投篮,直至某人投中为止,如果甲投中的概率为 0.4,乙投中的概率为 0.6,今让甲先投,求两队员投篮次数的分布列.

7. 设 $F(x)$ 是分布函数,试证明:对任意 $h\neq 0$,函数

$$\Phi(x)=\frac{1}{h}\int_x^{x+h}F(t)\,\mathrm{d}t,\quad \Psi(t)=\frac{1}{2h}\int_{x-h}^{x+h}F(t)\,\mathrm{d}t$$

都是分布函数.

8. 设 $F(x)$ 为分布函数，试证：

(1) $\lim\limits_{x\to+\infty} x\int_x^{+\infty} \dfrac{1}{y}\mathrm{d}F(y) = 0$;　　(2) $\lim\limits_{x\to-\infty} x\int_{-\infty}^x \dfrac{1}{y}\mathrm{d}F(y) = 0$;

(3) $\lim\limits_{x\to 0+} x\int_x^{+\infty} \dfrac{1}{y}\mathrm{d}F(y) = 0$;　　(4) $\lim\limits_{x\to 0+} x\int_{-\infty}^x \dfrac{1}{y}\mathrm{d}F(y) = 0$.

9. 设 $F(x)$ 为分布函数，$a>0$，证明

$$\int_{-\infty}^{+\infty} [F(x+a)-F(x)]\mathrm{d}x = a.$$

10. 设 A 为曲线 $y=2x-x^2$ 与 x 轴所围成的区域，在 A 中任取一点，求该点到 y 轴的距离 ξ 的分布函数及密度函数.

11. 在 $\triangle ABC$ 中任取一点 P，求 P 点到 AB 的距离 ξ 的分布函数.

12. 在 $\triangle ABC$ 中任取一点 P，延长 AP 交 BC 于 D，求 D 点到 C 点的距离 ξ 的分布函数.

13. 设 ξ 是 $[0,1]$ 上的连续型随机变量，且 $P\{\xi\leqslant 0.29\}=0.75$. 如果 $\eta=1-\xi$，试决定 k，使得 $P\{\eta\leqslant k\}=0.25$.

14. 某装置从 0 时开始运转，第一次故障发生在随机时刻 ξ，假设该装置在 t 之前无故障而在 t 到 $t+\Delta t$ 内发生故障的条件概率为 $\lambda(t)\Delta t+o(\Delta t)$，试证明 ξ 的密度函数为

$$f_\xi(x) = \begin{cases} \lambda(x)\exp\left\{-\displaystyle\int_0^x \lambda(t)\mathrm{d}t\right\}, & x>0, \\ 0, & x\leqslant 0. \end{cases}$$

（注：若 $\lambda(t)\equiv\lambda$，则 ξ 服从指数分布；若 $\lambda(t)=\dfrac{m}{x_0}t^{m-1}$，其中 $m>0$, $x_0>0$，则 ξ 服从韦布尔分布.）

15. 设在某段时间间隔进入某商店的顾客数 ξ 服从参数为 λ 的泊松分布，进入商店的每个顾客买东西的概率为 p，且各个顾客买不买东西是相互独立的，证明在该段时间内买东西的顾客数 η 服从参数为 λp 的泊松分布.

16. 在 $(0,a)$ 线段上任取两点（两点在 $(0,a)$ 上的位置独立地服从均匀分布）. 试求两点间的距离的分布函数.

17. 设随机变量 ξ 具有连续严格单调的分布函数 $F(x)$，求 $\eta=F(\xi)$ 的分布函数.

18. 设 ζ 在任何区间 (a,b) 上均有 $P\{\zeta\in(a,b)\}>0$ 的连续型随机变量，其分布函数为 F_ζ. 如果 ξ 在 $[0,1]$ 上服从均匀分布，证明 $\eta=F_\zeta^{-1}(\xi)$ 具有与 ζ 相同的分布函数.

19. 设随机变量 ξ 的分布函数为

$$F(x)=\begin{cases} 0, & x\leqslant 0, \\ Ax^2, & 0<x\leqslant 1, \\ 1, & x>1, \end{cases}$$

求常数 A 及密度函数 $f(x)$.

20. 已知随机变量 ξ 的密度函数为

$$f(x)=\begin{cases} x, & 0<x\leqslant 1, \\ 2-x, & 1<x\leqslant 2, \\ 0, & \text{其他}, \end{cases}$$

求：(1) ξ 的分布函数 $F(x)$；(2) $P\{\xi<0.5\}$, $P\{\xi>1.3\}$, $P\{0.2<\xi<1.2\}$.

21. 设连续型随机变量 ξ 的密度函数为

$$f_\xi(x) = \begin{cases} 2x, & 0 < x \leqslant 1, \\ 0, & \text{其他,} \end{cases}$$

求 $\eta_1 = \dfrac{1}{\xi}, \eta_2 = |\xi|, \eta_3 = \mathrm{e}^{-\xi}$ 的密度函数.

22. 设离散型随机向量 (ξ, η) 的联合分布列为

$$P\{\xi = n, \eta = m\} = \frac{\lambda^n p^m (1-p)^{n-m}}{m!\,(n-m)!} \mathrm{e}^{-\lambda},$$

$m = 0, 1, 2, \cdots, n, n = 0, 1, 2, \cdots, \lambda > 0, 0 < p < 1$, 求两个边缘分布列.

23. 设随机向量 (ξ, η) 具有密度函数

(1) $f(x, y) = \begin{cases} x\mathrm{e}^{-x} \dfrac{1}{(1+y)^2}, & x > 0, y > 0, \\ 0, & \text{其他;} \end{cases}$

(2) $f(x, y) = \begin{cases} 8xy, & 0 \leqslant x < y \leqslant 1, \\ 0, & \text{其他;} \end{cases}$

(3) $f(x, y) = \begin{cases} \dfrac{1}{\Gamma(k_1)\Gamma(k_2)} x^{k-1} \cdot (y-x)^{k_2-1} \mathrm{e}^{-y}, & 0 < x < y, \\ 0, & \text{其他,} \end{cases}$

问 ξ 与 η 是否独立?

24. 设随机向量 (ξ, η) 具有密度函数

$$f(x, y) = \begin{cases} x^2 + \dfrac{xy}{3}, & 0 \leqslant x \leqslant 1, 0 \leqslant y \leqslant 2, \\ 0, & \text{其他,} \end{cases}$$

求: (1) 两个边缘密度函数;

(2) ξ 在 $\eta = y$ 下的条件分布密度函数;

(3) 概率 $P\{\xi + \eta > 1\}$ 与 $P\{\eta < \xi\}$;

(4) 条件概率 $P\left\{\eta < \dfrac{1}{2} \,\middle|\, \xi < \dfrac{1}{2}\right\}$.

25. 设随机向量 (ξ, η) 具有密度函数 $f(x, y) = \dfrac{1}{2\pi ab} \cdot \exp\left\{-\dfrac{1}{2}\left(\dfrac{x^2}{a^2} + \dfrac{y^2}{b^2}\right)\right\}$, 求 (ξ, η) 取值于椭圆 $\dfrac{x^2}{a^2} + \dfrac{y^2}{b^2} = R^2$ 内的概率.

26. 设 $\xi \sim U(0, \pi)$, 求 $\eta = \sin\xi$ 的分布函数.

27. 设 $\xi \sim U(-1, 1)$, 求 $\eta = \dfrac{1}{\xi^2}$ 的分布函数.

28. 设随机变量 ξ 具有密度函数 $f_\xi(x)$, 并设

(1) $g(x) = \begin{cases} 1, & x > 0, \\ -1, & x \leqslant 0; \end{cases}$ 　　(2) $g(x) = \begin{cases} x, & |x| \geqslant b, \\ 0, & |x| < b; \end{cases}$

(3) $g(x) = \begin{cases} b, & x \geqslant b, \\ x, & |x| < b, \\ -b, & x \leqslant -b, \end{cases}$

求 $\eta = g(\xi)$ 的分布.

29. 设 ξ_1 与 ξ_2 相互独立,且具有共同的分布列:
$$P\{\xi_i = k\} = pq^k, \qquad k = 0,1,2,\cdots, \quad 0 < p < 1,$$
$$q = 1-p, \qquad i = 1,2,$$

(1) 证明 $P\{\xi_1 = k | \xi_1 + \xi_2 = n\} = \dfrac{1}{n+1}$;

(2) 分别求 $\eta = \max\{\xi_1, \xi_2\}$,$\zeta = \min\{\xi_1, \xi_2\}$ 的分布列;

(3) 求 η 与 ξ_1 的联合分布列;

(4) 求 ζ 与 ξ_1 的联合分布列.

30. 设 $\xi \sim P(\lambda_1)$,$\eta \sim P(\lambda_2)$,且 ξ,η 相互独立,证明
$$P\{\xi = k | \xi + \eta = n\} = C_n^k \left(\frac{\lambda_1}{\lambda_1 + \lambda_2}\right)^k \left(\frac{\lambda_2}{\lambda_1 + \lambda_2}\right)^{n-k}.$$

31. 设随机向量 (ξ, η) 的密度函数 $f(x,y) = \begin{cases} 4, & (x,y) \in B, \\ 0, & \text{其他,} \end{cases}$ B 为 x 轴、y 轴与直线 $y = 2x+1$ 围成的三角形,求:(1) (ξ, η) 的分布函数;(2) $P\{\xi + \eta > 0\}$.

32. 设随机向量 (ξ, η, ζ) 的密度函数为
$$f(x,y,z) = \begin{cases} e^{-(x+y+z)}, & x > 0, \quad y > 0, \quad z > 0, \\ 0, & \text{其他,} \end{cases}$$
求 $P\{\xi < \eta < \zeta\}$.

33. 设随机向量 (ξ, η) 具有密度函数
$$f(x,y) = \begin{cases} \dfrac{1}{2}, & 0 \leqslant x \leqslant 1, 0 \leqslant y \leqslant 2, \\ 0, & \text{其他,} \end{cases}$$
求 ξ 与 η 中至少有一个小于 $\dfrac{1}{2}$ 的概率.

34. 设随机向量 (ξ, η) 在边长为 a 的正方形内服从均匀分布,该正方形的对角线是坐标轴,求两个边缘密度函数及 $P\{3\xi + 2\eta < a\}$.

35. 设随机变量 ξ 与 η 相互独立,且 $P\{\xi = 1\} = P\{\eta = 1\} = p > 0$,$P\{\xi = 0\} = P\{\eta = 0\} = 1-p$,定义
$$\zeta = \begin{cases} 1, & \text{当 } \xi + \eta \text{ 为偶数时,} \\ 0, & \text{当 } \xi + \eta \text{ 为奇数时,} \end{cases}$$
问 p 取什么值 ξ 与 ζ 相互独立?

36. 设随机向量 (ξ, η, ζ) 具有密度函数
$$f(x,y,z) = \begin{cases} \dfrac{1}{8\pi^3}(1 - \sin x \sin y \sin z), & 0 \leqslant x,y,z \leqslant 2\pi, \\ 0, & \text{其他,} \end{cases}$$
证明 ξ,η,ζ 两两独立但不相互独立.

37. 设 ξ_1, ξ_2 相互独立,且 $\xi_i \sim U[0,1]$,$i = 1,2$,试求方程 $x^2 + \xi_1 x + \xi_2 = 0$ 有实根的概率.

38. 设 $\xi \sim U[0,5]$，求方程 $4x^2 + 4\xi x + \xi + 2 = 0$ 有实根的概率.

39. 设 (ξ,η) 的密度函数为

$$f(x,y) = \begin{cases} Ae^{-(2x+y)}, & x>0, y>0, \\ 0, & \text{其他}, \end{cases}$$

求：(1) 常数 A；(2) ξ 的边缘密度函数；(3) $f_{\xi+\eta}(z)$；(4) $f(x \mid y)$；(5) $P\{2\xi + \eta < 2\}$；
(6) $P\{\xi < 2 \mid \eta < 1\}$；(7) $P\{\max(\xi,\eta) < 1\}$.

40. 设 $(\xi,\eta) \sim N(a_1, \sigma_1^2; a_2, \sigma_2^2; r)$，求概率

$$P\left\{ \frac{1}{2(1-r^2)} \left[\frac{(\xi-a_1)^2}{\sigma_1^2} - 2r \frac{(\xi-a_1)(\eta-a_2)}{\sigma_1 \sigma_2} + \frac{(\eta-a_2)^2}{\sigma_2^2} \right] \leqslant C^2 \right\}.$$

41. 设随机向量 (ξ,η) 具有密度函数

$$f(x,y) = \begin{cases} \dfrac{1+xy}{4}, & |x|<1, |y|<1, \\ 0, & \text{其他}, \end{cases}$$

问 ξ 与 η 是否相互独立？ξ^2 与 η^2 是否相互独立？为什么？

42. 设 ξ_1 与 ξ_2 相互独立，且 $\xi_i \sim \Gamma(\alpha_i, \lambda)$，$i=1,2$，试证明 $\dfrac{\xi_1}{\xi_2}$ 与 $\xi_1 + \xi_2$，$\dfrac{\xi_1}{\xi_1+\xi_2}$ 与 $\xi_1 + \xi_2$ 均相互独立.

43. 在泊松事件流中，设开始观察时刻 0 没有事件到达，并设第 i 个事件到达时刻 τ_i 与第 $i-1$ 个事件到达的时刻 τ_{i-1} 之差为 T_i，即

$$T_1 = \tau_i, \quad T_i = \tau_i - \tau_{i-1}, \quad i = 2,3,\cdots.$$

试证明 $T_1, T_2, T_3, \cdots$ 相互独立，且同服从指数分布.

44. 设 ξ_1 与 ξ_2 相互独立，且 $\xi_i \sim U[0,1]$，$i=1,2$，令 $\eta_1 = \xi_1 + \xi_2$，$\eta_2 = \xi_1 - \xi_2$，分别求 (η_1, η_2)，η_1，η_2 的密度函数.

45. 设 (ξ,η) 为服从 A 上均匀分布的随机向量，A 由 x 轴、y 轴与直线 $2x+y=1$ 围成. 求 $\xi+\eta$ 的密度 $f_{\xi+\eta}(z)$.

46. 设 ξ_1 与 ξ_2 相互独立，且 $\xi_i \sim P(\lambda)$，$i=1,2$，分别求 $\eta_1 \equiv \max\{\xi_1,\xi_2\}$，$\eta_2 \equiv \min\{\xi_1,\xi_2\}$ 的分布列.

47. 设 ξ 与 η 为相互独立随机变量，且具有下述分布：

(1) $\xi \sim U[0,1]$，η 在 $[0,2]$ 上服从辛普森分布，即有密度函数

$$f_\eta(y) = \begin{cases} y, & y \in [0,1], \\ 2-y, & y \in (0,2], \\ 0, & \text{其他}; \end{cases}$$

(2) $\xi \sim U[-5,1]$，$\eta \sim U[1,5]$；

(3) $\xi \sim U[-h,h]$，η 有分布函数 $F_\eta(y)$.

求：(1) $\xi+\eta$ 的分布；(2) $\max\{\xi,\eta\}$ 的分布；(3) $\min\{\xi,\eta\}$ 的分布.

48. 设 $\xi_1, \xi_2, \cdots, \xi_n, \eta_1, \eta_2, \cdots, \eta_m$ 为 $n+m$ 个独立同分布随机变量，且 $\xi_1 \sim N(0,1)$，求

$$\zeta \equiv \sum_{i=1}^{n} \xi_i^2 \Big/ \left(\sum_{i=1}^{n} \xi_i^2 + \sum_{j=1}^{n} \eta_j^2 \right)$$

的密度函数 $f_\zeta(z)$.

49. 设随机变量 $\xi_1,\xi_2,\cdots,\xi_n$ 独立同分布,且为连续型随机变量,试证明

$$P\{\xi_1>\max\{\xi_2,\xi_3,\cdots,\xi_n\}\}=\frac{1}{n}.$$

50. 设随机变量 $\xi_1,\xi_2,\cdots,\xi_n$ 相互独立且 $\xi_i\sim\Gamma(1,\lambda)$,$i=1,\cdots,n$,试证明

$$P\{\xi_i\leqslant\min\{\xi_1,\xi_2,\cdots,\xi_n\}\}=\frac{\lambda_i}{\lambda_1+\lambda_2+\cdots+\lambda_n},\qquad i=1,2,\cdots,n.$$

51. 设 ξ,η 为独立同分布随机变量,其密度函数不为零,且有二阶导数,试证明:如果 $\xi+\eta$ 与 $\xi-\eta$ 相互独立,则 $\xi,\eta,\xi+\eta,\xi-\eta$ 均服从正态分布.

52. 设随机变量 ξ_1,ξ_2 相互独立同服从区间 $[0,1]$ 上的均匀分布,令

$$\eta_1=(-2\ln\xi_1)^{\frac{1}{2}}\cos(2\pi\xi_2),\qquad \eta_2=(-2\ln\xi_1)^{\frac{1}{2}}\sin(2\pi\xi_2),$$

试证明:η_1,η_2 相互独立,且均服从标准正态分布.

53. (四同问题)从 52 张扑克牌中不放回随取 13 张,用 ξ 表示取的 13 张牌中有 4 数(如 $AAAA,2222,3333,\cdots$)相同的个数.求 ξ 的概率分布.

54. 从 52 张扑克牌中随机(不放回)取出 13 张.(1)用 ξ 表示取出的牌中缺少的花色(如黑桃等)数,(2)用 η 表示取出的牌中缺少的数字($A,2,3$ 等)数. 分别求 ξ 与 η 的分布.

55. 设 ξ 服从参数为入的指数分布,$\eta\sim U(0,2)$,且 ξ 与 η 独立求 $2\xi-\eta$ 的密度函数.

56. 设 $\xi\sim U(0,1)\eta\sim U(0,1)$,且 ξ 与 η 独立,求 ξ/η^2 的密度函数.

第 3 章　随机变量的数字特征

随机变量是按一定的规律取值的,然而有时我们并不需要知道这个规律的全貌,只要知道联系这个规律的一个或几个数字就可以了.这种数字部分地描述了该随机变量的分布特征,所以我们称之为随机变量的数字特征.

3.1　数学期望与方差

3.1.1　数学期望的概念

先来看一个例子.

例 3.1.1　为了知道一批钢筋的好坏,测量了 10 根钢筋的抗拉指标为

$$110,\ 120,\ 120,\ 125,\ 125,\ 125,\ 130,\ 130,\ 135,\ 140.$$

如何由这些数据来评价这批钢筋的好坏呢?

最常用的方法是求这 10 个数据的平均值.如果其平均抗拉指标大,我们就认为这批钢筋较好,否则就认为较差.其平均抗拉指标为

$$110\times\frac{1}{10}+120\times\frac{2}{10}+125\times\frac{3}{10}+130\times\frac{2}{10}+135\times\frac{1}{10}+140\times\frac{1}{10}=126.$$

从这个例子中我们看出:抗拉指标这个量对这 10 根钢筋共取 6 个值:110,120,125,130,135,140.然而平均抗拉指标不是这 6 个数的简单平均,而是将它们依次乘上 $\frac{1}{10},\frac{2}{10},\frac{3}{10},\frac{2}{10},\frac{1}{10},\frac{1}{10}$ 后的和.这 6 个分数不是别的,而是抗拉指标这个量取上述 6 个值的频率.由频率的稳定性知,当测量的钢筋根数增多时,这些频率就越来越趋于稳定的数值——概率.如果我们用 ξ 表示能测量到的钢筋抗拉指标的数值,则 ξ 是一个随机变量.很自然 ξ 的平均值就应为"它能取到的数值乘以它取这些数值的概率的和".由此,我们引进如下概念.

定义 3.1.1　设 ξ 为离散型随机变量,其分布列为

ξ	x_1	x_2	$\cdots$	x_i	$\cdots$
P	p_1	p_2	$\cdots$	p_i	$\cdots$

如果级数 $\sum\limits_{i=1}^{\infty} x_i p_i$ 绝对收敛,则称该级数的和为 ξ 的数学期望或平均值,记为 $E(\xi)$ 或 $E\xi$,即

$$E(\xi) = \sum_{i=1}^{\infty} x_i p_i, \tag{3.1.1}$$

这时，我们说 ξ 的数学期望存在. 如果级数 $\sum_{i=1}^{\infty} x_i p_i$ 不绝对收敛,则说 ξ 的数学期望不存在.

如果 ξ 为连续型随机变量,且 $f(x)$ 为其密度函数, ξ 的数学期望该如何定义呢？为了合理地定义 ξ 的数学期望,先作如下分析.

在 ξ 的取值区间上取很多分点:

$$x_0 < x_1 < \cdots < x_n,$$

则事件 $\{\xi \in [x_i, x_{i+1})\}$ 的概率为 $P\{\xi \in [x_i, x_{i+1})\} = P\{x_i \leqslant \xi < x_{i+1}\} = \int_{x_i}^{x_{i+1}} f(t)\mathrm{d}t \xrightarrow{\text{由积分中值定理}} f(\overline{x}_i)\Delta x_i$, 其中 $x_i < \overline{x}_i < x_{i+1}$, $\Delta x_i = x_{i+1} - x_i$. 如果 Δx_i 很小,则 $P\{x_i \leqslant \xi < x_{i+1}\} \approx f(x_i)\Delta x_i$. 这样可以将 ξ 近似看成以概率 $f(x_i)\Delta x_i$ 取值 x_i 的离散型随机变量,由 (3.1.1) 式, $E(\xi) \approx \sum_i x_i f(x_i)\Delta x_i \to \int_{-\infty}^{+\infty} x f(x)\mathrm{d}x$（当最大小区间的长度趋于零时）.

这个直观的分析,启发我们定义连续型随机变量数学期望如下.

定义 3.1.2 设 $f(x)$ 为连续型随机变量 ξ 的密度函数. 如果积分 $\int_{-\infty}^{+\infty} x f(x)\mathrm{d}x$ 绝对收敛（绝对可积）,则称它为 ξ 的数学期望或平均值,记为 $E(\xi)$ 或 $E\xi$,即

$$E(\xi) = \int_{-\infty}^{+\infty} x f(x)\mathrm{d}x; \tag{3.1.2}$$

如果积分 $\int_{-\infty}^{+\infty} x f(x)\mathrm{d}x$ 不绝对收敛,则说 ξ 的数学期望不存在.

为了给出一般随机变量的数学期望的定义,我们需要 R-S（黎曼-斯蒂尔切斯）积分.

定义 3.1.3 设 $g(x), F(x)$ 为定义于区间 $[a, b]$ 上的取实值的函数,任作如下分点: $a = x_0 < x_1 < x_2 < \cdots < x_n = b$,并任取点 $\overline{x}_k \in [x_k, x_{k+1})$, $k = 0, 1, \cdots, n-1$, 作和式 $\sigma = \sum_{k=0}^{n-1} g(\overline{x}_k)[F(x_{k+1}) - F(x_k)]$, 记 $\lambda = \max\limits_{0 \leqslant k \leqslant n-1}\{x_{k+1} - x_k\}$.

如果存在实数 I,使得

$$\lim_{\lambda \to 0} \sigma = I,$$

则称 I 为 $g(x)$ 关于 $F(x)$ 在 $[a, b]$ 上的黎曼-斯蒂尔切斯积分,简称为 R-S 积分,记为 $\int_a^b g(x)\mathrm{d}F(x)$, 即

$$\int_a^b g(x)\mathrm{d}F(x) = I = \lim_{\lambda \to 0} \sum_{\lambda=0}^{n-1} g(\overline{x}_k)[F(x_{x+1}) - F(x_k)]. \tag{3.1.3}$$

设 $g(x)$, $F(x)$ 在任一有限闭区间 $[a,b]$ 上有定义, 且 $\int_a^b g(x)\mathrm{d}F(x)$ 存在. 如果 $\lim\limits_{b\to+\infty \atop a\to-\infty} \int_a^b g(x)\mathrm{d}F(x)$ 存在, 则称它为 $g(x)$ 关于 $F(x)$ 在 $(-\infty,+\infty)$ 上的广义 R-S 积分, 记为 $\int_{-\infty}^{+\infty} g(x)\mathrm{d}F(x)$.

关于 R-S 积分有如下性质:

(1) 当 $F(x)$ 为跳跃函数且在点 $x_i (i=1,2,3,\cdots)$ 处有跃度 p_i 时, 则

$$\int_{-\infty}^{+\infty} g(x)\mathrm{d}F(x) = \sum_i g(x_i)p_i.$$

(2) 当 $F(x)$ 存在导数 $F'(x)=f(x)$ 时, 则 R-S 积分变为 R 积分

$$\int_{-\infty}^{+\infty} g(x)\mathrm{d}F(x) = \int_{-\infty}^{+\infty} g(x)f(x)\mathrm{d}x.$$

(3) $\int_{-\infty}^{+\infty} [ag_1(x)+bg_2(x)]\mathrm{d}F(x) = a\int_{-\infty}^{+\infty} g_1(x)\mathrm{d}F(x) + b\int_{-\infty}^{+\infty} g_2(x)\mathrm{d}F(x).$

(4) $\int_{-\infty}^{+\infty} g(x)\mathrm{d}[aF_1(x)+bF_2(x)] = a\int_{-\infty}^{+\infty} g(x)\mathrm{d}F_1(x) + b\int_{-\infty}^{+\infty} g(x)\mathrm{d}F_2(x).$

(5) $\int_a^b g(x)\mathrm{d}F(x) = \int_a^c g(x)\mathrm{d}F(x) + \int_c^b g(x)\mathrm{d}F(x) \quad (a \leqslant c \leqslant b).$

(6) 如果 $g(x) \geqslant 0$, 且 $F(x)$ 单调不减, $b>a$, 则

$$\int_a^b g(x)\mathrm{d}F(x) \geqslant 0.$$

(7) 如果 $\int_a^b F(x)\mathrm{d}g(x)$ 与 $\int_a^b g(x)\mathrm{d}F(x)$ 有一存在, 则另一个也存在, 且

$$\int_a^b F(x)\mathrm{d}g(x) + \int_a^b g(x)\mathrm{d}F(x) = [F(x)g(x)]\Big|_a^b.$$

定义 3.1.4　设 $F(x)$ 为随机变量 ξ 的分布函数, 如果 $\int_{-\infty}^{+\infty} |x|\mathrm{d}F(x)$ 收敛 (可积), 则称 $\int_{-\infty}^{+\infty} x\mathrm{d}F(x)$ 为 ξ 的数学期望, 记为 $E(\xi)$ 或 $E\xi$, 即

$$E(\xi) = \int_{-\infty}^{+\infty} x\mathrm{d}F(x). \tag{3.1.4}$$

由 R-S 积分的性质 (1) 与 (2), (3.1.1) 与 (3.1.2) 式都是 (3.1.4) 的特殊情形.

3.1.2　随机变量的函数的数学期望

设 $F(x)$ 为随机变量 ξ 的分布函数. 如果 $g(x)$ 是博雷尔可测函数, 则由定理 2.4.2 知, $g(\xi)$ 也是随机变量, 其数学期望 $E[g(\xi)]$ (如果存在的话) 可以先由 ξ 的分布求出 $g(\xi)$ 的分布, 然后由数学期望的定义求出 $E[g(\xi)]$. 尽管在理论上用这个方法总能求出 $E[g(\xi)]$, 但是这并不是一个简洁的方法. 实际上, 我们可以不求

出 $g(\xi)$ 的分布,而直接由 ξ 的分布来计算 $E[g(\xi)]$. 下面仅对 g 为连续函数的情况证明这个结论.

定理 3.1.1(实用统计学定律) 设 $F_\xi(x)$ 为随机变量 ξ 的分布函数,$g(x)$ 为 **R** 上的连续函数,如果 $g(\xi)$ 的数学期望存在,则

$$E[g(\xi)] = \int_{-\infty}^{+\infty} g(x)\,\mathrm{d}F_\xi(x). \qquad (3.1.5)$$

为证明(3.1.5)先来证明一个很有用的引理.

引理 3.1.1 对任意随机变量 η,如果 $E(\eta)$ 存在,则

$$E(\eta) = \int_0^{+\infty}[1-F_\eta(y)]\mathrm{d}y - \int_0^{+\infty}F_\eta(-y)\mathrm{d}y, \qquad (3.1.6)$$

其中 $F_\eta(y)$ 为 η 的分布函数.

证明 因为 $E(\eta)$ 存在,所以 $\int_0^{+\infty} x\mathrm{d}F_\eta(x)$ 与 $\int_{-\infty}^0 x\mathrm{d}F_\eta(x)$ 都绝对可积. 又因

$$\int_0^{+\infty} x\mathrm{d}F_\eta(x) = \int_0^{+\infty}\left[\int_0^x \mathrm{d}y\right]\mathrm{d}F_\eta(x),$$

上式右边的累次积分区域为图 3.1 中阴影部分 A_1,交换积分次序得

$$\int_0^{+\infty} x\mathrm{d}F_\eta(x) = \int_0^{+\infty}\left[\int_y^{+\infty} \mathrm{d}F_\eta(x)\right]\mathrm{d}y$$
$$= \int_0^{+\infty}[1-F_\eta(y)]\mathrm{d}y.$$

同理

$$\int_{-\infty}^0 x\mathrm{d}F_\eta(x) = -\int_{-\infty}^0 (-x)\mathrm{d}F_\eta(x)$$
$$= -\int_{-\infty}^0\left[\int_0^{-x}\mathrm{d}y\right]\mathrm{d}F_\eta(x)$$
$$= -\int_0^{+\infty} F_\eta(-y)\mathrm{d}y,$$

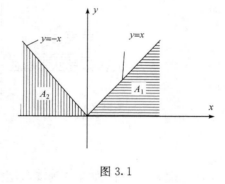

图 3.1

所以

$$E(\eta) = \int_{-\infty}^{+\infty} x\mathrm{d}F_\eta(x) = \int_{-\infty}^0 x\mathrm{d}F_\eta(x) + \int_0^{+\infty} x\mathrm{d}F_\eta(x)$$
$$= \int_0^{+\infty}[1-F_\eta(y)]\mathrm{d}y - \int_0^{+\infty} F_\eta(-y)\mathrm{d}y.$$

于是引理 3.1.1 得证.(3.1.6)式的另一形式是

$$E(\eta) = \int_0^{+\infty} P\{\eta \geqslant y\}\mathrm{d}y - \int_0^{+\infty} P\{\eta < -y\}\mathrm{d}y. \qquad (3.1.7)$$

如果 η 为非负随机变量,则(3.1.6)式变为

$$E(\eta) = \int_0^{+\infty}[1-F_\eta(y)]\mathrm{d}y = \int_0^{+\infty} P\{\eta \geqslant y\}\mathrm{d}y. \qquad (3.1.8)$$

现在证明定理 3.1.1. 在(3.1.7)式中令 $\eta = g(\xi)$,因为 $E[g(\xi)]$ 存在,故

$$E[g(\xi)] = \int_0^{+\infty} P\{g(\xi) \geqslant y\} \mathrm{d}y - \int_0^{+\infty} P\{g(\xi) < -y\} \mathrm{d}y$$

$$= \int_0^{+\infty} \left[\int_{g(x) \geqslant y} \mathrm{d}F_\xi(x) \right] \mathrm{d}y - \int_0^{+\infty} \left[\int_{g(x) < -y} \mathrm{d}F_\xi(x) \right] \mathrm{d}y,$$

其中 $F_\xi(x)$ 为 ξ 的分布函数. 因为 $y \geqslant 0$,所以上式右边第一个积分区域为图 3.2 中的 D_1,第二个积分区域为 D_2. 又因这两个积分都绝对收敛,故可交换积分次序,从而

$$E[g(\xi)] = \int_{g(x) \geqslant 0} \left[\int_0^{g(x)} \mathrm{d}y \right] \mathrm{d}F_\xi(x) - \int_{g(x) < 0} \left[\int_0^{-g(x)} \mathrm{d}y \right] \mathrm{d}F_\xi(x)$$

$$= \int_{g(x) \geqslant 0} g(x) \mathrm{d}F_\xi(x) + \int_{g(x) < 0} g(x) \mathrm{d}F_\xi(x)$$

$$= \int_{-\infty}^{+\infty} g(x) \mathrm{d}F_\xi(x).$$

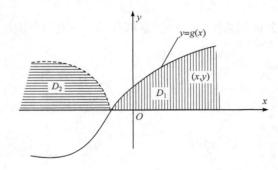

图 3.2

在定理 3.1.1 中,如果 ξ 为离散型随机变量,则(3.1.5)式变为

$$E[g(\xi)] = \sum_i g(x_i) p_i, \tag{3.1.9}$$

其中

$$p_i = P\{\xi = x_i\}, \qquad i = 1, 2, \cdots.$$

如果 ξ 为连续型随机变量,且有密度函数 $f(x)$,则(3.1.5)式变为

$$E[g(\xi)] = \int_{-\infty}^{+\infty} g(x) f(x) \mathrm{d}x. \tag{3.1.10}$$

定理 3.1.1 的结论可以推广到随机向量的场合,即如果设 $F(x_1, \cdots, x_n)$ 为 n 维随机向量 $(\xi_1, \cdots, \xi_n)$ 的分布函数,g 为 n 维博雷尔可测函数,且 $E[g(\xi_1, \cdots, \xi_n)]$ 存在,则有

$$E[g(\xi_1, \cdots, \xi_n)] = \int_{-\infty}^{+\infty} \cdots \int_{-\infty}^{+\infty} g(x_1, \cdots, x_n) \mathrm{d}F(x_1, \cdots, x_n), \tag{3.1.11}$$

其中

$$dF(x_1,\cdots,x_n) = F(x_1+\Delta x_1,\cdots,x_n+\Delta x_n) - \sum_{i=1}^{n}\widetilde{F}_i$$

$$+ \sum_{1 \leqslant i < j}^{n}\widetilde{F}_{ij} - \cdots + (-1)^n F(x_n,\cdots,x_n),$$

$$\widetilde{F}_i = F(z_1,\cdots,z_n)\,|\,z_i = x_i,$$

$$z_t = x_t + \Delta x_t, \quad i \neq t, \quad t = 1,\cdots,n,$$

$$\widetilde{F}_{ij} = F(z_1,\cdots,z_n)\,|\,z_i = x_i, z_j = x_j,$$

$$z_t = x_t + \Delta x_t, \quad t = 1,\cdots,n, \quad t \neq i \neq j,$$

等. 特别 $dF(x,y) = F(x+\Delta x, y+\Delta y) - F(x, y+\Delta y) - F(x+\Delta x, y) + F(x,y)$.
例如:

$$E(\xi_i) = \int_{-\infty}^{+\infty}\cdots\int_{-\infty}^{+\infty} x_i dF(x_1,\cdots,x_n) = \int_{-\infty}^{+\infty} x_i dF_i(x_i), \qquad i = 1,\cdots,n,$$

其中 $F_i(x_i)$ 为 ξ_i 的分布函数. 称 $(E\xi_1,\cdots,E\xi_n)$ 为 $(\xi_1,\cdots,\xi_n)$ 的数学期望.

3.1.3 数学期望的性质

设下述性质中的数学期望都存在, 且 a,b,c,C_i 均为常数, 则

(1) $E(c) = c$;

(2) $|E(\xi)| \leqslant E(|\xi|)$;

(3) $E(a\xi+b) = aE(\xi)+b$.

证明 把 c 看成在 c 点退化的随机变量, 再由定义 3.1.1 可证 (1). 由 $|E(\xi)| = \left|\int_{-\infty}^{+\infty} x dF_\xi(x)\right| \leqslant \int_{-\infty}^{+\infty} |x|\, dF_\xi(x) = E(|\xi|)$ 可得 (2). (3) 由定理 3.1.1 立得.

(4) $E\left(\sum_{i=1}^{n} C_i\xi_i\right) = \sum_{i=1}^{n} C_i E(\xi_i)$.

证明 设 $F(x_1,\cdots,x_n)$ 为 $(\xi_1,\cdots,\xi_n)$ 的分布函数, $F_i(x_i)$ 为 ξ_i 的分布函数. $i=1,\cdots,n$, 则由 (3.1.11) 式得

$$E\left(\sum_{i=1}^{n} C_i\xi_i\right) = \int_{-\infty}^{+\infty}\cdots\int_{-\infty}^{+\infty}\sum_{i=1}^{n} C_i x_i dF(x_1,\cdots,x_n)$$

$$= \sum_{i=1}^{n} C_i \int_{-\infty}^{+\infty}\cdots\int_{-\infty}^{+\infty} x_i dF(x_1,\cdots,x_n)$$

$$= \sum_{i=1}^{n} C_i \int_{-\infty}^{+\infty} x_i dF_i(x_i) = \sum_{i=1}^{n} C_i E(\xi_i).$$

(5) 设 $\xi_1,\cdots,\xi_n$ 为相互独立随机变量, 则

$$E(\prod_{i=1}^{n}\xi_i) = \prod_{i=1}^{n}E(\xi_i). \qquad (3.1.12)$$

证明 设 $F(x_1,\cdots,x_n),F_i(x_i)$ 分别为 $(\xi_1,\cdots,\xi_n),\xi_i$ 的分布函数,$i=1,\cdots,n.$ 由于 $\xi_1,\cdots,\xi_n$ 相互独立,所以 $\mathrm{d}F(x_1,x_2,\cdots,x_n) = \prod_{i=1}^{n}\mathrm{d}F(x_i) = \prod_{i=1}^{n}[F(x_i+\Delta x_i)-F(x_i)].$ 由(3.1.11)式得

$$E(\prod_{i=1}^{n}\xi_i) = \int_{-\infty}^{+\infty}\cdots\int_{-\infty}^{+\infty}\prod_{i=1}^{n}x_i\mathrm{d}F(x_1,\cdots,x_n)$$
$$= \prod_{i=1}^{n}\left[\int_{-\infty}^{+\infty}x_i\mathrm{d}F_i(x_i)\right] = \sum_{i=1}^{n}E(\xi_i).$$

(6) 设 j,k 均为正整数,且 $j<k$,如果 $E(\xi^k)$ 存在,则 $E(\xi^j)$ 也存在.

证明 设 $F(x)$ 为 ξ 的分布函数,由(3.1.5)式得

$$E(|\xi^j|) = \int_{-\infty}^{+\infty}|x^j|\mathrm{d}F(x) = \int_{|x|\leqslant 1}|x|^j\mathrm{d}F(x) + \int_{|x|>1}|x|^j\mathrm{d}F(x)$$
$$\leqslant \int_{|x|>1}|x|^k\mathrm{d}F(x) + \int_{|x|\leqslant 1}\mathrm{d}F(x)$$
$$\leqslant \int_{-\infty}^{+\infty}|x|^k\mathrm{d}F(x) + P\{|\xi|\leqslant 1\}$$
$$= E|\xi^k| + P\{|\xi|\leqslant 1\} < \infty.$$

(7) 如果 $P\{\xi\geqslant a\}=1$,则 $E(\xi)\geqslant a.$

证明[*] 由 $P\{\xi\geqslant a\}=1$ 知 $P\{\xi<a\}=0.$

① 当 $a\leqslant 0$ 时,对任意实数 $b<a$,有

$$\left|\int_{b}^{a}x\mathrm{d}F_\xi(x)\right| \leqslant \int_{b}^{a}|x|\mathrm{d}F_\xi(x) \leqslant |b|\int_{b}^{a}\mathrm{d}F_\xi(x)$$
$$\leqslant |b|\int_{-\infty}^{a}\mathrm{d}F_\xi(x) = |b|P\{\xi<a\} = 0,$$

所以

$$\int_{b}^{a}x\mathrm{d}F_\xi(x) = 0,$$

故

$$\lim_{b\to-\infty}\int_{b}^{a}x\mathrm{d}F_\xi(x) = 0 = \int_{-\infty}^{a}x\mathrm{d}F_\xi(x).$$

② 当 $a>0$ 时,因为 $P\{\xi\geqslant 0\}\geqslant P\{\xi\geqslant a\}=1$,由①得

$$\left|\int_{-\infty}^{a}x\mathrm{d}F_\xi(x)\right| \leqslant \left|\int_{-\infty}^{0}x\mathrm{d}F_\xi(x)\right| + \left|\int_{0}^{a}x\mathrm{d}F_\xi(x)\right|$$
$$= \int_{0}^{a}x\mathrm{d}F_\xi(x) \leqslant aP\{0\leqslant\xi<a\} = 0,$$

所以亦有 $\int_{-\infty}^{a}x\mathrm{d}F_\xi(x) = 0$,从而得

$$E(\xi) = \int_a^{+\infty} x\,\mathrm{d}F_\xi(x) \geqslant \int_a^{+\infty} a\,\mathrm{d}F_\xi(x) = aP\{\xi \geqslant a\} = a.$$

类似地,如果 $P\{\xi \leqslant b\} = 1$,则 $E(\xi) \leqslant b$,从而得下述的(8).

(8) 设 $a \leqslant b$,如果 $P\{a \leqslant \xi \leqslant b\} = 1$,则 $a \leqslant E(\xi) \leqslant b$.

(9) 如果 $P\{\xi > a\} = 1$,则 $E(\xi) > a$.

证明 由 $P\{\xi > a\} = 1$ 知 $P\{\xi \leqslant a\} = 0$,且 $P\{\xi \geqslant a\} = 1$,由(7)知 $E(\xi) \geqslant a$,如果 $E(\xi) = a$,则因 $\int_{x \leqslant a} x\,\mathrm{d}F_\xi(x) \leqslant aP\{\xi \leqslant a\} = 0$ 且由 $P\{\xi \leqslant a\} = 0$ 知,$F_\xi(x)$ 在 $(a, +\infty)$ 上不恒为常数,故 $\int_{x > a} x\,\mathrm{d}F_\xi(x) > \int_{x > a} a\,\mathrm{d}F_\xi(x)$,从而

$$a = E(\xi) = \int_{x \leqslant a} x\,\mathrm{d}F_\xi(x) + \int_{x > a} x\,\mathrm{d}F_\xi(x)$$
$$= \int_{x > a} x\,\mathrm{d}F_\xi(x) > \int_{x > a} a\,\mathrm{d}F_\xi(x) = aP\{\xi > a\} = a,$$

所以 $a > a$,矛盾,从而得 $E(\xi) > a$.

(10) 如果 $P\{\xi \geqslant a\} = 1$,且 $E(\xi) = a$,则 $P\{\xi = a\} = 1$.

证明* 因为 $1 = P\{\xi \geqslant a\} = P\{\xi > a\} + P\{\xi = a\}$,所以只需证明 $P\{\xi > a\} = 0$. 如果 $P\{\xi > a\} > 0$,则 $F_\xi(x)$ 在 $(a, +\infty)$ 上不恒为常数. 因为 $P\{\xi \geqslant a\} = 1$,由(7)知 $\int_{-\infty}^a x\,\mathrm{d}F_\xi(x) = 0$,于是由(9)的证明,有

$$a = E(\xi) = \int_{-\infty}^{+\infty} x\,\mathrm{d}F(x) = \int_{x = a} x\,\mathrm{d}F_\xi(x) + \int_{x > a} x\,\mathrm{d}F_\xi(x)$$
$$= aP\{\xi = a\} + \int_{x > a} x\,\mathrm{d}F(x) > aP\{\xi = a\}$$
$$+ aP\{\xi > a\} = aP\{\xi \geqslant a\} = a,$$

即 $a > a$ 矛盾,从而(10)得证.

(11) 设 ξ 为取非负整数值 $0, 1, 2, 3, \cdots$ 的离散型随机变量,则

$$E(\xi) = \sum_{n=1}^{\infty} P\{\xi \geqslant n\}.$$

证明 由定义 3.1.1 得

$$E(\xi) = \sum_{n=0}^{\infty} nP\{\xi = n\} = \sum_{n=1}^{\infty} nP\{\xi = n\}$$
$$= P\{\xi = 1\} + P\{\xi = 2\} + P\{\xi = 3\} + P\{\xi = 4\} + \cdots$$
$$+ P\{\xi = 2\} + P\{\xi = 3\} + P\{\xi = 4\} + \cdots$$
$$+ P\{\xi = 3\} + P\{\xi = 4\} + \cdots$$
$$+ P\{\xi = 4\} + \cdots$$
$$+ \cdots$$
$$= P\{\xi \geqslant 1\} + P\{\xi \geqslant 2\} + P\{\xi \geqslant 3\} + \cdots$$

$$= \sum_{n=1}^{\infty} P\{\xi \geqslant n\},$$

或者由公式 $\sum_{k=1}^{\infty} \sum_{n=1}^{k} a_{kn} = \sum_{n=1}^{\infty} \sum_{k=n}^{\infty} a_{kn}$ 得

$$E(\xi) = \sum_{k=0}^{\infty} kP\{\xi = k\} = \sum_{k=1}^{\infty} kP\{\xi = k\}$$

$$= \sum_{k=1}^{\infty} \left[\sum_{n=1}^{k} 1 \right] P\{\xi = k\}$$

$$= \sum_{n=1}^{\infty} \sum_{k=n}^{\infty} P\{\xi = k\} = \sum_{n=1}^{\infty} P\{\xi \geqslant n\}.$$

3.1.4　方差及其性质

为了引进方差的概念,我们先来看一个例子.

例 3.1.2　甲、乙两射手各打了 10 发子弹,每发子弹击中的环数分别为

$$甲:10,6,7,10,8,9,9,10,5,10;$$

$$乙:8,7,9,10,9,8,7,9,8,9.$$

问哪一个射手射击技术较好?

通常的办法是比较两人每发子弹平均击中环数,平均每发子弹击中环数较多的,其射击技术较好. 但是算一下,甲、乙两人平均每发子弹都击中 8.4 环. 因此用比较平均值的方法就行不通了. 不过,稍加分析,就会发现甲的射击技术没有乙的稳定. 因为甲每发子弹击中环数与其平均每发子弹击中环数差的平方和(称为偏差平方和)是

$$4 \times (10-8.4)^2 + 2 \times (9-8.4)^2 + (8-8.4)^2$$
$$+ (7-8.4)^2 + (6-8.4)^2 + (5-8.4)^2 = 30.4,$$

而乙的是

$$(10-8.4)^2 + 4 \times (9-8.4)^2 + 3(\times(8-8.4)^2 + 2 \times (7-8.4))^2 = 6.44.$$

这说明甲的偏差平方和比乙的大,即甲的着弹点比乙的分散,所以甲的射击技术没有乙的稳定,从而我们得出结论:甲的射击技术没有乙的好.

将两个人的偏差平方和都除以射击次数 10,就得两人的"平均偏差平方和",甲的为 3.04,乙的为 0.644. 再分别开平方,就得甲每发子弹平均偏离平均值 1.74 环,而乙的只为 0.8 环,这也说明甲的射击技术没有乙的好.

上述的"平均偏差平方和",在实际问题中是一个很重要的概念. 由此,我们引进随机变量的方差的概念.

定义 3.1.5　设 ξ 为随机变量,如果 $E[\xi - E(\xi)]^2$ 存在,则称它为 ξ 的方差,记为 $D(\xi)$ 或 $D\xi$ 或 $\sigma^2(\xi)$,即

$$D(\xi) = E[\xi - E(\xi)]^2, \tag{3.1.13}$$

称 $\sqrt{D(\xi)}$ 为 ξ 的标准差.

由上定义,方差具有下列性质(设下述诸性质中的方差都存在):

(1) $D(c) = 0$,其中 c 为常数.

证明 把 c 看成在 c 点退化的随机变量,由数学期望性质(1)得

$$D(c) = E[c - E(c)^2] = E(c - c)^2 = 0.$$

(2) $D(\xi) = E(\xi^2) - [E(\xi)]^2.$ \hfill (3.1.14)

证明 由数学期望性质(4)与(1)得

$$D(\xi) = E[\xi - E(\xi)]^2 = E[\xi^2 - 2\xi E(\xi) + E^2(\xi)]$$
$$= E(\xi^2) - 2E^2(\xi) + E^2(\xi) = E(\xi^2) - E^2(\xi)$$
$$= E(\xi^2) - [E(\xi)]^2.$$

(3) 设 a, b 均为常数,则 $D(a\xi + b) = a^2 D(\xi).$

证明 由方差定义与数学期望性质(3)得

$$D(a\xi + b) = E[a\xi + b - E(a\xi + b)]^2 = E[a(\xi - E\xi)]^2$$
$$= a^2 E[\xi - E(\xi)]^2 = a^2 D(\xi).$$

(4) 设 $c_i, i = 1, 2, \cdots, n$ 均为常数,则

$$D\left(\sum_{i=1}^n c_i \xi_i\right) = \sum_{i=1}^n c_i^2 D(\xi_i) + \sum_{\substack{i,k=1 \\ i \neq k}}^n c_i c_k E\{[\xi_i - E(\xi_i)][\xi_k - E(\xi_k)]\}.$$

证明 由方差定义与数学期望性质(3)得

$$D\left(\sum_{i=1}^n c_i \xi_i\right) = E\left[\sum_{i=1}^n c_i \xi_i - E\left(\sum_{i=1}^n c_i \xi_i\right)\right]^2 = E\left[\sum_{i=1}^n c_i \xi_i - \sum_{i=1}^n c_i E(\xi_i)\right]^2$$

$$= E\left\{\sum_{i=1}^n c_i [\xi_i - E(\xi_i)]\right\}^2$$

$$= E\left\{\sum_{i=1}^n \sum_{k=1}^n c_i c_k [\xi_i - E(\xi_i)][\xi_k - E(\xi_k)]\right\}$$

$$= \sum_{i=1}^n \sum_{k=1}^n c_i c_k E[\xi_i - E(\xi_i)][\xi_k - E(\xi_k)]$$

$$= \sum_{i=1}^n c_i^2 D(\xi_i) + \sum_{\substack{i,k=1 \\ i \neq k}}^n c_i c_k E\{[\xi_i - E(\xi_i)][\xi_i - E(\xi_k)]\}.$$

(5) 设 $c_i, i = 1, 2, \cdots, n$ 均为常数且 $\xi_1, \xi_2, \cdots, \xi_n$ 相互独立,则

$$D\left(\sum_{i=1}^n c_i \xi_i\right) = \sum_{i=1}^n c_i^2 D(\xi_i),\ \text{特别}\ D(\xi_1 \pm \xi_2) = D(\xi_1) + D(\xi_2).$$

证明 由数学期望性质(4)与(5),当 $i \neq k$ 时,

$$E\{(\xi_i - E(\xi_i))[\xi_k - E(\xi_k)]\} = E\{\xi_i \xi_k - \xi_k E(\xi_i) - \xi_i E(\xi_k) + E(\xi_i) E(\xi_k)\}$$
$$= E(\xi_i \xi_k) - E(\xi_i) E(\xi_k)$$
$$= E(\xi_i) E(\xi_k) - E(\xi_i) E(\xi_k) = 0,$$

再由(4)可立得(5).

(6) 对任意 $x\in\mathbf{R}$,有 $E(\xi-x)^2\geqslant D(\xi)$.

证明　由数学期望性质与 $E(\xi)$ 为常数得

$$E(\xi-x)^2=E[\xi-E(\xi)+E(\xi)-x]^2$$
$$=E\{[\xi-E(\xi)]^2+2[\xi-E(\xi)][E(\xi)-x]+[E(\xi)-x]^2\}$$
$$=D(\xi)+2[E(\xi)-x][E(\xi)-E(\xi)]+[E(\xi)-x]^2$$
$$=D(\xi)+[E(\xi)-x]^2\geqslant D(\xi).$$

如果记 $f(x)=E(\xi-x)^2$,则由(6)可得,当 $x=E(\xi)$ 时,$f(x)$ 达到其最小值 $D(\xi)$.

(7) $D(\xi)=0$ 的充要条件是 $P\{\xi=E(\xi)\}=1$.

证明　充分性. 设 $P\{\xi=E(\xi)\}=1$,由方差定义与(3.1.9)式得

$$D(\xi)=E[\xi-E(\xi)]^2=[E(\xi)-E(\xi)]^2\times1=0.$$

必要性. 设 $D(\xi)=0$. 因为 $P\{[\xi-E(\xi)]^2\geqslant0\}=1$,且 $E[\xi-E(\xi)]^2=D(\xi)=0$,故由数学期望性质(10)得 $P\{[\xi-E(\xi)]^2=0\}=1$,即 $P\{\xi=E(\xi)\}=1$,必要性得证.

(8) $D(\xi)$ 存在的充要条件是 $E(\xi^2)$ 存在.

证明　必要性. 设 $D(\xi)$ 存在,由方差定义 $E(\xi)$ 也存在. 又因 $E(\xi^2)=D(\xi)+[E(\xi)]^2$,所以 $E(\xi^2)$ 也存在.

充分性. 设 $E(\xi^2)$ 存在,由数学期望性质(6),$E(\xi)$ 也存在. 再由(2)知 $D(\xi)$ 也存在.

如果 $D(\xi)$ 存在,且 $D(\xi)>0$,则称 $\xi^*\triangleq\dfrac{\xi-E(\xi)}{\sqrt{D(\xi)}}$ 为 ξ 的标准化随机变量. 因为显然有 $E(\xi^*)=0,D(\xi^*)=1$.

3.1.5　常见随机变量的数学期望与方差的计算

现在来计算常见随机变量的数学期望与方差.

(1) 如果随机变量 ξ 服从单点分布:$P\{\xi=c\}=1$,则由数学期望定义,$E(\xi)=c\times1=c$.

由方差定义与(3.1.9)式得

$$D(\xi)=E[\xi-E(\xi)]^2=E[\xi-c]^2=[c-c]^2\times1=0.$$

(2) 设随机变量服从 0-1 分布:

ξ	0	1
p	$1-p$	p

$0<p<1$,

则由数学期望定义得

$$E(\xi)=0\times(1-p)+1\times p=p.$$

由定义 3.1.5 与(3.1.9)式

$$D(\xi) = E[\xi - E(\xi)]^2 = E(\xi - p)^2$$
$$= (0-p)^2 \times (1-p) + (1-p)^2 \times p$$
$$= p(1-p).$$

(3) 设 $\xi \sim B(n, p)$，则由定义 3.1.1 得

$$E(\xi) = \sum_{k=0}^{n} k C_n^k p^k (1-p)^{n-k} = \sum_{k=1}^{n} k \cdot \frac{n!}{k!(n-k)!} p^k (1-p)^{n-k}$$

$$= np \sum_{k=1}^{n} C_{n-1}^{k-1} (1-p)^{n-k} p^{k-1} \qquad (\text{令 } k-1 = i)$$

$$= np \sum_{i=0}^{n-1} C_{n-1}^{i} p^i (1-p)^{n-1-i}$$

$$= np(p+1-p)^{n-1}$$

$$= np.$$

因为

$$E(\xi^2) = \sum_{k=0}^{n} k^2 \cdot C_n^k p^k (1-p)^{n-k} = \sum_{k=0}^{n} [k(k-1) + k] C_n^k p^k (1-p)^{n-k}$$

$$= \sum_{k=1}^{n} k(k-1) \frac{n!}{k!(n-k)!} p^k (1-p)^{n-k} + E(\xi)$$

$$= np + n(n-1) p^2 \sum_{k=2}^{n} C_{n-2}^{k-2} p^{k-2} (1-p)^{n-k} \quad (\text{令 } k-2 = m)$$

$$= np + n(n-1) p^2 \sum_{m=0}^{n-2} C_{n-2}^{m} p^m (1-p)^{n-2-m}$$

$$= np + n(n-1) p^2,$$

所以

$$D(\xi) = E(\xi^2) - [E(\xi)]^2 = np + n(n-1) p^2 - n^2 p^2$$
$$= np(1-p).$$

(4) 设 $\xi \sim p(\lambda)$，则由定义 3.1.1 得

$$E(\xi) = \sum_{k=0}^{\infty} k \cdot e^{-\lambda} \frac{\lambda^k}{k!} = \sum_{k=1}^{\infty} k e^{-\lambda} \frac{\lambda^k}{k!} = e^{-\lambda} \sum_{k=1}^{\infty} \frac{\lambda^k}{(k-1)!}$$

$$= \lambda e^{-\lambda} \sum_{m=0}^{\infty} \frac{\lambda^m}{m!} = \lambda e^{-\lambda} \cdot e^{\lambda} = \lambda.$$

又因为

$$E(\xi^2) = \sum_{k=0}^{\infty} k^2 P\{\xi = k\} = \sum_{k=1}^{\infty} [k(k-1) + k] P\{\xi = k\}$$

$$= E(\xi) + \sum_{k=2}^{\infty} k(k-1) e^{-\lambda} \frac{\lambda^k}{k!}$$

$$= \lambda + e^{-\lambda}\lambda^2 \sum_{k=2}^{\infty} \frac{\lambda^{k-2}}{(k-2)!}$$
$$= \lambda + \lambda^2 e^{-\lambda} \cdot e^{\lambda}$$
$$= \lambda + \lambda^2,$$

所以
$$D(\xi) = E(\xi^2) - [E(\xi)]^2 = \lambda + \lambda^2 - \lambda^2 = \lambda.$$

(5) 设 $\xi \sim \mathrm{Geo}(p)$，则由定义 3.1.1 得
$$E(\xi) = \sum_{k=1}^{\infty} kp(1-p)^{k-1} = p\sum_{k=1}^{\infty} kq^{k-1} \qquad (q = 1-p)$$
$$= p\Big[\sum_{k=1}^{\infty} q^k\Big]_q' = p\Big[\frac{q}{1-q}\Big]_q' = \frac{1}{p},$$

或由数学期望性质(11)得
$$E(\xi) = \sum_{k=1}^{\infty} P\{\xi \geqslant k\} = \sum_{k=1}^{\infty}\Big[\sum_{i=k}^{\infty} pq^{i-1}\Big] = \sum_{k=1}^{\infty} q^{k-1} = \frac{1}{p}.$$

因为
$$E(\xi^2) = \sum_{k=1}^{\infty} k^2 pq^{k-1} = p\sum_{k=1}^{\infty} k^2 q^{k-1}$$
$$= p\Big[\sum_{k=1}^{\infty} kq^k\Big]_q' = p\Big[\sum_{k=1}^{\infty} k\frac{q}{p}pq^{k-1}\Big]_q'$$
$$= p\Big[\frac{q}{p}E(\xi)\Big]_q' = p\Big[\frac{q}{(1-q)^2}\Big]_q' = \frac{1+q}{p^2},$$

所以
$$D(\xi) = E(\xi^2) - [E(\xi)]^2 = \frac{1+q}{p^2} - \frac{1}{p^2} = \frac{q}{p^2}.$$

(6) 设 $\xi \sim U(a,b)$，则
$$E(\xi) = \int_a^b x \cdot \frac{1}{b-a}dx = \frac{a+b}{2},$$
$$D(\xi) = E\Big(\xi - \frac{a+b}{2}\Big)^2 = \int_a^b \Big(x - \frac{a+b}{2}\Big)^2 \frac{1}{b-a}dx = \frac{(b-a)^2}{12}.$$

(7) 设 $\xi \sim N(a,\sigma^2)$，则
$$E(\xi) = \int_{-\infty}^{+\infty} x \cdot \frac{1}{\sqrt{2\pi}\sigma}e^{-(x-a)^2/2\sigma^2}dx \qquad \Big(\diamondsuit\, t = \frac{x-a}{\sigma}\Big)$$
$$= \int_{-\infty}^{+\infty} (\sigma t + a)\frac{1}{\sqrt{2\pi}}e^{-t^2/2}dt = a,$$
$$D(\xi) = E(\xi-a)^2 = \int_{-\infty}^{+\infty} (x-a)^2 \cdot \frac{1}{\sigma\sqrt{2\pi}}e^{\frac{(x-a)^2}{2\sigma^2}}dx$$

$$= \int_{-\infty}^{+\infty} \frac{\sigma^2 t^2}{\sqrt{2\pi}} e^{-t^2/2} \cdot dt = \frac{\sigma^2}{\sqrt{2\pi}} \int_{-\infty}^{+\infty} (-t) de^{-t^2/2}$$

$$= \int_{-\infty}^{+\infty} \frac{\sigma^2}{\sqrt{2\pi}} e^{-\frac{t^2}{2}} \cdot dt = \sigma^2,$$

即

$$E(\xi) = a, \qquad D(\xi) = \sigma^2.$$

(8) 设 $\xi \sim \Gamma(\alpha, \lambda)$，即 ξ 具有密度函数

$$f_\xi(x) = \begin{cases} \dfrac{\lambda^\alpha x^{\alpha-1}}{\Gamma(\alpha)} e^{-\lambda x}, & x > 0, \\ 0, & x \leqslant 0, \end{cases} \qquad \alpha > 0, \ \lambda > 0,$$

则

$$E(\xi^k) = \int_0^{+\infty} x^k \cdot \frac{\lambda^\alpha x^{\alpha-1}}{\Gamma(\alpha)} e^{-\lambda x} dx \qquad (\diamondsuit \ \lambda x = t)$$

$$= \int_0^\infty \frac{t^{k+\alpha-1}}{\lambda^k \Gamma(\alpha)} e^{-t} dt = \frac{\Gamma(\alpha+k)}{\lambda^k \Gamma(\alpha)}, \qquad (3.1.15)$$

从而

$$E(\xi) = \frac{\Gamma(\alpha+1)}{\lambda \Gamma(\alpha)} = \frac{\alpha}{\lambda},$$

$$E(\xi^2) = \frac{\Gamma(\alpha+2)}{\lambda^2 \Gamma(\alpha)} = \frac{\alpha(\alpha+1)}{\lambda^2},$$

所以

$$D(\xi) = E(\xi^2) - [E(\xi)]^2 = \frac{\alpha(\alpha+1)}{\lambda^2} - \left[\frac{\alpha}{\lambda}\right]^2 = \frac{\alpha}{\lambda^2},$$

即

$$E(\xi) = \frac{\alpha}{\lambda}, \qquad D(\xi) = \frac{\alpha}{\lambda^2}.$$

(9) 设 ξ 服从参数为 λ 的指数分布，即 $\xi \sim \Gamma(1, \lambda)$. 则由(8)得

$$E(\xi) = \frac{1}{\lambda}, \qquad D(\xi) = \frac{1}{\lambda^2}.$$

(10) 设 $\xi \sim \chi^2(n)$，即 $\xi \sim \Gamma\left(\dfrac{n}{2}, \dfrac{1}{2}\right)$，则由(8)得

$$E(\xi) = n, \qquad D(\xi) = 2n.$$

上述随机变量的数学期望与方差都存在，但是不要认为所有随机变量的数学期望与方差均存在. 例如，以函数 $f(x) = \dfrac{1}{\pi} \cdot \dfrac{1}{1+x^2}$ 为密度函数的随机变量 ξ（称它服从柯西分布）其数学期望与方差都不存在.

定义 3.1.6　如果 $E(|\xi|^k)<\infty$,则记

$$v_k=E(\xi^k), \qquad \mu_k=E[\xi-E(\xi)]^k,$$
$$\alpha_k=E(|\xi^k|), \qquad \beta_k=E[|\xi-E(\xi)|^k],$$

称 v_k,α_k 分别为 ξ 的 k 阶原点矩与 k 阶绝对原点矩,称 μ_k,β_k 分别为 ξ 的 k 阶中心矩与 k 阶绝对中心矩.

显然

$$v_1=E(\xi), \qquad \mu_2=D(\xi),$$

原点矩与中心矩有下列关系式:

$$
\begin{aligned}
v_n &= E(\xi^n) = E[(\xi-v_1)+v_1]^n \\
&= E\Big[\sum_{k=0}^n C_n^k v_1^k(\xi-v_1)^{n-k}\Big] \\
&= \sum_{k=0}^n C_n^k v_1^k \mu_{n-k},
\end{aligned}
\tag{3.1.16}
$$

$$
\begin{aligned}
\mu_n &= E[\xi-v_1]^n = E\Big[\sum_{k=0}^n C_n^k(-v_1)^{n-k}\xi^k\Big] \\
&= \sum_{k=0}^n (-1)^{n-k} C_n^k v_k v_1^{n-k},
\end{aligned}
\tag{3.1.17}
$$

此示原点矩可以由中心矩与一阶原点矩表出,中心矩也可以由原点矩表出.

例 3.1.3　设 $\xi\sim N(a,\sigma^2)$,求 μ_k.

解

$$
\begin{aligned}
\mu_k &= \int_{-\infty}^{+\infty} (x-a)^k \cdot \frac{1}{\sigma\sqrt{2\pi}} \mathrm{e}^{-\frac{(x-a)^2}{2\sigma^2}} \,\mathrm{d}x \\
&= \frac{\sigma^k}{\sqrt{2\pi}} \int_{-\infty}^{+\infty} t^k \mathrm{e}^{-\frac{t^2}{2}} \,\mathrm{d}t,
\end{aligned}
$$

此积分对任意正整数 k 收敛,且当 k 为奇数时,被积函数为奇函数,故 $\mu_k=0$,当 k 为偶数时,令 $y=\dfrac{t^2}{2}$,由

$$
\begin{aligned}
\mu_k &= \frac{2\sigma^k}{\sqrt{2\pi}} \int_0^{+\infty} t^k \mathrm{e}^{-\frac{t^2}{2}} \,\mathrm{d}t = \frac{\sigma^k}{\sqrt{2\pi}} \int_0^{\infty} (2y)^{\frac{k-1}{2}} \mathrm{e}^{-y} \,\mathrm{d}y \\
&= \frac{\sigma^k}{\sqrt{\pi}} 2^{k/2} \Gamma\Big(\frac{k+1}{2}\Big).
\end{aligned}
$$

因 $\Gamma\Big(\dfrac{1}{2}\Big)=\sqrt{\pi}$,$\Gamma(k+1)=k\Gamma(k)$,$\Gamma(1)=1$,于是最后得

$$
\mu_k=
\begin{cases}
\sigma^k(k-1)(k-3)(k-5)\cdots3\cdot1, & \text{当 } k \text{ 为偶数时,} \\
0, & \text{当 } k \text{ 为奇数时.}
\end{cases}
$$

例 3.1.4 某校共有 n 个人需要验血,检查血中是否含某种病毒. 每个人的血单独化验,需要化验 n 次. 把 k 个人的血混合在一起化验,如果结果是阳性的,则再对这 k 个人的血逐个分别进行化验. 那么这 k 个人共化验了 $k+1$ 次. 假定每个人化验结果是阳性的概率都是 p,且这 n 个人是否含有该病毒是独立的. 现问:当 $n=30000,p=0.04$ 时,k 为何值化验次数最少?

解 记 $q=1-p$,则由对立事件概率公式,k 个人的血混合呈阳性反应(即 k 个人中至少有一个人的血清中含有该病毒)的概率为 $1-q^k$. 设 ξ 为每个人的血需要化验的次数. 由于 k 个人的血需要化验的次数为 1 或 $k+1$,所以一个人的血需要化验的次数为 $\dfrac{1}{k}$ 或 $\dfrac{k+1}{k}$,即 ξ 能取的值是 $\dfrac{1}{k}$ 与 $1+\dfrac{1}{k}$,而且取这两个值的概率分别为 q^k 与 $1-q^k$,即 $P\left\{\xi=\dfrac{1}{k}\right\}=q^k,P\left\{\xi=1+\dfrac{1}{k}\right\}=1-q^k$. 由数学期望定义,一个人的血平均化验次数为

$$E(\xi)=\frac{1}{k}q^k+\left(1+\frac{1}{k}\right)(1-q^k)=1+\frac{1}{k}-q^k.$$

显然,当 q 固定时,$E(\xi)$ 是 k 的函数. 使 $E(\xi)$ 达到最小的 k 值 k_0,就是最理想的每组混合血清数. 即把 k_0 个人的血清混合进行化验就能使化验次数最少. 即 n 个人只需化验 $\left[n(1-q^{k_0}+\dfrac{1}{k_0})\right]+1$ 次. 但是由上式很难求出精确的 k_0,不过,只要当 $E(\xi)<1$ 时,即当 $q^k>\dfrac{1}{k}$ 时,就能节省化验次数. 且由式 $q^k>\dfrac{1}{k}$ 知:当 q 越大(即 p 越小)越能节省化验次数. 由 $n(1-q^{k_0}+\dfrac{1}{k})+1$,当 k 取不同值时,得节省化验次数如表 3.1.

表 3.1

k 值	3	4	5	10	15	20	50	100
化验次数	13458	12020	11539	13056	15738	18240	26704	29794
节省化验次数	16542	17980	18461	16944	14262	11760	3296	206

由上表可知当 $n=30000,p=0.04$ 时,30000 人分成 6000 组,每组 5 人,可减少化验 18461 次,即节省 61.5% 以上的人力、物力和时间.

注意 (1)当 p 不知道时,可以从 n 个人中随机抽 100 个的血清先进行化验,确定 p 的值.

(2)上述结果是在独立假设下得到的,实际可能不是这样. 因此分组时尽可能把同一小单位的人分到同一组.

3.1.6　一些重要不等式

在概率论中,有些不等式对概率论的理论与应用起着很重要的作用. 现将一些重要的不等式分述如下.

(1) 马尔可夫(Markov)不等式. 设非负随机变量 ξ 数学期望存在,则对任意正数 ε,有

$$P\{\xi \geqslant \varepsilon\} \leqslant \frac{E(\xi)}{\varepsilon}. \tag{3.1.18}$$

证明　设 ξ 的分布函数为 $F(x)$,则对任意正数 ε,

$$E(\xi) = \int_0^{+\infty} x \mathrm{d}F(x) \geqslant \int_\varepsilon^{+\infty} x \mathrm{d}F(x) \geqslant \varepsilon \int_\varepsilon^{+\infty} \mathrm{d}F(x)$$
$$= \varepsilon P\{\xi \geqslant \varepsilon\},$$

从而(3.1.18)式得证.

推论 3.1.1　设随机变量 ξ 的 k 阶原点矩存在,即 $E|\xi|^k < \infty$,则对任意正数 ε,有

$$P\{|\xi| \geqslant \varepsilon\} \leqslant \frac{E|\xi|^k}{\varepsilon^k}. \tag{3.1.19}$$

证明　因为 $|\xi|^k$ 非负,由马尔可夫不等式得

$$P\{|\xi| \geqslant \varepsilon\} = P\{|\xi|^k \geqslant \varepsilon^k\} \leqslant \frac{E|\xi|^k}{\varepsilon^k}.$$

推论 3.1.2(切比雪夫(Chebeshev)不等式)　设随机变量 ξ 的方差存在,则对任意正数 ε 有

$$P\{|\xi - E(\xi)| \geqslant \varepsilon\} \leqslant \frac{D(\xi)}{\varepsilon^2}. \tag{3.1.20}$$

证明　因为 $D(\xi)$ 存在,所以 $E(\xi^2)$ 存在,从而 $E(\xi)$ 存在. 又因

$$P\{|\xi - E(\xi)| \geqslant \varepsilon\} = P\{|\xi - E(\xi)|^2 \geqslant \varepsilon^2\}$$
$$\leqslant \frac{E|\xi - E(\xi)|^2}{\varepsilon^2} = \frac{D(\xi)}{\xi^2},$$

所以(3.1.20)式得证.

切比雪夫不等式另一个形式是

$$P\{|\xi - E(\xi)| < \varepsilon\} \geqslant 1 - \frac{D(\xi)}{\varepsilon^2}, \tag{3.1.21}$$

这是因为

$$P\{|\xi - E(\xi)| < \varepsilon\} = 1 - P\{|\xi - E(\xi)| \geqslant \varepsilon\} \geqslant 1 - \frac{D(\xi)}{\varepsilon^2}.$$

当 $\varepsilon = k\sigma(\xi)$ 时,(3.1.20)与(3.1.21)式分别变为

$$P\{|\xi-E(\xi)|\geqslant k\sigma(\xi)\}\leqslant\frac{1}{k^2},$$

$$P\{|\xi-E(\xi)|<\varepsilon\}\geqslant1-\frac{1}{k^2}.$$

（2）柯西–施瓦茨（Cauchy-Schwartz）不等式. 设 $E(\xi^2)<\infty,E(\eta^2)<\infty$，则

$$[E(\xi\eta)]^2\leqslant E(\xi^2)E(\eta^2), \tag{3.1.22}$$

且等号成立的充要条件是 $P\{\eta=a\xi\}=1$，其中 a 为实数.

证明 考虑变数 t 的函数 $f(t)=E(t\xi-\eta)^2$，由数学期望性质（4），得 $f(t)=t^2E(\xi^2)-t\cdot2E(\xi\eta)+E(\eta^2)$. 因为 $f(t)\geqslant0$，所以二次三项式 $t^2E(\xi^2)-2tE(\xi\eta)+E(\eta^2)$ 最多有一个相同实根，从而其判别式满足

$$[-2E(\xi\eta)]^2-4E(\xi^2)E(\eta^2)\leqslant0,$$

即 $[E(\xi\eta)]^2\leqslant E(\eta^2)E(\xi^2)$，于是（3.1.22）式得证.

又因 $[E(\xi\eta)]^2=E(\xi)^2E(\eta)^2\Leftrightarrow[2E(\xi\eta)]^2-4E(\xi^2)E(\eta)^2=0\Leftrightarrow E(t\xi-\eta)^2=0$ 有某重根 $a\Leftrightarrow E(a\xi-\eta)^2=0$（因为 $P\{(a\xi-\eta)^2\geqslant0\}=1$，再由数学期望性质（10））$\Leftrightarrow P\{(a\xi-\eta)^2=0\}=1\Leftrightarrow P\{\eta=a\xi\}=1$.

（3）赫尔德（HöKlder）不等式. 设 $E|\xi|^r<\infty,E|\eta|^s<\infty$，其中 r,s 是满足 $\frac{1}{r}+\frac{1}{s}=1$ 与 $r>1$ 的任意实数，则

$$E|\xi\eta|\leqslant[E|\xi|^r]^{\frac{1}{r}}[E|\eta|^s]^{\frac{1}{s}}. \tag{3.1.23}$$

证明 如果 ξ,η 至少有一个在原点退化，显然（3.1.23）式成立. 现设 ξ,η 均为不在原点退化的随机变量. 为证明（3.1.23）式，先来证明不等式

$$|AB|\leqslant\frac{|A|^r}{r}+\frac{|B|^s}{s}, \tag{3.1.24}$$

其中 r,s 如上所设，A 与 B 为任意实数.

当 A 与 B 中至少有一个为零时，（3.1.24）式显然成立，故设 $A\neq0$，且 $B\neq0$.

① 当 A,B 均为正时，函数

$$f(x)\equiv\frac{x^r}{r}+\frac{B^s}{s}-Bx, \qquad 0<x<+\infty$$

在 $(0,+\infty)$ 内连续可微，且

$$f'(x)=x^{r-1}-B, \qquad f''(x)=(r-1)x^{r-2}>0,$$

所以 $f(x)$ 在驻点 $x_1=B^{\frac{1}{r-1}}$ 处取得最小值，即对任意 $x\in(0,+\infty)$ 有

$$f(x)\geqslant f(x_1)=\frac{B^s}{r}+\frac{B^s}{s}-B^s=0,$$

即 $f(x) \geqslant 0$. 也就是 $Bx \leqslant \dfrac{x^r}{r} + \dfrac{B^s}{s}, x \in (0, +\infty)$，从而证明了当 $A > 0, B > 0$ 时 (3.1.24)式成立.

② 当 A, B 为不等于零的任意实数时，因 $|A| > 0, |B| > 0$，由①得

$$|AB| \leqslant \frac{|A|^r}{r} + \frac{|B|^s}{s},$$

从而(3.1.24)式得证.

在(3.1.24)式中，令 $A = \dfrac{\xi}{[E|\xi|^r]^{\frac{1}{r}}}, B = \dfrac{\eta}{[E|\eta|^s]^{\frac{1}{s}}}$，得

$$\frac{|\xi\eta|}{[E|\xi|^r]^{\frac{1}{r}}[E|\eta|^s]^{\frac{1}{s}}} \leqslant \frac{|\xi|^r}{rE|\xi|^r} + \frac{|\eta|^s}{sE|\eta|^s},$$

两边取数学期望得 $\dfrac{E|\xi\eta|}{[E|\xi|^r]^{\frac{1}{r}}[E|\eta|^s]^{\frac{1}{s}}} \leqslant 1$，于是(3.1.23)式得证.

因为 $|E(\xi\eta)| \leqslant E|\xi\eta|$，所以在(3.1.23)式中令 $r = s = 2$ 即得(3.1.22)式，此示柯西-施瓦茨不等式是赫尔德不等式的特例.

(4) 闵可夫斯基(Minkowski)不等式. 设 $r \geqslant 1, \dfrac{1}{r} + \dfrac{1}{s} = 1$，且 $E|\xi|^r < \infty$, $E|\eta|^r < \infty$，则

$$[E|\xi+\eta|^r]^{\frac{1}{r}} \leqslant [E|\xi|^r]^{\frac{1}{r}} + [E|\eta|^r]^{\frac{1}{r}}. \tag{3.1.25}$$

证明　① 当 $r = 1$ 时，因为 $E(|\xi+\eta|) \leqslant E[|\xi|+|\eta|] = E|\xi| + E|\eta|$，所以结论成立. ② 当 $r > 1$ 时，如果 $E|\xi+\eta|^r = 0$，显然(3.1.25)式成立. 现设 $E|\xi+\eta|^r > 0$,

$$
\begin{aligned}
E|\xi+\eta|^r &\leqslant E[|\xi||\xi+\eta|^{r-1} + |\eta||\xi+\eta|^{r-1}] \\
&= E[|\xi||\xi+\eta|^{r-1}] + E[|\eta||\xi+\eta|^{r-1}] \quad\quad (\text{由}(3.1.23)) \\
&\leqslant E[|\xi|^r]^{\frac{1}{r}} E[|\xi+\eta|^{(r-1)s}]^{\frac{1}{s}} + [E|\eta|^r]^{\frac{1}{r}}[E|\xi+\eta|^{(r-1)s}]^{\frac{1}{s}} \\
&= \{E[|\xi|^r]^{\frac{1}{r}}[E|\eta|^r]^{\frac{1}{r}}\}[E|\xi+\eta|^{(r-1)s}]^{\frac{1}{s}},
\end{aligned}
$$

又因为 $(r-1)s = r, 1 - \dfrac{1}{s} = \dfrac{1}{r}$，在上式两边同除以 $[E|\xi+\eta|^r]^{\frac{1}{s}}$ 得

$$[E|\xi+\eta|^r]^{\frac{1}{r}} \leqslant [E|\xi|^r]^{\frac{1}{r}} + [E|\eta|^r]^{\frac{1}{r}}.$$

(5) 詹生(Jensen)不等式，设 $g(x)$ 为定义于区间 $I \subset \mathbf{R}$ 上的连续向上凹的凸函数，即 $g(x)$ 满足

$$g\left(\frac{x_1+x_2}{2}\right) \leqslant \frac{1}{2}[g(x_1) + g(x_2)], \quad\quad x_1, x_2 \in I. \tag{3.1.26}$$

如果随机变量 ξ 只取值于区间 I,且 $E(\xi)$,$E[g(\xi)]$ 均存在,则
$$g[E(\xi)] \leqslant E[g(\xi)]. \tag{3.1.27}$$

证明 因为 $y=g(x)$ 是上凹函数,所以对于曲线 $y=g(x)$ 上任一点 $(x_0, g(x_0))$,过此点总可画一条直线使得曲线 $y=g(x)$ 全在该直线上方. 设直线的斜率为 $k(x_0)$,并以 (x, y) 表示该直线上的点,则该直线的方程为
$$y = k(x_0)(x-x_0) + g(x_0).$$
由于曲线上凹,对任意 $x_0 \in I$ 与一切 $x \in I$ 有
$$g(x) \geqslant k(x_0)(x-x_0) + g(x_0).$$
取 $x_0 = E(\xi)$,再令 $x = \xi$,则得
$$g(\xi) \geqslant k[E(\xi)][\xi - E(\xi)] + g[E(\xi)],$$
因为 $k[E(\xi)]$,$g[E(\xi)]$ 均为常数,两边取数学期望得
$$g[E(\xi)] \leqslant E[g(\xi)].$$

类似于 (3.1.27) 的证明,如果 $g(x)$ 是定义于 $I \subset \mathbf{R}$ 上的连续向上凸的凸函数,且随机变量 ξ 只取值于区间 I,$E(\xi)$,$E[g(\xi)]$ 均存在,则
$$g[E(\xi)] \geqslant E[g(\xi)]. \tag{3.1.28}$$

推论 3.1.3(李雅普诺夫不等式) 对任意实数 $0 < r < s$,如果 $E|\xi|^s < \infty$,则
$$[E|\xi|^r]^{\frac{1}{r}} \leqslant [E|\xi|^s]^{\frac{1}{s}}. \tag{3.1.29}$$

证明 令 $g(x) = |x|^t$,当 $t \geqslant 1$ 时,$g(x)$ 是向上凹的凸函数. 令 $t = \dfrac{s}{r} > 1$,将 (3.1.27) 式中的 ξ 换成 $|\xi|^r$,得
$$[E|\xi|^r]^{\frac{s}{r}} = g[E|\xi|^r]$$
$$\leqslant E[g(|\xi|^r)] = E[(|\xi|^r)^{\frac{s}{r}}] = E[|\xi|^s],$$
从而得
$$E[|\xi|^r]^{\frac{1}{r}} \leqslant [E|\xi|^s]^{\frac{1}{s}}.$$

推论 3.1.4(二维詹生不等式) 设 $g(x, y)$ 为区域 $A \subset \mathbf{R}^2$ 上的二维连续向上凹的凸函数,即
$$g\left(\frac{x_1+x_2}{2}, \frac{y_1+y_2}{2}\right) \leqslant \frac{1}{2}[g(x_1, y_1) + g(x_2, y_2)].$$
如果随机向量 (ξ, η) 只取值于 A,且 $E(\xi)$,$E(\eta)$,$E[g(\xi, \eta)]$ 都存在,则
$$g[E(\xi), E(\eta)] \leqslant E[g(\xi, \eta)]. \tag{3.1.30}$$

证明 因为曲面 $z = g(x, y)$ 是向上凹的,故对于该曲面上的任一点 $(x_0, y_0, g(x_0, y_0))$ 过该点至少可作一张平面使得曲面 $z = g(x, y)$ 全在该平面的上方. 设该平面的法线方向数为 $a(x_0, y_0)$,$b(x_0, y_0)$,$c(x_0, y_0)$,并以 (x, y, z) 表示平面上的点,则该平面的方程为

$$z=g(x_0,y_0)+\frac{a(x_0,y_0)}{c(x_0,y_0)}(x_0-x)+\frac{b(x_0,y_0)}{c(x_0,y_0)}(y_0-y).$$

取 $x_0=E(\xi),y_0=E(\eta)$,再令 $x=\xi,y=\eta$,由上凹性得

$$g(\xi,\eta)\geqslant g[E(\xi),E(\eta)]+\frac{a[E(\xi),E(\eta)]}{c[E(\xi),E(\eta)]}(E\xi-\xi)$$

$$+\frac{b[E(\xi),E(\eta)]}{c[E(\xi),E(\eta)]}(E\eta-\eta),$$

两边取数学期望即得(3.1.30)式.

类似于一维情形,如果推论 3.1.4 中的 $g(x,y)$ 为向上凸的,其他条件不变,则

$$g[E(\xi),E(\eta)]\geqslant E[g(\xi,\eta)]. \tag{3.1.31}$$

例如,设 (ξ,η) 服从单位圆上的均匀分布随机向量,因为 $\mathrm{e}^{-\frac{1}{2}(x^2+y^2)}$ 是向上凸的函数,由(3.1.31)式得

$$E[\mathrm{e}^{-\frac{1}{2}(\xi^2+\eta^2)}]\leqslant \mathrm{e}^{-\frac{1}{2}[(E\xi)^2+(E\eta)^2]}.$$

事实上,因为

$$E(\xi)=\int_{-1}^{1}\frac{x}{\pi}\Big[\int_{-\sqrt{1-x^2}}^{\sqrt{1-x^2}}\mathrm{d}y\Big]\mathrm{d}x$$

$$=\int_{-1}^{1}\frac{2x\sqrt{1-x^2}}{\pi}\mathrm{d}x=0.$$

同理 $E(\eta)=0$,又因

$$E[\mathrm{e}^{-\frac{1}{2}(\xi^2+\eta^2)}]=\iint\limits_{x^2+y^2\leqslant 1}\frac{1}{\pi}\mathrm{e}^{-\frac{1}{2}(x^2+y^2)}\mathrm{d}x\mathrm{d}y$$

$$=\frac{1}{\pi}\int_{0}^{2\pi}\mathrm{d}\theta\int_{0}^{1}\rho\mathrm{e}^{-\rho^2/2}\mathrm{d}\rho=2(1-\mathrm{e}^{-\frac{1}{2}}),$$

所以有

$$E[\mathrm{e}^{-\frac{1}{2}(\xi^2+\eta^2)}]=2(1-\mathrm{e}^{-\frac{1}{2}})<1=[\mathrm{e}^{-\frac{1}{2}(E\xi)^2+(E\eta)^2}].$$

(6) 柯尔莫哥洛夫(Kolmogorov)不等式. 设 $\xi_1,\xi_2,\cdots,\xi_n$ 是具有共同数学期望零与各自方差 $\sigma_k^2(k=1,2,\cdots,n)$ 的相互独立随机变量,则对于任意 $\varepsilon>0$ 有

$$P\{\max_{1\leqslant k\leqslant n}\mid S_k\mid\geqslant\varepsilon\}\leqslant\sum_{k=1}^{n}\frac{\sigma_k^2}{\varepsilon^2}, \tag{3.1.32}$$

其中 $S_k=\sum\limits_{i=1}^{k}\xi_i,k=1,2,\cdots,n.$

证明　先来证明

$$\{\max_{1\leqslant k\leqslant n}\mid S_k\mid\geqslant\varepsilon\}=\bigcup_{k=1}^{n}\{\mid S_k\mid\geqslant\varepsilon\}. \tag{3.1.33}$$

如果 $\omega \in \{\max\limits_{1 \leqslant k \leqslant n} |S_k| \geqslant \varepsilon\}$，则存在 $i \in \{1, 2, \cdots, n\}$ 使得 $|S_i|$ 最大，且 $\omega \in$

$\{|S_i| \geqslant \varepsilon\}$. 所以 $\omega \in \bigcup\limits_{k=1}^{n} \{|S_k| \geqslant \varepsilon\}$，从而

$$\{\max\limits_{1 \leqslant k \leqslant n} |S_k| \geqslant \varepsilon\} \subset \bigcup\limits_{k=1}^{n} \{|S_k| \geqslant \varepsilon\}.$$

如果 $\omega_0 \in \bigcup\limits_{k=1}^{n} \{|S_k| \geqslant \varepsilon\}$，则至少存在一个 $j \in \{1, 2, \cdots, n\}$ 使得 $\omega_0 \in \{|S_j| \geqslant \varepsilon\}$，

即 $|S_j(\omega_0)| \geqslant \varepsilon$. 又因 $\max\limits_{1 \leqslant k \leqslant n} |S_k(\omega_0)| \geqslant |S_j(\omega_0)| \geqslant \varepsilon$，故 $\omega_0 \in \{\max\limits_{1 \leqslant k \leqslant n} |S_k| \geqslant \varepsilon\}$，从而

$$\bigcup\limits_{k=1}^{n} \{|S_k| \geqslant \varepsilon\} \subset \{\max\limits_{1 \leqslant k \leqslant n} |S_k| \geqslant \varepsilon\}.$$

再由事件相等定义. (3.1.33) 式得证.

现证 (3.1.32) 式.

设 $A_k = \{|S_k| \geqslant \varepsilon\}$, $k = 1, 2, \cdots, n$, $B_1 = A_1$, $B_k = A_k \overline{A}_1 \overline{A}_2 \cdots \overline{A}_{k-1}$, $k = 2, 3, \cdots, n$,

则 $B_1, B_2, \cdots, B_n$ 两两互斥, 且 $\bigcup\limits_{k=1}^{n} A_k = \sum\limits_{k=1}^{n} B_k$. 令 I_k 为 B_k 的示性函数, 则

$$P\{\max\limits_{1 \leqslant k \leqslant n} |S_k| \geqslant \varepsilon\} = \sum\limits_{k=1}^{n} P\{B_k\} = \sum\limits_{k=1}^{n} E(I_k).$$

因为诸 B_k 两两互斥, 所以 $\sum\limits_{k=1}^{n} I_k \leqslant 1$, 从而有

$$S_n^2 \geqslant \sum\limits_{k=1}^{n} S_n^2 I_k = \sum\limits_{k=1}^{n} [S_k + (S_n - S_k)]^2 I_k$$
$$\geqslant \sum\limits_{k=1}^{n} S_k^2 I_k + 2 \sum\limits_{k=1}^{n} (S_n - S_k) S_k I_k.$$

因为 $S_n - S_k = \xi_{k+1} + \xi_{k+2} + \cdots + \xi_n$, 而 $S_k I_k$ 只依赖于 $\xi_1, \xi_2, \cdots, \xi_k$, 所以 $(S_n - S_k)$ 与

$S_k I_k$ 独立. 又因 $E(S_n - S_k) = 0$, 以及

$$E(S_n^2) = E\Big(\sum\limits_{k=1}^{n} \xi_k\Big)^2 = \sum\limits_{k=1}^{n} E(\xi_k^2) = \sum\limits_{k=1}^{n} \sigma_k^2,$$

所以

$$\sum\limits_{k=1}^{n} \sigma_k^2 \geqslant \sum\limits_{k=1}^{n} E(S_k^2 I_k) \geqslant \varepsilon^2 \sum\limits_{k=1}^{n} E(I_k)$$
$$= \varepsilon^2 P\{\max\limits_{1 \leqslant k \leqslant n} |S_k| \geqslant \varepsilon\}.$$

最后一个不等式是由于当 $I_k = 1$ 时 $|S_k| \geqslant \varepsilon$, 从而 (3.1.32) 式得证.

在 (3.1.32) 式中当 $n = 1$ 时就得切比雪夫不等式.

(7) 数学期望存在条件不等式. 对任意随机变量 ξ, 则有

$$\sum\limits_{n=1}^{\infty} P\{|\xi| \geqslant n\} \leqslant E|\xi| \leqslant 1 + \sum\limits_{n=1}^{\infty} P\{|\xi| \geqslant n\}. \tag{3.1.34}$$

证明 设 $F(x)$ 为 ξ 的分布函数, 则

$$E \mid \xi \mid = \int_{-\infty}^{+\infty} \mid x \mid \mathrm{d}F(x) = \sum_{k=0}^{\infty} \int_{k \leqslant |x| < k+1} \mid x \mid \mathrm{d}F(x),$$

于是有

$$\sum_{k=0}^{\infty} kP\{k \leqslant \mid \xi \mid < k+1\} \leqslant E \mid \xi \mid \leqslant \sum_{k=0}^{\infty} (k+1)P\{k \leqslant \mid \xi \mid < k+1\}.$$

记 $p_k = P\{k \leqslant \mid \xi \mid < k+1\}, k = 0,1,2,\cdots$，因为

$$\sum_{k=0}^{\infty} kP\{k \leqslant \mid \xi \mid < k+1\}$$

$$= \sum_{k=1}^{\infty} kp_k = \sum_{k=1}^{\infty} \Big(\sum_{n=1}^{k} 1\Big) p_k$$

$$= \sum_{n=1}^{\infty} \sum_{k=n}^{\infty} p_k = \sum_{n=1}^{\infty} P\{\mid \xi \mid \geqslant n\},$$

而

$$\sum_{k=0}^{\infty} (k+1)P\{k \leqslant \mid \xi \mid < k+1\}$$

$$= \sum_{k=0}^{\infty} kp_k + \sum_{k=0}^{\infty} p_k = \sum_{n=1}^{\infty} P\{\mid \xi \mid \geqslant n\} + 1,$$

从而 (3.1.34) 式得证. 由 (3.1.34) 式知, $E\mid\xi\mid < \infty$ 当且仅当

$$\sum_{n=1}^{\infty} p\{\mid \xi \mid \geqslant n\} < \infty.$$

3.2 协方差、相关系数、协方差矩阵

对于随机向量 $(\xi_1, \xi_2, \cdots, \xi_n)$ 来说，我们除了关心其各个分量的数学期望与方差外，我们还关心它们之间的相互关系的数字特征，在这一节我们就来讨论这一问题.

3.2.1 协方差与相关系数

在证明方差的性质 (5) 时，我们知道，如果随机变量 ξ 与 η 相互独立，则有 $E[\xi - E(\xi)][\eta - E(\eta)] = 0$. 反之，如果 $E[\xi - E(\xi)][\eta - E(\eta)] \neq 0$，则 ξ 与 η 就不相互独立. 不相互独立，就意味着 ξ 与 η 之间存在着某种关系.

定义 3.2.1 设 (ξ, η) 为二维随机向量，如果 $E[\xi - E(\xi)][\eta - E(\eta)]$ 存在，则称它为 ξ 与 η 之间的协方差，记为 $\mathrm{Cov}(\xi, \eta)$，即

$$\mathrm{Cov}(\xi, \eta) = E[\xi - E(\xi)][\eta - E(\eta)]. \tag{3.2.1}$$

当 $D(\xi) > 0, D(\eta) > 0$ 时，则称 $\dfrac{\mathrm{Cov}(\xi, \eta)}{\sqrt{D(\xi)}\,\sqrt{D(\eta)}}$ 为 ξ 与 η 之间的相关系数，记为

$r(\xi,\eta)$ 或 $\rho(\xi,\eta)$,即

$$r(\xi,\eta) = \frac{\text{Cov}(\xi,\eta)}{\sqrt{D(\xi)}\,\sqrt{D(\eta)}}. \tag{3.2.2}$$

如果 $r(\xi,\eta)=0$,即 $\text{Cov}(\xi,\eta)=0$,则称 ξ 与 η 不(线性)相关;如果 $r(\xi,\eta)\neq0$,则说 ξ 与 η 相关或相依.

协方差与相关系数有下列性质:

(1) $\text{Cov}(\xi,\eta)=\text{Cov}(\eta,\xi)$;

(2) $\text{Cov}(a\xi,b\xi)=ab\text{Cov}(\xi,\eta)$,其中 a,b 均为实常数;

(3) $\text{Cov}(\xi_1+\xi_2,\eta)=\text{Cov}(\xi_1,\eta)+\text{Cov}(\xi_2,\eta)$;

(4) $\text{Cov}(\xi,\eta)=E(\xi\eta)-E(\xi)E(\eta)$;

(5) $D(\xi\pm\eta)=D(\xi)+D(\eta)\pm2\text{Cov}(\xi,\eta)$;

(6) $|r(\xi,\eta)|\leqslant1$;

(7) $r(\xi,\eta)=\pm1\Leftrightarrow P\left\{\dfrac{\xi-E(\xi)}{\sigma(\xi)}=\pm\dfrac{\eta-E(\eta)}{\sigma(\eta)}\right\}=1$,其中 $\sigma(\xi)=\sqrt{D(\xi)}$,
$\sigma(\eta)=\sqrt{D(\eta)}$;

(8) 下列四个命题等价:

① $\text{Cov}(\xi,\eta)=0$;

② $r(\xi,\eta)=0$;

③ $E(\xi\eta)=E(\xi)E(\eta)$;

④ $D(\xi\pm\eta)=D(\xi)+D(\eta)$.

证明 (1)～(5)与(8)由定义 3.2.1 立得. 现证(6)与(7). 由(3.1.22)式得

$$|r(\xi,\eta)| = \left|\frac{\text{Cov}(\xi,\eta)}{\sqrt{D(\xi)}\,\sqrt{D(\eta)}}\right| = \frac{|E[\xi-E(\xi)][\eta-E(\eta)]|}{\sqrt{D(\xi)}\,\sqrt{D(\eta)}}$$

$$\leqslant \frac{\sqrt{E[\xi-E(\xi)]^2\cdot E[\eta-E(\eta)]^2}}{\sqrt{D(\xi)}\,\sqrt{D(\eta)}}=1.$$

(7) 由(5)与(2)知

$$D\left[\frac{\xi}{\sqrt{D(\xi)}}\pm\frac{\eta}{\sqrt{D(\eta)}}\right]=D\left[\frac{\xi}{\sigma(\xi)}\right]+D\left[\frac{\eta}{\sigma(\eta)}\right]\pm2\text{Cov}\left(\frac{\xi}{\sigma(\xi)},\frac{\eta}{\sigma(\eta)}\right)$$

$$=\frac{D(\xi)}{D(\xi)}+\frac{D(\eta)}{D(\eta)}\pm2r(\xi,\eta)$$

$$=2[1\pm r(\xi,\eta)],$$

即 $D\left[\dfrac{\xi}{\sigma(\xi)}\pm\dfrac{\eta}{\sigma(\eta)}\right]=2[1\pm r(\xi,\eta)]$. 由方差性质(7),有

$$r(\xi,\eta)=\pm1\Leftrightarrow D\left[\frac{\xi}{\sigma(\xi)}\mp\frac{\eta}{\sigma(\eta)}\right]=0$$

$$\Leftrightarrow P\left\{\frac{\xi}{\sigma(\xi)} \mp \frac{\eta}{\sigma(\eta)} = E\left[\frac{\xi}{\sigma(\xi)} \mp \frac{\eta}{\sigma(\eta)}\right]\right\} = 1$$

$$\Leftrightarrow P\left\{\frac{\xi - E(\xi)}{\sigma(\xi)} = \pm \frac{\eta - E(\eta)}{\sigma(\eta)}\right\} = 1.$$

例 3.2.1　设 $(\xi, \eta) \sim N(a_1, \sigma_1^2; a_2, \sigma_2^2; r)$，求 ξ 与 η 之间的相关系数.

解　由例 2.5.3 知，(ξ, η) 的边缘密度函数分别为

$$f_\xi(x) = \frac{1}{\sqrt{2\pi\sigma_1^2}} e^{-(x-a_1)^2/2\sigma_1^2}, \qquad f_\eta(y) = \frac{1}{\sqrt{2\pi\sigma_2^2}} e^{-(y-a_2)^2/2\sigma_2^2},$$

所以

$$E(\xi) = a_1, \quad D(\xi) = \sigma_1^2, E(\eta) = a_2, \quad D(\eta) = \sigma_2^2.$$

又

$$\mathrm{Cov}(\xi, \eta) = E\{[\xi - E(\xi)][\eta - E(\eta)]\} = E[(\xi - a_1)(\eta - a_2)]$$

$$= \int_{-\infty}^{+\infty} \int_{-\infty}^{+\infty} (x-a_1)(y-a_2) \frac{1}{2\pi\sigma_1\sigma_2 \sqrt{1-r^2}}$$

$$\cdot \exp\left\{-\frac{1}{2(1-r^2)}\left[\frac{(x-a_1)^2}{\sigma_1^2}\right.\right.$$

$$\left.\left. -2r\frac{(x-a_1)(y-a_2)}{\sigma_1\sigma_2} + \frac{(y-a_2)^2}{\sigma_2^2}\right]\right\} \mathrm{d}x\mathrm{d}y.$$

令

$$t = \frac{y-a_2}{\sigma_2}, \qquad z = \frac{1}{\sqrt{1-r^2}}\left[\frac{x-a_1}{\sigma_1} - r\frac{(y-a_2)}{\sigma_2}\right],$$

于是

$$\begin{cases} x = \sigma_1 \sqrt{1-r^2}z + \sigma_1 rt + a_1, \\ y = \sigma_2 t + a_2, \end{cases}$$

故

$$|J(t,z)| = \sigma_1\sigma_2 \sqrt{1-r^2}.$$

又因 $\int_{-\infty}^{+\infty} te^{-t^2/2}\mathrm{d}t = 0, \int_{-\infty}^{+\infty} \frac{1}{\sqrt{2\pi}} e^{-z^2/2}\mathrm{d}z = 1$，从而

$$\mathrm{Cov}(\xi, \eta) = \frac{r\sigma_1\sigma_2}{2\pi}\int_{-\infty}^{+\infty} t^2 e^{-t^2/2}\mathrm{d}t \int_{-\infty}^{+\infty} e^{-z^2/2}\mathrm{d}z$$

$$+ \frac{\sigma_1\sigma_2 \sqrt{1-r^2}}{2\pi}\int_{-\infty}^{+\infty} te^{-t^2/2}\mathrm{d}t \cdot \int_{-\infty}^{+\infty} ze^{-z^2/2}\mathrm{d}z$$

$$= \frac{r\sigma_1\sigma_2}{\sqrt{2\pi}}\int_{-\infty}^{+\infty} t^2 e^{-t^2/2}\mathrm{d}t = r\sigma_1\sigma_2,$$

所以

$$r(\xi,\eta) = \frac{\mathrm{Cov}(\xi,\eta)}{\sqrt{D(\xi)}\sqrt{D(\eta)}} = \frac{r\sigma_1\sigma_2}{\sigma_1\sigma_2} = r.$$

由方差性质(5)知,如果 ξ 与 η 相互独立,则 ξ 与 η 不相关,即 $r(\xi,\eta)=0$. 反之,如果 ξ 与 η 不相关,却不能断言 ξ 与 η 相互独立. 下面的例子将说明这个事实. 不过由例 2.6.1 可知,对于二维正态随机向量 (ξ,η) 来说,ξ 与 η 不相关等价于 ξ 与 η 相互独立.

例 3.2.2 设 $\xi \sim U[0,2\pi]$,$\eta = \cos\xi$,$\zeta = \cos(\xi+a)$,其中 a 为实常数,则

$$E(\eta) = \int_0^{2\pi} \cos x \cdot \frac{1}{2\pi}\mathrm{d}x = 0,$$

$$E(\zeta) = \int_0^{2\pi} \frac{1}{2\pi}\cos(x+a)\mathrm{d}x = 0,$$

$$E(\eta^2) = \int_0^{2\pi} \frac{1}{2\pi}\cos^2 x\mathrm{d}x = \frac{1}{2\pi}\int_0^{2\pi}\frac{1+\cos 2x}{2}\mathrm{d}x = \frac{1}{2},$$

$$E(\zeta^2) = \frac{1}{2\pi}\int_0^{2\pi}\cos^2(x+a)\mathrm{d}x = \frac{1}{2},$$

$$E(\eta\zeta) = E[\cos\xi\cos(\xi+a)] = \int_0^{2\pi}\frac{1}{2\pi}\cos x\cos(x+a)\mathrm{d}x$$

$$= \frac{1}{2\pi}\int_0^{2\pi}\frac{1}{2}[\cos(2x+a)+\cos a]\mathrm{d}x$$

$$= \frac{1}{2}\cos a,$$

所以

$$r(\eta,\zeta) = \frac{\mathrm{Cov}(\xi,\eta)}{\sigma(\eta)\sigma(\xi)} = \frac{E(\eta\zeta)}{\sqrt{E(\eta^2)E(\xi^2)}} = \cos a,$$

从而,当 $a=0$ 时,$r(\eta,\zeta)=1$ 且 $\eta=\zeta$. 当 $a=\pi$ 时,$r(\eta,\zeta)=-1$ 且 $\eta=-\zeta$.

在上两种情形中,η 与 ζ 都存在线性关系.

当 $a=\frac{\pi}{2}$ 时,$r(\eta,\zeta)=0$,故 η 与 ζ 不相关,但是 $\eta^2+\zeta^2=1$,此示 η 与 ζ 不相互独立.

这个例子不仅给出了两随机变量的相关系数为 $+1$,-1 及零的例子,而且还说明了这样的事实:虽然两随机变量不相关,但是不能断言它们一定相互独立. 同时说明了即使两随机变量不相关,但是它们之间仍可能存在某种函数关系. 这是因为相关系数 $r(\eta,\zeta)$ 只是 η 与 ζ 之间线性关系的一种度量. $r(\eta,\zeta)=0$,说明 η 与 ζ 之间不存在线性关系,而并没有断言 η 与 ζ 之间不存在非线性关系.

3.2.2　协方差矩阵

定义 3.2.2　设 $(\xi_1, \xi_2, \cdots, \xi_n)$ 为 n 维随机向量,记

$$b_{ik} = \mathrm{Cov}(\xi_i, \xi_k), \qquad i, k = 1, 2, \cdots, n, \tag{3.2.3}$$

则称方阵

$$B = \begin{bmatrix} b_{11} & b_{12} & b_{13} & \cdots & b_{1n} \\ b_{21} & b_{22} & b_{23} & \cdots & b_{2n} \\ \vdots & \vdots & \vdots & & \vdots \\ b_{n1} & b_{n2} & b_{n3} & \cdots & b_{nn} \end{bmatrix} \tag{3.2.4}$$

为 $(\xi_1, \xi_2, \cdots, \xi_n)$ 的协方差矩阵或相关矩阵或方差矩阵.

显然

$$b_{ii} = D(\xi_i), \qquad i = 1, 2, \cdots, n, \tag{3.2.5}$$

$$b_{ik} = b_{ki}, \qquad i, k = 1, 2, \cdots, n, \tag{3.2.6}$$

故协方差矩阵 B 是对称矩阵. 由施瓦茨不等式有 $b_{ik}^2 \leqslant b_{ii} b_{kk}, i, k = 1, 2, \cdots, n$.

如果我们记

$$\xi = (\xi_1, \xi_2, \cdots, \xi_n)^{\tau}, \qquad D(\xi) = E[\xi - E(\xi)][\xi - E(\xi)]^{\tau},$$

则有

$$D(\xi) = E[\xi - E(\xi)][\xi - E(\xi)]^{\tau} = B, \tag{3.2.7}$$

这就是称 B 为 $\xi = (\xi_1, \xi_2, \cdots, \xi_n)^{\tau}$ 的方差的由来,其中 $E(\xi) = (E\xi_1, E\xi_2, \cdots, E\xi_n)^{\tau}$ 称为列随机向量 ξ 的数学期望.

随机向量 ξ 的协方差矩阵 B 有下列性质:

(1) 对任意实数 $t_1, t_2, \cdots, t_n$ 有

$$\sum_{i=1}^{n} \sum_{k=1}^{n} b_{ik} t_i t_k \geqslant 0. \tag{3.2.8}$$

如果记 $t = (t_1, t_2, \cdots, t_n)^{\tau}$,(3.2.8)式即为

$$t^{\tau} B t = t^{\tau} D(\xi) t \geqslant 0. \tag{3.2.9}$$

证明

$$\sum_{i=1}^{n} \sum_{k=1}^{n} b_{ik} t_i t_k = \sum_{i=1}^{n} \sum_{k=1}^{n} t_i t_k E\{[x_i - E(\xi_k)][x_k - E(\xi_k)]\}$$

$$= E\left\{ \sum_{i=1}^{n} \sum_{k=1}^{n} t_i t_k [x_i - E(\xi_i)][x_k - E(\xi_k)] \right\}$$

$$= E\left\{ \sum_{i=1}^{n} t_i [x_i - E(\xi_i)] \right\}^2 \geqslant 0.$$

此示 B 是非负定的,由矩阵论的二次型理论与(3.2.9)式知,对任意正整数 $k (1 \leqslant k \leqslant n)$,有

$$\begin{vmatrix} b_{11} & b_{12} & b_{13} & \cdots & b_{1k} \\ b_{21} & b_{22} & b_{23} & \cdots & b_{2k} \\ \vdots & \vdots & \vdots & & \vdots \\ b_{k1} & b_{k2} & b_{k3} & \cdots & b_{kk} \end{vmatrix} \geqslant 0. \qquad (3.2.10)$$

特别当 $k=2$ 时,有

$$\begin{vmatrix} b_{11} & b_{12} \\ b_{21} & b_{22} \end{vmatrix} = b_{11}b_{22} - b_{12}b_{21} \geqslant 0.$$

因为 $b_{12}=b_{21}$,所以得 $b_{12}^2 \leqslant b_{11}b_{22}$,此即柯西-施瓦茨不等式.

(2) 如果 $\xi_1,\xi_2,\cdots,\xi_n$ 相互独立,则 B 为对角矩阵.

证明 因为 $\xi_1,\xi_2,\cdots,\xi_n$ 相互独立,所以当 $k\neq i$ 时 $b_{ik}=0$,所以 B 为对角矩阵.

(3) 设 $\xi=(\xi_1,\xi_2,\cdots,\xi_n)^{\tau}$,则对任意实数 C 有 $D(C\xi)=C^2D(\xi)$.

证明

$$\begin{aligned} D(C\xi) &= E[C\xi-E(C\xi)][C\xi-E(C\xi)]^{\tau} \\ &= E[C(\xi-E\xi)C(\xi-E\xi)^{\tau}] \\ &= C^2 E[(\xi-E\xi)(\xi-E\xi)^{\tau}] \\ &= C^2 D(\xi). \end{aligned}$$

(4) 设 A 为 $m\times n$ 实常数矩阵,则 $D(A\xi)=AD(\xi)A^{\tau}$.

证明 因为 $E(A\xi)=AE(\xi)$,再由(3.2.7)式立得.

(5) 如果 ξ,η 为 n 维相互独立的列随机向量,则 $D(\xi\pm\eta)=D(\xi)+D(\eta)$.

(6) $D(\xi)=E(\xi\xi^{\tau})-E(\xi)[E(\xi)]^{\tau}$.

3.3 条件数学期望

我们知道如果事件 B 满足 $P(B)>0$,则在事件 B 发生下事件 A 发生的条件概率为

$$P(A|B)=\frac{P(AB)}{P(B)}.$$

在条件概率的基础上,我们还定义了条件分布函数,即设 $F(x,y)$ 为二维随机变量 (ξ,η) 的分布函数,我们定义在 $\xi=x$ 下 η 的条件分布函数为

$$F(y|x)=P\{\eta<y|\xi=x\}=\lim_{\substack{\alpha\to 0^+ \\ \beta\to 0^+}} \frac{F(x+\beta,y)-F(x-\alpha,y)}{F(x+\beta,+\infty)-F(x-\alpha,+\infty)},$$

如果右边的极限存在.

3.3.1 条件数学期望与条件方差

由条件分布函数定义与数学期望定义,我们很自然地有如下条件数学期望的

定义.

定义 3.3.1　如果 $\int_{-\infty}^{+\infty} |y| \,\mathrm{d}F(y|x) < \infty$, 在 $\xi=x$ 下 η 的条件数学期望定义为

$$E(\eta \mid \xi = x) = \int_{-\infty}^{+\infty} y\mathrm{d}F(y \mid x), \tag{3.3.1}$$

并简记 $E(\eta|\xi=x)$ 为 $E(\eta|x)$.

由定义 3.3.1 和 R-S 积分知, 如果 (ξ, η) 是离散型随机向量, 其分布列由 (2.6.6) 式给出, 且 $\sum_{k=1}^{\infty} |y_k| p_{k|i} < \infty$, 则在 $\xi=x_i$ 下 η 的条件数学期望为

$$E(\eta \mid x_i) = \sum_{k=1}^{\infty} y_k p_{k|i} = \sum_{k=1}^{\infty} y_k \frac{p_{ik}}{p_i}. \tag{3.3.2}$$

如果 (ξ, η) 为连续型随机向量, 其密度函数为 $f(x,y)$, 且 $\int_{-\infty}^{+\infty} |y| f(y|x)\mathrm{d}y < \infty$, 则在 $\xi=x$ 下 η 的条件数学期望为

$$E(\eta \mid x) = \int_{-\infty}^{\infty} yf(y \mid x)\mathrm{d}y = \int_{-\infty}^{\infty} y \frac{f(x,y)}{f_\xi(x)}\mathrm{d}y. \tag{3.3.3}$$

对于在 $\eta=y$ 下 ξ 的条件数学期望有类似的定义.

例 3.3.1　设 $\xi_1 \sim P(\lambda_1)$, $\xi_2 \sim P(\lambda_2)$, 且 ξ_1 与 ξ_2 相互独立, 求在 $\xi_1 + \xi_2 = k$ (k 为非负整数) 下 ξ_1 的条件数学期望.

解　因为

$$P\{\xi_1 = i \mid \xi_1 + \xi_2 = k\} = P\{\xi_1 = i, \xi_2 = k - i\}/P\{\xi_1 + \xi_2 = k\}$$

$$= \frac{P\{\xi_1 = i\}P\{\xi_2 = k - i\}}{P\{\xi_1 + \xi_2 = k\}} = \frac{\mathrm{e}^{-\lambda_2}\dfrac{\lambda_1^i}{i!} \cdot \mathrm{e}^{-\lambda_2}\dfrac{\lambda_2^{k-i}}{(k-i)!}}{\mathrm{e}^{-(\lambda_1+\lambda_2)}\dfrac{(\lambda_1+\lambda_2)^k}{k!}}$$

$$= C_k^i \lambda_1^i \lambda_2^{k-i}(\lambda_1 + \lambda_2)^{-k},$$

所以

$$E(\xi_1 \mid \xi_1 + \xi_2 = k) = \sum_{i=0}^{k} iP\{\xi_i = i \mid \xi_1 + \xi_2 = k\}$$

$$= \sum_{i=1}^{k} iC_k^i \lambda_1^i \lambda_2^{k-i}(\lambda_1 + \lambda_2)^{-k}$$

$$= \frac{k\lambda_1}{(\lambda_1 + \lambda_2)^k} \sum_{i=1}^{k} C_{k-1}^{i-1} \lambda_1^{i-1} \lambda_2^{k-i}$$

$$= \frac{k\lambda_1}{(\lambda_1 + \lambda_2)^k}(\lambda_1 + \lambda_2)^{k-1}$$

$$= \frac{k\lambda_1}{\lambda_1 + \lambda_2}.$$

设 $g(x)$ 为 $\mathbf{R}$ 上博雷尔可测实函数,类似于定理 3.1.1,则有

$$E[g(\xi) \mid \eta = y] = \int_{-\infty}^{+\infty} g(x) \mathrm{d}F(x \mid y), \qquad (3.3.4)$$

$$E[g(\eta) \mid \xi = x] = \int_{-\infty}^{+\infty} g(y) \mathrm{d}F(y \mid x), \qquad (3.3.5)$$

如果上两式右端的积分绝对收敛.

因为 $E(\eta|x) = E(\eta|\xi = x)$ 是 x 的函数,它依赖于随机变量 ξ 取不同的值而取不同的值,故我们定义 $E(\eta|\xi)$ 为 ξ 的函数:当 $\xi = x$ 时,

$$E(\eta \mid \xi) = E(\eta \mid \xi = x), \qquad (3.3.6)$$

可以证明 $E(\eta|\xi)$ 是随机变量. 例如,在例 3.3.1 中 $E(\xi_1|\xi_1+\xi_2) = \frac{\lambda_1(\xi_1+\xi_2)}{\lambda_1+\lambda_2}$,故 $E(\xi_1|\xi_1+\xi_2)$ 是随机变量. 称 $E(\eta|\xi)$ 为在 ξ 下 η 的条件数学期望.

例 3.3.2 设 $(\xi,\eta) \sim N(a_1, \sigma_1^2; a_2, \sigma_2^2; r)$,求 $E(\eta|\xi)$.

解 由例 2.6.5 知,在 $\xi = x$ 下 η 的条件密度函数为

$$f(y \mid x) = \frac{1}{\sqrt{2\pi}\sigma_2 \sqrt{1-r^2}} \cdot \exp\left\{ -\frac{1}{2\sigma_2^2(1-r)^2}\left[y - \left(a_2 + \frac{r\sigma_2}{\sigma_1}x - \frac{r\sigma_2}{\sigma_1}a_1 \right) \right]^2 \right\},$$

所以

$$E(\eta \mid x) = \int_{-\infty}^{+\infty} y f(y \mid x) \mathrm{d}x = a_2 + \frac{r\sigma_2}{\sigma_1}(x - a_1),$$

从而 $E(\eta|\xi) = a_2 + \frac{r\sigma_2}{\sigma_1}(\xi - a_1)$,这表示 $E(\eta|\xi)$ 是 ξ 的线性函数,故 $E(\eta|\xi)$ 是随机变量. 类似可得

$$E(\xi|\eta) = a_1 + \frac{r\sigma_1}{\sigma_2}(\eta - a_2).$$

既然 $E(\eta|\xi)$ 是随机变量,如其数学期望存在,注意到 $E(\eta|\xi)$ 是 ξ 的函数,由 (3.1.5)式,$E(\eta|\xi)$ 的数学期望为

$$E[E(\eta \mid \xi)] = \int_{-\infty}^{\infty} E(\eta \mid x) \mathrm{d}F_\xi(x).$$

条件数学期望有下列性质:

设 ξ, η, ζ 均为概率空间 $(\Omega, \mathscr{F}, P)$ 上的随机变量,$g(x)$ 为 $\mathbf{R}$ 上的博雷尔可测函数. 且 $E(\xi), E(\eta), E(\zeta)$ 与 $E[g(\eta)\xi]$ 均存在,则

(1) 当 ξ 与 η 相互独立时,$E(\xi|\eta) = E(\xi)$;

(2) $E[E(\xi|\eta)] = E(\xi)$;

(3) $E[\xi g(\eta)|\eta] = g(\eta)E(\xi|\eta)$;

(4) $E(g(\eta)\xi)=E[g(\eta)\cdot E(\xi|\eta)]$;

(5) $E(C|\eta)=C,C$ 为常数;

(6) $E[g(\eta)|\eta]=g(\eta)$;

(7) $E[(a\xi+b\eta)|\zeta]=aE(\xi|\zeta)+bE(\eta|\zeta)$,其中,$a,b$ 为常数;

(8) $E[\xi-E(\xi|\eta)]^2\leqslant E[\xi-g(\eta)]^2$.

证明　(1) 因为 ξ 与 η 相互独立,所以 $F(x,y)=F_\xi(x)F_\eta(y)$,从而

$$F(x|y)=\lim_{\substack{\alpha\to0^+\\\beta\to0^+}}\frac{F(x,y+\beta)-F(x,y-\alpha)}{F(+\infty,y+\beta)-F(+\infty,y-\alpha)}=F_\xi(x),$$

于是对使 $E(\xi|y)$ 存在的任意实数 y 有

$$E(\xi|y)=\int_{-\infty}^{+\infty}x\mathrm{d}F(x|y)=\int_{-\infty}^{+\infty}x\mathrm{d}F_\xi(x)=E(\xi),$$

故 $E(\xi|\eta)=E(\xi)$.

(2) 当 (ξ,η) 为离散型且 $p_{ik}=P\{\xi=x_i,\eta=y_k\},i,k=1,2,\cdots$时,则

$$\begin{aligned}E[E(\xi|\eta)]&=\sum_{k=1}^\infty E(\xi|y_k)p_{\cdot k}=\sum_{k=1}^\infty\Big[\sum_{i=1}^\infty x_ip_{i|k}\Big]p_{\cdot k}\\&=\sum_{k=1}^\infty\Big[\sum_{i=1}^\infty x_i\frac{p_{ik}}{p_{\cdot k}}\Big]p_{\cdot k}=\sum_{k=1}^\infty\Big[\sum_{i=1}^\infty x_ip_{ik}\Big]\\&=\sum_{i=1}^\infty x_ip_{i\cdot}=E(\xi).\end{aligned}$$

如果记事件 $\{\eta=y_k\}$ 为 A_k,则有

$$E(\xi)=\sum_{i=1}^\infty E(\xi|A_k)P(A_k),$$

称上式为全数学期望公式,它对数学期望的计算很有用.

当 (ξ,η) 为连续型时,设 $f(x,y)$ 为其密度函数,则

$$\begin{aligned}E[E(\xi|\eta)]&=\int_{-\infty}^{+\infty}E(\xi|y)\mathrm{d}F_\eta(y)\\&=\int_{-\infty}^{+\infty}\Big[\int_{-\infty}^{+\infty}x\frac{f(x,y)}{f_\eta(y)}\mathrm{d}x\Big]f_\eta(y)\mathrm{d}y\\&=\int_{-\infty}^{+\infty}\Big[\int_{-\infty}^{+\infty}xf(x,y)\mathrm{d}x\Big]\mathrm{d}y\\&=\int_{-\infty}^{+\infty}x\Big[\int_{-\infty}^{+\infty}f(x,y)\mathrm{d}y\Big]\mathrm{d}x\\&=\int_{-\infty}^{+\infty}xf_\xi(x)\mathrm{d}x=E(\xi).\end{aligned}$$

一般地有全数学期望公式

$$E(\xi)=\int_{-\infty}^\infty E(\xi|\eta=y)\mathrm{d}F_\eta(y).\tag{3.3.7}$$

(3) 只需证明对任意使 $E[g(\eta)\xi\,|\,y]$ 存在的 y 都有
$$E[g(y)\xi\,|\,y]=g(y)E(\xi\,|\,y).$$

因为 $E(\xi\,|\,y)=\displaystyle\int_{-\infty}^{+\infty}x\mathrm{d}F(x\,|\,y)$，故当 y 固定时，

$$E[g(y)\xi\,|\,y]=\int_{-\infty}^{+\infty}g(y)x\mathrm{d}F(x\,|\,y)$$
$$=g(y)\int_{-\infty}^{+\infty}x\mathrm{d}F(x\,|\,y)$$
$$=g(y)E(\xi\,|\,y).$$

(4) 由(2)与(3)得 $E[g(\eta)\xi]=E\{E[g(\eta)\xi\,|\,\eta]\}=E\{g(\eta)\cdot E(\xi\,|\,\eta)\}.$

(5) 把 C 看成退化的且仅取 C 值的随机变量 ξ，则
$$E(C\,|\,y)=\int_{-\infty}^{+\infty}x\mathrm{d}F(x\,|\,y)=C\int_{-\infty}^{+\infty}\mathrm{d}F(x\,|\,y)=C,$$

故 $E(C\,|\,\eta)=C.$

(6) 由(3)$E[g(\eta)\,|\,\eta]=E[g(\eta)\cdot 1\,|\,\eta]=g(\eta)E(1\,|\,\eta)=g(\eta).$

(7) 设 $F(x,y,z)$ 为 (ξ,η,ζ) 的分布函数，则对任意固定的 z 我们有

$$E[(a\xi+b\eta)\,|\,z]=\int_{-\infty}^{+\infty}\int_{-\infty}^{+\infty}(ax+by)\mathrm{d}F(x,y\,|\,z)$$
$$=\int_{-\infty}^{+\infty}\int_{-\infty}^{+\infty}ax\mathrm{d}F(x,y\,|\,z)+\int_{-\infty}^{+\infty}\int_{-\infty}^{+\infty}by\mathrm{d}F(x,y\,|\,z)$$
$$=\int_{-\infty}^{+\infty}ax\mathrm{d}F(x\,|\,z)+\int_{-\infty}^{+\infty}by\mathrm{d}F(y\,|\,z),$$

故得 $E[x\xi+b\eta\,|\,\zeta]=aE(\xi\,|\,\zeta)+bE(\eta\,|\,\zeta)$，其中
$$F(x,y|z)=P\{\xi<x,\eta<y\,|\,\zeta=z\},$$
$$F(x|z)=P\{\xi<x\,|\,\zeta=z\},$$
$$F(y|z)=P\{\eta<y\,|\,\zeta=z\}.$$

(8) 由(2)得 $E(\xi-g(\eta))^2=E\{E[(\xi-g(\eta))^2\,|\,\eta]\}$，而
$$E[(\xi-g(\eta))^2\,|\,\eta]=E\{[\xi-E(\xi\,|\,\eta)+E(\xi\,|\,\eta)-g(\eta)^2\,|\,\eta\}$$
$$=E\{[\xi-E(\xi\,|\,\eta)]^2\,|\,\eta\}$$
$$+2E\{[\xi-E(\xi\,|\,\eta)][E(\xi\,|\,\eta)-g(\eta)]\,|\,\eta\}$$
$$+E\{[E(\xi\,|\,\eta)-g(\eta)]^2\,|\,\eta\}. \tag{3.3.7$'$}$$

又因 $E(\xi\,|\,\eta)-g(\eta)$ 只是 η 的函数，由(3)得
$$E\{[\xi-(\xi\,|\,\eta)][E(\xi\,|\,\eta)-g(\eta)]\,|\,\eta\}$$
$$=[E(\xi\,|\,\eta)-g(\eta)]E\{[\xi-E(\xi\,|\,\eta)]\,|\,\eta\}$$
$$=[E(\xi\,|\,\eta)-g(\eta)]\cdot[E(\xi\,|\,\eta)-E(\xi\,|\,\eta)]$$
$$=0,$$

又因 $E\{[E(\xi\,|\,\eta)-g(\eta)]^2\,|\,\eta\}\geqslant 0$，所以

$$E\{[\xi-g(\eta)]^2\mid\eta\}\geqslant E\{[\xi-E(\xi\mid\eta)]^2\mid\eta\}.$$

对 (3.3.7′) 式两边取数学期望，再由 (2) 得 (8).

对于任意 $A\in\mathscr{F}$，在 (3.3.7) 式中令 $\xi=I_A$，则

$$E(\xi)=P(A)=\int_{-\infty}^{\infty}E(I_A\mid\eta=y)\mathrm{d}F_\eta(y)$$

$$=\int_{-\infty}^{\infty}P\{A\mid\eta=y\}\mathrm{d}F_\eta(y),$$

即

$$P(A)=\int_{-\infty}^{\infty}P\{A\mid\eta=y\}\mathrm{d}F_\eta(y),\tag{3.3.8}$$

称 (3.3.8) 式为全概率公式，它是非常有用的公式.

定义 3.3.2　如果 $E\{[\eta-E(\eta\mid\xi)]^2\mid\xi\}$ 存在，则称它为给定 ξ 下 η 的条件方差. 记为 $D(\eta\mid\xi)$，即

$$D(\eta\mid\xi)=E\{[\eta-E(\eta\mid\xi)]^2\mid\xi\}.\tag{3.3.9}$$

类似地在给定 η 下，ξ 的条件方差定义为

$$D(\xi\mid\eta)=E\{[\xi-E(\xi\mid\eta)]^2\mid\eta\}.\tag{3.3.10}$$

定理 3.3.1　如果 $E(\eta^2)<\infty$，则

$$D(\eta)=E[D(\eta\mid\xi)]+D[E(\eta\mid\xi)],\tag{3.3.11}$$

此示用条件期望与条件方差可表示无条件方差.

证明　因为 $[E(\eta\mid\xi)-E(\eta)]$ 为 ξ 的函数，由 (6) 得

$$E\{[\eta-E(\eta\mid\xi)][E(\eta\mid\xi)-E(\eta)]\mid\xi\}$$
$$=[E(\eta\mid\xi)-E(\eta)]E\{[\eta-E(\eta,\xi)]\mid\xi\}$$
$$=[E(\eta\mid\xi)-E(\eta)][E(\eta\mid\xi)-E(\eta\mid\xi)]$$
$$=0,$$

所以

$$E[|\eta-E(\eta)|^2\mid\xi]=E[|\eta-E(\eta\mid\xi)|^2\mid\xi]+E[|E(\eta\mid\xi)-E(\eta)|^2\mid\xi]$$
$$=D(\eta\mid\xi)+|E(\eta\mid\xi)-E(\eta)|^2.$$

两边取数学期望，再注意到公式 $E[E(\eta\mid\xi)]=E(\eta)$，$E\{E[|\eta-E(\eta)|^2\mid\xi]\}=D(\eta)$ 得

$$D(\eta)=E\{E[|\eta-E(\eta)|^2\mid\xi]\}$$
$$=E[D(\eta\mid\xi)]+E\{|E(\eta\mid\xi)-E(\eta)|^2\}$$
$$=E[D(\eta\mid\xi)]+D[E(\eta\mid\xi)].$$

3.3.2　条件数学期望的应用

例 3.3.3（矿工脱险问题）　一矿工在有三个门的矿井中迷了路，第一个门通到一坑道走 3 小时可使他到达安全地点. 第二个门通向使他走 5 小时后又回到原

地点的坑道,第三个门通向使他走了 7 小时后又回到原地点的坑道. 如果他在任何时刻都等可能地选定其中一个门. 试问他到达安全地点平均要花多少时间?

解 设 ξ 表示他到达安全地点所需的时数, η 表示他最初选定门的号数,于是

$$P\{\eta=1\}=P\{\eta=2\}=P\{\eta=3\}=\frac{1}{3}.$$

由全数学期望公式,所求平均时数为

$$E(\xi)=E(\xi|\eta=1)P\{\eta=1\}+E(\xi|\eta=2)P\{\eta=2\}+E(\xi|\eta=3)P\{\eta=3\}$$
$$=\frac{1}{3}\big[E(\xi|\eta=1)+E(\xi|\eta=2)+E(\xi|\eta=3)\big].$$

又因

$$E(\xi|\eta=1)=3,$$
$$E(\xi|\eta=2)=5+E(\xi), E(\xi|\eta=3)=7+E(\xi),$$

所以

$$E(\xi)=\frac{1}{3}\big[3+5+E(\xi)+7+E(\xi)\big],$$

解之得 $E(\xi)=15$ 小时.

例 3.3.4(虫卵数问题) 设 η 是某区域某段时间能产卵的雌虫数, ξ_i 是第 i 条雌虫所产的卵数, ζ 是该区域该段时间的虫卵数,如果每条雌虫产卵数 ξ_i 是相互独立同分布的且与能产卵的雌虫数 η 相互独立, $E(\xi_1),E(\eta),D(\xi_1),D(\eta)$ 已知,求 ζ 的平均值与方差.

解 因为 $\zeta=\xi_1+\xi_2+\cdots+\xi_\eta$,又因

$$E(\zeta|\eta=n)=E(\xi_1)+E(\xi_2)+\cdots+E(\xi_n)=nE(\xi_1),$$
$$D(\zeta|\eta=n)=D\Big(\sum_{i=1}^{n}\xi_i\Big)=nD(\xi_1),$$

所以

$$E(\zeta|\eta)=\eta E(\xi_1), D(\zeta|\eta)=\eta D(\xi_1),$$

从而

$$\begin{aligned} E(\zeta) &= E[E(\zeta|\eta)]=E[\eta E(\xi_1)]\\ &= E(\xi_1)E(\eta), \end{aligned} \qquad (3.3.12)$$
$$\begin{aligned} D(\zeta) &= E[D(\zeta|\eta)]+D[E(\zeta|\eta)]\\ &= E[\eta D(\xi_1)]+D[\eta E(\xi_1)]\\ &= D(\xi_1)E(\eta)+[E(\xi_1)]^2 D(\eta). \end{aligned} \qquad (3.3.13)$$

例 3.3.5(营业额问题) 设某商店在中午十二点至下午三点到达的顾客数 η 服从参数为每分钟 60 个的泊松分布,到达商店的每个顾客所花的钱数 ξ_i(单位为元)都服从二项分布 $B(100,0.15)$,且诸 ξ_i 相互独立,与 η 也相互独立,求该商店在

该段时间里的平均营业额与营业额的误差.

解　设 $\zeta(t)$ 为从时刻 $0\sim t$ 该商店的营业额,则 $\zeta(t)=\xi_1+\xi_2+\cdots+\xi_{\eta(t)}$,其中 $\eta(t)$ 为 $0\sim t$ 中到达的顾客数. 由(3.3.12)与(3.3.13)式得

$$E[\zeta(t)]=E(\xi_1)E[\eta(t)]=100\times0.15\times60t=900t \qquad (0<t\leqslant180),$$
$$D[\zeta(t)]=D(\xi_1)E[\eta(t)]+[E(\xi_1)]^2D[\eta(t)]$$
$$=765t+13500t=14265t,$$

所以从中午十二点到下午三点这段时间里平均营业额为 $E[\zeta(180)]=162000$ 元. 因为 $\sqrt{D[\zeta(180)]}=1602.4$ 元,所以在该段时间里营业额的误差为 1602.4 元,即在该段时间里平均营业额为 162000 ± 1602.4 元.

例 3.3.6(线性预测)　设 ξ,η 为两个相依的随机变量,它们的数学期望与方差都存在,假设它们之间存在某个函数关系

$$\eta=g(\xi),$$

并设可以通过试验对 ξ 进行观察,于是由 ξ 对 η 进行估计(预测)的问题就变为求函数 g 的问题.

我们的目的是找出函数 g 使 η 尽可能与 $g(\xi)$ 靠近,而一般"靠近"的准则是选择 g 使 $E[\eta-g(\xi)]^2$ 达到最小. 由条件数学期望性质(8)知对所有可测函数 g 恒有

$$E[\eta-g(\xi)]^2\geqslant E[\eta-E(\eta|\xi)]^2.$$

所以当 $g(\xi)=E[\eta|\xi]$ 时 $E[\eta-g(\xi)]^2$ 达到最小,因此我们取 $g(\xi)=E(\eta|\xi)$ 最理想,并称 $y=E(\eta|x)$ 为 η 关于 ξ 的回归.

进一步,如果已知 η 与 ξ 之间有线性关系:$\eta=b\xi+a$,如何求 a,b,使 $E[\eta-(b\xi+a)]^2$ 达到最小? 设 ξ,η 的数学期望与方差都存在且分别为 $a_1,a_2,\sigma_1^2,\sigma_2^2$,并设 r 为 ξ 与 η 的相关系数,则对 $f(a,b)\equiv E[\eta-(b\xi+a)]^2$,关于 a,b 求导数,并令导数为零,得正规方程

$$\begin{cases} 2E(\eta-a-b\xi)=0, \\ 2E[(\eta-a-b\xi)\xi]=0, \end{cases}$$

即

$$\begin{cases} a_2-a-ba_1=0, \\ a_1+bE(\xi^2)=E(\xi\eta). \end{cases}$$

解之得 $a=a_2-ba_1$,$b=\dfrac{\mathrm{Cov}(\xi,\eta)}{\sigma_1^2}=r\dfrac{\sigma_2}{\sigma_1}$,故得

$$\begin{cases} a=a_2-\dfrac{ra_1\sigma_2}{\sigma_1}, \\ b=r\dfrac{\sigma_2}{\sigma_1}. \end{cases}$$

从而得线性预测函数(估计函数)为

$$\hat{g}(x)=a_2+\frac{r\sigma_2}{\sigma_1}(x-a_1),$$

即

$$\eta\approx\hat{g}(\xi)=a_2+\frac{r\sigma_2}{\sigma_1}(\xi-a_1).$$

称函数 $\hat{g}(x)=a_2+\frac{r\sigma_2}{\sigma_1}(x-a_1)$ 为 η 关于 ξ 的线性回归.

当 $(\xi,\eta)\sim N(a_1,\sigma_1^2;a_2,\sigma_2^2;r)$ 时,由例 3.3.2 知

$$E(\eta|\xi)=a_2+\frac{r\sigma_2}{\sigma_1}(\xi-a_1),$$

所以 η 关于 ξ 的预测函数为

$$\hat{g}(x)=a_2+\frac{r\sigma_2}{\sigma_1}(x-a_1),$$

此示 η 关于 ξ 的回归为线性回归.

例 3.3.7 设到达某车站的顾客数为参数是 λ 的泊松流,求在时间间隔 $(0,t]$ 中,所有到达顾客等待的时间和的平均值. 如果每分钟有 5 个顾客到达该车站,每 20 分钟有一列车通过该车站,求一天(24 小时)在该车站由于等待乘车而浪费的平均时间和.

解 设在 $(0,t]$ 中到达的顾客数为 $X(t)$,W_j 为第 j 个顾客到达的时刻,η_j 为第 j 个顾客的等车时间,则 $\{X(t),t\geqslant 0\}$ 为参数是 λ 的泊松事件流,$\eta_j=t-W_j$,所有到达顾客到时刻 t 的等待时间和的平均值为 $E\left[\sum_{j=1}^{X(t)}(t-W_j)\right]$.

因为对任意 $0\leqslant s\leqslant t$,有 $\{W_j\leqslant s\}=\{X(s)\geqslant j\}$,故

$$P\{W_j\leqslant s\mid X(t)=n\}=\frac{P\{W_j\leqslant s,X(t)=n\}}{P\{X(t)=n\}}$$

$$=P\{X(s)\geqslant j,X(t)=n\}/P\{X(t)=n\}$$

$$=\sum_{k=j}^{n}P\{X(s)=k,X(t)-X(s)=n-k\}/P\{X(t)=n\}$$

$$\text{(由泊松事件流的无后效性与平稳性)}$$

$$=\sum_{k=j}^{n}P\{X(s)=k\}\cdot P\{X(t-s)=n-k\}/P\{X(t)=n\}$$

$$=\sum_{k=j}^{n}e^{-\lambda s}\frac{(\lambda s)^k}{k!}\cdot e^{-\lambda(t-s)}\frac{[\lambda(t-s)]^{n-k}}{(n-k)!}\Big/e^{-\lambda t}\frac{(\lambda t)^n}{n!}$$

$$=\sum_{k=j}^{n}C_n^k\left(\frac{s}{t}\right)^k\left(1-\frac{s}{t}\right)^{n-k},\qquad j=1,2,\cdots,X(t).$$

将上式与(2.7.29)式比较知,在 $X(t)=n$ 下,W_j 就相当于 n 个独立同服从区间 $[0,t]$ 上的均匀分布随机变量的第 j 个顺序统计量. 设 $\xi_1,\xi_2,\cdots,\xi_n$ 为独立同分布随机变量,且 $\xi_1\sim U[0,t]$,并设 $\xi_1^*,\xi_2^*,\cdots,\xi_n^*$ 为 $\xi_1,\xi_2,\cdots,\xi_n$ 的顺序统计量. 则由于

$$E\Big[\sum_{j=1}^{X(t)}(t-W_j)\Big]=E\Big\{E\Big[\sum_{j=1}^{X(t)}(t-W_j)\mid X(t)\Big]\Big\}$$

且

$$E\Big[\sum_{j=1}^{X(t)}(t-W_j)\mid X(t)=n\Big]$$
$$=E\Big[\sum_{j=1}^{n}(t-W_j)\mid X(t)=n\Big]$$
$$=nt-E\Big[\sum_{j=1}^{n}W_j\mid X(t)=n\Big]$$
$$=nt-\sum_{j=1}^{n}E[W_j\mid X(t)=n]=nt-\sum_{j=1}^{n}E(\xi_j^*)$$
$$=nt-E\Big[\sum_{j=1}^{n}\xi_j^*\Big]=nt-E\Big[\sum_{j=1}^{n}\xi_j\Big]$$
$$=nt-\frac{nt}{2}=\frac{nt}{2},$$

所以

$$E\Big[\sum_{j=1}^{X(t)}(t-W_j)\mid X(t)\Big]=\frac{tX(t)}{2},$$

从而由 $X(t)\sim P(\lambda t)$,得

$$E\Big[\sum_{j=1}^{X(t)}(t-W_j)\Big]=E\Big[\frac{tX(t)}{2}\Big]=\frac{\lambda t^2}{2}.$$

当 $t=20$ 时,因为 $\lambda=5$ 人/分,所以一天(24 小时)中顾客由于等车而浪费的平均时间和为

$$\frac{5\times(20)^2}{2}\times\frac{60}{20}\times24\ \text{分钟}=72000\ \text{分钟}=1200\ \text{小时}.$$

由上可知,如果增加车次,顾客浪费的时间将减少. 例如,假设每 10 分钟有一列车通过该站,即 $t=10$ 分钟,则一天顾客由于等车而浪费的平均时间和为 300 小时. 但是车次增加,费用必然增加,满载率将减少,也会造成浪费,即钱的浪费. 如何确定车次,使时间、金钱的浪费最小. 这是运筹学所要研究的问题.

例 3.3.8　设 $\xi_i\sim\Gamma(1,\lambda_i),i=1,2,$ 且 ξ_1 与 ξ_2 相互独立,求 $P\{\xi_1<\xi_2\}$.

解　由全概率公式(3.3.8)得

$$P\{\xi_1<\xi_2\}=\int_{-\infty}^{\infty}P\{\xi_1<\xi_2\mid\xi_2=t\}\mathrm{d}F_{\xi_2}(t)$$

$$= \int_0^\infty P\{\xi_1 < t \mid \xi_2 = t\} \lambda_2 e^{-\lambda_2 t} dt$$

$$= \int_0^\infty P\{\xi_1 < t\} \lambda_2 e^{-\lambda_2 t} dt$$

$$= \int_0^\infty (1 - \lambda_1 e^{-\lambda_1 t}) \lambda_2 e^{-\lambda_2 t} dt$$

$$= \frac{\lambda_1}{\lambda_1 + \lambda_2}.$$

另一解法. 因为 (ξ_1, ξ_2) 的密度函数为

$$f(x, y) = \begin{cases} \lambda_1 \lambda_2 e^{-\lambda_1 x} e^{-\lambda_2 y}, & x > 0, y > 0, \\ 0, & \text{其他.} \end{cases}$$

由图 3.3 得

$$P\{\xi_1 < \xi_2\} = \iint_{x<y} f(x, y) dx dy$$

$$= \int_0^\infty \left[\int_0^y \lambda_1 e^{-\lambda_1 x} dx \right] \lambda_2 e^{-\lambda_2 y} dy$$

$$= 1 - \frac{\lambda_2}{\lambda_1 + \lambda_2} = \frac{\lambda_1}{\lambda_1 + \lambda_2}.$$

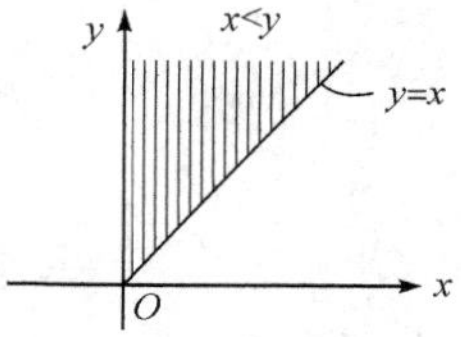

图 3.3

3.4* 离散型随机变量与连续型随机变量的运算和函数

离散型随机变量与连续型随机变量的运算和函数在实际中是少见的,这里的讨论基本上是理论上的探讨.

3.4.1 和与差运算

(1) 设 ξ 为离散随机变量,具有分布律: $P\{\xi = a\} = 1$, η 为连续随机变量, $f(t)$ 为其密度函数, $t \in [d, c]$, d 可以为 $-\infty$, c 可以为 ∞, 且 ξ 与 η 相互独立. 现来讨论 $\xi + \eta$ 的分布. 设 $\zeta = \xi + \eta$, 由于 ξ 只取值 a, 故 ζ 只能取值 $a + \eta$, 且当 ζ 取 $a + \eta$ 时, 有密度 $1 \cdot f(t) = f(t)$, 从而有

$$\int_d^c f(t) dt = 1,$$

$$E[\zeta] = E[\xi + \eta] = E(a + \eta) = \int_d^c (a + t) f(t) dt = a + E(\eta),$$

$$D(\zeta) = D(a + \eta) = E(a + \eta)2 - E^2[a + \eta] = \int_d^c (a + t)^2 dt - [a + E(\eta)]2.$$

$$= \int_d^c (a^2 + 2dt + t^2) f(t) dt - a^2 - 2aE(\eta) - E^2(\eta)$$

$$= a^2 + 2aE(\eta) + E(\eta^2) - a^2 - 2E(\eta) - E^2(\eta) = E(\eta^2) - E^2(\eta)$$

$$= D(\eta).$$

（2）设 ξ 具有分布律

$$
\begin{array}{c|cc}
\xi & a & b \\
\hline
P & p & 1-p
\end{array},0<p<1.
$$

η 仍为上述连续（型）随机变量，且 ξ 与 η 相互独立. 现讨论 $\zeta \equiv \xi+\eta$ 的分布.
由于 ξ 取 a,b 两个值，这时 ζ 的取值分为两部分即 $a+\eta$ 与 $b+\eta$，当 $\zeta=a+\eta$ 时，其密度为 $pf(t)$，当 $\zeta=b+\eta$ 时，其密度为 $(1-p)f(t)$，故

$$
\int_d^c pf(t)\mathrm{d}t + \int_d^c (1-p)f(t)\mathrm{d}t = p+(1-p) = 1,
$$

$$
\begin{aligned}
E(\zeta) &= \int_d^c (a+t)pf(t)\mathrm{d}t + \int_d^c (b+t)(1-p)f(t)\mathrm{d}t \\
&= ap + p\int_d^c tf(t)\mathrm{d}t + b(1-p) + \int_d^c t(1-p)f(t)\mathrm{d}t \\
&= ap + pE(\eta) + b(1-p) + (1-p)E(\eta) \\
&= E(\xi)+E(\eta).
\end{aligned}
$$

其分布函数为

$$
F(x)=\begin{cases}
1, & x>c, \\
\int_d^x [pf(t)+(1-p)f(t)\mathrm{d}t], & d<x\leqslant c, \\
0, & x<d.
\end{cases}
$$

从而

$$
\begin{aligned}
D(\zeta) &= \int_d^c (a+t)^2 pf(t)\mathrm{d}t + \int_d^c (b+t)^2(1-p)f(t)\mathrm{d}t - \big[E(\xi)+E(\eta)\big]^2 \\
&= \int_d^c (a^2+2at+t^2)pf(t)\mathrm{d}t + \int_d^c (b^2+2bt+t^2)(1-p)f(t)\mathrm{d}t - E^2(\xi+\eta) \\
&= a^2 p + 2apE(\eta) + pE(\eta^2) + b^2(1-p) + 2b(1-p)E(\eta) + (1-p)E(\eta^2) \\
&\quad - E^2(\xi+\eta) \\
&= D(\xi)+D(\eta).
\end{aligned}
$$

由上知，这时 $\zeta=\xi+\eta$ 既不是连续型随机变量也不是离散型随机变量. 由于当 ζ 取值 $a+\eta$ 时，有密度 $pf(t)$，当 ζ 取值 $b+\eta$ 时，有密度 $(1-p)f(t)$，故我们称 ζ 为离散连续型随机变量.

（3）设 $\xi\sim B(n,p)$，η 仍为上述连续型随机变量，且 ξ 与 η 相互独立. 现讨论 $\zeta\equiv\xi+\eta$ 的分布. 由（2），ζ 这时为 n 段离散连续型随机变量，且当 $\zeta=k+\eta$ 时，有密度 $\mathrm{C}_n^h p^k (1-p)^{n-k}f(t)$，$k=0,1,2,3,\cdots,n$. 从而，

$$
\sum_{k=0}^n \int_d^c \mathrm{C}_n^k p^k (1-p)^{n-k} f_k(t)\mathrm{d}t = \int_d^c \sum_{k=0}^n \mathrm{C}_n^k p^k (1-p)^{n-k} f(t)\mathrm{d}t = 1.
$$

$$E(\zeta) = \sum_{k=0}^{n} \int_{d}^{c} (k+t) C_n^k p^k (1-p)^{n-k} f(t) \mathrm{d}t$$

$$= \sum_{k=0}^{n} \left[k C_n^k p^k (1-p)^{n-k} + C_n^k p^k (1-p)^{n-k} E(\eta) \right]$$

$$= E(\xi) + E(\eta).$$

$$D(\zeta) = E(\zeta^2) - E^2(\zeta) = \sum_{k=0}^{n} \int_{d}^{c} (k+t)^2 C_n^k p^k (1-p)^{n-k} f(t) \mathrm{d}t - E^2(\zeta)$$

$$= \sum_{n=0}^{n} \int_{d}^{c} (k^2 + 2kt + t^2) C_n^k p^k (1-p)^{n-k} f(t) \mathrm{d}t - E^2(\zeta)$$

$$= E(\xi^2) + 2E(\xi)E(\eta) + E(\eta^2) - E^2(\zeta)$$

$$= E(\xi^2) + 2E(\xi)E(\eta) + E(\eta^2) - E^2(\xi) - 2E(\xi)E(\eta) - E^2(\eta)$$

$$= D(\xi) + D(\eta).$$

如果 $P\{\xi=a_k\}=p_k, k=1,2,3,\cdots,\eta$ 仍为上述连续型随机变量,则这时当 $\zeta \equiv \xi+\eta$ 取值 $a_k+\eta$ 时,有密度 $p_k f(t), k=1,2,3,\cdots$,从而,

$$E(\zeta)=E(\xi)+E(\eta), D(\zeta)=D(\xi)+D(\eta).$$

(4) 设 ξ,η 如(1)所设,现讨论 $\zeta \equiv \xi-\eta$ 的分布.类似(1)的分析,ζ 只能取值 $a-\eta$,且有密度 $f(t)$,则

$$E(\zeta) = \int_{d}^{c} (a-t) f(t) \mathrm{d}t = a - E(\eta).$$

$$D(\zeta) = \int_{d}^{c} (a-t)^2 (t) \mathrm{d}t - [a - E(\eta)]^2$$

$$= \int_{d}^{c} (a^2 - 2at + t^2) f(t) \mathrm{d}t - [a - E(\eta)]^2$$

$$= a^2 - 2aE(\eta) + 2E(\eta^2) - a^2 + zaE(\eta) - E^2(\eta)$$

$$= D(\eta).$$

如果设 $\zeta=\eta-\xi$,则这时 ζ 只能取值 $\eta-a$,且有密 $f(t)$.且 $E(\zeta)=E(\eta)-a$、$D(\zeta)=D(\eta)$.

如果 ξ 服从两点分布:$P\{\xi=a\}=p, P\{\xi=b\}=1-p, o<p<1, \eta$ 仍如上述所设,则 $\zeta=\xi-\eta$ 当 ζ 取值 $a-\eta$ 时,有密度 $pf(t)$,当 ζ 取值 $b-\eta$ 时,有密度 $(1-p)f(t)$,

$$P\{\zeta=a-\eta\} + P\{\zeta=b-\eta\} = \int_{d}^{e} pf(t) \mathrm{d}t + \int_{d}^{c} (1-p) f(t) \mathrm{d}t = 1,$$

$$E(\zeta) = \int_{d}^{c} (a-t) pf(t) \mathrm{d}t + \int_{d}^{c} (b-t)(1-p) f(t)$$

$$= ap - pE(\eta) + b(1-p) - (1-p)E(\eta)$$

$$= ap + b(1-p) - E(\eta) = E(\xi) - E(\eta),$$

$$D(\zeta) = \int_{d}^{c} (a-t)^2 pf(t) \mathrm{d}t + \int_{d}^{c} (b-t)^2 (1-p) f(t) \mathrm{d}t - E^2(\zeta)$$

$$= a^2 p - 2aE(\eta) + pE(\eta^2) + b^2(1-p) - 2bE(\eta) + E(\eta^2)(1-p) - E^2(\zeta)$$
$$= E(\xi^2) - 2(ap + b(1-p))E(\eta) + E(\eta^2) - E^2(\xi)$$
$$\quad + 2[ap + b(1-p)]E(\eta) - E^2(\eta)$$
$$= D(\xi) + D(\eta).$$

如果 ξ 与 η 如上所设且相互独立,则(类似地)$\zeta \equiv \eta - \xi$ 为两段离散连续分布,且当 ζ 取值 $\eta - a$ 时,有密度 $pf(t)$,当 ζ 取值 $\eta - b$ 时有密度 $(1-p)f(t)$,且

$$P\{\zeta = \eta - a\} + P\{\zeta = \eta - b\} = \int_d^c pf(t)\mathrm{d}t + \int_d^c (1-p)f(t)\mathrm{d}t = 1,$$
$$E(\zeta) = E(\eta) - E(\xi), \quad D(\zeta) = D(\eta) + D(\xi).$$

如果 η 同上,$\xi \sim B(n,p)$,且 ξ 与 η 相互独立,则 $\zeta \equiv \xi - \eta$ 为 n 段离散连续分布,且当 ζ 取值 $k - \eta$ 时有密度 $C_n^k p^k (1-p)^{n-k} f(t)$,$k = 0,1,2,\cdots,n$. 其数学期望与方差分别为

$$E(\zeta) = E(\xi) - E(\eta), \quad D(\zeta) = D(\xi) + D(\eta).$$

如果 $\zeta = \eta - \xi$,则 ζ 仍为 n 段离散连续分布,且当 ζ 取值 $\eta - k$ 时有密度 $C_n^k p^k (1-p)^{n-k} f(t)$,$k = 0,1,2,\cdots,n$,$E(\zeta) = E(\eta) - E(\xi)$,$D(\zeta) = D(\eta) + D(\xi)$.

如果 ξ 有分布律 $P\{\xi = a_k\} = p_k$;$k = 1,2,3,\cdots$,η 不变,且与 ξ 相互独立,则 $\zeta = \xi - \eta(\zeta = \eta - \xi)$ 仍为离散连续分布,当 ζ 取 $a_k - \eta(\eta - a_k)$ 时有密度 $p_k f(t)$,$k = 1,2,3,\cdots$,$\sum_{k=1}^{\infty} P\{\zeta = a_k - \eta\} = \sum_{k=1}^{\infty} \int_d^c p_k f(t)\mathrm{d}t = 1 [\sum_{k=1}^{\infty} P\{\zeta = \eta - a_k\} = 1]$. 且

$$E(\zeta) = E(\xi) - E(\eta)[E(\eta) - E(\xi)], D(\zeta) = D(\xi) + E(\eta).$$

3.4.2 积与商运算

设 ξ 有分布律:$P\{\xi = a_k\} = p_k$,$a_k \neq 0$,$k = 1,2,3,\cdots$,η 有密度函数 $f(t)$,$t \in [d,c]$,且 ξ 与 η 独立.

(1) 积运算

设 $\zeta = \xi\eta$,类似地,ζ 为离散连续分布,当 $\zeta = a_k\eta$ 时,ζ 有密度 $p_k f(t)$,$k = 1,2,3,\cdots$,显然

$$\sum_{k=1}^{\infty} P\{\zeta = a_k\eta\} = \sum_{k=1}^{\infty} \int_d^c p_k f(t)\mathrm{d}t = \sum_{k=1}^{\infty} p_k = 1.$$
$$E(\zeta) = \sum_{k=1}^{\infty} \int_d^c a_k t \cdot p_k f(t)\mathrm{d}t = \sum_{k=1}^{\infty} a_k p_k \int_d^c t f(t)\mathrm{d}t = E(\xi)E(\eta),$$
$$D(\zeta) = E(\zeta^2) - E^2(\zeta)$$
$$= \sum_{k=1}^{\infty} \int_d^c a_k^2 t^2 p_k f(t)\mathrm{d}t - E^2(\xi)E^2(\eta)$$

$$= \sum_{k=1}^{\infty} a_k{}^2 p_k \int_d^c t^2 f(t) \mathrm{d}t - E^2(\xi)E^2(\eta)$$
$$= E(\xi^2)E(\eta^2) - E^2(\xi)E^2(\eta).$$

（2）商运算

设 $\zeta = \eta/\xi$，当 ζ 取值 η/a_k 时，有密度 $f(t)f_k, k = 1,2,3,\cdots$. 显然，

$$\sum_{k=1}^{\infty} P\{\zeta = a_k\eta\} = \sum_{k=1}^{\infty} \int_d^c p_k f(t) \mathrm{d}t = 1 \text{ 且}$$
$$D(\zeta) = E(\eta^2/\xi^2) - E^2(\eta/\xi)$$
$$= \sum_{k=1}^{\infty} \int_d^c t^2/a^2{}_k \cdot p_k f(t) \mathrm{d}t - E^2(\eta/\xi)$$
$$= \sum_{k=1}^{\infty} p_k/a_k{}^2 E(\eta^2) - E^2(\eta) \left(\sum_{k=1}^{\infty} p_k/a_k \right)^2.$$

3.4.3 函数

（1）设 $\xi \sim B(n,\eta)$，$\eta \sim U(0,1)$. 现讨论 ξ 的分布. 由全概率公式和贝塔分布
$$P\{\xi = k\} = \int_0^1 C_n^k t^k (1-t)^{n-k} \mathrm{d}t = C_n^k \beta(k-1, n-k-1), k = 0,1,2,\cdots,n. 显然$$

$$\sum_{k=0}^{n} P\{\xi = k\} = \sum_{k=0}^{n} \int_0^1 C_n^k t^k (1-t)^{n-k} \mathrm{d}t$$
$$= \int_0^1 \sum_{k=0}^{n} C_n^k t^k (1-t)^{n-k} \mathrm{d}t = \int_0^1 1 \mathrm{d}t = t \Big|_0^1 = 1.$$

$$E(\xi) = \sum_{k=0}^{n} k P\{\xi = k\} = \int_0^1 \sum_{m=0}^{n} k C_n^k t^k (1-t)^{n-k} \mathrm{d}t = \int_0^1 nt \, \mathrm{d}t = \frac{n}{2}.$$

$$E(\xi^2) = \sum_{k=0}^{n} k^2 P\{\xi = k\} = \int_0^1 \sum_{k=0}^{n} k^2 C_n^k t^k (1-t)^{n-k} \mathrm{d}t = \int_0^1 nt + n(n-1)t^2 \, \mathrm{d}t$$
$$= \frac{n}{2} + \frac{n(n-1)}{3} = \frac{2n^2 + n}{6}.$$

从而

$$D(\xi) = E(\xi^2) - E^2(\xi) = \frac{(n^2 + 2n)}{12}.$$

如果 $\eta \sim U(a,b)$，$(0 < a < b < 1)$，显然，

$$\sum_{k=0}^{n} P\{\xi = k\} = 1,$$
$$E(\xi) = \int_a^b \sum_{k=0}^{n} k C_n^k t^k (1-t)^{n-k}/(b-a) \mathrm{d}t$$
$$= \int_a^b nt/(b-a) \mathrm{d}t = n(b+a)/2,$$

$$D(\xi)=E(\xi^2)-E^2(\xi)=n\left[nb^2+2na^2-2nba+\frac{b}{2}+\frac{a}{2}-(b^2+ab+a^2)/3\right].$$

（2）设 $\xi\sim G_{e0}(\eta)$，$\eta\sim U(0,1)$. 现讨论 ξ 的分布.

由全概率公式和贝塔分布得

$$P\{\xi=k\}=\int_0^1 t\,(1-t)^{k-1}\mathrm{d}t=\frac{\Gamma(2)\Gamma(k)}{\Gamma(2+k)}=\frac{1}{(k+1)k},k=1,2,\cdots$$

显然，

$$\sum_{k=1}^{\infty}P\{\xi=k\}=\int_0^1\sum_{k=1}^{\infty}t\,(1-t)^{k-1}\mathrm{d}t=\int_0^1\sum_{k=1}^{\infty}\left(\frac{1}{k}-\frac{1}{k+1}\right)\mathrm{d}t=\int_0^1\mathrm{d}t=1,$$

$$E(\xi)=\sum_{k=1}^{\infty}kP\{\xi=k\}=\int_0^1\sum_{k=1}^{\infty}kt\,(1-t)^{k-1}\mathrm{d}t=\int_0^1\frac{1}{t}\mathrm{d}t=\ln t\Big|_0^1=\infty.$$

故 $E(\xi)$ 不存在，从而 $D(\xi)$ 也不存在.

对离散型随机变量与连续型随机变量的运算和函数这一问题，我们只开了个头，其余内容留读者去讨论.

3.5　一些组合公式的概率证明

直接证明组合公式往往比较难. 一些组合公式用概率模型来证明比较简单. 现介绍如下.

3.5.1　由三个常见离散分布得到的组合公式

（1）二项分布

设 $\xi\sim B(n,p)$. 由于 $\sum_{k=0}^{n}P\{\xi=k\}=1$，从而，当 $p=\frac{1}{r}$ 时，得

$$\sum_{k=0}^{n}\mathrm{C}_n^k\,(r-1)^{n-k}=r^n,r>1,n>0,\qquad(3.5.1)$$

直接证明上式也很简单.

在（3.5.1）式中，要求 $r>1$，实际上，当 $n>0$ 且 r 为除 1 以外的任意实数时，（3.5.1）式也成立. 例如，当 $r=0$ 时，有

$$\sum_{k=0}^{n}\mathrm{C}_n^k\,(-1)^{n-k}=0,n\neq 0,\qquad(3.5.2)$$

（3.5.2）式初看起来似乎很难想象，实际上直接证明也简单，由二项公式，得

$$0=0^n=[1+(-1)]^n=\sum_{k=0}^{n}\mathrm{C}_n^k 1^k\,(-1)^{n-k}=\sum_{k=0}^{n}\mathrm{C}_n^k\,(-1)^{n-k}=\sum_{k=0}^{n}\mathrm{C}_n^k(-1)^{n-k}.$$

类似地，当 $r=-\frac{3}{2}$ 时，有

$$\sum_{k=0}^{n} C_n^k \left(-\frac{5}{2}\right)^k = \left(-\frac{3}{2}\right)^n, \tag{3.5.3}$$

当 $r=2$ 时,有

$$\sum_{k=0}^{n} C_n^k = 2^n. \tag{3.5.4}$$

在(3.5.1)式中,要求 n 满足 $n>0$. 如果 $n=0$ 且 $r=0$,则有

$$0^0 = \sum_{k=0}^{0} C_0^k (-1)^{0-k} = C_0^0 (-1)^0 = \frac{0!}{0!(0-0)!} = 1, \tag{3.5.5}$$

即 0 的 0 次方等于 1. 但是,0 的 0 次方至今还没有定义(由于当 a 不等于 0 时,a 的 0 次方为 1,故当 a 趋于 0 时其极限为 1,即 0 的 0 次方等于 1. 另一方面,当 a 为正时,0 的 a 次方为 0,故当 a 趋于 0 时其极限为 0,即 0 的 0 次方等 0. 当 a 为负且趋于 0 时,0 的 a 次方的极限为无穷大,即 0 的 0 次方为无穷大. 所以 0 的 0 次方至今还没有定义.).

在(3.5.1)式中,如果令 $r=1$,则有

$$1 = \sum_{k=0}^{n} C_n^k 0^{n-k} = C_n^n 0^0 = 0^0,$$

我们又得到(3.5.5)式. 因此,为了使对任意非负整数 n 和任意实数 r,(3.5.1)式都成立,在这里我们约定:$0^0=1$.

因为 $E(X)=np$,即

$$\sum_{k=0}^{n} k C_n^k p^k q^{n-k} = np,$$

所以,当 $p=\frac{1}{2}$ 时,得

$$\sum_{k=0}^{n} k C_n^k = n 2^{n-1}, \tag{3.5.6}$$

当 $p=\frac{1}{3}$ 时,得

$$\sum_{k=0}^{n} k C_n^k \left(\frac{1}{2}\right)^k = \frac{n 3^{n-1}}{2^n}, \tag{3.5.7}$$

因为 $E(\xi^2)=np+n(n-1)p^2$,即

$$\sum_{k=0}^{n} k^2 C_n^k p^k q^{n-k} = np + n(n-1)p^2,$$

当 $p=\frac{1}{2}$ 时,得

$$\sum_{k=0}^{n} k^2 C_n^k = n 2^{n-1} + n(n-1) 2^{n-2} = n(n+1) 2^{n-2}, \tag{3.5.8}$$

因为 $E[\xi(\xi-1)]=n(n-1)p^2$，所以当 $p=\dfrac{1}{2}$ 时，得

$$\sum_{k=1}^{n} k(k-1)C_n^k = n(n-1)2^{n-2},\tag{3.5.9}$$

由于 $\sum\limits_{k=1}^{n} kC_n^k p^k q^{n-k} = np$，从而，当 $p=\dfrac{1}{r}$ 时，得

$$\sum_{k=1}^{n} kC_n^k (r-1)^{n-k} = nr^{n-1},\qquad r\neq 1,\tag{3.5.10}$$

当 $r=3$ 时，得

$$\sum_{k=1}^{n} kC_n^k 2^{n-k} = n3^{n-1},\tag{3.5.11}$$

在 $\sum\limits_{k=0}^{n} k^2 C_n^k p^k q^{n-k} = np + n(n-1)p^2$ 中，令 $p=\dfrac{1}{r}$，得

$$\sum_{k=0}^{n} k^2 C_n^k (r-1)^{n-k} = nr^{n-1} + n(n-1)r^{n-2},\qquad r\neq 1,\tag{3.5.12}$$

当 $r=2$ 时，得

$$\sum_{k=0}^{n} k^2 C_n^k = n(n+1)2^{n-2},\tag{3.5.13}$$

当 $r=3$ 时，得

$$\sum_{k=0}^{n} k^2 C_n^k 2^{n-k} = n(n+2)3^{n-2},\tag{3.5.14}$$

因为 $\sum\limits_{k=0}^{n} k(k-1)C_n^k p^k q^{n-k} = n(n-1)p^2$，所以令 $p=\dfrac{1}{r}$，得

$$\sum_{k=1}^{n} k(k-1)C_n^k (r-1)^{n-k} = n(n-1)r^{n-2},\qquad r\neq 1,\tag{3.5.15}$$

当 $r=2$ 时，得

$$\sum_{k=1}^{n} k(k-1)C_n^k = n(n-1)2^{n-2},\tag{3.5.16}$$

由 $\sum\limits_{k=0}^{n} kC_n^k p^k q^{n-k} = np$，令 $q=\dfrac{1}{r}$，得

$$\sum_{k=0}^{n} kC_n^k (r-1)^k = nr^{n-1}(r-1),$$

当 $n\neq 1$ 时，令 $r=0$，得

$$\sum_{k=0}^{n} kC_n^k (-1)^k = 0, n\neq 1.\tag{3.5.17}$$

(3.5.17)式可以直接证明. 因为 $(1+x)^n = \sum\limits_{k=0}^{n} C_n^k x^k = \sum\limits_{k=0}^{n} C_n^k x^{n-k}$，关于 x 求

导数,得

$$n(1+x)^{n-1} = \sum_{k=0}^{n} kC_n^k x^{k-1} = \sum_{k=0}^{n} (n-k)C_n^k x^{n-k-1},$$

再令 $x=-1(n\neq1)$ 得

$$\sum_{k=0}^{n} kC_n^k(-1)^{k-1} = \sum_{k=0}^{n} (n-k)C_n^k(-1)^{n-k-1} = 0, \qquad n\neq1, \quad (3.5.18)$$

在(3.5.18)式中,三边乘以-1,得

$$\sum_{k=0}^{n} kC_n^k(-1)^k = \sum_{k=0}^{n} (n-k)C_n^k(-1)^{n-k} = 0, n\neq1, \qquad (3.5.19)$$

从而(3.5.17)式得证.

在(3.5.10)式中,令 $r=0(n\neq1)$,得

$$\sum_{k=0}^{n} kC_n^k(-1)^{n-k} = 0, \qquad n\neq1, \qquad (3.5.20)$$

在(3.5.15)式中,令 $r=0,(n\neq2)$,得

$$\sum_{k=0}^{n} k(k-1)C_n^k(-1)^{n-k} = 0, \qquad n\neq2, \qquad (3.5.21)$$

为直接证明(3.5.21)式,在 $(1+x)^n = \sum_{k=0}^{n} C_n^k x^k = \sum_{k=0}^{n} C_n^k x^{n-k}$ 中,关于 x 求两次导数,再令 $x=-1$,得

$$0 = \sum_{k=0}^{n} k(k-1)C_n^k(-1)^{k-2} = \sum_{k=0}^{n} (n-k)(n-k-1)C_n^k(-1)^{n-k-2}, \qquad n\neq2,$$

$$(3.5.22)$$

再乘以 $(-1)^{n-2k+2}$,得

$$\sum_{k=0}^{n} k(k-1)C_n^k(-1)^{n-k} = \sum_{k=0}^{n} (n-k)(n-k-1)C_n^k(-1)^{2n-3k} = 0,$$

$$(3.5.23)$$

从而(3.5.21)式得证.

在(3.5.12)式中,令 $r=0$,得

$$\sum_{k=0}^{n} k^2 C_n^k(-1)^{n-k} = 0, \qquad n\neq1, n\neq2, \qquad (3.5.24)$$

注意 1 在(3.5.17)式中,$n\neq1$. 如果 $n=1$,则(3.4.17)式不成立,因为左边为 -1,不等于右边 0. 由于(3.5.17)式是由等式 $\sum_{k=0}^{n} kC_n^k(r-1)^k = nr^{n-1}(r-1)$,令 $r=0$ 得到的,因此,在约定 $0^0=1$ 下,如果 $n=1(r=0)$,该式两边同为 -1. 同理,在 (3.5.21)式中,$n\neq2$. 如果 $n=2$,左边等于 2,不等于右边 0. 由于(3.5.21)式是由 (3.4.15)式,令 $r=0$ 得到的,因此,在约定 $0^0=1$ 下,如果 $n=2(r=0)$,该式两边都

等于 2. 在(3.5.2)式中，$n \neq 0$. 如果 $n=0$，由(3.5.1)式和约定 $0^0=1$，(3.5.2)式左边应该等于 1，而不等于 0. 在(3.5.24)式中，$n \neq 1$ 且 $n \neq 2$. 由(3.5.12)式与约定 $0^0=1$，如果 $n=1$，(3.5.24)式两边都等于 1；如果 $n=2$，(3.5.24)式两边都等于 2. 由此说明，至少在二项公式和组合公式问题中，约定 $0^0=1$ 是合理的. 当然，约定 $0^0=1$，不是对所有问题都适用.

注意 2　由(3.5.2)式、(3.5.17)式与(3.5.21)式知，对任意实数 a,b,c，有

$$\sum_{k=0}^{n}[ak(k-1)+bk+c]C_n^k(-1)^{n-k}=0, \qquad n>2, \qquad (3.5.25)$$

$$\sum_{k=0}^{n}[ak(k-1)+bk+c]C_n^k(-1)^{k}=0, \qquad n>2, \qquad (3.5.26)$$

特别地，在(3.5.25)式中，令 $a=b=1,c=0$，立得(3.5.24)式. 一般地，当 $n>r$（r 为非负整数）时，把(3.5.24)式中的 k^2 换成 k^r，(3.4.24)式仍成立. 即

$$\sum_{k=0}^{n}k^rC_n^k(-1)^{n-k}=\sum_{k=0}^{n}k^rC_n^k(-1)^{k}=0, \qquad n>r, \qquad (3.5.27)$$

从而，对任意 $r+1$ 个实数 $x_0,x_1,x_2,\cdots,x_r$，有

$$\sum_{k=0}^{n}\left(\sum_{i=0}^{r}x_ik^i\right)C_n^k(-1)^{n-k}=\sum_{k=0}^{n}\left(\sum_{i=0}^{r}x_ik^i\right)C_n^k(-1)^{k}=0, \qquad n>r.$$
$$(3.5.28)$$

注意 3　在(3.5.1)、(3.5.10)、(3.5.12)与(3.5.15)式中，由于 $p=\dfrac{1}{r}$，故 r 应该大于 1. 但是，在此四式中，r 可以为除 1 以外的任意实数. 此四式的证明方法与(3.5.21)式的证明方法类似. 由此四式，当 r 为除 1 以外的任意实数时，可以得到许多组合公式，这里就不详细叙述了.

(2) 超几何分布

如果随机变量 ξ 具有分布律

$P\{\xi=k\}=C_M^kC_{N-M}^{n-k}/C_N^n, k=0,1,2,\cdots,\min(M,n)$ 且 n,M,N 均为正整数，$M \leqslant N, n \leqslant N$，

则称 ξ 服从超几何分布.

因为 $\displaystyle\sum_{k=0}^{\min(M,n)}P\{\xi=k\}=1$ 和当 $n<m$ 时 $C_n^m=0$，所以得

$$\sum_{k=0}^{M}C_M^kC_{N-M}^{n-k}=C_N^n=\sum_{k=0}^{n}C_M^kC_{N-M}^{n-k}, \qquad (3.5.29)$$

在(3.5.29)式中，令 $N=m+n,M=m$，得组合公式

$$\sum_{k=0}^{n}C_m^kC_n^k=C_{m+n}^n. \qquad (3.5.30)$$

如果从装有 m 个黑球 n 个白球的袋中不放回随机取 k 个球，则类似地，得

$$\sum_{j=0}^{k} C_m^j C_n^{k-j} = C_{m+n}^k, \tag{3.5.31}$$

在上式中,当 $m=n=k$ 时,得

$$\sum_{j=0}^{n} (C_n^j)^2 = C_{2n}^n, \tag{3.5.32}$$

因为 $E(\xi) = \dfrac{nM}{N}$,所以,得

$$\sum_{k=0}^{M} k C_M^k C_{N-M}^{n-k} = \frac{nM}{N} C_N^n, \tag{3.5.33}$$

在(3.5.33)式中,设 $m=M, n=N-M$,得

$$\sum_{k=0}^{n} k C_m^k C_n^k = \frac{nm}{n+m} C_{m+n}^n = \sum_{k=0}^{m} k C_m^k C_n^k, \tag{3.5.34}$$

当 $m=n$ 时,得

$$\sum_{k=0}^{n} k (C_n^k)^2 = \frac{n}{2} C_{2n}^n. \tag{3.5.35}$$

(3) 负二项分布

如果随机变量 ξ 具有分布律

$$P\{\xi=k\} = C_{k-1}^{r-1} p^r q^{k-r}, \qquad k=r, r+1, r+2, \cdots, 0<p<1, q=1-p,$$

则称 ξ 服负二项分布. 由 $1 = \sum\limits_{k=r}^{\infty} P\{\xi=k\}$,令 $p=\dfrac{1}{t}$,得

$$\sum_{k=r}^{\infty} C_{k-1}^{r-1} \left(\frac{t-1}{t}\right)^k = (t-1)^r, \tag{3.5.36}$$

当 $t=2$ 时,得

$$\sum_{k=r}^{\infty} C_{k-1}^{r-1} \left(\frac{1}{2}\right)^k = 1, \tag{3.5.37}$$

令 $j=k-r$,得

$$\sum_{j=0}^{\infty} C_{j+r-1}^{j} \left(\frac{1}{2}\right)^j = 2^r, \tag{3.5.38}$$

因为 $E(\xi) = \dfrac{r}{p}$,当 $p=\dfrac{1}{2}$ 时,得

$$\sum_{k=r}^{\infty} k C_{k-1}^{r-1} \left(\frac{1}{2}\right)^k = 2r, \tag{3.5.39}$$

在 $E(\xi) = \dfrac{r}{p}$ 中,当 $p=\dfrac{1}{3}$ 时,得

$$\sum_{k=r}^{\infty} k C_{k-1}^{r-1} \left(\frac{2}{3}\right)^k = 3r \cdot 2^r, \tag{3.5.40}$$

在(3.5.36)式与 $E(\xi)=r/p$ 中,当 t,p 取其他值时还可得到许多组合公式.

3.5.2   由极值分布得到的组合公式

(1) 从 $0,1,2,\cdots,n$ 中不放回随机取 $k(k\leqslant n)$ 个数,令 ξ,η 分别为取出的 k 个数中最大与最小数,则 ξ,η 的分布律分别为

$$P\{\xi=j\}=C_j^{k-1}/C_{n+1}^k,\ j=k-1,k,k+1,\cdots n, \tag{3.5.41}$$

$$P\{\eta=j\}=C_{n-j}^{k-1}/C_{n+1}^k,\ j=0,1,\cdots n-k+1, \tag{3.5.42}$$

于是,得

$$\sum_{j=k-1}^{n}C_j^{k-1}=C_{n+1}^k, \tag{3.5.43}$$

$$\sum_{j=0}^{n+1-k}C_{n-j}^{k-1}=C_{n+1}^k, \tag{3.5.44}$$

在(3.5.43)式中,令 $i=j-k+1$,得

$$\sum_{i=0}^{n-k+1}C_{i+k-1}^{k-1}=C_{n+1}^k, \tag{3.5.45}$$

当 $k=2$ 时,由上三式得

$$\sum_{j=1}^{n}C_j^1=\sum_{j=0}^{n-1}C_{n-j}^1=\sum_{i=0}^{n-1}C_{i+1}^1=C_{n+1}^2, \tag{3.5.46}$$

当 $k=3$ 时,由(3.5.43)~(3.5.45)式,得

$$\sum_{j=2}^{n}C_j^2=\sum_{n=0}^{n-2}C_{n-j}^2=\sum_{i=0}^{n-2}C_{i+2}^2=C_{n+1}^3, \tag{3.5.47}$$

如果 $k(k\geqslant3)$ 为奇数,设 ζ 为取出的 k 个数中,中间的那个数,则 ζ 的分布律为

$$P\{\zeta=j\}=C_j^{(k-1)/2}C_{n-j}^{(k-1)/2}/C_{n+1}^k,\ j=(k-1)/2,(k+1)/2,\cdots,n-(k-1)/2, \tag{3.5.48}$$

从而得

$$\sum_{j=(k-1)/2}^{n-(k-1)/2}C_j^{(k-1)/2}C_{n-j}^{(k-1)/2}=C_{n+1}^k, \tag{3.5.49}$$

由此得

$$\sum_{j=1}^{n-1}C_j^1C_{n-j}^1=C_{n+1}^3, \tag{3.5.50}$$

$$\sum_{j=2}^{n-2}C_j^2C_{n-j}^2=C_{n+1}^5, \tag{3.5.51}$$

由(3.5.43)、(3.5.44)与(3.5.49)式,得

$$\sum_{j=k-1}^{n}C_j^{k-1}=\sum_{j=0}^{n+1-k}C_{n-j}^{k-1}=\sum_{j=(k-1)/2}^{n-(k-1)/2}C_j^{(k-1)/2}C_{n-j}^{(k-1)/2}=C_{n+1}^k, \qquad k\ \text{为奇数且}\ 3\leqslant k\leqslant n.$$

$$\tag{3.5.52}$$

如果不是从 $0,1,2,\cdots,n$ 中取 k 个数，而是从 $1,2,\cdots,n$ 中不放,随机取 $k(k\leqslant n)$ 数，则 (3.5.41)式与(3.5.42)式分别

$$P\{\xi=j\}=C_{j-1}^{k-1}/C_n^k, \qquad j=k,k+1,\cdots,n, \tag{3.5.41'}$$

$$P\{\eta=j\}=C_{n-j}^{k-1}/C_n^k, \qquad j=1,2,\cdots,n-k+1, \tag{3.5.42'}$$

从而得

$$\sum_{j=k}^n C_{j-1}^{k-1}=C_n^k, \tag{3.5.43'}$$

$$\sum_{j=1}^{n-k+1} C_{n-j}^{k-1}=C_n^k, \tag{3.5.44'}$$

在(3.5.43′)式中，令 $i=j-k$ 得

$$\sum_{i=0}^n C_{i+k-1}^{k-1}=C_n^k, \tag{3.5.45'}$$

当 $k=2$ 时，由上三等式得

$$\sum_{j=k}^n C_{j-1}^1=\sum_{j=1}^{n-1} C_{n-j}^1=\sum_{j+1}^n C_{j+1}^1=C_n^z, \tag{3.5.46'}$$

当 $k=3$ 时，由(3.5.43′)~(3.5.45′)式得

$$\sum_{j=3}^n C_{j-1}^2=\sum_{j=0}^{n-1} C_{j+2}^2=C_n^3, \tag{3.5.47'}$$

如果 k 为奇数，设 ζ 为取出的 k 个数中,中间的那个数，则 ζ 的分布律为

$$P\{\zeta=j\}=C_{j-1}^{(k-1)/2}C_{j-1}^{(k-1)/2}/C_n^k,j=(k+1)/z,(k+1)/z+1,\cdots,n-(k-1)/z,$$
$$\tag{3.5.48'}$$

从而得

$$\sum_{j=(k+1)/z}^{n-(k-1)/z} C_{j-1}^{(k-1)/z}C_{n-j}^{(k-1)/z}=C_n^k, \tag{3.5.49'}$$

由此得

$$\sum_{j=2}^{n-1} C_{j-1}^1=C_{n-j}^1=C_n^3 \tag{3.5.50'}$$

$$\sum_{j=3}^{n-2} C_{j-1}^2=C_{n-j}^2=C_n^5 \tag{3.5.51'}$$

由(3.5.43)、(3.5.44)、(3.5.49)式，得

$$\sum_{j=k}^n C_{j-1}^{k-1}=\sum_{j=1}^{n-k+1} C_{n-j}^{k-1}=\sum_{j=(k+1)/z}^{n-(k-1)/z} C_{j-1}^k, \qquad k(3\leqslant k\leqslant n) \text{为奇数}$$
$$\tag{3.5.52'}$$

(2) 从 $1,2,3,\cdots,m+n$ 中不放回随机取 k 个数，设 ξ,η 分别为取出的 k 个数中最大数与最小数，则 ξ,η 的分布律分别为

$$P\{\xi=j\}=C_{j-1}^{k-1}/C_{m+n}^k,j=j,k+1,\cdots, \qquad m+n, \tag{3.5.53}$$

$$P\{\eta=j\}=C_{m+n-j}^{k-1}/C_{m+n}^k, j=1,2,\cdots, \qquad m+n-k+1, \qquad (3.5.54)$$

于是分别得

$$\sum_{j=k}^{m+n} C_{j-1}^{k-1} = C_{m+n}^k, \qquad (3.5.55)$$

$$\sum_{j=1}^{m+n-k+1} C_{m+n-j}^{k-1} = C_{m+n}^k, \qquad (3.5.56)$$

$$\sum_{j=k}^{m+n} C_{j-1}^{k-1} = \sum_{j=1}^{m+n-k+1} C_{m+n-j}^{k-1} = C_{m+n}^k, \qquad (3.5.57)$$

当 $k=m+1$ 时,(3.5.55)~(3.5.57)式分别为

$$\sum_{j=m+1}^{m+n} C_{j-1}^m = C_{m+n}^{m+1}, \qquad (3.5.58)$$

$$\sum_{j=1}^{n} C_{m+n-j}^m = C_{m+n}^{m+1}, \qquad (3.5.59)$$

$$\sum_{j=m+1}^{m+n} C_{j-1}^m = \sum_{j=1}^{n} C_{m+n-j}^m = C_{m+n}^{m+1}, \qquad (3.5.60)$$

设 $i=j-m$,则 $\sum\limits_{j=m+1}^{m+n} C_{j-1}^m = \sum\limits_{i=1}^{n} C_{i+m-1}^m$,再把 i 换成 j,则得

$$\sum_{j=1}^{n} C_{j+m-1}^m = \sum_{j=1}^{n} C_{m+n-j}^m, \qquad (3.5.61)$$

如果 $k=m=n$,则由(3.5.55)与(3.5.56)式得

$$\sum_{j=n}^{2n} C_{j-1}^{n-1} = C_{2n}^n, \qquad (3.5.62)$$

$$\sum_{j=1}^{n+1} C_{2n-j}^{n-1} = C_{2n}^n, \qquad (3.5.63)$$

当 $k(2\leqslant k\leqslant m+n)$ 为其他的整数时还可以得到很多组合公式,这里就不再详述了.

如果从 $1,2,3,\cdots,m+n$ 中不放回随机取出的 k 个数(k 是奇数),设 ζ 为中间那个数,则 ζ 的分布律为

$$P\{\xi=j\}=C_{j-1}^{(k-1)/2} C_{m+n-j}^{(k-1)/2}/C_{m+n}^k, j=(k+1)/2,(k+1)/2+1,\cdots,m+n-(k-1)/2,$$
$$(3.5.64)$$

从而得

$$\sum_{j=(k+1)/2}^{m+n-(k-1)/2} C_{j-1}^{(k-1)/2} C_{m+n-j}^{(k-1)/2} = C_{m+n}^k, \qquad (3.5.65)$$

再由(3.5.57)式得

$$\sum_{j=k}^{m+n} C_{j-1}^{k-1} = \sum_{j=1}^{m+n+1-k} C_{m+n-j}^{k-1} = \sum_{j=(k+1)/2}^{m+n-(k-1)/2} C_{j-1}^{(k-1)/2} C_{m+n-j}^{(k-1)/2} = C_{m+n}^k, k(3\leqslant k\leqslant m+n) \text{ 为奇数},$$
$$(3.5.66)$$

当 $k=m=n$ 时,得

$$\sum_{j=n}^{2n} C_{j-1}^{n-1} = \sum_{j=1}^{n+1} C_{2n-j}^{n-1} = \sum_{j=(n+1)/2}^{(3n+1)/2} C_{j-1}^{(n-1)/2} C_{2n-j}^{(n-1)/2} = C_{2n}^{n}, \quad n(n>1) \text{ 为奇数.}$$
$$\text{(3.5.67)}$$

(3) 在(1)中，(ξ,η)的分布律为

$$P\{\xi=j,\eta=i\}=P\{\xi=j\}P\{y=i\,|\,\xi=j\}$$
$$=\frac{C_j^{k-1}}{C_{n+1}^k} \cdot \frac{C_{j-i}^{k-2}}{C_{j+1}^{k-1}}, i=0,1,2,\cdots,j+2-k, j=k-1,k,k+1,\cdots,n. \quad \text{(3.5.68)}$$

在(2)中，(ξ,η)的分布律为

$$P\{\xi=j,\eta=i\}=P\{\xi=j\}P\{\eta=i\,|\,\xi=j\}$$
$$=\frac{C_{i-1}^{k-1}}{C_{m+n}^k} \cdot \frac{C_{j-i}^{k-2}}{C_j^{k-1}} \cdot i=1,2,\cdots,j+2-k, j=k,k+1,\cdots,m+n, \quad \text{(3.5.69)}$$

于是得

$$\sum_{j=k-1}^{n} \sum_{i=0}^{j+2-k} C_j^{k-1} C_{j-i}^{k-2}/C_{j+1}^{k-1} = C_{n+1}^k, \quad \text{(3.5.70)}$$
$$\sum_{j=k}^{m+n} \sum_{i=1}^{j+2-k} C_{j-1}^{k-1} C_{j-i}^{k-2}/C_j^{k-1} = C_{m+n}^k, \quad \text{(3.5.71)}$$

又因在(1)中，(ξ,η)的分布律为

$$P\{\xi=j,\eta=i\}=C_{j-1-i}^{k-2}/C_{n+1}^k, \qquad i=0,1,2\cdots,j-k+1, j=k-1,k,\cdots,n,$$
$$\text{(3.5.72)}$$

于是得

$$\sum_{j=k-1}^{n} \sum_{i=0}^{j-k-n} C_{j-1-i}^{k-2} = C_{n+1}^k, \quad \text{(3.5.73)}$$

因在(2)中，(ξ,η)的分布律为

$$P\{\xi=j,\eta=i\}=C_{j-1-i}^{k-2}/C_{m+n}^k, \qquad i=1,2,\cdots,j-k+1, j=k,k+1,\cdots,m+n,$$
$$\text{(3.5.74)}$$

于是得

$$\sum_{j=k}^{m+n} \sum_{i=1}^{j-k+1} C_{j-1-i}^{k-2} = C_{m+n}^k, \quad \text{(3.5.75)}$$

由(3.5.70)与(3.5.73)式，得

$$\sum_{i=0}^{j+2-k} C_j^{k-1} C_{j-i}^{k-2} = \sum_{i=0}^{j+1-k} C_{j-1-i}^{k-2} C_{j+1}^{k-1}, \qquad i+k-1 \leqslant j, k \geqslant 2, \quad \text{(3.5.76)}$$

由(3.5.71)与(3.5.75)式，得

$$\sum_{i=1}^{j+2-k} C_{j-1}^{k-1} C_{j-i}^{k-2} = \sum_{i=0}^{j+1-k} C_{j-1-i}^{k-2} C_j^{k-1}, \qquad i+k-1 \leqslant j, k \geqslant 2. \quad \text{(3.5.77)}$$

如果从 $0,1,2,\cdots,n$ 中不放回随机取出 k 个数(k 是奇数)，设 ξ,η,ζ 分别为 k 个数中的最大数、最小数与中间那个数，则$(\xi,\zeta),(\zeta,\eta)$的分布律分别为

$$P\{\xi=j,\zeta=i\}=C_i^{(k-1)/2}C_{j-i-1}^{(k-3)/2}/C_{n+1}^k,$$
$$i=(k-1)/2,(k+1)/2,\cdots,j-(k-1)/2,j=k-1,k,k+1,\cdots,n,$$
$$(3.5.78)$$
$$P\{\xi=i,\eta=j\}=C_{n-i}^{(k-1)/2}C_{i-j-1}^{(k-3)/2}/C_{n+1}^k,k\ \text{为奇数},\text{且}$$
$$i=j+(k-1)/2,j+(k+1)/2,\cdots,n-(k-1)/2,j=0,1,2,\cdots,n-k+1,$$
$$(3.5.79)$$

从而得

$$\sum_{j=k-1}^{n}\sum_{i=(k-1)/2}^{j-(k-1)/2}C_i^{(k-1)/2}C_{j-i-1}^{(k-3)/2}=C_{n+1}^k,\quad k(3\leqslant k\leqslant n)\ \text{为奇数},\ (3.5.80)$$
$$\sum_{j=0}^{n-k+1}\sum_{i=j+(k-1)/2}^{n-(k-1)/2}C_{n-i}^{(k-1)/2}C_{i-j-1}^{(k-3)/2}=C_{n+1}^k,\quad k\ \text{为奇数},\quad(3.5.81)$$

如果从 $1,2,3,\cdots,m+n$ 中不放回随机取出的 k 个数（k 为奇数），且设 ξ,η,ζ 分别为取出的 k 个数中最大数、最小数和中间那个数，则 (ξ,ζ) 与 (ζ,η) 的分布律分别为

$$P\{\xi=j,\zeta=i\}=C_{i-1}^{(k-1)/2}C_{j-i-1}^{(k-3)/2}/C_{m+n}^k,i=(k+1)/2,(k+3)/2,\cdots,j-(k-1)/2,$$
$$j=k,k+1,\cdots,m+n,\text{且}\ k(3\leqslant k\leqslant m+n)\ \text{为奇数},\quad(3.5.82)$$
$$P\{\zeta=i,\eta=j\}=C_{m+n-i}^{(k-1)/2}C_{i-j-1}^{(k-3)/2}/C_{m+n}^k,i=j+(k-1)/2,$$
$$j+(k+1)/2,\cdots,m+n-(k-1)/2,$$
$$j=1,2,3,\cdots,m+n-k+1,k(3\leqslant k\leqslant m+n)\ \text{为奇数},\quad(3.5.83)$$

于是得

$$\sum_{j=k}^{m+n}\sum_{i=(k+1)/2}^{j-(k-1)/2}C_{i-1}^{(k-1)/2}C_{j-i-1}^{(k-3)/2}=C_{m+n}^k,\quad k(3\leqslant k\leqslant m+n)\ \text{为奇数},$$
$$(3.5.84)$$
$$\sum_{j=1}^{m+n-k+1}\sum_{i=j+(k-1)/2}^{m+n-(k-1)/2}C_{m+n-i}^{(k-1)/2}C_{i-j-1}^{(k-3)/2}=C_{m+n}^k,\quad k(3\leqslant k\leqslant m+n)\ \text{为奇数},$$
$$(3.5.85)$$

当 $k=m=n$ 时，上两式分别变为

$$\sum_{j=n}^{2n}\sum_{i=(n+1)/2}^{j-(n-1)/2}C_{i-1}^{(n-1)/2}C_{j-i-1}^{(n-3)/2}=C_{2n}^n,\quad n(3\leqslant n)\ \text{为奇数},\quad(3.5.86)$$
$$\sum_{j=1}^{n+1}\sum_{i=j+(n-1)/2}^{2n-(n-1)/2}C_{2n-i}^{(n-1)/2}C_{i-j-1}^{(n-3)/2}=C_{2n}^n,\quad n=(3\leqslant n)\ \text{为奇数},\quad(3.5.87)$$

3.5.3　由其他概率模型得到的组合公式

（1）由鞋子配对问题得到的组合公式

从 n 双不同号码的鞋子中随机取出 k 只，用 ξ 表示取出的 k 只鞋子中配对数，

则 ξ 能取的值为 $0,1,2,\cdots,k/2$,且

$$P\{\xi=i\}=C_n^i C_{n-i}^{k-2i}(C_2^1)^{k-2i}/C_{2n}^k, \qquad i=0,1,2,\cdots,k/2, 0<k\leqslant n,$$

故得

$$\sum_{i=0}^{k/2} C_n^i C_{n-i}^{k-2i}(C_2^1)^{k-2i}=C_{2n}^k, \qquad 0<k\leqslant n. \tag{3.5.88}$$

如果在上式中 $k=n+1$,则上式表示从 n 双不同的鞋子中随机取 $n+1$ 只,这时取出的鞋子中至少有 1 双配对,也即 ξ 能的值为 $1,2,3,\cdots,(n+1)/2$,从而得

$$\sum_{i=1}^{(n+1)/2} C_n^i C_{n-i}^{n+1-2i}(C_2^1)^{n+1-2i}=C_{2n}^{n+1}, \tag{3.5.89}$$

一般地有(从 n 双中取 $n+k$ 只)

$$\sum_{i=k}^{(n+k)/2} C_n^i C_{n-i}^{n+k-2i}(C_2^1)^{n+k-2i}=C_{2n}^{n+k}, 0<k\leqslant n. \tag{3.5.90}$$

(2)* 由三同问题得到的组合公式

鞋子配对问题实际上是二同问题. 考虑了二同问题自然会考虑三同问题.

设红桃、方块、草花各 n 张牌,编号均从 1 到 n,现从中不放回随机取 k 张,设 ξ 为取出的 k 张牌中三同数,则 ξ 能取的值为 $0,1,2,\cdots,k/3$ 且 ξ 的分布律为

$$P\{\xi=i\}=C_n^i \sum_{i=0}^{(k-3i)/2} C_{n-i}^j (C_3^2)^i C_{n-i-j}^{k-3i-2j}(C_3^1)^{k-3i-2j}/C_{3n}^k, \qquad i=0,1,\cdots,k/3,$$

$$\tag{3.5.91}$$

从而得

$$\sum_{i=0}^{k/3} C_n^i \sum_{j=0}^{(k-3i)/2} C_{n-i}^j C_{n-i-j}^{k-3i-2j} 3^{k-3i-2k}(C_3^2)^j=C_{3n}^k, \qquad 0<k\leqslant 2n, \tag{3.5.92}$$

当 $k=2n+t\leqslant 3n$ 时,类似于(3.5.90)式(把 t 换成 k,把上式中的 k 换成 $2n+k$),得

$$\sum_{i=k}^{(2n+k)/3} C_n^i \sum_{j=0}^{(2n+k-3i)/2} C_{n-i}^j (C_3^2)^j C_{n-i-j}^{2n+k-3i-2j} 3^{2n+k-3i-2j}=C_{3n}^{2n+k}, \qquad 0<k\leqslant n.$$

$$\tag{3.5.93}$$

(3)* 由四同问题得到的组合公式

设黑桃、红桃、方块、草花各 n 张牌,编号均从 1 到 n,现从中不放回随机取出 k 张,用 ξ 表示取出的 k 张牌的四同数,则 ξ 的分布律为

$$P\{\xi=i\}=C_n^i(C_4^4)^i \sum_{j=0}^{(k-4i)/3} C_{n-i}^j(C_4^3)^j \sum_{t=0}^{(k-4i-3j)/2} C_{n-i-j}^t(C_4^2)^t C_{n-i-j-t}^{k-4i-3j-2t}(C_4^1)^{k-4i-3j-2t}/C_{4n}^k,$$

$$i=0,1,2,\cdots,k/4, 0<k\leqslant 3n,$$

从而得:

$$\sum_{i=0}^{k/4} C_n^i \sum_{j=0}^{(k-4i)/3} C_{n-i}^j(C_4^3)^j \sum_{t=0}^{(k-4i-3j)/2} C_{n-i-j}^t(C_4^2)^t C_{n-i-j-t}^{k-4i-3j-2t} 4^{k-4i-3j-2t}=C_{4n}^k, 0<k\leqslant 3n.$$

$$\tag{3.5.94}$$

对于五同与五同以上问题讨论起来太复杂了,读者有兴趣自己可以去讨论,这里就不详细叙述了.

(4) 由二维超几何分布得列的组合公式

设黑、白、红球分别有 m, n, r 个,现从中不放回随机取 k 个,设 ξ, η 分别表示取出的 k 个球中的黑、白球数,则 (ξ, η) 的分布律为

$$P\{\xi = i, \eta = j\} = C_m^i C_n^j C_r^{k-i-j} / C_{m+n+r}^k, i = 0,1,2,\cdots,k+j, j = 0,1,2,\cdots,k,$$

从而得

$$\sum_{j=0}^{k} \sum_{i=0}^{k+j} C_m^i C_n^j C_r^{k-i-j} = C_{m+n+r}^k, k = 0,1,2,\cdots,m+n+r, \tag{3.5.95}$$

当 $k = m = n = r$ 时,得

$$\sum_{j=0}^{n} \sum_{i=0}^{n+j} C_n^i C_n^j C_n^{r-i-j} = C_{3n}^n. \tag{3.5.96}$$

如果上述的摸球是有放回的,则 (ξ, η) 的分布律为

$$p\{\xi = i, \eta = j\} = C_k^i C_{k-i}^j m^i n^j r^{k-i-j} / (m+n+r)^k, i = 0,1,2,\cdots,k+i, j = 0,1,2\cdots,k,$$

从而得

$$\sum_{j=0}^{k} \sum_{i=0}^{k+j} C_k^i C_{k-i}^j m^i n^j r^{k-i-j} = (m+n+r)^k \tag{3.5.97}$$

当 $m = n = r$ 时,得

$$\sum_{j=0}^{k} \sum_{i=0}^{k+j} C_k^i C_{k-i}^j m^k = (3m)^k,$$

即

$$\sum_{j=0}^{k} \sum_{i=0}^{k+j} C_k^i C_{k-i}^j = 3^k, \tag{3.5.98}$$

当 $m = 3r, n = 2r$ 时,得:

$$\sum_{j=0}^{k} \sum_{i=0}^{k+j} C_k^i C_{k-i}^j 3^i 2^j = 6^k. \tag{3.5.99}$$

(5) 由取到与没取到问题得到的组合公式

从 $m+1$ 个不同的数中不放回随机取 n 个,设 x 为 $m+1$ 个数中一个数,则取出的 n 个数中含有 x 的概率为 $C_1^1 C_m^{n-1} / C_{m+1}^n$,不含有 x 的概率为 C_m^n / C_{m+1}^n,又因为取出的 n 个数中要么含有 x,要么不含有 x,只有这两种情况,所以,

$$C_m^{n-1} / C_{m+1}^n + C_m^n / C_{m+1}^n = 1,$$

即

$$C_m^{n-1} + C_m^n = C_{m+1}^n. \tag{3.5.100}$$

上式直接证明也简单.

如果 x 与 y 都是上述 $m+1$ 个数中的两个数,则取出的 n 个数中可能既含有 x 又含有 y,也能只含 x,也可能只含 y,也可能既不含 x,也不含有 y,其概率分

别为

$$C_2^2 C_{m-1}^{n-2}/C_{m+1}^n, C_1^1 C_{m-1}^{n-1}/C_{m+1}^n, C_1^1 C_{m-1}^{n-1}/C_{m+1}^n, C_{m-1}^n/C_{m+1}^n$$

于是得

$$(C_{m-1}^{n-2}+2C_{m-1}^{n-1}+C_{m-1}^n)/C_{m+1}^n=1,$$

即

$$C_{m-1}^{n-2}+C_2^1 C_{m-1}^{n-1}+C_{m-1}^n=C_{m+1}^n, \tag{3.5.101}$$

一般地,设 $x_1,x_2,\cdots,x_k$ 为 $m+1$ 个数中不同的 k 个数,$1\leqslant k\leqslant n\leqslant m+1-k$,并设 ξ 为取出的 n 个数中含有诸 x 的个数,则 ξ 的分布律为

$$P\{\xi=i\}=C_k^i C_{m+1-k}^{n-i}/C_{m+1}^n, \qquad i=0,1,2,\cdots,k, \tag{3.5.102}$$

从而得

$$\sum_{i=0}^k C_k^i C_{m+1-k}^{n-i}=C_{m+1}^n, \qquad 1\leqslant k\leqslant n\leqslant m+1-k, \tag{3.5.103}$$

由(3.5.103)式递推,得(因为当 $n<m$ 时 $C_n^m=0$,从而当 $m=-1$ 且 $n>0$ 时,$C_n^m=0$)

$$\sum_{i=0}^n C_m^{n-i}=C_{m+1}^n=\sum_{i=0}^{m+1-n} C_{m-i}^{n-1}, 1\leqslant n\leqslant m. \tag{3.5.104}$$

(6) 由分赌注问题得到的组合公式

由(1.7.1)与(1.7.2)式,得

$$\sum_{k=n}^{n+m-1} C_{m+n-1}^l p^k (1-p)^{m+n-1-k}=p^n\sum_{j=0}^{m+n-1} C_{k-1}^{n-1}(1-p)^{k-n}. \tag{3.5.105}$$

令 $k=\frac{1}{2},m=n$,则由(1.7.1)式与(1.7.2)式,得

$$\frac{1}{2}=\sum_{k=0}^{2n-1} C_{2n-1}^k \frac{1}{2^{2n-1}},$$

$$\frac{1}{2}=\sum_{k=n}^{2n-1} C_{k-1}^{n-1}\left(\frac{1}{2}\right)^k.$$

即

$$\sum_{k=n}^{2n-1} C_{2n-1}^k=2^{2n-2}, \qquad n\geqslant 1, \tag{3.5.106}$$

$$\sum_{k=n}^{2n-1} C_{k-1}^{n-1}=2^{k-1}, \qquad n\geqslant 1. \tag{3.5.107}$$

令 $p=\frac{1}{2},m=n$,由(3.5.105)式,得

$$\frac{1}{2^{2n-1}}\sum_{k=n}^{2n-1} C_{2n-1}=\sum_{k=n}^{2n-1} C_{k-1}^{n-1}, \qquad n\geqslant 1. \tag{3.5.108}$$

令 $p=\frac{1}{3},n=1$,由(1.7.1)式得

$$\sum_{k=1}^{m} C_m^k \left(\frac{2}{2}\right)^m \frac{1}{2^k} = 1 - \left(\frac{2}{3}\right)^m.$$

即

$$\sum_{k=0}^{m} C_m \frac{1}{2^k} = \left(\frac{3}{2}\right)^m, \tag{3.5.109}$$

令 $p = \dfrac{1}{2}, m = 2n,$ 由(3.5.105)式得

$$\sum_{k=n}^{3n-1} C_{3n-1}^k \left(\frac{1}{2}\right)^{3n-1} = \sum_{k=n}^{3n-1} C_{k-1}^{n-1} \left(\frac{1}{2}\right)^k,$$

即

$$\left(\frac{1}{2}\right)^{2n-1} \sum_{t=0}^{2n-1} C_{3n-1}^{n+t} = \sum_{t=0}^{2n-1} C_{n+t-1}^{t} \left(\frac{1}{2}\right)^t, \qquad n \geqslant 1. \tag{3.5.110}$$

　　由(3.5.105)式,当 p 取其他不同的值且 n 与 m 之间满足不同关系时还可得到很多等恒式,这里就不再详述了.

　　我们用概率模型证明了近一百个组合公式.这些组合公式,几乎包含了所有常用的**组合公式**.因此,我们实际上给出了一份组合公式手册.

习　题　3

　　1. 设 ξ 为 n 次伯努利试验中事件 A 出现的次数,且 $P(A) = p, 0 < p < 1,$ 令

$$\eta = \begin{cases} 1, & \text{当 ξ 为奇数时,} \\ 0, & \text{当 ξ 为偶数时.} \end{cases}$$

求 $E(\eta)$.

　　2. 从 $1, 2, \cdots, 10$ 十个数字中,无放回取五个数字,求五个数字中最大的一个数字的数学期望.

　　3. 在伯努利试验中,每次试验成功的概率为 p,失败的概率为 $q = 1 - p$. 试验进行到成功与失败均出现为止,求平均试验次数.

　　4. 对一批产品进行检查,如果查 n_0 件时仍未发现废品就认为这批产品合格. 反之,停止检查,认为这批产品不合格. 设产品数量很大,可认为每次查到废品的概率均是 p. 求平均检查件数.

　　5. 设随机变量 ξ 具有分布列

$$P\{\xi = k\} = \frac{1}{2^k}, \qquad k = 1, 2, 3, \cdots,$$

求 $E(\xi)$ 与 $D(\xi)$.

　　6. 求掷 n 颗骰子出现点数之和的数学期望与方差.

　　7. 设随机变量 ξ 与 η 都只取两个值,且 $E(\xi\eta) = E(\xi)E(\eta)$. 试证明 ξ 与 η 相互独立.

8. 在伯努利试验中, 令 ξ 表示由第一个试验开始算起的游程的长度①, 求 ξ 的分布及 $E(\xi)$, $D(\xi)$.

9. 继上题, 设 η 是第二个游程的长度, 求 η 的分布, $E(\eta)$, $D(\eta)$ 以及 ξ 与 η 的联合分布.

10. 在 $\triangle ABC$ 中任取一点 P, 证明 $\triangle ABP$ 的面积的数学期望为 $\dfrac{S}{3}$, 其中 S 为 $\triangle ABC$ 的面积.

11. 在 $\triangle ABC$ 的两边 AB, AC 各任取一点 P, Q, 证明: $\triangle APQ$ 的面积的数学期望等于 $\triangle ABC$ 面积的 $\dfrac{1}{4}$.

12. 在半径为 R 的球内任取 n 个点, 则离球面最近的那个点到球面的距离的数学期望为 $\dfrac{R}{3n+1}$. 试证文.

13. 在长为 a 的线段上任取 n 个点, 试证: 相距最远的两点间的距离的数学期望为 $\dfrac{n-1}{n+1}a$.

14. 设 $\varphi(x) > 0$, 且当 $x > 0$ 时, $\varphi(x)$ 是单调上升函数, 又设 $E[\varphi(|\xi|)] = M$ 存在. 试证: 对任意 $t > 0$, 有 $P\{|\xi| \geqslant t\} \leqslant \dfrac{M}{\varphi(t)}$.

15. 若 $E(\mathrm{e}^{a\xi}) < \infty (a > 0)$, 试证

$$P\{\xi \geqslant x\} \leqslant \mathrm{e}^{-ax} E(\mathrm{e}^{a\xi}).$$

16. 设随机变量的密度函数为

$$f(x) = \begin{cases} \dfrac{x^m}{m!}\mathrm{e}^{-x}, & x > 0, \\ 0, & x \leqslant 0, \end{cases}$$

试证 $P\{0 < \xi < 2(m+1)\} \geqslant \dfrac{m}{m+1}$.

17. 设 $a \leqslant \xi \leqslant b$. 证明: $D(\xi) \leqslant \dfrac{(b-a)^2}{4}$.

18. 设随机变量 ξ 具有密度函数: $f(x) = \dfrac{1}{2}\mathrm{e}^{-|x|}$, $-\infty < x < +\infty$. 求 $E(\xi)$ 与 $D(\eta)$.

19. 证明: 如果 ξ 与 η 相互独立, 则

$$D(\xi\eta) = D(\xi)D(\eta) + [E(\xi)]^2 D(\eta) + [E(\eta)]^2 D(\xi).$$

20. 设 $(\xi, \eta) \sim N(0, 1; 0, 1; r)$, 试证

$$E[\max(\xi, \eta)] = \sqrt{\dfrac{1-r}{\pi}}.$$

21. 设随机变量 ξ 只取有限个正值: $x_1, x_2, \cdots, x_k$, 证明:

(1) $\dfrac{E(\xi^{n+1})}{E(\xi^n)} \to \max\limits_{1 \leqslant j \leqslant k} x_j (n \to \infty)$;

(2) $\sqrt[n]{E(\xi^n)} \to \max\limits_{1 \leqslant j \leqslant k} x_j (n \to \infty)$.

---

① 在伯努利试验序列中, 若连续出现同一结果 k 次, 则说这结果的游程长度为 k. 例如, 设 S, F 分别表示成功与失败, 则对试验序列 $SSFFFS\cdots$, 第一、第二个游程长度分别为 2 与 3.

22. 设随机变量 ξ 具有密度函数

$$f(x) = \begin{cases} x, & 0 < x \leqslant 1, \\ 2-x, & 1 < x \leqslant 2, \\ 0, & \text{其他}. \end{cases}$$

求 $E(\xi)$ 与 $D(\xi)$.

23. 设 $\xi \sim N(a,\sigma^2)$. 求 $E|\xi-a|$.

24. 设随机变量 $\xi_1,\xi_2,\cdots,\xi_{m+n}(n>m)$ 独立同分布且有有限方差. 试求 $\eta = \sum\limits_{k=1}^{n}\xi_k$ 与 $\zeta = \sum\limits_{k=1}^{n}\xi_{m+k}$ 之间的相关系数.

25. 求连接半径为 R 的圆周上一已知点与圆周上任一点的弦长的数学期望.

26. 设随机变量 ξ 的分布函数为

$$F(x) = \begin{cases} 0, & x \leqslant -1, \\ a+b\arcsin x, & -1 < x \leqslant 1, \\ 1, & x > 1. \end{cases}$$

求常数 a,b 及 $E(\xi),D(\xi)$.

27. 设 ξ_1, ξ_2, $\cdots$, ξ_n 为正的同分布随机变量. 证明: 当 $1 \leqslant k \leqslant n$ 时, $E\left[\dfrac{\xi_1+\xi_2+\cdots+\xi_k}{\xi_1+\xi_2+\cdots+\xi_n}\right] = \dfrac{k}{n}$.

28. 设 ξ 与 η 为相互独立随机变量, 均服从正态分布 $N(0,\sigma^2)$. 试证:

(1) $E[\max(|\xi|,|\eta|)] = \dfrac{2\sigma}{\sqrt{\pi}}$;

(2) $E[\max(|\xi|,|\eta|)]^2 = \left(1+\dfrac{2}{\pi}\right)\sigma^2$.

29. 设随机变量 ξ 具有密度函数 $f(x) = \dfrac{1}{\pi(1+x^2)}$, $-\infty < x < +\infty$. 求 $E[\min(|\xi|,1)]$.

30. 设 $\xi_1,\xi_2,\cdots,\xi_n,\cdots$ 为独立同分布且具有有限数学期望的随机序列, 随机变量 v 只取正整数值, 且与随机序列 $\{\xi_n\}$ 独立. 试证

$$E\left[\sum_{k=1}^{v}\xi_k\right] = \sum_{k=1}^{\infty}E(\xi_k)P\{v \geqslant k\}.$$

31. 设 $\xi_1,\xi_2,\cdots,\xi_{n+1}$ 为 $n+1$ 个独立同分布随机变量且 $P\{\xi_i=1\}=p$, $P\{\xi_i=0\}=q=1-p$, $i=1,2,\cdots$, 定义

$$\eta_i = \begin{cases} 1, & \xi_i+\xi_{i+1} = \text{奇数}, \\ 0, & \xi_i+\xi_{i+1} = \text{偶数}, \end{cases} \qquad i=1,2,\cdots,n.$$

求 $\zeta = \sum\limits_{i=1}^{n}\eta_i$ 的方差.

32. 把数字 $1,2,3,\cdots,n$ 任意地排成一列, 定义

$$\xi_i = \begin{cases} 1, & \text{如果数字 } i \text{ 恰好在第 } i \text{ 个位置上}, \\ 0, & \text{如果数字 } i \text{ 不在第 } i \text{ 个位置上}, \end{cases} \qquad i=1,2,\cdots,n.$$

求 $D\left(\sum\limits_{i=1}^{n}\xi_{i}\right)$.

33. 试证:对任意随机变量 ξ 和正数 ε,有
$$P\{\xi > t^{2} + \ln J\} \leqslant \mathrm{e}^{-t^{2}}, \text{其中 } J = E[\mathrm{e}^{\xi^{2}}] \text{ 存在}.$$

34. 设随机变量 ξ 具有偶密度函数,且 $E|\xi|^{3} < \infty$.试证 ξ^{2} 与 ξ 不相关,但不独立.

35. 设 $\xi_{1}, \xi_{2}, \cdots, \xi_{n}$ 是独立同分布且方差有限的随机变量,$\bar{\xi} \equiv \dfrac{1}{n}\sum\limits_{i=1}^{n}\xi_{i}$.试证明:$\bar{\xi} - \xi_{i}$ 与 $\bar{\xi} - \xi_{j}\, (i \neq j)$ 之间的相关系数为 $-\dfrac{1}{n-1}$.

36*. (二维切比雪夫不等式) 设随机向量 (ξ, η) 满足
$$E(\xi) = E(\eta) = 0, \quad D(\xi) = D(\eta) = 1, \quad \mathrm{Cov}(\xi, \eta) = \rho.$$
试证:

(1) $E[\max(\xi^{2}, \eta^{2})] \leqslant 1 + \sqrt{1-\rho^{2}}$;

(2) $P\{|\xi| < \varepsilon, |\eta| < \varepsilon\} \geqslant 1 - \dfrac{1+\sqrt{1-\rho^{2}}}{\varepsilon^{2}}$ 或 $P\{|\xi| \geqslant \varepsilon \text{ 或 } |\eta| \geqslant \varepsilon\} \leqslant \dfrac{1+\sqrt{1-\rho^{2}}}{\varepsilon^{2}}$,其中 ε 为任意正数.

37*. 设 ξ 服从超几何分布:
$$P\{\xi = k\} = C_{M}^{k} C_{N}^{n-k} / C_{M+n}^{n},$$
$$k = 0, 1, 2, \cdots, T, \quad T = \min(M, n).$$
求证:$E(\xi) = \dfrac{nM}{M+N}$,$D(\xi) = \dfrac{nMN(M+N-n)}{(M+N)^{2}(M+N-1)}$.

38*. 设 ξ 服从帕斯卡分布:
$$P\{\xi = k\} = C_{k-1}^{r-1} p^{r} q^{k-r},$$
$$k = r, r+1, \cdots, 0 < p < 1, q = 1-p, r \text{ 为正整数}.$$
求证:$E(\xi) = \dfrac{r}{p}$,$D(\xi) = \dfrac{rq}{p^{2}}$.

39*. 设 ξ 服从韦布尔分布,即 ξ 具有密度函数:
$$f_{\xi}(x) = \begin{cases} \dfrac{m}{x_{0}}(x-r)^{m-1}\mathrm{e}^{-(x-r)m/x_{0}}, & x > \gamma, \\ 0, & x \leqslant \gamma, \end{cases}$$
$$m > 0, x_{0} > 0, \gamma \in \mathbf{R}.$$
求证
$$E(\xi) = r + x_{0}^{\frac{1}{m}}\Gamma\left(\dfrac{1}{m} + 1\right),$$
$$D(\xi) = x_{0}^{\frac{2}{m}}\left[\Gamma\left(\dfrac{2}{m} + 1\right) - \Gamma^{2}\left(\dfrac{1}{m} + 1\right)\right].$$

40*. 设 ξ 服从自由度为 n 的 t 分布,即 ξ 具有密度函数:
$$f_{\xi}(x) = \dfrac{\Gamma\left(\dfrac{n+1}{2}\right)}{\Gamma\left(\dfrac{n}{2}\right)\sqrt{n\pi}}\left(1 + \dfrac{x^{2}}{n}\right)^{-\frac{n+1}{2}}, \qquad x \in \mathbf{R}.$$

求证：$E(\xi)=0,(n>1),D(\xi)=\dfrac{n}{n-2}(n>2)$.

41*. 设 ξ 服从自由度分别为 m,n 的 F 分布，即 ξ 具有密度函数

$$f_\xi(x)=\begin{cases}\dfrac{\Gamma\left(\dfrac{m+n}{2}\right)}{\Gamma\left(\dfrac{n}{2}\right)\Gamma\left(\dfrac{n}{2}\right)}m^{m/2}n^{n/2}x^{\frac{m}{2}-1}(mx+n)^{-\frac{m+n}{2}}, & x>0,\\[4mm] 0, & x\leqslant0.\end{cases}$$

求证：$E(\xi)=\dfrac{n}{n-2}(n>2),D(\xi)=\dfrac{2n^2(m+n-2)}{m(n-2)^2(n-4)}(n>4)$.

42*. 设 ξ 服从对数正态分布，即 ξ 具有密度函数：

$$f_\xi(x)=\begin{cases}\dfrac{\lg e}{\sqrt{2\pi}\sigma x}\exp\{-(\lg x-\alpha)^2/2\sigma^2\}, & x>0,\\[3mm] 0, & x\leqslant0,\end{cases}$$

$$\sigma>0,a\in\mathbf{R}.$$

求证

$$E(\xi)=10^{a+\frac{1}{2}\sigma^2\ln10},$$
$$D(\xi)=10^{2a+\sigma^2\ln10}\left[10^{\sigma^2\ln10}-1\right].$$

43. 计算积分

$$\int_{-\infty}^{\infty}(2x^2+2x+3)\mathrm{e}^{-(x^2+2x+3)}\,\mathrm{d}x.$$

44. 设 ξ 具有分布律

$$P\{\xi=k\}=2p\left[(1-p)^{k-1}-(1-2p)^{k-1}\right],k=2,3,4,\cdots,0<p<\frac{1}{2}.$$

则称 ξ 服从 S 分布，记为 $S(p)$. 求 $E(\xi)$ 与 $D(\xi)$.

第 4 章 特征函数与概率母函数

4.1 特征函数及其性质

4.1.1 特征函数的概念与计算

一般地说,第 3 章中所介绍的随机变量的数字特征只能粗略地反映随机变量的某些性质,不能完全决定其分布. 然而特征函数却能完全决定随机变量的分布,并且它具有良好的性质,比分布函数更便于应用. 它对概率论的发展起着很重要的作用.

定义 4.1.1 设 $F_\xi(x)$ 为随机变量 ξ 的分布函数,称

$$E(\mathrm{e}^{\mathrm{j}t\xi}) = \int_{-\infty}^{+\infty} \mathrm{e}^{\mathrm{j}tx}\,\mathrm{d}F_\xi(x), \quad t \in \mathbf{R}, \quad \mathrm{j} = \sqrt{-1}$$

为 ξ 的特征函数,记为 $\varphi_\xi(t)$,即

$$\varphi_\xi(t) = E(\mathrm{e}^{\mathrm{j}t\xi}) = \int_{-\infty}^{+\infty} \mathrm{e}^{\mathrm{j}tx}\,\mathrm{d}F_\xi(x), \qquad t \in \mathbf{R}. \tag{4.1.1}$$

如果 ξ 是离散型的,且有分布列 $p_k = P\{\xi = x_k\}, k = 1, 2, 3, \cdots$,则 ξ 的特征函数为

$$\varphi_\xi(t) = \sum_{k=1}^{\infty} \mathrm{e}^{\mathrm{j}tx_k} p_k, \qquad t \in \mathbf{R}. \tag{4.1.2}$$

如果 ξ 为连续型的,且其密度函数为 $f_\xi(x)$,则 ξ 的特征函数为

$$\varphi_\xi(t) = \int_{-\infty}^{+\infty} \mathrm{e}^{\mathrm{j}tx} f_\xi(x)\,\mathrm{d}x, \qquad t \in \mathbf{R}. \tag{4.1.3}$$

由 (4.1.3) 与 (4.1.1) 式可知,实际上,$\varphi_\xi(t)$ 为 $f_\xi(x)$ 的傅里叶 (Fourier) 变换,$\varphi_\xi(t)$ 为 $F_\xi(x)$ 的傅里叶-斯蒂尔切斯变换.

定义 4.1.2 如果 ξ, η 均为概率空间 (Ω, F, P) 上的随机变量,则称 $\zeta = \xi + \mathrm{j}\eta$ 为复随机变量,并定义

$$E(\zeta) = E(\xi) + \mathrm{j}E(\eta). \tag{4.1.4}$$

由于 $\mathrm{e}^{\mathrm{j}t\xi} = \cos t\xi + \mathrm{j}\sin t\xi$,故

$$E\,|\,\mathrm{e}^{\mathrm{j}t\xi}\,| = E(\sqrt{\cos^2 t\xi + \sin^2 t\xi}) = E(1) = 1,$$

所以 $E(\mathrm{e}^{\mathrm{j}t\xi})$ 总存在,即特征函数 $\varphi_\xi(t)$ 总存在.

由 (4.1.2) 与 (4.1.3) 式知,求随机变量的特征函数,需要进行实变量复函数的求和运算或积分运算,有时还要用到复变函数论中的留数理论. 现来看几个例子.

例 4.1.1　设 ξ 服从单点分布：$P\{\xi=c\}=1$，其中 c 为常数，则

$$\varphi_\xi(t)=E(\mathrm{e}^{jt\xi})=\mathrm{e}^{jtc}.$$

例 4.1.2　设 $\xi\sim B(1,p)$，则由定理 3.1.1 得

$$\varphi_\xi(t)=E(\mathrm{e}^{jt\xi})=\mathrm{e}^{jt\times 0}\cdot q+\mathrm{e}^{jt\times 1}\cdot p$$
$$=q+p\mathrm{e}^{jt}\qquad(q=1-p).$$

例 4.1.3　设 $\xi\sim B(n,p)$，则

$$\varphi_\xi(t)=E(\mathrm{e}^{jt\xi})=\sum_{k=0}^{n}\mathrm{e}^{jtk}\mathrm{C}_n^k p^k q^{n-k}$$

$$=\sum_{k=0}^{n}\mathrm{C}_n^k(p\mathrm{e}^{jt})^k q^{n-k}=(q+p\mathrm{e}^{jt})^n\qquad(q=1-p).$$

例 4.1.4　设 $\xi\sim P(\lambda)$，则

$$\varphi_\xi(t)=E(\mathrm{e}^{jt\xi})=\sum_{k=0}^{\infty}\mathrm{e}^{jtk}\mathrm{e}^{-\lambda}\frac{\lambda^k}{k!}$$

$$=\mathrm{e}^{-\lambda}\sum_{k=0}^{\infty}\frac{(\lambda\mathrm{e}^{jt})^k}{k!}=\mathrm{e}^{\lambda(\mathrm{e}^{jt}-1)}.$$

例 4.1.5　设 $\xi\sim\mathrm{Geo}(p)$，则

$$\varphi_\xi(t)=\sum_{k=1}^{\infty}\mathrm{e}^{jtk}pq^{k-1}=\frac{p}{q}\sum_{k=1}^{\infty}(q\mathrm{e}^{jt})^k=\frac{p}{q}\frac{q\mathrm{e}^{jt}}{1-q\mathrm{e}^{jt}}$$

$$=\frac{p}{\mathrm{e}^{-jt}-q}=p(\mathrm{e}^{-jt}-q)^{-1}\qquad(q=1-p).$$

例 4.1.6　设 $\xi\sim U[a,b]$，则

$$\varphi_\xi(t)=E(\mathrm{e}^{jt\xi})=\int_a^b\frac{1}{b-a}\mathrm{e}^{jtx}\mathrm{d}x=\frac{1}{jt(b-a)}\big[\mathrm{e}^{jtb}-\mathrm{e}^{jta}\big].$$

当 $b=c,a=-c$ 时，

$$\varphi_\xi(t)=\frac{\sin ct}{ct}.$$

例 4.1.7　设 ξ 服从参数为 λ 的指数分布，即 ξ 具有密度函数：

$$f(x)=\begin{cases}\lambda\mathrm{e}^{-\lambda x},&x>0,\ \lambda>0,\\0,&x\leqslant 0,\end{cases}$$

则

$$\varphi_\xi(t)=E(\mathrm{e}^{jt\xi})=\int_0^{+\infty}\mathrm{e}^{jtx}\lambda\mathrm{e}^{-\lambda x}\mathrm{d}x$$

$$=\int_0^{+\infty}\lambda\mathrm{e}^{(jt-\lambda)x}\mathrm{d}x=\frac{\lambda}{\lambda-jt}$$

$$=\left(1-\frac{jt}{\lambda}\right)^{-1}.$$

例 4.1.8 设 $\xi \sim N(0,1)$，则

$$\varphi_\xi(t) = \int_{-\infty}^{+\infty} \frac{1}{\sqrt{2\pi}} e^{jtx - \frac{1}{2}x^2} dx.$$

因为

$$\left| jx e^{jtx - \frac{1}{2}x^2} \right| \leqslant |x| e^{-\frac{1}{2}x^2},$$

且

$$\int_{-\infty}^{+\infty} |x| e^{-\frac{1}{2}x^2} dx < \infty,$$

从而可在积分号内求导数，且

$$jt\varphi_\xi(t) + j\varphi'_\xi(t) = \frac{1}{\sqrt{2\pi}} \int_{-\infty}^{+\infty} (jt - x) e^{jtx - \frac{1}{2}x^2} dx$$

$$= \frac{1}{\sqrt{2\pi}} \left[e^{jtx - \frac{1}{2}x^2} \right] \Big|_{-\infty}^{+\infty} = 0,$$

所以

$$jt\varphi_\xi(t) + j\varphi'_\xi(t) = 0,$$

即 $\dfrac{\varphi'_\xi(t)}{\varphi_\xi(t)} = -t$，于是

$$\ln\varphi_\xi(t) = -\frac{t^2}{2} + c,$$

即 $\varphi_\xi(t) = e^c \cdot e^{-\frac{t^2}{2}}$. 因为 $1 = \varphi_\xi(0)$，所以 $c = 0$，从而求得

$$\varphi_\xi(t) = e^{-\frac{t^2}{2}}.$$

如果 $\xi \sim N(a, \sigma^2)$，则因为 $\xi^* \equiv \dfrac{\xi - a}{\sigma} \sim N(0,1)$，所以

$$\varphi_\xi(t) = E[e^{jt\xi}] = E[e^{jt(\sigma\xi^* + a)}]$$

$$= e^{jta} E[e^{(j\sigma t)\xi^*}] = e^{jta} \varphi_{\xi^*}(\sigma t)$$

$$= e^{jta} \cdot e^{-\frac{\sigma^2 t^2}{2}} = e^{jat - \frac{\sigma^2 t^2}{2}}.$$

例 4.1.9 设 ξ 服从参数为 0 与 1 的柯西分布，即 ξ 具有密度函数

$$f(x) = \frac{1}{\pi(1 + x^2)}, \qquad -\infty < x < +\infty,$$

则

$$\varphi_\xi(t) = E(e^{jt\xi}) = \int_{-\infty}^{+\infty} e^{jtx} \frac{1}{\pi(1+x^2)} dx = \int_{-\infty}^{+\infty} \frac{\cos tx \, dx}{\pi(1+x^2)}.$$

因为函数 $f_1(x) \equiv e^{-\beta|x|} (\beta > 0)$ 的傅里叶变换为

$$\widetilde{F}_1(t) \equiv \int_{-\infty}^{+\infty} \mathrm{e}^{-\mathrm{j}xt}\,\mathrm{e}^{-\beta|x|}\,\mathrm{d}x = \int_{-\infty}^{0} \mathrm{e}^{(\beta-\mathrm{j}t)x}\,\mathrm{d}x + \int_{0}^{+\infty} \mathrm{e}^{-(\beta+\mathrm{j}t)x}\,\mathrm{d}x$$

$$= \frac{1}{\beta-\mathrm{j}t} + \frac{1}{\beta+\mathrm{j}t} = \frac{2\beta}{\beta^2+t^2}.$$

又因 $f_1(x)$ 在 $(-\infty,+\infty)$ 上绝对可积且满足狄利克雷(Dirichlet)条件,所以 $\widetilde{F}_1(t)$ 的傅里叶逆变换就是 $f_1(x)$,即

$$f_1(x) = \mathrm{e}^{-\beta|x|} = \frac{1}{2\pi}\int_{-\infty}^{+\infty} \mathrm{e}^{\mathrm{j}xt}\widetilde{F}_1(t)\mathrm{d}t = \frac{2\beta}{2\pi}\int_{-\infty}^{+\infty} \frac{\cos xt + \mathrm{j}\sin xt}{\beta^2+t^2}\mathrm{d}t$$

$$= \frac{\beta}{\pi}\int_{-\infty}^{+\infty} \frac{\cos xt}{\beta^2+t^2}\mathrm{d}t,$$

故

$$\frac{1}{\pi}\int_{-\infty}^{+\infty} \frac{\cos xt}{\beta^2+t^2}\mathrm{d}t = \frac{1}{\beta}\mathrm{e}^{-\beta|x|},$$

所以

$$\int_{-\infty}^{+\infty} \frac{\cos tx}{\pi(1+x^2)}\mathrm{d}x = \mathrm{e}^{-|t|},$$

即

$$\varphi_\xi(t) = \mathrm{e}^{-|t|}.$$

如果 ξ 具有密度函数

$$f_\xi(x) = \frac{\lambda}{\pi}\cdot\frac{1}{\lambda^2+(x-\mu)^2}, \quad \lambda>0, \quad -\infty<\mu<+\infty,$$

则由公式 $f_{a\xi+b}(x) = \frac{1}{|a|}f_\xi\left(\frac{x-b}{a}\right), a\neq 0$,知 $\xi^* \equiv \frac{\xi-\mu}{\lambda}$ 有密度函数

$$f_{\xi^*}(x) = \lambda f_\xi\left[\lambda\left(x+\frac{\mu}{\lambda}\right)\right] = \lambda f_\xi[\lambda x + \mu]$$

$$= \frac{1}{\pi}\cdot\frac{1}{1+x^2},$$

所以

$$\varphi_\xi(t) = E[\mathrm{e}^{\mathrm{j}t\xi}] = E[\mathrm{e}^{\mathrm{j}t(\lambda\xi^*+\mu)}]$$

$$= \mathrm{e}^{\mathrm{j}t\mu}E[\mathrm{e}^{\mathrm{j}(t\lambda)\xi^*}] = \mathrm{e}^{\mathrm{j}t\mu}\cdot\psi_{\xi^*}(\lambda t)$$

$$= \mathrm{e}^{\mathrm{j}t\mu}\cdot\mathrm{e}^{-|\lambda t|} = \mathrm{e}^{\mathrm{j}t\mu-\lambda|t|}.$$

4.1.2　特征函数的性质

(1) $|\varphi_\xi(t)| \leqslant \varphi_\xi(0) = 1.$

证明　因为

$$|\varphi_\xi(t)| = |E(\mathrm{e}^{\mathrm{j}t\xi})| \leqslant E(|\mathrm{e}^{\mathrm{j}t\xi}|) = 1,$$

又因 $\varphi_{\xi}(0) = 1$,故有 $| \varphi_{\xi}(t) | \leqslant \varphi_{\xi}(0) = 1$.

(2) $\varphi_{\xi}(-t) = \overline{\varphi_{\xi}(t)}$,其中 $\overline{\varphi_{\xi}(t)}$ 表示 $\varphi_{\xi}(t)$ 的共轭复数.

证明 因为

$$\varphi_{\xi}(-t) = E(\mathrm{e}^{\mathrm{j}(-t)\xi}] = E(\cos t\xi) - \mathrm{j}E(\sin t\xi),$$

又因 $\varphi_{\xi}(t) = E(\mathrm{e}^{\mathrm{j}t\xi}) = E(\cos t\xi) + \mathrm{j}E(\sin t\xi)$,所以 $\varphi_{\xi}(-t) = \overline{\varphi_{\xi}(t)}$.

(3) $\varphi_{a\xi+b}(t) = \mathrm{e}^{\mathrm{j}tb}\varphi_{\xi}(at)$,其中 a,b 为常数.

证明

$$\varphi_{a\xi+b}(t) = E[\mathrm{e}^{\mathrm{j}t(a\xi+b)}] = \mathrm{e}^{\mathrm{j}tb}E(\mathrm{e}^{\mathrm{j}at\xi}) = \mathrm{e}^{\mathrm{j}tb}\varphi_{\xi}(at).$$

(4) $\varphi_{\xi}(t)$ 在 $\mathbf{R}$ 上一致连续.

证明 对任意 $t,h \in \mathbf{R}$,

$$| \varphi_{\xi}(t+h) - \varphi_{\xi}(t) |$$
$$= | E(\mathrm{e}^{\mathrm{j}(t+h)\xi} - \mathrm{e}^{\mathrm{j}t\xi}) |$$
$$= | E[\mathrm{e}^{\mathrm{j}t\xi}(\mathrm{e}^{\mathrm{j}h\xi} - 1)] | \leqslant E | \mathrm{e}^{\mathrm{j}h\xi} - 1 |.$$

上式右端与 t 无关,且当 $h \to 0$ 时趋于零,从而结论得证.

(5) $\varphi_{\xi}(t)$ 是非负定的,即对任意正整数 n,任意复数 $z_1,\cdots,z_n$ 和实数 $t_1,\cdots,t_n$,有 $\sum\limits_{r=1}^{n}\sum\limits_{k=1}^{n}\varphi_{\xi}(t_r - t_k)z_r\bar{z}_k \geqslant 0$.

证明

$$\sum_{r=1}^{n}\sum_{k=1}^{n}\varphi_{\xi}(t_r - t_k)z_r\bar{z}_k = E\Big[\sum_{r=1}^{n}\sum_{k=1}^{n}\mathrm{e}^{\mathrm{j}t_r\xi}z_r\mathrm{e}^{-\mathrm{j}t_k\xi} \cdot \bar{z}_k \Big]$$
$$= E\Big[\Big(\sum_{r=1}^{n}z_r\mathrm{e}^{\mathrm{j}t_r\xi} \Big)\overline{\Big(\sum_{k=1}^{n}z_k\mathrm{e}^{\mathrm{j}t_k\xi} \Big)} \Big]$$
$$= E\Big(\Big| \sum_{r=1}^{n}z_r\mathrm{e}^{\mathrm{j}t_r\xi} \Big|^2 \Big) \geqslant 0.$$

(6) 如果 ξ,η 相互独立,则 $\varphi_{\xi+\eta}(t) = \varphi_{\xi}(t)\varphi_{\eta}(t)$.

证明 因为 ξ,η 相互独立,所以 $\mathrm{e}^{\mathrm{j}t\xi}$ 与 $\mathrm{e}^{\mathrm{j}t\eta}$ 相互独立,从而有

$$\varphi_{\xi+\eta}(t) = E[\mathrm{e}^{\mathrm{j}t(\xi+\eta)}] = E(\mathrm{e}^{\mathrm{j}t\xi} \cdot \mathrm{e}^{\mathrm{j}t\eta})$$
$$= E(\mathrm{e}^{\mathrm{j}t\xi})E(\mathrm{e}^{\mathrm{j}t\eta}) = \varphi_{\xi}(t)\varphi_{\eta}(t).$$

由例 4.2.8 知,如果 $\varphi_{\xi+\eta}(t) = \varphi_{\xi}(t) \cdot \varphi_{\eta}(t)$,我们却不能断言 ξ,η 相互独立.

(7) 设随机变量 ξ 的 n 阶矩存在,则 $\varphi_{\xi}(t)$ 存在 $k(k \leqslant n)$ 阶导数,且

$$E(\xi^k) = \mathrm{j}^{-k}\varphi_{\xi}^{(k)}(0) \qquad (k \leqslant n).$$

证明 因为

$$\left| \frac{\mathrm{d}^k}{\mathrm{d}t^k}(\mathrm{e}^{\mathrm{j}tx}) \right| = | \mathrm{j}^k x^k \mathrm{e}^{\mathrm{j}tx} | \leqslant | x |^k,$$

又因 $E(\xi^k)$ 存在,所以 $\int_{-\infty}^{+\infty} | x |^k \mathrm{d}F_{\xi}(x) < \infty$,从而可在积分号下求导数且

$$\varphi_\xi^{(k)}(t) = \int_{-\infty}^{+\infty} \frac{\mathrm{d}^k}{\mathrm{d}t^k} \mathrm{e}^{\mathrm{j}tx} \,\mathrm{d}F_\xi(x) = \int_{-\infty}^{+\infty} \mathrm{j}^k x^k \mathrm{e}^{\mathrm{j}tx} \,\mathrm{d}F_\xi(x).$$

令 $t = 0$ 得 $\varphi_\xi^{(k)}(0) = \mathrm{j}^k E(\xi^k)$. 于是得

$$E(\xi^k) = \mathrm{j}^{-k} \varphi_\xi^{(k)}(0).$$

例 4.1.10　设 $\xi \sim N(0, \sigma^2)$, 求 $E(\xi^n)$.

解　因为

$$\varphi_\xi(t) = \mathrm{e}^{-\sigma^2 t^2 / 2} = \sum_{k=0}^{\infty} \frac{\left(-\dfrac{\sigma^2 t^2}{2}\right)^k}{k!} = \sum_{k=0}^{\infty} \left(-\frac{\sigma^2}{2}\right)^k \cdot \frac{t^{2k}}{k!},$$

所以

$$\varphi_\xi^{(2k)}(0) = \left(-\frac{\sigma^2}{2}\right)^k \cdot \left(\frac{2k!}{k!}\right) = (-1)^k \sigma^{2k} (2k-1)!!,$$
$$k = 1, 2, 3, \cdots,$$
$$\varphi_\xi^{(2k-1)}(0) = 0, \qquad k = 1, 2, 3, \cdots,$$

从而由 $(-1)^k = \mathrm{j}^{2k}$ 得

$$E(\xi^n) = \begin{cases} \sigma^{2k}(2k-1)!!, & n = 2k, \quad k = 1, 2, \cdots, \\ 0, & n = 2k-1. \end{cases}$$

如果 $\xi \sim N(a, \sigma^2)$, 则 $\eta \equiv \xi - a \sim N(0, \sigma^2)$, 由例 4.1.10 得 ξ 的 n 阶中心矩为

$$\mu_n = E(\xi - a)^n = E(\eta^n)$$
$$= \begin{cases} \sigma^{2k}(2k-1)!!, & n = 2k, \\ 0, & n = 2k-1, \end{cases} \qquad k = 1, 2, 3, \cdots,$$

即

$$\mu_n = \begin{cases} \sigma^n (n-1)(n-3)(n-5)\cdots 3.1, & n \text{ 为偶数且 } n \geqslant 2, \\ 0, & n \text{ 为奇数}. \end{cases}$$

定理 4.1.1（博赫纳-辛钦 (Bochner-Khintchine) 定理）　如果 $\varphi(t), t \in \mathbf{R}$ 为连续非负定且 $\varphi(0) = 1$ 的函数, 则 $\varphi(t)$ 为某随机变量的特征函数.

证明见文献[2].

4.2　反演公式及唯一性定理

4.2.1　离散型随机变量的密度函数

设 ξ 为离散型随机变量, 其分布列为

$$p_k = P\{\xi = x_k\}, \qquad k = 1, 2, 3, \cdots.$$

由 (2.2.4) 式知, ξ 的分布函数 $F(x)$ 可表示为

$$F(x) = \sum_{k=1}^{\infty} p_k \mu(x - x_k), \tag{4.2.1}$$

其中

$$\mu(x) = \begin{cases} 1, & x > 0, \\ 0, & x \leqslant 0. \end{cases}$$

显然,当 $x \neq 0$ 时,$\mu'(x) = 0$,而当 $x = 0$ 时,$\mu(x)$ 关于 x 的导数在通常意义下不存在. 这是因为 $\mu'_-(0) = 0$,$\mu'_+(0) = +\infty$,但是在工程上,把 $\dfrac{\mathrm{d}\mu(x)}{\mathrm{d}x}$ 记为 $\delta(x)$,即 $\delta(x) = \dfrac{\mathrm{d}\mu(x)}{\mathrm{d}x}$,并称之为狄拉克(Dirac)函数,简称为 δ 函数. 实际上它已不是一般的函数,而是一种广义函数. 它具有如下性质:

(1) 当 $x \neq 0$ 时,$\delta(x) = 0$;当 $x = 0$ 时,$\delta(x) = \infty$;

(2) $\delta(-x) = \delta(x)$,即 $\delta(x)$ 具有偶性;

(3) 对任意无穷次可微函数 $f(x)$ 有

$$\int_{-\infty}^{+\infty} f(x)\delta(x)\mathrm{d}x = f(0), \tag{4.2.2}$$

或当 $a > 0$ 时有

$$\int_{-a}^{a} f(x)\delta(x)\mathrm{d}x = f(0). \tag{4.2.3}$$

对任意连续函数 $f(x)$ 亦有

$$\int_{-\infty}^{+\infty} f(x)\delta(x)\mathrm{d}x = f(0) \qquad (\text{文献}[11,12]).$$

如果 x_0 为 $f(x)$ 的第一类间断点,则有

$$\int_{-\infty}^{+\infty} f(x)\delta(x - x_0)\mathrm{d}x = \frac{1}{2}\big[f(x_0 + 0) + f(x_0 - 0)\big] \qquad (\text{文献}[13]),$$

特别有 $\int_{-\infty}^{+\infty} \delta(x)\mathrm{d}x = 1$.

有了 δ 函数,由(4.2.1)式确定的分布函数 $F(x)$ 的导数为

$$\frac{\mathrm{d}F(x)}{\mathrm{d}x} = \sum_{k=1}^{\infty} p_k \delta(x - x_k), \tag{4.2.4}$$

仿连续型随机变量的密度函数与分布函数之间的关系式,我们给出离散型随机变量的密度函数的如下定义.

定义 4.2.1 如果离散型随机变量 ξ 的分布列为

$$p_k = P\{\xi = x_k\}, \qquad k = 1, 2, 3, \cdots,$$

则定义 ξ 的密度函数为

$$f(x) = \sum_{k=1}^{\infty} p_k \delta(x - x_k). \tag{4.2.5}$$

由此定义,在 $\delta(x) = \dfrac{\mathrm{d}\mu(x)}{\mathrm{d}x}$ 意义下,显然 $f(x) \geqslant 0$,且形式上看,

$$\int_{-\infty}^{+\infty} f(x)\,\mathrm{d}x = \int_{-\infty}^{+\infty} \sum_{k=1}^{\infty} p_k \delta(x - x_k)\,\mathrm{d}x$$

$$= \sum_{k=1}^{\infty} p_k \int_{-\infty}^{+\infty} \delta(x - x_k)\,\mathrm{d}x = \sum_{k=1}^{\infty} p_k = 1.$$

这表示离散型随机变量的密度函数也具有连续型随机变量密度函数所具有的两条基本性质. 这里,"形式上"是指含 δ 函数的求和与积分可以交换次序.

定理 4.2.1　如果随机变量 ξ 的密度函数由 (4.2.5) 式给出,则 ξ 的数学期望(如果存在的话)与特征函数形式上分别为

$$E(\xi) = \int_{-\infty}^{+\infty} x f(x)\,\mathrm{d}x, \tag{4.2.6}$$

$$\varphi(t) = \int_{-\infty}^{+\infty} \mathrm{e}^{\mathrm{j}tx} f(x)\,\mathrm{d}x. \tag{4.2.7}$$

证明　由 (4.2.5) 式得

$$\int_{-\infty}^{+\infty} x f(x)\,\mathrm{d}x = \sum_{k=1}^{\infty} p_k \int_{-\infty}^{+\infty} x\delta(x - x_k)\,\mathrm{d}x = \sum_{k=1}^{\infty} x_k p_k = E(\xi),$$

$$\int_{-\infty}^{+\infty} \mathrm{e}^{\mathrm{j}tx} f(x)\,\mathrm{d}x = \sum_{k=1}^{\infty} p_k \int_{-\infty}^{+\infty} \mathrm{e}^{\mathrm{j}tx}\delta(x - x_k)\,\mathrm{d}x = \sum_{k=1}^{\infty} \mathrm{e}^{\mathrm{j}tx_k} p_k = \varphi(t).$$

这样无论连续型随机变量还是离散型随机变量,形式上,其数学期望都可由 (4.2.6) 式定义,其特征函数都可由 (4.2.7) 式定义.

4.2.2　反演公式及唯一性定理

对于随机变量来说,如果知道其密度函数,则由 (4.2.7) 式可唯一确定其特征函数. 反之,如果知道其特征函数能否求出其密度函数?

定理 4.2.2　设 $\varphi(t), f(x)$ 分别为离散型随机变量 ξ 的特征函数与密度函数,则形式上有

$$f(x) = \frac{1}{2\pi} \int_{-\infty}^{+\infty} \mathrm{e}^{-\mathrm{j}tx} \varphi(t)\,\mathrm{d}t. \tag{4.2.8}$$

证明　因为 ξ 为离散型随机变量,设其密度函数为 $f(x) = \sum_{k} p_k \delta(x - x_k)$,所以其特征函数为

$$\varphi(t) = \sum_{k} \mathrm{e}^{\mathrm{j}tx_k} p_k.$$

又因 $\delta(x)$ 的(广义)傅氏变换为 $F(\omega) = \int_{-\infty}^{+\infty} \mathrm{e}^{\mathrm{j}\omega x}\delta(x)\,\mathrm{d}x = 1$,故其逆变换为

$$\delta(x) = \frac{1}{2\pi} \int_{-\infty}^{+\infty} \mathrm{e}^{-\mathrm{j}\omega x} F(\omega)\,\mathrm{d}\omega = \frac{1}{2\pi} \int_{-\infty}^{+\infty} \mathrm{e}^{-\mathrm{j}\omega x}\,\mathrm{d}\omega,$$

即

$$\int_{-\infty}^{\infty} e^{-j\omega x} d\omega = 2\pi\delta(x). \tag{4.2.8'}$$

从而

$$\frac{1}{2\pi}\int_{-\infty}^{+\infty} e^{-jtx}\varphi(t)dt = \frac{1}{2\pi}\int_{-\infty}^{+\infty} e^{-jtx} \cdot \sum_k e^{jtx_k} p_k dt$$

（这里认为积分和求和可以交换次序）

$$= \frac{1}{2\pi}\sum_k p_k \int_{-\infty}^{+\infty} e^{jt(x_k-x)} dt$$

$$= \frac{1}{2\pi}\sum_k p_k \cdot 2\pi\delta(x_k-x)$$

$$= \sum_k p_k\delta(x-x_k) = f(x).$$

定理 4.2.3 设 $\varphi(t), f(x)$ 分别为连续型随机变量 ξ 的特征函数与密度函数, 且 $\int_{-\infty}^{+\infty} |\varphi(t)| dt < \infty$, 则

$$f(x) = \frac{1}{2\pi}\int_{-\infty}^{+\infty} e^{-jtx}\varphi(t)dt. \tag{4.2.9}$$

证明 因为当 x 为 $f(x)$ 的连续点时, 有

$$\frac{1}{2\pi}\int_{-\infty}^{+\infty} e^{-jtx}\varphi(t)dt = \frac{1}{2\pi}\int_{-\infty}^{+\infty} e^{-jtx}\left[\int_{-\infty}^{+\infty} e^{jty}f(y)dy\right]dt \qquad \text{交换积分次序}$$

$$= \frac{1}{2\pi}\int_{-\infty}^{+\infty}\left[\int_{-\infty}^{+\infty} e^{jt(y-x)}dt\right]f(y)dy$$

$$= \frac{1}{2\pi}\int_{-\infty}^{+\infty} 2\pi\delta(y-x)f(y)dy = f(x).$$

当 x 不是 $f(x)$ 的连续点时, 由于 $f(x)$ 为连续型随机变量的密度函数, 故 $f(x)$ 至多有可列多个不连续点. 又因 $f(x)$ 为满足 $F_\xi(x) = \int_{-\infty}^z f(t)dt$ 的非负函数, 所以改变 $f(x)$ 的可列多个点的值 (不为无穷), 上式仍成立, 从而可以定义 $f(x)$ 在不连续点 x 处的值为

$$f(x) = \frac{1}{2}\left[f(x+0) + f(x-0)\right],$$

于是 (4.2.9) 得证.

注意 在定理 4.2.2 与定理 4.2.3 中, $\int_{-\infty}^{+\infty} |\varphi(t)| dt < \infty$ 并非必要条件 (见文献[3] 的 112 页), 故即使它不成立, 上两定理结论仍可能成立. 因而对于给定的 $\varphi(t)$, 可用 (4.2.8) 与 (4.2.9) 式试算, 求密度函数. 如果求出的函数 $f(x)$ 的特征函数为 $\varphi(t)$, 则 $f(x)$ 即为所求密度函数.

由上可知无论 ξ 为连续型随机变量还是离散型随机变量, 其密度函数 $f(x)$ 与

特征函数 $\varphi(t)$ 恰是一傅里叶变换对

$$\begin{cases} \varphi(t) = \displaystyle\int_{-\infty}^{+\infty} \mathrm{e}^{\mathrm{j}tx} f(x) \,\mathrm{d}x, \\[2mm] f(x) = \dfrac{1}{2\pi} \displaystyle\int_{-\infty}^{+\infty} \mathrm{e}^{-\mathrm{j}tx} \varphi(t) \,\mathrm{d}t. \end{cases} \tag{4.2.10}$$

推论 4.2.1（唯一性定理） 连续型或离散型分布函数 $F_1(x)$ 与 $F_2(x)$ 恒等的充要条件是它们所对应的特征函数 $\varphi_1(t)$ 与 $\varphi_2(t)$ 恒等.

证明 如果 $F_1(x) = F_2(x)$，则由 (4.1.1) 式知 $\varphi_1(t) = \varphi_2(t)$. 反之，如果 $\varphi_1(t) = \varphi_2(t)$，则由定理 4.2.2 与定理 4.2.3 知 $f_1(x) = f_2(x)$, a. s., 其中 $f_i(x) = \dfrac{\mathrm{d}F_i(x)}{\mathrm{d}x}$, $i = 1,2$，故对任意实数 x 有 $F_1(x) = \displaystyle\int_{-\infty}^{x} f_1(t)\,\mathrm{d}t = \int_{-\infty}^{x} f_2(t)\,\mathrm{d}t = F_2(x)$. 于是推论 4.2.1 得证.

可以证明对任意随机变量上述的唯一性定理的结论也成立（见文献[1]）.

例 4.2.1 设 $\varphi_\xi(t) = (q + p\mathrm{e}^{\mathrm{j}t})^n$, $0 < p < 1$, $q = 1 - p$，求 ξ 的分布.

解 由 (4.2.8) 式得

$$\begin{aligned} f_\xi(x) &= \frac{1}{2\pi} \int_{-\infty}^{+\infty} \mathrm{e}^{-\mathrm{j}tx} (q + p\mathrm{e}^{\mathrm{j}t})^n \,\mathrm{d}t = \frac{1}{2\pi} \int_{-\infty}^{+\infty} \mathrm{e}^{-\mathrm{j}tx} \sum_{k=0}^{n} C_n^k p^k q^{n-k} \mathrm{e}^{\mathrm{j}tx} \,\mathrm{d}t \\ &= \frac{1}{2\pi} \sum_{k=0}^{\infty} C_n^k p^k q^{n-k} \int_{-\infty}^{+\infty} \mathrm{e}^{-\mathrm{j}(x-k)t} \,\mathrm{d}t \\ &= \sum_{k=0}^{\infty} C_n^k p^k q^{n-k} \delta(x - k), \end{aligned}$$

即 $P\{\xi = k\} = C_n^k p^k q^{n-r}$, $k = 0, 1, \cdots, n$. 又由例 4.1.3，所以 $\xi \sim B(n, p)$.

例 4.2.2 设 $\varphi_\xi(t) = \dfrac{\sin t}{t}$，求 ξ 的分布.

解

$$\begin{aligned} f_\xi(t) &= \frac{1}{2\pi} \int_{-\infty}^{+\infty} \mathrm{e}^{-\mathrm{j}tx} \frac{\sin t}{t} \,\mathrm{d}t \\ &= \frac{1}{2\pi} \int_{-\infty}^{+\infty} \frac{\cos tx \sin t + (-\mathrm{j}\sin tx)\sin t}{t} \,\mathrm{d}t \\ &= \frac{1}{2\pi} \int_{-\infty}^{+\infty} \frac{\cos tx \sin t}{t} \,\mathrm{d}t \\ &= \frac{1}{2\pi} \int_{-\infty}^{+\infty} \frac{\sin(1+x)t + \sin(1-x)t}{t} \,\mathrm{d}t. \end{aligned}$$

由狄利克雷 (Dirichlet) 积分 $\displaystyle\int_0^{+\infty} \frac{\sin t}{t} \,\mathrm{d}t = \frac{\pi}{2}$，得

$$\int_0^{+\infty} \frac{\sin \alpha t}{t} \,\mathrm{d}t = \lim_{T \to +\infty} \int_0^{T} \frac{\sin \alpha t}{t} \,\mathrm{d}t \qquad (\diamondsuit\, \alpha t = z)$$

$$= \lim_{T \to +\infty} \int_0^{aT} \frac{\sin z}{z} \mathrm{d}z = \begin{cases} \pi/2, & \alpha > 0, \\ 0, & \alpha = 0, \\ -\pi/2, & \alpha < 0. \end{cases}$$

故

$$\frac{1}{2\pi} \int_0^{+\infty} \frac{\sin(1+x)t}{t} \mathrm{d}t = \begin{cases} \dfrac{1}{4}, & x > -1, \\ 0, & x = -1, \\ -\dfrac{1}{4}, & x < -1, \end{cases}$$

$$\frac{1}{2\pi} \int_0^{+\infty} \frac{\sin(1-x)t}{t} \mathrm{d}t = \begin{cases} \dfrac{1}{4}, & x < 1, \\ 0, & x = 1, \\ -\dfrac{1}{4}, & x > 1, \end{cases}$$

从而得

$$f_\xi(x) = \begin{cases} \dfrac{1}{2}, & |x| < 1, \\ \dfrac{1}{4}, & |x| = 1, \\ 0, & |x| > 1, \end{cases}$$

即 $\xi \sim U[-1,1]$.

例 4.2.3 设 $(1)\varphi_{\xi_1}(t) = \cos t$; $(2)\varphi_{\xi_2}(t) = \sum_{k=0}^\infty a_k \cos kt, a_k \geqslant 0, k = 0,1,2,\cdots, \sum_{k=0}^\infty a_k = 1$. 求 ξ_1, ξ_2 的分布.

解 (1)

$$f_{\xi_1}(x) = \frac{1}{2\pi} \int_{-\infty}^{+\infty} \mathrm{e}^{-\mathrm{j}tx} \cos t \mathrm{d}t = \frac{1}{4\pi} \int_{-\infty}^{+\infty} \mathrm{e}^{-\mathrm{j}tx}(\mathrm{e}^{\mathrm{j}t} + \mathrm{e}^{-\mathrm{j}t}) \mathrm{d}t$$

$$= \frac{1}{4\pi} \int_{-\infty}^{+\infty} [\mathrm{e}^{-\mathrm{j}(x-1)t} + \mathrm{e}^{-\mathrm{j}(x+1)t}] \mathrm{d}t \quad (由(4.2.8')式)$$

$$= \frac{1}{2}\delta(x-1) + \frac{1}{2}\delta(x+1),$$

显然, $f_{\xi_1}(x)$ 的特征函数为 $\cos t$, 所以 $f_{\xi_1}(x)$ 为所求密度, 且 ξ_1 有分布列

ξ_1	-1	1
P	$\dfrac{1}{2}$	$\dfrac{1}{2}$

(2) 因为

$$f_{\xi_2}(x) = \frac{1}{2\pi}\int_{-\infty}^{+\infty} e^{-jtx}\varphi_{\xi_2}(t)\mathrm{d}t = \frac{1}{2\pi}\sum_{k=0}^{\infty} a_k \int_{-\infty}^{+\infty} e^{-jtx}\left(\frac{e^{jkt}+e^{-jkt}}{2}\right)\mathrm{d}t$$

$$= \frac{1}{4\pi}\sum_{k=0}^{\infty}\int_{-\infty}^{+\infty}\left[e^{-j(x-k)t}+e^{-j(x+k)t}\right]\mathrm{d}t$$

$$= \sum_{k=0}^{\infty}\frac{a_k}{2}\left[\delta(x-k)+\delta(x+k)\right]$$

$$= a_0\delta(x) + \sum_{k=1}^{\infty}\frac{a_k}{2}\delta(x-k) + \sum_{k=1}^{\infty}\frac{a_k}{2}\delta(x+k),$$

显然，$f_{\xi_2}(x)$ 的特征函数为 $\sum_{k=0}^{\infty} a_k \cos kt$，所以 $f_{\xi_2}(x)$ 为所求密度，且 ξ_2 有分布列

$$P\{\xi_2 = 0\} = a_0,$$

$$P\{\xi_2 = \pm k\} = \frac{a_k}{2}, \qquad k = 1,2,\cdots.$$

由 $\varphi_\xi(t)$ 求 $f_\xi(t)$，一般地需要应用复变函数论中的围道积分与留数定理.

例 4.2.4* 设 $\varphi_\xi(t) = \dfrac{\lambda}{\lambda - \mathrm{j}t}, \lambda > 0$，求 ξ 的分布.

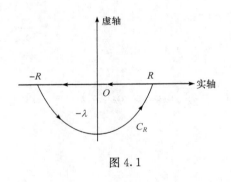

图 4.1

解* 由 (4.2.9) 式得

$$f_\xi(x) = \frac{1}{2\pi}\int_{-\infty}^{+\infty} e^{-jxt}\frac{\lambda}{\lambda - \mathrm{j}t}\mathrm{d}t,$$

为了计算此积分，现考虑被积函数在闭曲线 $L = C_R + l$ 上的积分 $\oint_L \dfrac{\lambda}{\lambda - \mathrm{j}z}e^{-jxz}\mathrm{d}z.$

(1) 当 $x > 0$ 时，取闭曲线 L 为实轴与下半圆周（图 4.1）. 因为 $\dfrac{\lambda}{\lambda - \mathrm{j}z}e^{-jxz}$ 只有一个一级极点 $-\lambda\mathrm{j}$，由复变函数论中的留数定理知

$$\int_R^{-R}\frac{\lambda}{\lambda - \mathrm{j}t}e^{-jxt}\mathrm{d}t + \int_{C_R}\frac{\lambda}{\lambda - \mathrm{j}z}e^{-jxz}\mathrm{d}z$$

$$= \oint_L\frac{\lambda}{\lambda - \mathrm{j}z}e^{-jxz}\mathrm{d}z = 2\pi\mathrm{j}\lim_{z\to-\mathrm{j}\lambda}\left[\frac{(z+\mathrm{j}\lambda)\lambda}{\lambda - \mathrm{j}z}e^{-jxz}\right] = -2\pi\lambda e^{-\lambda x}.$$

$$(4.2.11)$$

又因 $x > 0$，令 $z = Re^{-\mathrm{j}\theta}$，则（因 $|e^{jx}| = 1$）

$$\left|\int_{C_R}\frac{\lambda}{\lambda - \mathrm{j}z}e^{-jxz}\mathrm{d}z\right| = \left|\int_0^\pi\frac{\lambda Rje^{-\mathrm{j}\theta}\exp\left[-\mathrm{j}xRe^{-\mathrm{j}\theta}\right]}{\lambda - \mathrm{j}Re^{-\mathrm{j}\theta}}\mathrm{d}\theta\right|$$

$$\leqslant \int_0^\pi \frac{\lambda R \mathrm{e}^{-xR\sin\theta}}{|\lambda - \mathrm{j}R(\cos\theta - \mathrm{j}\sin\theta)|} \mathrm{d}\theta$$

$$= \int_0^\pi \frac{\lambda R \mathrm{e}^{-xR\sin\theta}}{\sqrt{\lambda^2 + R^2 - 2\lambda R\sin\theta}} \mathrm{d}\theta$$

$$\leqslant \int_0^\pi \frac{\lambda R \mathrm{e}^{-xR\sin\theta}}{R - \lambda} \mathrm{d}\theta \quad (\text{由积分中值定理})$$

$$= \frac{\pi\lambda R \mathrm{e}^{-xR\sin\theta_0}}{R - \lambda} \to 0 \quad (\text{当 } R \to +\infty \text{ 时})$$

$$(0 < \theta_0 < \pi).$$

在(4.2.11)式两边令 $R \to +\infty$ 取极限,得

$$\int_{+\infty}^{-\infty} \frac{\lambda}{\lambda - \mathrm{j}t} \mathrm{e}^{-\mathrm{j}xt} \mathrm{d}t = -2\pi\lambda \mathrm{e}^{-\lambda x},$$

即

$$\frac{1}{2\pi} \int_{-\infty}^{+\infty} \frac{\lambda}{\lambda - \mathrm{j}t} \mathrm{e}^{-\mathrm{j}xt} \mathrm{d}t = \lambda \mathrm{e}^{-\lambda x}, \qquad x > 0.$$

(2) 当 $x < 0$,取 C_R 为上半圆,由围道积分知 $\oint_L \frac{\lambda}{\lambda - \mathrm{j}z} \mathrm{e}^{-\mathrm{j}xz} \mathrm{d}z = 0$,且令 $z = R\mathrm{e}^{\mathrm{j}\theta}$ 得 $\left| \int_{C_R} \frac{\lambda}{\lambda - \mathrm{j}z} \mathrm{e}^{-\mathrm{j}xz} \mathrm{d}z \right| \to 0$(当 $R \to +\infty$ 时),于是得

$$f_\xi(x) = \frac{1}{2\pi} \int_{-\infty}^{+\infty} \frac{\lambda}{\lambda - \mathrm{j}t} \mathrm{e}^{-\mathrm{j}xt} \mathrm{d}t = 0, \qquad x < 0.$$

由上可知 $f_\xi(x)$ 为连续型随机变量的密度函数. 又因对连续型随机变量来说改变其一点的值(不为无穷)不影响其概率,所以为了书写方便起见,我们令 $f_\xi(0) = 0$,于是得

$$f_\xi(x) = \frac{1}{2\pi} \int_{-\infty}^{+\infty} \frac{\lambda}{\lambda - \mathrm{j}t} \mathrm{e}^{-\mathrm{j}xt} \mathrm{d}t = \begin{cases} \lambda \mathrm{e}^{-\lambda x}, & x > 0, \\ 0, & x \leqslant 0, \end{cases}$$

所以 $\xi \sim \Gamma(1, \lambda)$.

4.2.3 特征函数的简单应用

例 4.2.5 设 $\xi_1, \xi_2, \cdots, \xi_n$ 为 n 个独立同分布随机变量,且 $P\{\xi_1 = 1\} = p$, $P\{\xi_1 = 0\} = q = 1 - p, 0 < p < 1$,求 $\eta = \sum_{i=1}^n \xi_i$ 的分布.

解 因为 $\xi_1, \xi_2, \cdots, \xi_n$ 相互独立同服从参数为 p 的 0-1 分布,由例 4.1.2 知 $\varphi_{\xi_i}(t) = q + p\mathrm{e}^{\mathrm{j}t}, i = 1, 2, \cdots, n$,再由特征函数性质(6) 得

$$\varphi_\eta(t) = \prod_{i=1}^\infty \varphi_{\xi_i}(t) = (q + p\mathrm{e}^{\mathrm{j}t})^n,$$

$(q+pe^{jt})^n$ 为二项分布特征函数,由唯一性定理知,$\eta \sim B(n,p)$.

例 4.2.6　设 $\xi_k \sim B(n_k,p),k=1,2,\cdots,m$ 且 $\xi_1,\xi_2,\cdots,\xi_m$ 相互独立,求 $\eta = \sum_{k=1}^{n} \xi_k$ 的分布.

解　用与例 4.2.5 相同的方法得 $\varphi_\eta(t)=(q+pe^{jt})^{\sum_{k=1}^{n}n_k}$,由唯一性定理知,$\eta \sim B(\sum_{k=1}^{m}n_k,p)$.

例 4.2.7　设 $\xi_k \sim N(a_k,\sigma_k^2),k=1,2,\cdots,n$,且 $\xi_1,\xi_2,\cdots,\xi_n$ 相互独立,求 $\eta = \sum_{k=1}^{n} \xi_k$ 的分布.

解　由例 4.1.8 知,ξ_k 的特征函数为 $\varphi_{\xi_k}(t)=e^{-ja_kt-\sigma_k^2t^2/2},k=1,2,\cdots,n$. 由特征函数性质(6)知 η 的特征函数为

$$\varphi_\eta(t)=\exp\{j\sum_{k=1}^{n}a_kt-\sum_{k=1}^{n}\sigma_k^2t^2/2\}.$$

此是正态分布随机变量的特征函数,由唯一性定理知

$$\eta \sim N(\sum_{k=1}^{n}a_k,\sum_{k=1}^{n}\sigma_k^2).$$

n 个相互独立同分布随机变量的和如果仍服从同一类型分布,就称这一类型的随机变量具有"可加性". 由上述几个例子知,二项分布、正态分布的随机变量都具有可加性,除此之外具有这一性质的还有泊松分布、Γ 分布与柯西分布随机变量. 但是需要注意的是:如果 $\eta = \sum_{k=1}^{n} \xi_k$,且 $\varphi_\eta(t)=\prod_{k=1}^{n}\varphi_{\xi_k}(t)$,我们却不能断言随机变量 $\xi_1,\xi_2,\cdots,\xi_n$ 相互独立.

例 4.2.8　设 (ξ_1,ξ_2) 具有密度函数

$$f(x,y)=\begin{cases}\dfrac{1}{4}[1+xy(x^2-y^2)], & |x|\leqslant 1,\quad |y|\leqslant 1,\\ 0, & \text{其他.}\end{cases}$$

令 $\eta = \xi_1+\xi_2$,因为 ξ_1 与 ξ_2 的边缘密度函数分别为

$$f_{\xi_1}(x)=\begin{cases}\displaystyle\int_{-1}^{1}\dfrac{1}{4}[1+xy(x^2-y^2)]dy=\dfrac{1}{2}, & |x|\leqslant 1,\\ 0, & \text{其他,}\end{cases}$$

$$f_{\xi_2}(y)=\begin{cases}\displaystyle\int_{-1}^{1}\dfrac{1}{4}[1+xy(x^2-y^2)]dx=\dfrac{1}{2}, & |y|\leqslant 1,\\ 0, & \text{其他,}\end{cases}$$

所以 $f(x,y)\neq f_{\xi_1}(x)f_{\xi_2}(y)$,故 ξ_1 与 ξ_2 不相互独立.

但是,由图 4.2,得

$$f_\eta(z)=\int_{-\infty}^{+\infty}f(x,z-x)\mathrm{d}x$$

$$=\begin{cases}\int_{-1}^{z+1}\frac{1}{4}\{1+x(z-x)\\ \cdot[(x^2-(z-x^2))]\}\mathrm{d}x, & -2<z\leqslant 0,\\ \int_{z-1}^{1}\frac{1}{4}\{1+x(z-x)\\ \cdot[x^2-(z-x^2)]\}\mathrm{d}x, & 0<z\leqslant 2,\\ 0, & \text{其他},\end{cases}$$

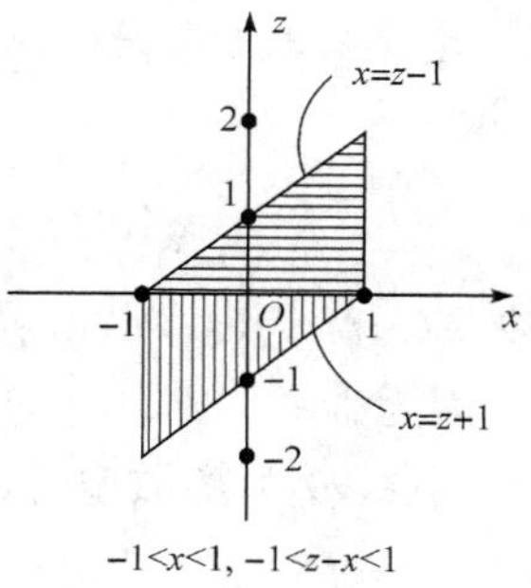

图 4.2

即

$$f_\eta(z)=\begin{cases}\frac{1}{4}(z+2), & -2<z\leqslant 0,\\ \frac{1}{4}(2-z), & 0<z\leqslant 2,\\ 0, & \text{其他},\end{cases}$$

故 η 的特征函数为

$$\begin{aligned}\varphi_\eta(t)&=\int_{-\infty}^{+\infty}\mathrm{e}^{\mathrm{j}tz}f_\eta(z)\mathrm{d}z=\int_{-2}^{0}\mathrm{e}^{\mathrm{j}tz}\frac{1}{4}(2+z)\mathrm{d}z+\int_{0}^{2}\mathrm{e}^{\mathrm{j}tz}\frac{1}{4}(2-z)\mathrm{d}z\\ &=\frac{1}{4}\left[\frac{2}{\mathrm{j}t}\mathrm{e}^{\mathrm{j}tz}+\frac{z}{\mathrm{j}t}\mathrm{e}^{\mathrm{j}tz}-\frac{1}{(\mathrm{j}t)^2}\mathrm{e}^{\mathrm{j}tz}\right]\Bigg|_{-2}^{0}+\frac{1}{4}\left[\frac{2}{\mathrm{j}t}\mathrm{e}^{\mathrm{j}tz}-\frac{z}{\mathrm{j}t}\mathrm{e}^{\mathrm{j}tz}+\frac{\mathrm{e}^{\mathrm{j}tz}}{(\mathrm{j}t)^2}\right]\Bigg|_{0}^{2}\\ &=\frac{1}{4t^2}[2-\mathrm{e}^{-2\mathrm{j}t}-\mathrm{e}^{2\mathrm{j}t}]=\frac{1}{4t^2}[\mathrm{e}^{\mathrm{j}t}-\mathrm{e}^{-\mathrm{j}t}]^2\\ &=\left(\frac{\sin t}{t}\right)^2.\end{aligned}$$

而 ξ_1 与 ξ_2 的特征函数均为 $\frac{\sin t}{t}$，故

$$\varphi_\eta(t)=\varphi_{\xi_1}(t)\cdot\varphi_{\xi_2}(t).$$

此例说明，虽然 $\eta=\xi_1+\xi_2$ 的特征函数等于 ξ_1 的特征函数与 ξ_2 的特征函数之积，但是 ξ_1 与 ξ_2 并不相互独立.

4.3* 随机向量的特征函数

类似于随机变量的特征函数的定义，我们可以定义随机向量的特征函数. 为了讨论方便，我们只限于讨论二维随机向量的情形，对于高于二维的情形，与二维的讨论类似.

定义 4.3.1 设 (ξ,η) 是具有二维分布函数 $F(x,y)$ 的随机向量，s,t 为任意实数，记

$$\varphi(s,t)=E[e^{j(s\xi+t\eta)}]=\int_{-\infty}^{+\infty}\int_{-\infty}^{+\infty}e^{j(sx+ty)}\,\mathrm{d}F(x,y),\qquad(4.3.1)$$

则称 $\varphi(s,t)$ 为 (ξ,η) 的特征函数.

因为 $|e^{j(sx+ty)}|=1$，所以 (ξ,η) 的特征函数总存在.

当 (ξ,η) 为离散型时，则

$$\varphi(s,t)=\sum_{i=1}^{\infty}\sum_{k=1}^{\infty}e^{j(sx_i+ty_k)}p_{ik},\qquad(4.3.2)$$

其中 $p_{ik}=P\{\xi=x_i,\eta=y_k\}$，$i,k=1,2,3,\cdots$，且 $\sum_{i=1}^{\infty}\sum_{k=1}^{\infty}p_{ik}=1$.

当 (ξ,η) 为连续型时，则

$$\varphi(s,t)=\int_{-\infty}^{+\infty}\int_{-\infty}^{+\infty}e^{j(sx+ty)}f(x,y)\mathrm{d}x\mathrm{d}y,\qquad(4.3.3)$$

其中 $f(x,y)$ 为 (ξ,η) 的密度函数.

例 4.3.1 设随机向量 (ξ,η) 具有分布列

ξ \ η	-1	1
-1	$\frac{1}{6}$	$\frac{1}{6}$
1	$\frac{1}{3}$	$\frac{1}{3}$

求 (ξ,η) 的特征函数.

解 由定义 4.3.1，得

$$\varphi(s,t)=\sum_i\sum_j e^{j(sx_i+ty_k)}p_{ik}$$

$$=e^{j(-s-t)}\frac{1}{6}+e^{j(-s+t)}\frac{1}{6}+e^{j(s-t)}\cdot\frac{1}{3}+e^{j(s+t)}\cdot\frac{1}{3}$$

$$=\frac{1}{6}e^{-js}(e^{jt}+e^{jt})+\frac{1}{3}e^{js}(e^{-jt}+e^{jt})$$

$$=\frac{1}{6}(e^{-jt}+e^{jt})(e^{-js}+2e^{js})$$

$$=\frac{1}{3}\cos t(3\cos s+j\sin s).$$

例4.3.2 设 $(\xi,\eta)\sim N(a_1,\sigma_1^2;a_2,\sigma_2^2;r)$. 求 (ξ,η) 的特征函数 $\varphi(s,t)$.

解

$$\varphi(s,t) = \int_{-\infty}^{+\infty}\int_{-\infty}^{+\infty} e^{j(sx+ty)} f(x,y)\,dxdy$$

$$= \int_{-\infty}^{+\infty}\int_{-\infty}^{+\infty} e^{j(sx+ty)} \cdot \frac{1}{2\pi\sqrt{1-r^2}\,\sigma_1\sigma_2} \cdot \exp\left\{-\frac{1}{2(1-r^2)}\left[\frac{(x-a_1)^2}{\sigma_1^2}\right.\right.$$

$$\left.\left. -2r\frac{(x-a_1)(y-a_2)}{\sigma_1\sigma_2} + \frac{(y-a_2)^2}{\sigma_2^2}\right]\right\}dxdy,$$

令 $u = \dfrac{1}{\sqrt{1-r^2}}\left(\dfrac{x-a_1}{\sigma_1} - r\dfrac{y-a_2}{\sigma_2}\right), v = \dfrac{y-a_2}{\sigma_2}$，于是得

$$\begin{cases} x = \sigma_1(\sqrt{1-r^2}\,u + rv) + a_2, \\ y = \sigma_2 v + a_2, \end{cases}$$

从而 $|J(u,v)| = \sigma_1\sigma_2\sqrt{1-r^2}$，于是得

$$\varphi(s,t) = \frac{1}{2\pi}\int_{-\infty}^{+\infty}\int_{-\infty}^{+\infty} e^{-(u^2+v^2)/2} \cdot e^{j\{(s[\sigma_1\sqrt{1-r^2}u+rv]+a_1)+t(\sigma_2 v+a_2)\}}\,dudv$$

$$= \frac{1}{2\pi} e^{jsa_1+jta_2} \cdot \int_{-\infty}^{+\infty} e^{-\frac{u^2}{2}+js\sqrt{1-r^2}\sigma_1 u}\,du \cdot \int_{-\infty}^{+\infty} e^{-\frac{v^2}{2}+jr\sigma_1 sv+j\sigma_2 tv}\,dv$$

$$= e^{j(sa_1+ta_2)} \cdot e^{-\frac{1}{2}(1-r^2)s^2\sigma_1^2} \cdot e^{-\frac{1}{2}(\sigma_2^2 t^2+2\sigma_1\sigma_2 rst+r^2\sigma_1^2 s^2)}$$

$$= e^{j(a_1 s+a_2 t)-\frac{1}{2}(\sigma_1^2 s^2+2\sigma_1\sigma_2 rst+\sigma_2^2 t^2)} \tag{4.3.4}$$

$$\left(\text{因为 } \frac{1}{\sqrt{2\pi}\sigma}\int_{-\infty}^{+\infty} e^{-(x-a)^2/2\sigma^2} \cdot e^{jtx}\,dx = e^{jta-\frac{1}{2}\sigma^2 t^2}\right).$$

特别当 $a_1 = a_2 = 0, \sigma_1 = \sigma_2 = 1$ 时，有

$$\varphi(s,t) = e^{-\frac{1}{2}(s^2+2rst+t^2)}, \tag{4.3.5}$$

二维随机向量 (ξ,η) 的特征函数 $\varphi(s,t)$ 有下列性质：

(1) $|\varphi(s,t)| \leqslant \varphi(0,0) = 1, \varphi(-s,-t) = \overline{\varphi(s,t)}, \varphi(s,0) = \varphi_\xi(s), \varphi(0,t) = \varphi_\eta(t)$；

(2) $\varphi(s,t)$ 在实平面上一致连续．

证明 对任意实数 s,t 以及 h_1,h_2，有

$$|\varphi(s+h_1,t+h_2) - \varphi(s,t)|$$

$$= |E[e^{j(s\xi+t\eta)}(e^{jh_1\xi+jh_2\eta}-1)]|$$

$$\leqslant E|e^{j(h_1\xi+h_2\eta)/2} - e^{-j(h_1\xi+h_2\eta)/2}|$$

$$= E\left|2\sin\frac{h_1\xi+h_2\eta}{2}\right|.$$

因为 $\left|2\sin\dfrac{h_1 x+h_2 y}{2}\right| \leqslant 2$，且上式右端与 s,t 无关，所以

$$\lim_{\substack{h_1 \to 0 \\ h_2 \to 0}} |\varphi(s+h_1, t+h_2) - \varphi(s,t)|$$

$$\leqslant \int_{-\infty}^{+\infty} \int_{-\infty}^{+\infty} \lim_{\substack{h_1 \to 0 \\ h_2 \to 0}} 2 \left| \sin \frac{h_1 x + h_2 y}{2} \right| dF(x,y) = 0,$$

这表示 $\varphi(s,t)$ 在实平面上一致连续.

(3) 设 A_1, B_1, A_2, B_2 均为常数,则易证$(A_1\xi + B_1, A_2\eta + B_2)$ 的特征函数为

$$e^{j(B_1 s + B_2 t)} \varphi(A_1 s, A_2 t).$$

例 4.3.3　设 $(\xi, \eta) \sim N(a_1, \sigma_1^2; a_2, \sigma_2^2; r)$,求 $\left(\dfrac{\xi - a_1}{\sigma_1}, \dfrac{\eta - a_2}{\sigma_2}\right)$ 的特征函数.

解　由性质(3)与例 4.3.2 得 $\left(\dfrac{\xi - a_1}{\sigma_1}, \dfrac{\eta - a_2}{\sigma_2}\right) = \left(\dfrac{\xi}{\sigma_1} - \dfrac{a_1}{\sigma_1}, \dfrac{\eta}{\sigma_2} - \dfrac{a_2}{\sigma_2}\right)$ 的特征
函数为

$$e^{-j\left(\frac{a_1}{\sigma_1}s + \frac{a_2}{\sigma_2}t\right)} \cdot \varphi\left(\frac{s}{\sigma_1}, \frac{t}{\sigma_2}\right)$$

$$= e^{-j\left(\frac{a_1 s}{\sigma_1} + \frac{a_2 t}{\sigma_2}\right)} \cdot e^{j\left(a_1 \frac{s}{\sigma_1} + a_2 \cdot \frac{t}{\sigma_2}\right)} \cdot e^{-\frac{1}{2}\left[\sigma_1^2 \left(\frac{s}{\sigma_1}\right)^2 + 2\sigma_1\sigma_2 r\left(\frac{s}{\sigma_1}\right)\left(\frac{t}{\sigma_2}\right) + \sigma_2^2 \left(\frac{t}{\sigma_2}\right)^2\right]}$$

$$= e^{-\frac{1}{2}(s^2 + 2rst + t^2)}.$$

(4) 设 $\varphi(s,t), f(x,y)$ 分别为随机向量 (ξ, η) 的特征函数与密度函数(如果
(ξ, η) 为离散型的且有分布列 $p_{ik} = P\{\xi = x_i, \eta = y_k\}, i, k = 1, 2, 3, \cdots$,则定义
$f(x,y) = \sum\limits_{i=1}^{\infty} \sum\limits_{k=1}^{\infty} p_{ik} \delta(x - x_i) \delta(y - y_k)$),则

$$f(x,y) = \left(\frac{1}{2\pi}\right)^2 \int_{-\infty}^{+\infty} \int_{-\infty}^{+\infty} e^{-j(sx+ty)} \varphi(s,t) ds dt. \tag{4.3.6}$$

证明与一维类似,略.

(5) $\zeta = \xi + \eta$ 的特征函数为

$$\varphi_{\xi+\eta}(t) = \varphi(t,t).$$

例 4.3.4　设 $(\xi, \eta) \sim N(a_1, \sigma_1^2; a_2, \sigma_2^2; r)$. 求 $\xi + \eta$ 的分布.

解　由性质(5)与例 4.3.2 得

$$\varphi_{\xi+\eta}(t) = \varphi(t,t) = e^{j(a_1 t + a_2 t)} \cdot e^{-\frac{1}{2}(\sigma_1^2 t^2 + 2\sigma_1\sigma_2 r t^2 + \sigma_2^2 t^2)}$$

$$= e^{j(a_1+a_2)t - \frac{1}{2}(\sigma_1^2 + 2\sigma_1\sigma_2 r + \sigma_2^2)t^2},$$

由例 4.1.8 知 $\xi + \eta \sim N(a_1 + a_2, \sigma_1^2 + 2\sigma_1\sigma_2 r + \sigma_2^2)$.

(6) $A_1\xi + A_2\eta + B(A, A_2, B$ 均为常数$)$ 的特征函数为

$$\varphi_{\xi}(t) = e^{jBt} \varphi(A_1 t, A_2 t). \tag{4.3.7}$$

(7) 设 (ξ,η) 为二维随机向量，k_1,k_2 均为正整数，且 $E[\xi^{k_1}\eta^{k_2}]$ 存在，则 (ξ,η) 的特征函数 $\varphi(s,t)$ 的偏导数 $\dfrac{\partial^{k_1+k_2}}{\partial s^{k_1}\partial t^{k_2}}[\varphi(s,t)]$ 存在且

$$E(\xi^{k_1}\eta^{k_2}) = \mathrm{j}^{-(k_1+k_2)}\left[\frac{\partial^{k_1+k_2}\varphi(s,t)}{\partial s^{k_1}\partial t^{k_2}}\right]\Bigg|_{s=t=0}. \tag{4.3.8}$$

证明完全类似于一维情形，这里略.

(8) 设 $\varphi_1(s_1,s_2,\cdots,s_n),\varphi_2(t_1,t_2,\cdots,t_m),\varphi_3(s_1,\cdots,s_n,t_1,\cdots,t_m)$ 分别为随机向量 $(\xi_1,\xi_2,\cdots,\xi_n),(\eta_1,\eta_2,\cdots,\eta_m),(\xi_1,\cdots,\xi_n,\eta_1,\cdots,\eta_m)$ 的特征函数，则 $(\xi_1,\xi_2,\cdots,\xi_n)$ 与 $(\eta_1,\eta_2,\cdots,\eta_m)$ 相互独立的充要条件是

$$\varphi_3(s_1,\cdots,s_n,t_1,\cdots,t_m) = \varphi_1(s_1,s_2,\cdots,s_n)\varphi_2(t_1,t_2,\cdots,t_m).$$

证明　我们仅就二维情形给出证明，即证明 ξ 与 η 相互独立 $\Longleftrightarrow \varphi(s,t)=\varphi_\xi(s)\varphi_\eta(t)$，其中 $\varphi(s,t)$ 为 (ξ,η) 的特征函数. 当 (ξ,η) 为离散型或连续型随机变量时，如果 ξ 与 η 相互独立，则由定义 4.3.1 知

$$\varphi(s,t) = E[\mathrm{e}^{\mathrm{j}(s\xi+t\eta)}] = E[\mathrm{e}^{\mathrm{j}s\xi}\cdot\mathrm{e}^{\mathrm{j}t\eta}]$$
$$= E(\mathrm{e}^{\mathrm{j}s\xi})\cdot E(\mathrm{e}^{\mathrm{j}t\eta}) = \varphi_\xi(s)\cdot\varphi_\eta(t).$$

如果 $\varphi(s,t)=\varphi_\xi(s)\varphi_\eta(t)$，设 $f(x,y)$ 为 (ξ,η) 的密度函数，由 (4.3.6) 式，几乎处处有

$$f(x,y) = \left(\frac{1}{2\pi}\right)^2\int_{-\infty}^{+\infty}\int_{-\infty}^{+\infty}\mathrm{e}^{-\mathrm{j}(sx+ty)}\varphi(s,t)\mathrm{d}s\mathrm{d}t$$
$$= \left(\frac{1}{2\pi}\right)^2\int_{-\infty}^{+\infty}\int_{-\infty}^{+\infty}\mathrm{e}^{-\mathrm{j}(sx+ty)}\varphi_\xi(s)\cdot\varphi_\xi(t)\mathrm{d}s\mathrm{d}t$$
$$= \frac{1}{2\pi}\int_{-\infty}^{+\infty}\mathrm{e}^{-\mathrm{j}sx}\varphi_\xi(s)\mathrm{d}s\cdot\frac{1}{2\pi}\int_{-\infty}^{+\infty}\mathrm{e}^{-\mathrm{j}ty}\varphi_\eta(t)\mathrm{d}t$$
$$= f_\xi(x)\cdot f_\eta(y).$$

所以恒有 $F(x,y)=F_\xi(t)F_\eta(y)$，其中 $F(x,y),F_\xi(x),F_\eta(y)$ 分别为 $(\xi,\eta),\xi,\eta$ 的分布函数. 由 (2.6.2) 式知 ξ 与 η 相互独立.

(9) 非负定，即对任意正整数 n，任意 n 个二维实变量 $(s_1,t_1),(s_2,t_2),(s_3,t_3),\cdots,(s_n,t_n)$ 及任意 n 个复数 $z_1,z_2,\cdots,z_n$，则 (ξ,η) 的特征函数 $\varphi(s,t)$ 满足

$$\sum_{i=1}^n\sum_{k=1}^n\varphi(s_i-s_k,t_i-t_k)z_i\bar{z}_k \geqslant 0.$$

证明

$$\sum_{i=1}^n\sum_{k=1}^n\varphi(s_i-s_k,t_i-t_k)z_i\bar{z}_k = \sum_{i=1}^n\sum_{k=1}^n E[\mathrm{e}^{\mathrm{j}(s_i-s_k)\xi+\mathrm{j}(t_i-t_k)\eta}]\bar{z}_k z_i$$
$$= E\left|\sum_{k=1}^n z_k\cdot\mathrm{e}^{\mathrm{j}(s_k\xi+t_k\eta)}\right|^2 \geqslant 0.$$

定理 4.3.1　随机向量 (ξ,η) 服从二维正态分布的充要条件是 ξ 与 η 的任一

线性组合 $\zeta = \lambda_0 + \lambda_1 \xi + \lambda_2 \eta$ 服从正态分布,其中 $\lambda_0, \lambda_1, \lambda_2$ 为任意常数,但 λ_1, λ_2 不全为零.

证明　必要性. 设 $(\xi, \eta) \sim N(a_1, \sigma_2^2; a_2, \sigma_2^2; r)$,由 (4.3.7) 与 (4.3.4) 式,得

$$\varphi_\zeta(t) = e^{j\lambda_0 t} \varphi(\lambda_1 t, \lambda_2 t)$$

$$= e^{j\lambda_0 t} \exp\left[j(\lambda_1 t a_1 + \lambda_2 t a_2) - \frac{1}{2}(\sigma_1^2 \lambda_1^2 t^2 + 2\sigma_1 \lambda_1 \sigma_2 \lambda_2 t^2 r + \sigma_2^2 \lambda_2^2 t^2) \right]$$

$$= \exp\left\{ j(\lambda_0 + \lambda_1 a_1 + \lambda_2 a_2) t - \frac{1}{2}(\sigma_1^2 \lambda_1^2 + 2\sigma_1 \sigma_2 \lambda_1 \lambda_2 r + \sigma_2^2 \lambda_2^2) t^2 \right\}.$$

由唯一性定理知

$$\zeta \sim N(\lambda_0 + \lambda_1 a_1 + \lambda_2 a_2, \sigma_1^2 \lambda_1^2 + 2r\sigma_1 \sigma_2 \lambda_1 \lambda_2 r + \sigma_2^2 \lambda_2^2).$$

充分性. 设 $\zeta = \lambda_0 + \lambda_1 \xi + \lambda_2 \eta$ 服从正态分布,$E(\xi) = a_1, D(\xi) = \sigma_1^2, E(\eta) = a_2$, $D(\eta) = \sigma_2^2, r(\xi, \eta) = r$,则

$$\varphi_\zeta(t) = E\left[e^{jt(\lambda_0 + \lambda_1 \xi + \lambda_2 \eta)} \right] = e^{jt E(\zeta) - \frac{1}{2} D(\zeta) t^2}$$

$$= e^{jt(\lambda_0 + \lambda_1 a_1 + \lambda_2 a_2) - \frac{1}{2}(\lambda_1^2 \sigma_1^2 + 2\sigma_1 \sigma_2 \lambda_2 \lambda_2 r + \sigma^2 \lambda_2^2) t^2}.$$

令 $t = 1, \lambda_0 = 0$ 得

$$E\left[e^{j(\lambda_1 \xi + \lambda_2 \eta)} \right] = e^{j(\lambda_1 a_1 + \lambda_2 a_2) - \frac{1}{2}(\lambda_1^2 \sigma_1^2 + 2\sigma_1 \sigma_2 \lambda_2 \lambda_2 r + \sigma^2 \lambda_2^2)},$$

由于 λ_1, λ_2 的任意性,上式左端为 (ξ, η) 的特征函数 $\varphi(\lambda_1, \lambda_2)$,而右端是二维正态分布 $N(a_1, \sigma_1^2; a_2, \sigma_2^2; r)$ 的特征函数,由唯一性定理,知 $(\xi, \eta) \sim N(a_1, \sigma_1^2; a_2, \sigma_2^2; r)$.

4.4　概率母函数

4.4.1　定义与性质

在研究只取非负整数值随机变量时,用概率母函数来代替特征函数更为方便.

定义 4.4.1　设随机变量 ξ 的分布列为

$$p_k = P\{\xi = k\}, \qquad k = 0, 1, 2, \cdots,$$

则称实变量 s 的实函数

$$\psi_\xi(s) = E(s^\xi) = \sum_{k=0}^\infty p_k s^k, \qquad |s| \leqslant 1 \tag{4.4.1}$$

为 ξ 的概率母函数. 在不引起混乱的情况下,常简记 $\psi_\xi(s)$ 为 $\psi(s)$.

由于 $\psi(1) = \sum_{k=0}^\infty p_k = 1$,所以 (4.4.1) 式右边的幂级数在区间 $[-1, 1]$ 上绝对收敛,故对任一取非负整数值的随机变量其概率母函数总存在. 因为 ξ 的特征函数为 $E(e^{jt\xi}) = E[(e^{jt})^\xi]$,故只需将特征函数中的 e^{jt} 换成 s,将 $\varphi_\xi(t)$ 换成 $\psi_\xi(s)$,就可

得到 ξ 的概率母函数.

例 4.4.1 设 $\xi \sim B(n,p)$,因为 $\varphi_\xi(t) = (q+pe^{jt})^n$,所以 ξ 的概率母函数为 $\psi_\xi(s) = (q+ps)^n$,其中 $q = 1-p$.

例 4.4.2 设 $\xi \sim P(\lambda)$,因为 $\varphi_\xi(t) = e^{\lambda(e^{jt}-1)}$,所以得 $\psi_\xi(s) = e^{\lambda(s-1)}$.

概率母函数 $\psi_\xi(s)$ 有类似于特征函数的一些性质.

(1) $|\psi_\xi(s)| \leqslant \psi_\xi(1) = 1$.

证明

$$|\psi_\xi(s)| = \Big|\sum_k p_k s^k\Big| \leqslant \sum_k p_k |s|^k \leqslant \sum_k p_k = \psi_\xi(1) = 1.$$

(2) $\psi_{a\xi+b}(s) = s^b \psi_\xi(s^a)$,其中 a,b 均为常数且 $a\xi+b$ 为非负整值随机变量.

证明

$$\psi_{a\xi+b}(s) = E(s^{a\xi+b}) = s^b E[(s^a)^\xi] = s^b \psi_\xi(s^a).$$

(3) 设 $\xi_1,\xi_2,\cdots,\xi_n$ 为相互独立的随机变量,且分别有概率母函数 $\psi_{\xi_1}(s)$, $\psi_{\xi_2}(s),\cdots,\psi_{\xi_n}(s)$,则 $\eta = \sum_{i=1}^n \xi_i$ 的概率母函数为

$$\psi_\eta(s) = \prod_{i=1}^n \psi_{\xi_i}(s).$$

证明

$$\psi_\eta(s) = E(s^\eta) = E(s^{\sum_{i=1}^n \xi_i}) = E\Big(\prod_{i=1}^n s^{\xi_i}\Big)$$
$$= \prod_{i=1}^n E(s^{\xi_i}) = \prod_{i=1}^n \psi_{\xi_i}(s).$$

(4) 如果 $E(\xi^2) < \infty$,则 $\psi_\xi(s)$ 的 2 阶导数存在,且

$$E(\xi) = \psi'_\xi(1), \qquad E(\xi^2) = \psi''_\xi(1) + \psi'_\xi(1). \tag{4.4.2}$$

证明 因为 $\psi'_\xi(s) = \sum_{k\geqslant 1} kp_k s^{k-1}$,而 $\sum_{k\geqslant 1} kp_k |s|^{k-1} \leqslant \sum_{k\geqslant 1} kp_k = E(\xi)$,又因 $E(\xi^2)$ 存在,所以 $E(\xi)$ 存在,从而级数 $\sum_{k\geqslant 1} kp_k s_s^{k-1}$ 绝对收敛. 故 $\psi'_\xi(s)$ 存在,且 $\psi'_\xi(1) = E(\xi)$. 类似可证 $\psi''_\xi(s)$ 存在,且

$$\psi''_\xi(1) = E[\xi(\xi-1)] = E(\xi^2) - E(\xi) = E(\xi^2) - \psi'_\xi(1),$$

所以得 $E(\xi^2) = \psi''_\xi(1) + \psi'_\xi(1)$.

由 (4.4.2) 式立得

$$D(\xi) = \psi''_\xi(1) + \psi'_\xi(1) - [\psi'_\xi(1)]^2. \tag{4.4.3}$$

(5)(反演公式)

$$p_k \equiv P\{\xi = k\} = \frac{1}{k!}\psi_\xi^{(k)}(o), \qquad k = 0,1,2,\cdots. \tag{4.4.4}$$

证明　因为
$$\psi_\xi^{(k)}(s) = k!\,p_k + \sum_{m \geqslant k+1} m(m-1)\cdots(m-k+1)p_m s^{m-k},$$
令 $s=0$ 得 $\psi_\xi^{(k)}(o) = k!\,p_k$，即
$$p_k = \frac{1}{k!}\psi_\xi^{(k)}(o), \qquad k = 0,1,2,\cdots.$$

(6) 非负整数值随机变量 ξ 与 η 分布列相同的充要条件是它们的概率母函数恒等.

证明　设 $\psi_\xi(s) = \sum_{k=0}^{\infty} a_k s^k, \psi_\eta(s) = \sum_{k=0}^{\infty} b_k s^k$. 如果 ξ 与 η 分布列相同，则由定义 4.4.1 知 $\psi_\xi(s) = \psi_\eta(s)$，$|s| \leqslant 1$.

反之，如果 $\psi_\xi(s) = \psi_\eta(s)$，$|s| \leqslant 1$，则
$$\sum_{k=0}^{\infty} a_k s^k = \sum_{k=0}^{\infty} b_k s^k, \qquad |s| \leqslant 1,$$
于是两边含 s^k 项的系数必相等，即
$$a_k = b_k, \qquad k = 0,1,2,\cdots.$$
从而充分性得证.

定理 4.4.1　设 ①$\xi_1, \xi_2, \xi_3, \cdots$ 是一串相互独立同分布非负整数值随机变量，且 ξ_1 的概率母函数为
$$\psi(s) = \sum_{k=0}^{\infty} p_k s^k, \quad p_k = P\{\xi_1 = k\}, \quad k = 0,1,2,\cdots;$$

② ζ 为取正整数值的随机变量，且其概率母函数为
$$G(s) = \sum_{n=1}^{\infty} g_n s^n, \quad g_n = P\{\zeta = n\}, \quad n = 1,2,\cdots;$$

③ ζ 与 $\xi_1, \xi_2, \cdots, \xi_n, \cdots$ 相互独立，则 $\eta \triangleq \xi_1 + \xi_2 + \cdots + \xi_\zeta$ 的概率母函数 $H(s)$ 为
$$H(s) = G[\psi(s)], \tag{4.4.5}$$
且当 $D(\zeta), D(\xi_1)$ 存在时，有
$$E(\eta) = E(\zeta)E(\xi_1), \tag{4.4.6}$$
$$D(\eta) = E(\zeta)D(\xi_1) + D(\zeta)[E(\xi_1)]^2. \tag{4.4.7}$$

证明　设 $h_i = P\{\eta = i\}, i = 0,1,2,\cdots$，因为 ζ 与 $\xi_1, \xi_2, \xi_3, \cdots$ 相互独立，则由全数学期望公式得
$$\psi_\eta(s) = E(s^\eta) = \sum_{n=1}^{\infty} E[s^{\xi_1 + \xi_2 + \cdots + \xi_n} \mid \zeta = n]P\{\zeta = n\}$$
$$= \sum_{n=1}^{\infty} E[s^{\xi_1 + \xi_2 + \cdots + \xi_n}]P\{\zeta = n\}$$

$$= \sum_{n=1}^{\infty} [\psi(s)]^n P\{\zeta = n\} = G[\psi(s)].$$

由于 $H'(s) = G'[\psi(s)]\psi'(s)$，所以 $E(\eta) = E(\zeta)E(\xi_1)$. 又因为

$$H''(s) = G''[\psi(s)][\psi'(s)]^2 + G'[\psi(s)]\psi''(s),$$

且 $D(\zeta), D(\xi_1)$ 存在，在上式中令 $s = 1$，由性质 (4) 得

$$E(\eta^2) - E(\eta) = [E(\zeta^2) - E(\zeta)][E(\xi_1)]^2 + E(\zeta)[E(\xi_1^2) - E(\xi_1)],$$

即

$$E(\eta^2) = E(\zeta)E(\xi_1^2) + [E(\zeta^2) - E(\zeta)][E(\xi_1)]^2.$$

所以

$$\begin{aligned}
D(\eta) &= E(\eta^2) - [E(\eta)]^2 \\
&= [E(\zeta^2) - E(\zeta)][E(\xi_1)]^2 + E(\zeta)E(\xi_1^2) - [E(\zeta)]^2[E(\xi_1)]^2 \\
&= E(\zeta)E(\xi_1^2) + E(\zeta^2)[E(\xi_1)]^2 - [E(\zeta)]^2[E(\xi_1)]^2 - E(\zeta)[E(\xi_1)]^2 \\
&= E(\zeta)D(\xi_1) + D(\zeta)[E(\xi_1)]^2.
\end{aligned}$$

4.4.2 概率母函数的应用

例 4.4.3 从 10 个数字 $1, 2, 3, \cdots, 10$ 中有放回随机取 7 个数字，求总和为 20 的概率.

解 设 ξ_i 表示第 i 次取得的数字，$i = 1, 2, \cdots, 7$，η 为 7 次取得的数字和，则 $\xi_1, \cdots, \xi_7$ 相互独立同分布，且 $\eta = \sum\limits_{i=1}^{7} \xi_i$ 及 ξ_1 的概率母函数分别为

$$\psi_\eta(s) = \frac{1}{10^7}\left[\sum_{k=1}^{10} s^k\right]^7, \quad \psi_{\xi_1}(s) = \frac{1}{10}\sum_{k=1}^{10} s^k.$$

由定义知 $P\{\eta = 20\}$ 就是 $\psi_\eta(s)$ 的展开式中含 s^{20} 项的系数. 又因

$$\psi_\eta(s) = \frac{s^7}{10^7}(1 + s + s^2 + \cdots + s^9)^7,$$

而

$$(1 + s + s^2 + \cdots + s^9)^7 = \left(\frac{1 - s^{10}}{1 - s}\right)^7 = (1 - s^{10})^7(1 - s)^{-7}$$

$$= \sum_{i=0}^{7} C_7^i(-s^{10})^i \cdot \sum_{k=0}^{\infty} C_{7+k-1}^{7-1} s^k$$

$$\left(\text{因为} (1 - x)^{-n} = \sum_{k=0}^{\infty} C_{n+k-1}^{n-1} x^k\right)$$

$$= (1 - 7s^{10} + \cdots)(1 + \cdots + C_{7-1+3}^{7-1} s^3 + \cdots + C_{7-1+13}^{7-1} s^{13} + \cdots),$$

上式中含 s^{13} 项的系数为

$$C_{19}^6 - 7C_9^6 = 27132 - 7 \times 84 = 26544,$$

所以,所求概率为 $P\{\eta = 20\} = \dfrac{26544}{10^7}.$

另一解法　设 $\eta_j = \sum\limits_{i=1}^{j} \xi_i, j = 1,2,3,\cdots,7$,则 $\eta_1 = \xi_1, \eta = \eta_7$.由逐个纸上作法式,即(2.4.16)式(这时 $m=10$)得表 4.1.

表 4.1

η_1	1	2	3	4	5	6	7	8	9	10	11	12	13	14	⋯
$\bar{p}$	1	1	1	1	1	1	1	1	1	1	0	0	0	0	⋯
η_2	2	3	4	5	6	7	8	9	10	11	12	13	14	15	⋯
$\bar{p}$	1	2	3	4	5	6	7	8	9	10	9	8	7	6	⋯
η_3	3	4	5	6	7	8	9	10	11	12	13	14	15	16	⋯
$\bar{p}$	1	3	6	10	15	21	28	36	45	55	63	69	73	75	⋯
η_4	4	5	6	7	8	9	10	11	12	13	14	15	16	17	⋯
$\bar{p}$	1	4	10	20	35	56	84	120	165	220	282	348	415	480	⋯
η_5	5	6	7	8	9	10	11	12	13	14	15	16	17	18	⋯
$\bar{p}$	1	5	15	35	70	126	210	330	495	715	996	1340	1745	2205	⋯
η_6	6	7	8	9	10	11	12	13	14	15	16	17	18	19	⋯
$\bar{p}$	1	6	21	56	126	252	462	792	1287	2002	2997	4332	6062	8232	⋯
η_7	7	8	9	10	11	12	13	14	15	16	17	18	19	20	⋯
$\bar{p}$	1	7	28	84	210	462	924	1716	3003	5005	8001	12327	18368	26544	⋯

由于只须求 $\eta_7 = 20$ 的概率,故上表省略了一些项.由表 4.1 最后两行得知,$\eta_7 = 20$ 的频率数为 26544,从而得

$$P\{\eta = 20\} = 26544/10^7.$$

由上表还可以得到

$$P\{\eta = 19\} = 18368/10^7, P\{\eta = 16\} = 5005/10^7,$$

等等.

由对称性,还可以得

$$P\{\eta = 60\} = P\{\eta = 17\} = 8001/10^7, P\{\eta = 65\} = P\{\eta = 12\} = 462/10^7,$$

等等.

如取出的不是 7 个,而是 6 个(或小于 7 的数)数则取出的 6 个数之和等于 19 的概率为 8232/10^6,即 $P\{\eta_6 = 19\} = 8332/10^6$.类似地,

$$P\{\eta_6 = 18\} = 6062/10^6, \cdots, P\{\eta_5 = 15\} = 996/10^5, \cdots,$$

$$P\{\eta_4 = 16\} = 415/10^4, \cdots.$$

例 4.4.4　利用概率母函数解定理 2.2.6 中的微分差分方程:

$$P_k'(t) = -\lambda P_k(t) + \lambda P_{k-1}(t), \qquad k = 0,1,2,\cdots, \qquad (4.4.8)$$

$$P_{-1}(t) = 0, \qquad P_0(0) = 1.$$

解 设 $P_k(t), k = 0, 1, 2, \cdots$,所相应的概率母函数为 $P(s, t) = \sum_{k=0}^{\infty} P_k(t) s^k$,于是由(4.4.8)式得

$$P'_t(s, t) = -\lambda P(s, t) + \lambda s P(s, t), \qquad P(s, 0) = 1,$$

即

$$P'_t(s, t) = \lambda (s - 1) P(s, t),$$

解此微分方程得

$$P(s, t) = P(s, 0) e^{\lambda t (s-1)} = e^{\lambda t (s-1)}$$

$$= e^{-\lambda t} \cdot e^{\lambda t s} = \sum_{k=0}^{\infty} e^{-\lambda t} \frac{(\lambda t)^k}{k!} s^k,$$

所以

$$P_k(t) = e^{-\lambda t} \frac{(\lambda t)^k}{k!}, \qquad k = 0, 1, 2, \cdots.$$

例 4.4.5 观察资料表明,天空中星体个数服从参数为 $\lambda \sigma$ 的泊松分布,其中 σ 是观察区域的体积,λ 为正常数. 如果每个星体上有生命的概率为 p,则在体积为 ∇ 的宇宙空间中有生命存在的星体数 η 服从参数为 $\lambda p \nabla$ 的泊松分布.

证明 设 ζ 为体积是 ∇ 的宇宙空间中星体的个数,则由题意

$$P\{\zeta = k\} = e^{-\lambda \nabla} \frac{(\lambda \nabla)^k}{k!}, \qquad k = 0, 1, 2, \cdots.$$

设

$$\xi_i = \begin{cases} 1, & \nabla \text{ 中第 } i \text{ 个星体上有生命}, \\ 0, & \nabla \text{ 中第 } i \text{ 个星体上无生命}, \end{cases} \quad i = 1, 2, \cdots,$$

则 $P\{\xi_i = 1\} = p, P\{\xi_i = 0\} = q = 1 - p, i = 1, 2, \cdots$,且 $\eta = \xi_1 + \xi_2 + \cdots + \xi_\zeta$ 为 ∇ 中有生命的星体个数. 由于诸 ξ_i 独立同分布且 ξ_1 的母函数为 $\psi(s) = q + ps$,而 ζ 的母函数为

$$G(s) = e^{\lambda \nabla (s-1)},$$

由定理 4.4.1 得 $\eta = \xi_1 + \xi_2 + \cdots + \xi_\zeta$ 的母函数为

$$H(s) = G[\psi(S)] = e^{\lambda \nabla [(q+ps)-1]} = e^{\lambda \nabla p (s-1)}.$$

由唯一性知,η 服从参数为 $\lambda p \nabla$ 的泊松分布. 或者由全概率公式,得

$$P\{\eta = i\} = \sum_{n=1}^{\infty} P\{\zeta = n\} P\{\xi_1 + \cdots + \xi_n = i \mid \zeta = n\}$$

$$= \sum_{n=i}^{\infty} e^{-\lambda \nabla} \frac{(\lambda \nabla)^n}{n!} C_n^i p^i q^{n-i} = \frac{(\lambda \nabla p)^i}{i!} e^{-\lambda \nabla} \sum_{m=0}^{\infty} (\lambda \nabla q)^m / m!$$

$$= e^{-\lambda \nabla p} \frac{(\lambda \nabla p)^i}{i!}, \qquad i = 0, 1, 2, \cdots.$$

4.4.3* 双变量概率母函数

类似于二维随机向量的特征函数的定义,我们可以定义二维随机向量的概率母函数.

定义 4.4.2　设 (ξ,η) 为二维取非负整数值的随机向量,其分布列为 $p_{ik}=P\{\xi=i,\eta=k\},i,k=0,1,2,\cdots$,则称实变量 s,t 的函数

$$\psi(s,t)=E(s^\xi t^\eta)=\sum_{i=0}^{\infty}\sum_{k=0}^{\infty}p_{ik}s^it^k,\quad |s|\leqslant 1,\quad |t|\leqslant 1 \quad (4.4.9)$$

为 (ξ,η) 的概率母函数或双变量概率母函数.

对双变量概率母函数也有类似于一个变量概率母函数的性质.

设 $\psi(s,t)$ 为 (ξ,η) 的概率母函数,则

(1) $|\psi(s,t)|\leqslant\psi(1,1)=1,|s|\leqslant 1,|t|\leqslant 1$.

(2) $\psi_{a\xi+b\eta+c}(s)=s^c\psi(s^a,s^b)$,其中 a,b,c 均为常数.

(3) 设 ξ 与 η 相互独立,则 $\psi(s,t)=\psi_\xi(s)\psi_\eta(t)$.

(4) $\psi(s,1)=\psi_\xi(s),\psi(1,t)=\psi_\eta(t)$.

(5) 如果 $E(\xi),E(\eta)$ 均存在,则

$$E(\xi)=\left.\frac{\partial\psi(s,t)}{\partial s}\right|_{s=t=1},\qquad E(\eta)=\left.\frac{\partial\psi(s,t)}{\partial t}\right|_{s=t=1}.$$

如果 $E(\xi^2),E(\eta^2)$ 均存在,则

$$E(\xi\eta)=\left.\frac{\partial^2\psi(s,t)}{\partial s\partial t}\right|_{s=t=1},$$

$$E(\xi^2)=\left.\frac{\partial^2\psi(s,t)}{\partial s^2}\right|_{s=t=1}+\left.\frac{\partial\psi(s,t)}{\partial s}\right|_{s=t=1},$$

$$E(\eta^2)=\left.\frac{\partial^2\psi(s,t)}{\partial t^2}\right|_{s=t=1}+\left.\frac{\partial\psi(s,t)}{\partial t}\right|_{s=t=1}.$$

(6) $p_{ik}=\left.\dfrac{1}{i!k!}\dfrac{\partial^{i+k}\psi(s,t)}{\partial s^i\partial t^k}\right|_{s=t=0},\qquad i,k=0,1,2,\cdots$.

例 4.4.6　设 (ξ,η) 的分布列为

ξ ＼ η	1	2
1	$\frac{1}{3}$	$\frac{1}{3}$
2	$\frac{1}{3}$	0

则其双变量概率母函数为

$$\psi(s,t) = E(s^\xi t^\eta) = \frac{1}{3}(st + st^2 + s^2 t).$$

4.4.4 频数母函数

定义 4.4.3 设 ξ 为取非负整数值随机变量,其概率分布为
$$P\{\xi = x_i\} = P_i, i = 0, 1, 2, \cdots, n,$$
ξ 的概率母函数为

$$\psi(s) = \sum_{i=0}^{n} P_i s^i, |s| \leqslant 1.$$

将诸 p_i 通分(未必都行得通),使分母相同,并记第 i 项的分子为 a_i,再略去相同的分母,这时上式右边变为 $\sum_{i=0}^{n} a_i s^{x_i}, |s| \leqslant 1$. 把 $\sum_{i=0}^{n} a_i s^{x_i}$ 记成 $g_\xi(s)$,即

$$g_\xi(s) = \sum_{i=0}^{n} a_i s^{x_i}, |s| \leqslant 1.$$

我们称 $g_\xi(s)$ 为 ξ 的频数母函数.

显然,由 $g_\xi(s) = \sum_{i=0}^{n} a_i s^{x_i}$,也可唯一确定 $\psi(s)$. 这只需将上述诸 a_i 除以 $\sum_{i=0}^{n} a_i$(记 $\sum_{i=0}^{n} a_i$ 为 a)即得 $\psi_\xi(s)$. 这是因为 $p_i = a_i/a$.

例 4.4.7 有放回从装有 3 个球的袋中(3 个球分别标有 $1, 2, 3$)摸出三个球,求三个球上数字和的分布.

解 设 ξ_1, ξ_2, ξ_3 为取出的三个球上的数字,则 ξ_1, ξ_2, ξ_3 为三个独立同分布随机变量,且 ξ_i 的概率母函数为

$$\psi_{\xi_i}(s) = 1/3s + 1/3s^2 + 1/3s^3, i = 1, 2, 3.$$

其频数母函数为

$$g_{\xi_i}(s) = s + s^2 + s^3, i = 1, 2, 3.$$

由独立随机变量和的概率(频数)母函数等于各概率(频数)母函数之积,得

$$g_{\xi_1}(s) g_{\xi_2}(s) g_{\xi_3}(s) = (s + s^2 + s^3)^3 = s^3 + 3s^4 + 6s^5 + 7s^6 + 6s^7 + 2s^8 + s^9.$$

由此,立得三个球上数字和的频数分布

$$[3(1), 4(3), 5(6), 6(7), 7(6), 8(2), 9(1)].$$

将每个频数都除以所有频数和 27,即得三数之和的概率分布.

例 4.4.8 设一袋中有四个球,四个球上分别写上 $1, 1, , 3, 5$,现从中有放回摸两个球,又从例 4.4.7 的袋中摸一个球,求摸出的三个球上数字和频数分布.

解 设 ξ_1, ξ_2, ξ_3 为摸出三个球上的数字,则它们为相互独立随机变量,且它们频数母函数分别为(记 $\xi = \xi_1 + \xi_2 + \xi_3$)

$$g_{\xi_1}(s) = g_{\xi_2}(s) = 2s + s^3 + s^5, g_{\xi_3}(s) = s + s^2 + s^3,$$

且

$$g_\xi(s) = (2s + s^3 + s^5)^2(s + s^2 + s^3)$$
$$= 4s^3 + 4s^4 + 8s^5 + 9s^6 + 9s^7 + 5s^8 + 2s^9 + 2s^{10} + 3s^{11} + s^{12} + s^{13}$$

故所求分布为

$[3(4),4(4),5(8),6(9),7(9),8(5),9(2),10(2),11(3),12(1),13(1)]$.

将括号中诸频数均除以 $4^2 \times 3 = 48$,即得 $\xi_1 + \xi_2 + \xi_3$ 的概率分布.

显然,用频数母函数比用概率母函数简捷方便得多.

习　题　4

1. 设随机变量 ξ 服从帕斯卡分布: $P\{\xi = k\} = C_{k-1}^{r-1} p^r q^{k-r}, k = r, r+1, \cdots, r$ 为正整数, $0 < p < 1, q = 1 - p$. 求 ξ 的特征函数(提示: $(1-q)^{-r} = \sum_{k=r}^\infty C_{k-1}^{r-1} q^{k-r}$).

2. 设 $\varphi_\xi(t) = \dfrac{1}{1+t^2}$,求相应的密度函数.

3. 设随机变量 ξ 具有分布列

ξ	0	$-\dfrac{1}{2}$	$\dfrac{1}{2}$
	0.8	0.1	0.1

求 $\varphi_\xi(t)$.

4. 设 $\xi_i \sim N(a,\sigma^2), i = 1,2,\cdots,n$,且 $\xi_1,\xi_2,\cdots,\xi_n$ 相互独立. 求 $\sum_{i=1}^n \xi_i$ 的分布.

5. 证明下列函数是特征函数,并求出相应的分布:

(1) $\cos^2 t$;　　(2) $\dfrac{1}{1+jt}$;　　(3) $\dfrac{1}{2e^{-jt} - 1}$.

6. 证明:如果 $\varphi(t)$ 为特征函数,则(1) $\varphi(-t)$;(2) $|\varphi(t)|^2$;(3) $R_e\{\varphi(t)\}$(即 $\varphi(t)$ 的实部);(4) $[\varphi(t)]^n$(n 为正整数) 也都是特征函数.

7. 证明:如果 $\varphi(t)$ 是特征函数,则 $\varphi(t)$ 的虚部 $I_m\{\varphi(t)\}$ 不是特征函数.

8. 设 $\varphi(t)$ 为特征函数,且当 $t \to 0$ 时,$\varphi(t) = 1 + o(t^2)$,则 $\varphi(t) \equiv 1$.

9. 设随机变量 ξ 具有连续且严格单调的分布函数 $F(x)$,求(1) $\eta = aF(\xi) + b$(a,b 均为常数, 且 $a \neq 0$);(2) $\zeta = \ln F(\xi)$ 的特征函数.

10. 下列函数是否为特征函数?并说明理由.

(1) $\sin t$;　　(2) $\ln(e + |t|)$;　　(3) e^{-t^4};　　(4) $\dfrac{1}{1-t^4}$.

11. 用特征函数证明:如果 ξ 服从正态分布,则 $\eta = a\xi + b$(其中 a,b 均为常数且 $a \neq 0$) 也服从正态分布.

12. 试证明对任何实特征函数 $\varphi(t)$,下列不等式成立:

(1) $1-\varphi(2t) \leqslant 4[1-\varphi(t)]$;

(2) $1+\varphi(2t) \geqslant 2[\varphi(t)]^2$.

13. 特征函数 $\varphi(t)$ 是实的充要条件是其相应的分布函数 $F(x)$ 是对称的,即 $F(-x+0)=1-F(x)$.

14. 证明如果 $F(x)$ 是分布函数,而 $\varphi(t)$ 是其相应的特征函数,则对任意实数 x,恒有

$$\lim_{T\to\infty}\frac{1}{2T}\int_{-T}^{T}\varphi(t)\mathrm{e}^{-\mathrm{j}tx}\mathrm{d}x = F(x+0)-F(x-0);$$

如果 x_r 是 $F(x)$ 的跳跃点的横坐标,则

$$\lim_{T\to\infty}\frac{1}{2T}\int_{-T}^{T}\mid\varphi(t)\mid^2\mathrm{d}t = \sum_{t}\{F(x_r+0)-F(x_r-0)\}^2.$$

15. 设 $\varphi(t)$ 为特征函数,且 $\varphi''(0)$ 存在,则

$$\mid\varphi'(0)\mid^2\leqslant\mid\varphi''(0)\mid.$$

16. 对事件 $A_i(i=1,2,\cdots,n)$ 定义随机变量

$$I_i = \begin{cases} 1, & \omega \in A_i, \\ 0, & \omega \overline{\in} A_i, \end{cases} \quad i=1,2,\cdots,n.$$

试证明,事件 $A_1,A_2,\cdots,A_n$ 相互独立的充要条件是 $I_1,I_2,\cdots,I_n$ 相互独立.

17. 设 ξ 具有密度函数:$f(x)=\dfrac{1}{\pi}\cdot\dfrac{1}{1+x^2}$,$-\infty<x<+\infty$,而 $\eta=a\xi$,$(a>0)$.试证明 $\varphi_{\xi+\eta}(t)=\varphi_{\xi}(t)\cdot\varphi_{\eta}(t)$,但 ξ 与 η 不独立.

18. 设 $F(x)$ 是随机变量 ξ 的分布函数,$\varphi(t)$ 为 ξ 的特征函数,令

$$G(x)=\frac{1}{2h}\int_{x-h}^{x+h}F(y)\mathrm{d}y,$$

其中 $h>0$ 为常数,则 $G(x)$ 的相应的特征函数为 $\dfrac{\sin ht}{ht}\varphi(t)$.

19. 设 $\xi_i \sim P(\lambda)$,$i=1,2,\cdots,n\cdots$ 且 $\xi_1,\xi_2,\cdots,\xi_n\cdots$ 相互独立,证明当 $n\to\infty$ 时,$\zeta_n=\dfrac{\eta_n-E(\eta_n)}{\sqrt{D(\eta_n)}}$ 的特征函数趋于标准正态分布随机变量的特征函数,其中 $\eta_n=\sum_{i=1}^{n}\xi_i$.

20. 设 $\varphi_1(t),\varphi_2(t),\varphi_3(t),\cdots$ 为特征函数列,如果存在某正数 A,使得当 $\mid t\mid<A$ 时,有 $\lim\limits_{n\to\infty}\varphi_n(t)=1$,则对 $t\in\mathbf{R}$ 有 $\lim\limits_{n\to\infty}\varphi_n(t)=1$.

21. 试举一个满足(1)$\varphi(-t)=\overline{\varphi(t)}$,(2)$\mid\varphi(t)\mid\leqslant\varphi(o)=1$,而 $\varphi(t)$ 不是特征函数的例子.

22. 对于伯努利试验序列,设 ξ 为第 r 次失败之前成功出现的总次数,求 ξ 的分布列与概率母函数.

23. 在伯努利试验序列中,称直到第一次失败为一轮,设 ξ 是直到第 r 个成功的轮数,即第 r 次成功在第 ξ 轮中出现,证明

$$P\{\xi=k\}=p^r q^{k-1}\mathrm{C}_{k+r-2}^{r-1},$$

并求 $E(\xi)$ 与 $D(\xi)$,其中 p 表示每次试验成功的概率,$q=1-p$.

24. 求分布律.其概率母函数为:

(1) $\dfrac{(1+s)^2}{4}$; (2) $\dfrac{1}{2-s}$; (3) e^{s-1}; (4) $\left(\dfrac{1}{3}+\dfrac{2}{3}s\right)^4$.

25. 某城市有 1000 辆汽车,牌号自 000 编至 999. 设街头任意遇到一辆汽车,求其牌号各数之和等于 9 的概率.

26. 在伯努利试验序列中,每次试验成功的概率为 p.

(1) 令 u_n 为前 n 次试验中成功偶数次的概率,求 $\sum_{n=0}^{\infty} u_n s^n$.

(2) 令 p_n 为前 n 次试验中成功次数为 3 的整数倍的概率,求 $\sum_{n=0}^{\infty} p_n s^n$.

27. 如果从 $1,2,3,\cdots,10$ 中有放回随机取

(1) 7 个数,求 7 个数之和等于 62 的概率;

(2) 6 个数,求 6 个之和等于 50 的概率;

(3) 8 个数,求 8 个数之和等于 70 的概率.

第 5 章　极 限 定 理

　　极限定理是概率论中最重要的理论结果,它在概率论与数理统计的理论研究与应用中起着十分重要的作用. 在这些定理中最重要的是被称为"大数定律"与"中心极限定理"的那些定理. 大数定律是叙述在什么条件下随机变量序列的前一些项的算术平均值(在某种收敛意义下) 收敛于那些项的均值的算术平均值. 而中心极限定理则是确定在什么条件下,大量随机变量之和的分布函数收敛于正态分布函数.

5.1　大 数 定 律

5.1.1　问题的提出与收敛概念

　　我们知道,概率论是研究随机现象统计规律性的学科,然而随机现象的统计规律性只有在相同条件下进行大量重复的试验或观察才能显现出来. 例如,实际经验告诉我们,掷一枚均匀的硬币,虽然事前我们不能准确预言每次掷出的结果,但是如果我们重复地进行 n 次,并以 μ_n 记 n 次试验中正面出现的次数,当 n 充分大时,正面出现的频率 $\dfrac{\mu_n}{n}$ 与掷一次正面出现的概率 $p = \dfrac{1}{2}$ 很接近. 这个例子除直观地告诉我们从随机现象中去寻求必然规律性应该研究大量的随机现象外,还向我们提出如下一个理论问题:

　　在伯努利试验中,如果某事件 A 出现的概率为 $p(0 < p < 1)$,以 ξ_i 表示第 i 次试验中 A 出现的次数,以 μ_n 表示前 n 次独立试验中 A 出现的次数,则 $P\{\xi_i = 1\} = p, P\{\xi_i = 0\} = 1 - p, i = 1, 2, \cdots, n$ 且 $\mu_n = \xi_1 + \xi_2 + \cdots + \xi_n$.

　　现在我们问:当 $n \to \infty$ 时,能否从数学上严格证明 n 次重复独立试验中 A 出现的频率 $\dfrac{\mu_n}{n}$ 收敛于 p?即当 $n \to \infty$ 时,$\dfrac{\mu_n}{n} \to p$?

　　因为 $E(\xi_i) = p, \dfrac{1}{n}\sum\limits_{i=1}^{n} E(\xi_i) = p, \dfrac{\mu_n}{n} = \dfrac{1}{n}\sum\limits_{i=1}^{n}\xi_i$,所以上述问题可改述为: 当 $n \to \infty$ 时,

$$\frac{1}{n}\sum_{i=1}^{n}\xi_i \to \frac{1}{n}\sum_{i=1}^{n}E(\xi_i)? \tag{5.1.1}$$

即能否严格证明：当 $n \to \infty$ 时，$\dfrac{1}{n}\sum\limits_{i=1}^{n}[\xi_i - E(\xi_i)] \to 0$？或者更广泛些，我们提出如下的问题（因 $\{n\}$ 与 $\{E(\xi_i)\}$ 均为常数列）：

设 $\{\xi_i\}$ 为一随机变量序列，$\{C_i\}$ 与 $\{D_i\}(D_i > 0, i = 1, 2, \cdots)$ 为两个常数列，令

$$\zeta_n = \frac{1}{D_n}\sum_{i=1}^{n}(\xi_i - C_i), \qquad n = 1, 2, 3, \cdots, \tag{5.1.2}$$

现问：随机变量序列 $\{\zeta_n\}$ 是否收敛？

显然，由 (5.1.2) 式确定的随机变量序列 $\{\zeta_n\}$ 是否收敛的问题取决于下列三个因素：

(1) 是对哪种收敛性而言？

(2) $\{C_i\}$ 与 $\{D_i\}$ 具体是什么样的数列？

(3) 随机变量序列 $\{\xi_i\}$ 具有什么样的性质？

关于 (1)，我们说随机变量序列的收敛种类很多，现介绍常见的四种收敛概念如下.

设 ξ 及 $\xi_1, \xi_2, \xi_3 \cdots$ 均为概率空间 $(\Omega, \mathscr{F}, P)$ 上的随机变量.

① 如果对任给正数 ε，有 $\lim\limits_{n\to\infty} P\{|\xi_n - \xi| \geqslant \varepsilon\} = 0$，则称 $\{\xi_n\}$ 依概率收敛于 ξ，记为 $\xi_n \xrightarrow{P} \xi$. 依概率收敛的意义是：当 $n \to \infty$ 时，ξ_n 与 ξ 有较大偏差的概率趋于零. 显然 $\lim\limits_{n\to\infty} P\{|\xi_n - \xi| < \varepsilon\} = 1$ 与 $\lim\limits_{n\to\infty} P\{|\xi_n - \xi| \geqslant \varepsilon\} = 0$ 是等价的.

② 如果 $P\{\lim\limits_{n\to\infty}\xi_n = \xi\} = 1$，则称 $\{\xi_n\}$ 依概率为 1 收敛于 ξ，或说 $\{\xi_n\}$ 几乎处处收敛于 ξ，记为 $\xi_n \xrightarrow{a.e.} \xi$ 或 $\xi_n \xrightarrow{a.s.} \xi$. 其意义是：$\Omega$ 中除去一个概率为零的子集外，对其他每个样本点 $\omega \in \Omega$，都有

$$\lim_{n\to\infty}\xi_n(\omega) = \xi(\omega).$$

③ 设 $F(x), F_1(x), F_2(x), F_3(x), \cdots$ 分别为 $\xi, \xi_1, \xi_2, \xi_3, \cdots$ 的分布函数，如果对 $F(x)$ 的任一个连续点 x 都有

$$\lim_{n\to\infty}F_n(x) = F(x),$$

则称 $\{\xi_n\}$ 依分布收敛于 ξ，记为 $\xi_n \xrightarrow{L} \xi$ 或 $F_n(x) \xrightarrow{L} F(x)$.

④ 设 $r(>0)$ 是常数且 $E[|\xi|^r] < \infty, E[|\xi_n|^r] < \infty, n \geqslant 1$. 如果

$$\lim_{n\to\infty}E[|\xi_n - \xi|^r] = 0,$$

则说 $\{\xi_n\}$ r 阶收敛于 ξ，记为 $\xi_n \xrightarrow{r} \xi$.

一般称 1 阶收敛为平均收敛，称 2 阶收敛为均方收敛，由数学期望的性质 (6) 知，均方收敛一定是平均收敛.

关于 (2)，当我们选取不同的数列 $\{C_i\}$ 与 $\{D_i\}$ 以及采用不同的收敛概念时，可

以引入各种不同的极限定理,常见的有三种类型的极限定理,现分述如下.

① 设 $E(\xi_i),i=1,2,3,\cdots$ 都存在. 如果取 $C_i=E(\xi_i),D_i=i$,并且 $\zeta_n\equiv\frac{1}{n}\sum_{i=1}^{n}[\xi_i-E(\xi_i)]$ 依概率收敛于零,即对任给 $\epsilon>0$,有

$$\lim_{n\to\infty}P\left\{\left|\frac{1}{n}\sum_{i=1}^{n}[\xi_i-E(\xi_i)]\right|\geqslant\epsilon\right\}=0, \tag{5.1.3}$$

则说 $\{\xi_i\}$ 服从弱大数定律,或说对 $\{\xi_i\}$ 弱大数定律成立.弱大数定律也叫做大数定律.(5.1.3) 式的意思是:随机变量序列 $\{\xi_i\}$ 的前 n 项的算术平均值依概率收敛于前 n 项的数学期望的算术平均值.

② 设诸 $E(\xi_i),i=1,2,3,\cdots$ 都存在,如果 $C_i=E(\xi_i),D_i=i$,并且 $\zeta_n\equiv\frac{1}{n}\sum_{i=1}^{n}[\xi_i-E(\xi_i)]$ 依概率为 1 收敛于零,即

$$P\left\{\lim_{n\to\infty}\frac{1}{n}\sum_{i=1}^{n}[\xi_i-E(\xi_i)]=0\right\}=1, \tag{5.1.4}$$

则说 $\{\xi_i\}$ 服从强大数定律,或说对 $\{\xi_i\}$ 强大数定律成立. (5.1.4) 式的意思为 $\{\xi_i\}$ 的前 n 项的算术平均值依概率为 1 收敛于 $\{\xi_i\}$ 的前 n 项数学期望的算术平均值.

③ 设诸 $E(\xi_i),D(\xi_i),i=1,2,3,\cdots$ 都存在,如果取

$$C_i=E(\xi_i),\qquad D_n=\sqrt{\sum_{i=1}^{n}D(\xi_i)},$$

并且

$$\zeta_n\equiv\frac{1}{\sqrt{\sum_{i=1}^{n}D(\xi_i)}}\sum_{i=1}^{n}[\xi_i-E(\xi_i)]$$

的分布函数收敛于标准正态分布函数,即 ζ_n 依分布收敛于标准正态分布随机变量,也即对任意实数 x,

$$\lim_{n\to\infty}P\left\{\frac{1}{\sqrt{\sum_{i=1}^{n}D(\xi_i)}}\sum_{i=1}^{n}[\xi_i-E(\xi_i)]<x\right\}=\frac{1}{\sqrt{2\pi}}\int_{-\infty}^{x}e^{-t^2/2}dt, \tag{5.1.5}$$

则说 $\{\xi_i\}$ 服从中心极限定理,或说对 $\{\xi_i\}$ 中心极限定理成立.

如果(5.1.5)式成立,则当 n 充分大时,ζ_n 近似服从 $N(0,1)$.因此

$$\sum_{i=1}^{n}\xi_i\approx\sum_{i=1}^{n}E(\xi_i)+\zeta_n\sqrt{\sum_{i=1}^{n}D(\xi_i)},$$

即 $\sum_{i=1}^{n}\xi_i$ 近似为 ζ_n 的线性函数. 由例 4.1.8 知 $\sum_{i=1}^{n}\xi_i$ 近似服从正态分布 $N(\sum_{i=1}^{n}E(\xi_i),\sum_{i=1}^{n}D(\xi_i))$.

关于(3)，我们一般假设$\{\xi_i\}$是相互独立的随机变量序列，即$\xi_1,\xi_2,\xi_3,\cdots$中任意有限多个随机变量都是相互独立的.

5.1.2 大数定律

现在来介绍大数定律成立的几个定理.

定理 5.1.1（马尔可夫定理） 设$\{\xi_i\}$为一随机变量序列，如果对任意正整数$n,D\left(\sum\limits_{i=1}^{n}\xi_i\right)<\infty$且$\lim\dfrac{1}{n^2}D\left(\sum\limits_{i=1}^{n}\xi_i\right)=0$，则$\{\xi_i\}$服从大数定律.

证明 我们的目的是证明对任意$\varepsilon>0$，有

$$\lim_{n\to\infty}P\left\{\left|\frac{1}{n}\sum_{i=1}^{n}\left[\xi_i-E(\xi_i)\right]\right|\geqslant\varepsilon\right\}=0.$$

为此，记$\eta_n=\dfrac{1}{n}\sum\limits_{i=1}^{n}\xi_i$，则$E(\eta_n)=\dfrac{1}{n}\sum\limits_{i=1}^{n}E(\xi_i),D(\eta_n)=\dfrac{1}{n^2}D\left(\sum\limits_{i=1}^{n}\xi_i\right)$. 于是由切比雪夫不等式，得

$$P\left\{\left|\frac{1}{n}\sum_{i=1}^{n}\left[\xi_i-E(\xi_i)\right]\right|\geqslant\varepsilon\right\}$$

$$=P\left\{\left|\frac{1}{n}\sum_{i=1}^{n}\xi_i-\frac{1}{n}\sum_{i=1}^{n}E(\xi_i)\right|\geqslant\varepsilon\right\}$$

$$=P\{|\eta_n-E(\eta_n)|\geqslant\varepsilon\}\leqslant\frac{D(\eta_n)}{\varepsilon^2}$$

$$=\frac{1}{n^2\varepsilon^2}D\left(\sum_{i=1}^{n}\xi_i\right)\to0\qquad(当\ n\to+\infty\ 时),$$

从而定理 5.1.1 得证.

推论 5.1.1 设$\{\xi_i\}$为两两不相关随机变量序列，对每个ξ_i有有限的方差且$\lim\limits_{n\to\infty}\dfrac{1}{n^2}\sum\limits_{i=1}^{n}D(\xi_i)=0$，则$\{\xi_i\}$服从大数定律.

证明 记$\eta_n=\dfrac{1}{n}\sum\limits_{i=1}^{n}\xi_i$，则$E(\eta_n)=\dfrac{1}{n}\sum\limits_{i=1}^{n}E(\xi_i),D(\eta_n)=\dfrac{1}{n^2}D\left(\sum\limits_{i=1}^{n}\xi_i\right)$. 然而

$$D\left(\sum_{i=1}^{n}\xi_i\right)=E\left[\sum_{i=1}^{n}\xi_i-\sum_{i=1}^{n}E(\xi_i)\right]^2$$

$$=\sum_{i=1}^{n}\sum_{k=1}^{n}E[\xi_i-E(\xi_i)][\xi_k-E(\xi_k)]$$

$$=\sum_{i=1}^{n}E[\xi_i-E(\xi_i)]^2=\sum_{i=1}^{n}D(\xi_i),$$

故

$$D(\eta_n) = \frac{1}{n^2} \sum_{i=1}^{n} D(\xi_i).$$

由定理 5.1.1 本推论得证.

由定理 5.1.1 知, 对随机变量序列 $\{\xi_i\}$, 记 $\eta_n = \frac{1}{n} \sum_{i=1}^{n} \xi_i$, 如果 $\lim_{n \to \infty} D(\eta_n) = 0$, 则 $\{\xi_i\}$ 服从大数定律.

推论 5.1.2 (切比雪夫大数定理)   设 $\{\xi_i\}$ 为两两不相关的随机变量序列, 且存在常数 C, 使得对任意正整数 i 有 $D(\xi_i) \leqslant C$, 则 $\{\xi_i\}$ 服从大数定律.

证明   令 $\eta_n = \frac{1}{n} \sum_{i=1}^{n} \xi_i$, 由于 $\{\xi_i\}$ 两两不相关以及恒有 $D(\xi_i) \leqslant C$, 得 $D(\eta_n) = \frac{1}{n^2} \sum_{i=1}^{n} D(\xi_i) \leqslant \frac{C}{n} \to 0 (n \to +\infty)$, 从而推论 5.1.2 得证.

推论 5.1.3 (泊松大数定理)   设 $\{\xi_i\}$ 为相互独立随机变量序列, 每个 ξ_i 都服从 0-1 分布, 且 $P\{\xi_i = 1\} = p_i, i = 1, 2, \cdots$, 则 $\{\xi_i\}$ 服从大数定律.

证明   由 $P_i(1 - P_i) \leqslant \frac{1}{4}$ 和推论 5.1.2 立证推论 5.1.3.

推论 5.1.4 (伯努利大数定律)   设 $\{\xi_i\}$ 为相互独立同分布随机变量序列且 $P\{\xi_i = 1\} = p, P\{\xi_i = 0\} = 1 - p, 0 < p < 1, i = 1, 2, 3, \cdots$, 则 $\{\xi_i\}$ 服从大数定律, 即对任给 $\varepsilon > 0$, 有

$$\lim_{n \to \infty} P\left\{ \left| \frac{1}{n} \sum_{i=1}^{n} \xi_i - p \right| \geqslant \varepsilon \right\} = 0,$$

即

$$\lim_{n \to \infty} P\left\{ \left| \frac{\mu_n}{n} - p \right| \geqslant \varepsilon \right\} = 0, \qquad \mu_n = \sum_{i=1}^{n} \xi_i. \tag{5.1.6}$$

证明   由推论 5.1.3 立得本推论的结论.

推论 5.1.4 以严格的数学形式证明了本节开始时提出的问题: 在伯努利试验中, 事件 A 在 n 次重复独立试验中出现的频率 $\frac{\mu_n}{n}$ 依概率收敛于在一次试验中 A 出现的概率 p.

定理 5.1.2 (格涅坚科 (Gnedenko) 定理)   设 $\{\xi_i\}$ 为一随机变量序列, 记 $\eta_n = \frac{1}{n} \sum_{i=1}^{n} \xi_i, a_n = E(\eta_n) = \frac{1}{n} \sum_{i=1}^{n} E(\xi_i)$, 则 $\{\xi_i\}$ 服从大数定律的充要条件是

$$\lim_{n \to \infty} E\left\{ \frac{(\eta_n - a_n)^2}{1 + (\eta_n - a_n)^2} \right\} = 0. \tag{5.1.7}$$

证明　充分性.设(5.1.7)式成立,因为函数

$$f(x) = \frac{x}{1+x}, \qquad x \geqslant 0$$

是 x 的增函数,故对任给 $\varepsilon > 0$,有

$$P\{| \eta_n - a_n | \geqslant \varepsilon\} = P\{| \eta_n - a_n |^2 \geqslant \varepsilon^2\}$$

$$\leqslant P\left\{\frac{| \eta_n - a_n |^2}{1 + | \eta_n - a_n |^2} \geqslant \frac{\varepsilon^2}{1 + \varepsilon^2}\right\} \qquad \text{(由(3.1.8)式)}$$

$$\leqslant E\left\{\frac{| \eta_n - a_n |^2}{1 + | \eta_n - a_n |^2}\right\} \bigg/ \frac{\varepsilon^2}{1 + \varepsilon^2} \to 0 \qquad \text{(当 } n \to +\infty \text{ 时)}.$$

必要性. 设 $\lim\limits_{n\to\infty} P\{| \eta_n - a_n | \geqslant \varepsilon\} = 0$,则对任给正数 $\varepsilon\left(0 < \varepsilon < \dfrac{1}{2}\right)$,存在 $N > 0$,使得当 $n > N$ 时,有

$$P\{| \eta_n - a_n |\} \geqslant \varepsilon\} < \varepsilon/2.$$

因为 $f(x) = \dfrac{x}{1+x}(x > 0)$ 单调增加且 $0 < f(x) < 1$,所以得

$$0 \leqslant E\left\{\frac{| \eta_n - a_n |^2}{1 + | \eta_n - a_n |^2}\right\} = \int_{-\infty}^{+\infty} \frac{(y - a_n)^2}{1 + (y - a_n)^2} dF_{\eta_n}(y)$$

$$= \int_{|y - a_n| < \varepsilon} \frac{(y - a_n)^2}{1 + (y - a_n)^2} dF_{\eta_n}(y) + \int_{|y - a_n| \geqslant \varepsilon} \frac{(y - a_n)^2}{1 + (y - a_n)^2} dF_{\eta_n}(y)$$

$$\leqslant \frac{\varepsilon^2}{1 + \varepsilon^2} \int_{|y - a_n| < \varepsilon} dF_{\eta_n}(y) + \int_{|y - a_n| \geqslant \varepsilon} dF_{\eta_n}(y)$$

$$= \frac{\varepsilon^2}{1 + \varepsilon^2} P\{| \eta_n - a_n | < \varepsilon\} + P\{| \eta_n - a_n | \geqslant \varepsilon\}$$

$$< \frac{\varepsilon^2}{H\varepsilon^2} + \frac{\varepsilon}{2} < \varepsilon + \frac{\varepsilon}{2} = \frac{3\varepsilon}{2}.$$

从而证得

$$\lim_{n\to\infty} E\left\{\frac{| \eta_n - a_n |^2}{1 + | \eta_n - a_n |^2}\right\} = 0.$$

不难看出,利用定理 5.1.2 可证明定理 5.1.1. 事实上,由定理 5.1.1 的假设 $D(\eta_n) = \dfrac{1}{n^2} D\left(\sum\limits_{i=1}^n \xi_i\right) \to 0$(当 $n \to +\infty$ 时) 可得

$$0 \leqslant E\left\{\frac{| \eta_n - a_n |^2}{1 + | \eta_n - a_n |^2}\right\}$$

$$\leqslant E| \eta_n - a_n |^2 = D(\eta_n) = \frac{1}{n^2} D\left(\sum_{i=1}^n \xi_i\right) \to 0 \qquad \text{(当 } n \to +\infty \text{ 时)}.$$

由定理 5.1.2 知 $\{\xi_i\}$ 服从大数定律,从而定理 5.1.1 得证.

引理 5.1.1 设 $\{\xi_i\}$ 是一随机变量序列, $\mu_n = \sum\limits_{i=1}^{n} \xi_i, n = 1, 2, 3, \cdots,$ 对任意正数 C,令 $\xi_i^* = \xi_i I_{\{|\xi_i| < C\}}$,即

$$\xi_i^* = \begin{cases} \xi_i, & |\xi_i| < C, \\ 0, & |\xi_i| \geqslant C, \end{cases} \quad i = 1, 2, \cdots, n,$$

并令 $\mu_n^* = \sum\limits_{i=1}^{n} \xi_i^*, a_n^* = \sum\limits_{i=1}^{n} E[\xi_i^*]$,则对任给 $\varepsilon > 0$,有

$$P\{|\mu_n - a_n^*| \geqslant \varepsilon\} \leqslant P\{|\mu_n^* - a_n^*| \geqslant \varepsilon\} + \sum_{i=1}^{n} P\{|\xi_i| \geqslant C\}.$$

证明

$$P\{|\mu_n - a_n^*| \geqslant \varepsilon\}$$
$$= P\{|\mu_n - a_n^*| \geqslant \varepsilon \text{ 且 } |\xi_i| < C, \text{对 } i = 1, 2, \cdots, n \text{ 均成立}\}$$
$$\quad + P\{|\mu_n - a_n^*| \geqslant \varepsilon \text{ 且 } |\xi_i| \geqslant C \text{ 对至少一个 } i(1 \leqslant i \leqslant n) \text{ 成立}\}$$
$$\leqslant P\{|\mu_n^* - a_n^*| \geqslant \varepsilon\} + P\{\bigcup_{i=1}^{n} \{|\xi_i| \geqslant C\}\}$$
$$\leqslant P\{|\mu_n^* - a_n^*| \geqslant \varepsilon\} + \sum_{i=1}^{n} P\{|\xi_i| \geqslant C\}.$$

推论 5.1.5 如果 $\{\xi_i\}$ 是独立同分布随机变量序列,则引理 5.1.1 的结论变为

$$P\{|\mu_n - a_n^*| \geqslant \varepsilon\} \leqslant \frac{nE(\xi_1^{*2})}{\varepsilon^2} + nP\{|\xi_1| \geqslant C\}.$$

证明

$$P\{|\mu_n - a_n^*| \geqslant \varepsilon\} \leqslant P\{|\mu_n^* - a_n^*| \geqslant \varepsilon\} + \sum_{i=1}^{n} P\{|\xi_i| \geqslant C\}$$
$$\leqslant \frac{D(\mu_n^*)}{\varepsilon^2} + nP\{|\xi_1| \geqslant C\}$$
$$= \frac{nD(\xi_n^*)}{\varepsilon^2} + nP\{|\xi_1| \geqslant C\}$$
$$\leqslant \frac{nE(\xi_1^{*2})}{\varepsilon^2} + nP\{|\xi_1| \geqslant C\}.$$

定理 5.1.3(辛钦大数定理) 设 $\{\xi_i\}$ 是相互独立同分布随机变量序列,则 $\{\xi_i\}$ 服从大数定律的充要条件是 ξ_1 有有穷的数学期望 a.

证明 定理的必要性是大数定律的定义所要求的,现在证明充分性.

在推论 5.1.5 中取 $C = n$,则对任给 $\varepsilon > 0(1 > \varepsilon > 0)$,因为 $\dfrac{a_n^*}{n} = \dfrac{1}{n} \sum\limits_{i=1}^{n} E(\xi_i^*) =$

$E(\xi_1^*) = \displaystyle\int_{-n}^{n} x \, \mathrm{d}F_{\xi_1}(x) \to a = E(\xi_1)$（当 $n \to \infty$ 时），所以存在正整数 N_1，使得当

$n > N_1$ 时，$\left| \dfrac{a_n^*}{n} - a \right| < \varepsilon$，从而对于 $n > N_1$ 的一切 n 有

$$P\left\{ \left| \frac{1}{n} \sum_{i=1}^{n} [\xi_i - E(\xi_i)] \right| \geqslant 2\varepsilon \right\} = P\left\{ \left| \frac{\mu_n}{n} - a \right| \geqslant 2\varepsilon \right\}$$

$$\leqslant P\left\{ \left| \frac{\mu_n}{n} - \frac{a_n^*}{n} \right| + \left| \frac{a_n^*}{n} - a \right| \geqslant 2\varepsilon \right\} \leqslant P\left\{ \left| \frac{\mu_n}{n} - \frac{a_n^*}{n} \right| \geqslant \varepsilon \right\}$$

$$= P\{ |\mu_n - a_n^*| \geqslant n\varepsilon \} \leqslant \frac{nE(\xi_1^{*2})}{n^2 \varepsilon^2} + nP\{ |\xi_1| \geqslant n \}.$$

又因 $E|\xi_1| < \infty$，所以

$$nP\{ |\xi_1| \geqslant n \} = n \int_{|x| \geqslant n} \mathrm{d}F_{\xi_1}(x)$$

$$\leqslant \int_{|x| \geqslant n} |x| \, \mathrm{d}F_{\xi_1}(x) \to 0 \qquad \text{（当 } n \to \infty \text{ 时），}$$

从而对任给 $\delta > 0$，存在 $N_2 > N_1$，使得当 $n > N_2$ 时，有

$$nP\{ |\xi_1| \geqslant n \} < \frac{\delta}{3}.$$

由 (3.1.8) 式及 $\xi_i^* = \xi_i I_{\{|\xi_i| < n\}}, i = 1, 2, \cdots, n, C = n$，得

$$E(\xi_1^{*2}) = \int_0^{+\infty} P\{ \xi_1^{*2} \geqslant x \} \mathrm{d}x$$

$$= \int_0^{n^2} P\{ \xi_1^{*2} \geqslant x \} \mathrm{d}x = \int_0^{n^2} P\{ \xi_1^2 \geqslant x \} \mathrm{d}x \qquad \text{（令 } x = t^2 \text{）}$$

$$= 2 \int_0^n t P\{ |\xi_1| \geqslant t \} \mathrm{d}t$$

$$= 2 \int_0^A t P\{ |\xi_1| \geqslant t \} \mathrm{d}t + 2 \int_A^n t P\{ |\xi_1| \geqslant t \} \mathrm{d}t.$$

因为 $\lim\limits_{t \to \infty} t P\{ |\xi_1| \geqslant t \} = 0$，故可取上式中的 $A > N_2$ 且使得当 $t > A$ 时有

$$t P\{ |\xi_1| \geqslant t \} < \frac{\delta\varepsilon^2}{6},$$

从而

$$E(\xi_1^{*2}) < 2 \int_0^A t P\{ |\xi_1| \geqslant t \} \mathrm{d}t + \frac{(n-A)\delta\varepsilon^2}{3} \leqslant A^2 + \frac{n\delta\varepsilon^2}{3},$$

所以

$$\frac{nE(\xi_1^{*2})}{n^2 \varepsilon^2} < \frac{A^2}{n\varepsilon^2} + \frac{\delta}{3}.$$

又因存在 $N_3 > N_2$ 使得当 $n > N_3$ 时有 $\dfrac{A^2}{n\varepsilon^2} < \dfrac{\delta}{3}$，所以当 $n > N_3$ 时，有

$$P\left\{\left|\frac{1}{n}\sum_{i=1}^{n}(\xi_i-a)\right|\geqslant 2\varepsilon\right\}<\frac{\delta}{3}+\frac{\delta}{3}+\frac{\delta}{3}=\delta.$$

例 5.1.1 设 $\{\xi_i\}$ 为独立同分布随机变量序列,且 $E\mid\xi_1\mid^k<\infty$,其中 k 为正整数,则

$$\frac{1}{n}\sum_{i=1}^{n}\xi_i^k \xrightarrow{P} E(\xi_1^k).$$

证明 因为 $\{\xi_i\}$ 是独立同分布随机变量序列,所以 $\{\xi_i^k\}$ 亦然. 又因 $E(\xi_i^k)$ 存在,由定理 5.1.3 知 $\{\xi_i^k\}$ 服从大数定律,即

$$\frac{1}{n}\sum_{i=1}^{n}\xi_i^k \xrightarrow{P} \frac{1}{n}\sum_{i=1}^{n}E(\xi_i^k)=E(\xi_1^k).$$

例 5.1.2 设 $\{\xi_i\}$ 为独立同分布随机序列且 $\xi_1\sim U[0,1]$,令 $\eta_n=\left(\prod_{i=1}^{n}\xi_i\right)^{\frac{1}{n}}$.

证明: $\eta_n\xrightarrow{P}C$,其中 C 是某常数,并求 C.

证明 因为 $\{\ln\xi_i\}$ 是独立同分布随机变量序列且 $E(\ln\xi_1)=\int_0^1\ln x\mathrm{d}x=-1$,

设 $\zeta_n=\ln\eta_n$,则由定理 5.1.3 知 $\{\ln\xi_i\}$ 服从大数定律,即 $\zeta_n=\ln\eta_n=\frac{1}{n}\sum_{i=1}^{n}\ln\xi_i\xrightarrow{P}-1$.

因为函数 $f(x)=\mathrm{e}^x$ 在 $\mathbf{R}$ 上连续,由习题 5 的第 2 题知 $\eta_n=\mathrm{e}^{\zeta_n}\xrightarrow{P}\mathrm{e}^{-1}$,且由此知 $C=\mathrm{e}^{-1}$.

5.2 强大数定律

5.2.1 引理

引理 5.2.1 设 $\{\xi_n\}$ 为概率空间 $(\Omega,\mathscr{F},P)$ 上的随机变量序列, ξ 为 $(\Omega,\mathscr{F},P)$ 上的随机变量,则下列命题等价:

(1) $P\{\lim_{n\to\infty}\xi_n=\xi\}=1$;

(2) $P\left\{\bigcap_{m=1}^{\infty}\bigcup_{n=1}^{\infty}\bigcap_{k=n}^{\infty}\left(\mid\xi_k-\xi\mid<\frac{1}{m}\right)\right\}=1$;

(3) $P\left\{\bigcup_{m=1}^{\infty}\bigcap_{n=1}^{\infty}\bigcup_{k=n}^{\infty}\left(\mid\xi_k-\xi\mid\geqslant\frac{1}{m}\right)\right\}=0$;

(4) $P\left\{\bigcap_{n=1}^{\infty}\bigcup_{k=n}^{\infty}(\mid\xi_k-\xi\mid\geqslant\varepsilon)\right\}=0$;

(5) $\lim_{n\to\infty}P\left\{\bigcup_{k=n}^{\infty}(\mid\xi_k-\xi\mid\geqslant\varepsilon)\right\}=0$,

其中 m,n,k 均为正整数, ε 为任给正数.

证明 (1)⇔(2). 只需证明 $\{\lim_{n\to\infty}\xi_n=\xi\}=\bigcap_{m=1}^{\infty}\bigcup_{n=1}^{\infty}\bigcap_{k=n}^{\infty}\left(|\xi_k-\xi|<\frac{1}{m}\right)$. 因为

$\omega_0\in\{\lim_{n\to\infty}\xi_n=\xi\}\Leftrightarrow\lim_{n\to\infty}\xi_n(\omega_0)=\xi(\omega_0)\Leftrightarrow$ 对任意正整数 m,存在正整数 N,使得当

$n>N$ 时,有 $|\xi_n(\omega_0)-\xi(\omega_0)|<\frac{1}{m}\Leftrightarrow$ 对任意正整数 m,有

$$\omega_0\in\varliminf_{n\to\infty}\left\{|\xi_n-\xi|<\frac{1}{m}\right\}=\bigcup_{n=1}^{\infty}\bigcap_{k=n}^{\infty}\left\{|\xi_k-\xi|<\frac{1}{m}\right\}$$

$$\Leftrightarrow\omega_0\in\bigcap_{m=1}^{\infty}\bigcup_{n=1}^{\infty}\bigcap_{k=n}^{\infty}\left(|\xi_k-\xi|<\frac{1}{m}\right).$$

(2)⇔(3). 因为 $\bigcap_{m=1}^{\infty}\bigcup_{n=1}^{\infty}\bigcap_{k=n}^{\infty}\left(|\xi_k-\xi|<\frac{1}{m}\right)$ 的逆事件为

$$\bigcup_{m=1}^{\infty}\bigcap_{n=1}^{\infty}\bigcup_{k=n}^{\infty}\left(|\xi_k-\xi|\geqslant\frac{1}{m}\right),$$

所以(2)⇔(3).

(3)⇔(4). 因为对任给 $\varepsilon>0$,总存在正整数 m_0,使得 $\frac{1}{m_0}<\varepsilon$,所以

$$\bigcap_{n=1}^{\infty}\bigcup_{k=n}^{\infty}(|\xi_k-\xi|\geqslant\varepsilon)\subset\bigcap_{n=1}^{\infty}\bigcup_{k=n}^{\infty}\left(|\xi_k-\xi|\geqslant\frac{1}{m_0}\right),$$

从而更有

$$\bigcap_{n=1}^{\infty}\bigcup_{k=n}^{\infty}(|\xi_k-\xi|\geqslant\varepsilon)\subset\bigcup_{m=1}^{\infty}\bigcap_{n=1}^{\infty}\bigcup_{k=n}^{\infty}\left(|\xi_k-\xi|\geqslant\frac{1}{m}\right),$$

于是证明了(3)⇒(4). 反之,因为

$$P\left\{\bigcup_{m=1}^{\infty}\bigcap_{n=1}^{\infty}\bigcup_{k=n}^{\infty}\left(|\xi_k-\xi|\geqslant\frac{1}{m}\right)\right\}$$

$$\leqslant\sum_{m=1}^{\infty}P\left\{\bigcap_{n=1}^{\infty}\bigcup_{k=n}^{\infty}\left(|\xi_k-\xi|\geqslant\frac{1}{m}\right)\right\}=0,$$

所以证得(4)⇒(3). 从而证得(3)⇔(4).

(4)⇔(5). 因为 $B_n\equiv\bigcup_{k=n}^{\infty}(|\xi_k-\xi|\geqslant\varepsilon)$ 是 n 的不增事件序列,所以由概率的上连续性得

$$P\left\{\bigcap_{n=1}^{\infty}\bigcup_{k=n}^{\infty}(|\xi_k-\xi|\geqslant\varepsilon)\right\}$$

$$=P\left\{\bigcap_{n=1}^{\infty}B_n\right\}=P\left\{\lim_{n\to\infty}B_n\right\}$$

$$=\lim_{n\to\infty}P\{B_n\}=\lim_{n\to\infty}P\left\{\bigcup_{k=n}^{\infty}(|\xi_k-\xi|\geqslant\varepsilon)\right\},$$

从而证得(4)⇔(5).

推论 5.2.1   如果对任给 $\varepsilon > 0$，有 $\sum\limits_{n=1}^{\infty} P\{|\xi_n - \xi| \geqslant \varepsilon\} < \infty$，则

$$P\left\{\lim_{n \to \infty} \xi_n = \xi\right\} = 1.$$

证明   因为对任意正数 ε，有 $\sum\limits_{n=1}^{\infty} P\{|\xi_n - \xi| \geqslant \varepsilon\} < \infty$，所以

$$\lim_{n \to \infty} P\{\bigcup_{k=n}^{\infty}(|\xi_k - \xi| \geqslant \varepsilon)\} \leqslant \lim_{n \to \infty} \sum_{k=n}^{\infty} P\{|\xi_k - \xi| \geqslant \varepsilon\} = 0,$$

由引理 5.2.1 的 (5)，本推论得证.

推论 5.2.2   设 $\{\xi_n\}$ 为概率空间 $(\Omega, \mathscr{F}, P)$ 上的相互独立随机变量序列，则 $\xi_n \xrightarrow{\text{a.s.}} C$ 的充要条件是 $\sum\limits_{n=1}^{\infty} P\{|\xi_n - C| \geqslant \varepsilon\} < \infty$，其中 C 为常数，ε 为任给正数.

证明   充分性由推论 5.2.1 立得，现证必要性. 由于 $\xi_n \xrightarrow{\text{a.s.}} C$，由引理 5.2.1 的 (4)，对任给正数 $\varepsilon > 0$，有 $P\{\bigcap\limits_{n=1}^{\infty}\bigcup\limits_{k=n}^{\infty}(|\xi_k - C| \geqslant \varepsilon)\} = 0$，记 $A_k = (|\xi_k - C| \geqslant \varepsilon)$，则 $P\{\bigcap\limits_{n=1}^{\infty}\bigcup\limits_{k=n}^{\infty} A_k\} = P\{\varlimsup_{n \to \infty} A_n\} = 0$. 由于 $\{\xi_n\}$ 为相互独立随机变量序列，故 $\{A_n\}$ 为相互独立事件序列，从而 $\sum\limits_{n=1}^{\infty} P\{|\xi_n - C| \geqslant \varepsilon\} < \infty$. 如果 $\sum\limits_{n=1}^{\infty} P\{|\xi_n - C| \geqslant \varepsilon\} = \infty$，则由例 1.6.8 得 $P\{\varlimsup_{n \to \infty} A_n\} = 1$，矛盾，必要性得证.

推论 5.2.3   如果 $\xi_n \xrightarrow{\text{a.s.}} \xi$，则 $\xi_n \xrightarrow{P} \xi$.

证明   因为 $\xi_n \xrightarrow{\text{a.s.}} \xi$，由引理 5.2.1 知对任给正数 ε，有

$$\lim_{n \to \infty} P\{|\xi_n - \xi| \geqslant \varepsilon\} \leqslant \lim_{n \to \infty} P\{\bigcup_{k=n}^{\infty}(|\xi_k - \xi| \geqslant \varepsilon)\} = 0,$$

即 $\xi_n \xrightarrow{P} \xi$.

推论 5.2.4   如果 $\xi_n \xrightarrow{\text{a.s.}} \xi, \eta_n \xrightarrow{\text{a.s.}} \eta$，则 $\xi_n \pm \eta_n \xrightarrow{\text{a.s.}} \xi \pm \eta$.

证明   因为对任给正数 ε

$$\{|\xi_k \pm \eta_k - (\xi \pm \eta)| \geqslant 2\varepsilon\}$$
$$\subset \{|\xi_k - \xi| + |\eta_k - \eta| \geqslant 2\varepsilon\}$$
$$= \{|\xi_k - \xi| + |\eta_k - \eta| \geqslant 2\varepsilon, |\xi_k - \xi| < \varepsilon\}$$
$$\quad + \{|\xi_k - \xi| + |\eta_k - \eta| \geqslant 2\varepsilon, |\xi_k - \xi| \geqslant \xi\}$$
$$\subset \{|\eta_k - \eta| \geqslant \varepsilon\} + \{|\xi_k - \xi| \geqslant \varepsilon\},$$

由概率的单调性和引理 5.2.1 的 (5) 得

$$\lim_{n \to \infty} P\{\bigcup_{k=n}^{\infty}(|\xi_k \pm \eta_k - (\xi \pm \eta)| \geqslant 2\varepsilon)\}$$

$$\leqslant \lim_{n \to \infty}[P\{\bigcup_{k=n}^{\infty}(|\xi_k - \xi| \geqslant \varepsilon)\} + P\{\bigcup_{k=n}^{\infty}(|\eta_k - \eta| \geqslant \varepsilon)\}] = 0,$$

所以 $\xi_n \pm \eta_n \xrightarrow{\text{a. s.}} \xi \pm \eta$.

推论 5.2.5   如果对任给正数 ε, 有 $\lim\limits_{n\to\infty} P\{\sup\limits_{k\geqslant n} |\xi_k - \xi| \geqslant \varepsilon\} = 0$, 则 $\xi_n \xrightarrow{\text{a. s.}} \xi$.

证明   因为

$$\{\bigcup_{k=n}^{\infty} (|\xi_k - \xi| \geqslant \varepsilon)\} \subset \{\sup_{k\geqslant n} |\xi_k - \xi| \geqslant \varepsilon\},$$

由引理 5.2.1 的(5) 立得 $\xi_n \xrightarrow{\text{a. s.}} \xi$.

引理 5.2.2*   如果随机变量序列 $\{\xi_n\}$ 满足 $\sum\limits_{n=1}^{\infty} P\{|\xi_n| \geqslant \varepsilon_n\} < \infty$, 其中 $\{\varepsilon_n\}$ 为正单调下降常数列且 $\lim\limits_{n\to\infty} \varepsilon_n = 0$, 则 $\xi_n \xrightarrow{\text{a. s.}} 0$.

证明   设 $A_n = (|\xi_n| \geqslant \varepsilon_n)$. 则由博雷尔-坎特利引理知

$$P\{\bigcap_{n=1}^{\infty}\bigcup_{k=n}^{\infty} A_k\} = 0,$$

即

$$P\{\bigcup_{n=1}^{\infty}\bigcap_{k=n}^{\infty} (|\xi_k| < \varepsilon_k)\} = 1,$$

即 Ω 中除去一个零概率子集 N 外, 对其他每个样本点 $\omega \in N$, 当 n 充分大时, $\overline{A}_n = (|\xi_n| < \varepsilon_n)$ 均发生, 即对任意 $\omega \in N$, 当 n 充分大时, 均有 $|\xi_n(\omega)| < \varepsilon_n$, 所以 $\xi_n \xrightarrow{\text{a. s.}} 0$.

推论 5.2.6*   设 $\xi_n \xrightarrow{P} \xi$, 则存在 $\{\xi_n\}$ 的子序列 $\{\xi_{n_k}\}$ 使得 $\xi_{n_k} \xrightarrow{\text{a. s.}} \xi$.

证明   因为 $\xi_n \xrightarrow{P} \xi$, 所以对任意 $\varepsilon_1 > 0$, 有 $\lim\limits_{n\to\infty} P\{|\xi_n - \xi| \geqslant \varepsilon_1\} = 0$, 于是存在正整数 $N > 0$, 使得当 $n > N$ 时, 均有

$$P\{|\xi_n - \xi| \geqslant \varepsilon_1\} < \varepsilon_1,$$

从而对任给 $0 < \varepsilon_2 < \varepsilon_1$, 存在 $N_2 > N$, 使得当 $n_2 > N_2$ 时, 有 $P\{|\xi_{n_2} - \xi| \geqslant \varepsilon_2\} < \varepsilon_2$. 一般地对任意数 $0 < \varepsilon_k < \varepsilon_{k-1}$, 存在正整数 $N_k > N_{k-1}$ 使当 $n_k > N_k$ 时, 有 $P\{|\xi_{n_k} - \xi| \geqslant \varepsilon_k\} < \varepsilon_k$. 现取 $\varepsilon_k = 2^{-k}, k = 1,2,3,\cdots$, 显然有

$$\sum_{k=1}^{\infty} P\{|\xi_{n_k} - \xi| \geqslant 2^{-k}\} < \sum_{k=1}^{\infty} \frac{1}{2^k} < \infty.$$

由引理 5.2.2 得 $\xi_{n_k} - \xi \xrightarrow{\text{a. s.}} 0$, 由引理 5.2.1 的推论 5.2.4 得 $\xi_{n_k} \xrightarrow{\text{a. s.}} \xi$.

5.2.2   强大数定律

定理 5.2.1（柯尔莫哥洛夫判别法）   设 $\{\xi_k\}$ 为相互独立随机序列, 如果 $D(\xi_k), k = 1,2,\cdots$ 均存在, 且 $\sum\limits_{k=1}^{\infty} \dfrac{D(\xi_k)}{k^2} < \infty$, 则 $\{\xi_k\}$ 服从强大数定律.

证明 记 $E(\xi_k) = a_k$, $\zeta_n = \dfrac{1}{n} \sum\limits_{k=1}^{n} (\xi_k - a_k)$. 因为对任意正整数 $n > 1$ 存在正

整数 m, 使得 $2^m \leqslant n \leqslant 2^{m+1}$, 且这时

$$| \zeta_n | = \left| \frac{1}{n} \sum_{k=1}^{n} (\xi_k - a_k) \right| \leqslant \frac{1}{2^m} \max_{1 \leqslant l \leqslant 2^{m+1}} \left| \sum_{k=1}^{l} (\xi_k - a_k) \right| \equiv \eta_m,$$

所以只需证明 $\eta_m \xrightarrow{\text{a. s.}} 0$. 对任意 $\varepsilon > 0$, 由柯尔莫哥洛夫不等式(3.1.32), 得

$$P\{| \eta_m | \geqslant \varepsilon\} = P\left\{ \max_{1 \leqslant l \leqslant 2^{m+1}} \left| \sum_{k=1}^{l} (\xi_k - a_k) \right| \geqslant 2^m \varepsilon \right\}$$

$$\leqslant \frac{1}{2^{2m} \varepsilon^2} \sum_{k=1}^{2^{m+1}} D(\xi_k).$$

由公式 $\sum\limits_{m=1}^{\infty} \sum\limits_{k=1}^{m} a_{mk} = \sum\limits_{k=1}^{\infty} \sum\limits_{m=k}^{\infty} a_{mk}$, 有

$$\sum_{m=1}^{\infty} P\{| \eta_m | \geqslant \varepsilon\} \leqslant \sum_{m=1}^{\infty} \frac{1}{2^{2m} \varepsilon^2} \sum_{k=1}^{2^{m+1}} D(\xi_k) = \sum_{k=1}^{\infty} \frac{D(\xi_k)}{\varepsilon^2} \cdot \sum_{2^{m+1} \geqslant k} \frac{1}{4^m}.$$

因为当 $2^{m+1} = k$ 时, 有 $4^{m+1} = k^2$, 从而 $4^m = \dfrac{k^2}{4}$, 所以等比级数 $\sum\limits_{2^{m+1} \geqslant k} \dfrac{1}{4^m}$ 的首项为 $\dfrac{4}{k^2}$,

于是

$$\sum_{m=1}^{\infty} P\{| \eta_m | \geqslant \varepsilon\} \leqslant \frac{1}{\varepsilon^2} \sum_{k=1}^{\infty} D(\xi_k) \cdot \frac{4}{k^2} \cdot \frac{1}{1 - \dfrac{1}{4}}$$

$$= \frac{16}{3\varepsilon^2} \sum_{k=1}^{\infty} \frac{D(\xi_k)}{k^2} < \infty.$$

由推论 5.2.1 知 $\eta_m \xrightarrow{\text{a. s.}} 0$, 从而 $\zeta_n \xrightarrow{\text{a. s.}} 0$, 即

$$P\left\{ \lim_{n \to \infty} \frac{1}{n} \sum_{k=1}^{n} (\xi_k - a_k) = 0 \right\} = 1.$$

推论 5.2.7 设 $\{\xi_k\}$ 为相互独立随机变量序列. 如果存在常数 C, 使得对任意
正整数 k 有 $D(\xi_k) \leqslant C$, 则 $\{\xi_k\}$ 服从强大数定律.

证明 因为 $\sum\limits_{k=1}^{\infty} \dfrac{D(\xi_k)}{k^2} \leqslant \sum\limits_{k=1}^{\infty} \dfrac{C}{k^2} < \infty$, 由定理 5.2.1 知本推论结论成立.

推论 5.2.8 设 $\{\xi_k\}$ 为相互独立随机变量序列, 且

$$P\{\xi_k = 1\} = p_k, \quad P\{\xi_k = 0\} = 1 - p_k, \quad k = 1, 2, \cdots,$$

则 $\{\xi_k\}$ 服从强大数定律.

推论 5.2.9 设 $\{\xi_k\}$ 为独立同分布随机变量序列, 如果 $D(\xi_1) < \infty$, 则 $\{\xi_k\}$ 服
从强大数定律.

定理 5.2.2（柯尔莫哥洛夫定理） 设 $\{\xi_i\}$ 为独立同分布随机变量序列,则

$$P\left\{\lim_{n\to\infty}\frac{1}{n}\sum_{i=1}^{n}\xi_i = a\right\} = 1 \text{ 的充要条件是 } E(\xi_1) \text{ 存在且 } E(\xi_1) = a.$$

证明[*] 必要性. 设 $\dfrac{\mu_n}{n} \xrightarrow{\text{a. s.}} a$,其中 $\mu_n = \sum_{i=1}^{n}\xi_i$,则

$$\frac{\xi_n}{n} = \frac{\mu_n}{n} - \frac{\mu_{n-1}}{n} = \frac{\mu_n}{n} - \frac{n-1}{n}\frac{\mu_{n-1}}{n-1} \xrightarrow{\text{a. s.}} 0,$$

即 $P\left\{\lim_{n\to\infty}\dfrac{\xi_n}{n} = 0\right\} = 1$. 由推论 5.2.2 知 $\sum_{n=1}^{\infty}P\left\{\left|\dfrac{\xi_n}{n}\right| \geqslant \varepsilon\right\} < \infty$,其中 ε 为任意正数.

现令 $\varepsilon = 1$,则 $\sum_{k=1}^{\infty}P\{|\xi_n| \geqslant n\} < \infty$,由不等式 $\sum_{n=1}^{\infty}P\{|\xi| \geqslant n\} \leqslant E|\xi| \leqslant 1 + \sum_{n=1}^{\infty}P\{|\xi| \geqslant n\}$ 知 $E(\xi_1)$ 存在,由辛钦大数定律知 $\dfrac{\mu_n}{n} \xrightarrow{P} E(\xi_1)$. 然而 $\dfrac{\mu_n}{n} \xrightarrow{\text{a. s.}} a$,由推论 5.2.3 知 $E(\xi_1) = a$.

充分性. 令 $\xi_n^* = \xi_n I_{\{|\xi_n|<n\}}$,因为 $\{\xi_i\}$ 为独立同分布随机变量序列且 $E|\xi_1| = a < \infty$,所以

$$E(\xi_n^*) = \int_{-n}^{n}x\,\mathrm{d}F_{\xi_n}(x) \to E(\xi_n) = a \qquad (\text{当 } n \to \infty \text{ 时}).$$

从而

$$D(\xi_n^*) \leqslant E(\xi_n^{*\,2}) = \int_{-n}^{n}x^2\,\mathrm{d}F_{\xi_n}(x) = \int_{-n}^{n}x^2\,\mathrm{d}F_{\xi_1}(x)$$

$$= \sum_{k=0}^{n-1}\int_{|x|<k+1}x^2\,\mathrm{d}F_{\xi_n}(x) \leqslant \sum_{k=0}^{n-1}(k+1)^2 P\{k$$

$$\leqslant |\xi_1| < k+1\} = \sum_{k=0}^{n-1}a_k,$$

其中 $a_k = (k+1)^2 P\{k \leqslant |\xi_1| < k+1\}$. 则因为 $\sum_{n=k}^{\infty}\dfrac{1}{n^2} < \sum_{n=k}^{\infty}\dfrac{1}{n(n-1)} = \sum_{n=k}^{\infty}\left(\dfrac{1}{n-1} - \dfrac{1}{n}\right) = \dfrac{1}{R-1} < \dfrac{2}{k}(k > 2)$,于是得

$$\sum_{n=1}^{\infty}\frac{D(\xi_n^*)}{n^2} \leqslant \sum_{n=1}^{\infty}\sum_{k=0}^{n-1}a_k\frac{1}{n^2} = \sum_{n=1}^{\infty}\sum_{k=1}^{n}\frac{1}{n^2}a_{k-1}$$

$$= \sum_{k=1}^{\infty}a_{k-1}\sum_{n=k}^{\infty}\frac{1}{n^2} < \sum_{k=1}^{\infty}\frac{2a_{k-1}}{k}$$

$$= 2\sum_{k=1}^{\infty}kP\{k-1 \leqslant |\xi_1| < k\}$$

$$=2\sum_{k=1}^{\infty}\sum_{i=1}^{k}P\{k-1\leqslant|\xi_1|<k\}$$

$$=2\sum_{i=1}^{\infty}\sum_{k=i}^{\infty}P\{k-1\leqslant|\xi_1|<k\}$$

$$=2\sum_{i=1}^{\infty}P\{|\xi_1|\geqslant i-1\}$$

$$=2\sum_{j=0}^{\infty}P\{|\xi_1|\geqslant j\}$$

$$=2[P\{|\xi_1|\geqslant 0\}+\sum_{j=1}^{\infty}P\{|\xi_1|\geqslant j\}]$$

（由(3.1.34)式）

$$\leqslant 2[1+E(\xi_1)]<\infty.$$

由定理 5.2.1 知

$$\frac{1}{n}\sum_{i=1}^{n}[\xi_i^*-E(\xi_i^*)]\xrightarrow{\text{a.s.}}0.$$

又因 $\lim_{n\to\infty}\frac{1}{n}\sum_{i=1}^{n}E(\xi_i^*)=a$，以及

$$\left|\frac{1}{n}\sum_{i=1}^{n}\xi_i-a\right|\leqslant\left|\frac{1}{n}\sum_{i=1}^{n}(\xi_i-\xi_i^*)\right|+\left|\frac{1}{n}\sum_{i=1}^{n}[\xi_i^*-E(\xi_i^*)]\right|+\left|\frac{1}{n}\sum_{i=1}^{n}[E(\xi_i^*)-a]\right|,$$

上式右端后两项依概率 1 收敛于零，而由(3.1.34)式

$$\sum_{i=1}^{\infty}P\{\xi_i\neq\xi_i^*\}=\sum_{i=1}^{\infty}P\{|\xi_i|\geqslant i\}\leqslant E|\xi_i|<\infty,$$

由博雷尔-坎特利引理知 $P\{\bigcap_{n=1}^{\infty}\bigcup_{i=n}^{\infty}(\xi_i\neq\xi_i^*)\}=0$，即

$$P\{\bigcup_{n=1}^{\infty}\bigcap_{i=n}^{\infty}(\xi_i^*=\xi_i)\}=1.$$

又因如果 $e_0\in\bigcup_{n=1}^{\infty}\bigcap_{i=n}^{\infty}(\xi_i=\xi_i^*)$，则存在正整数 j 使得 $e_0\in\bigcap_{i=j}^{\infty}(\xi_i^*=\xi_i)$，故当 $i\geqslant j$ 时均有 $\xi_i^*(e_0)=\xi_i(e_0)$，从而 $e_0\in\left\{\lim_{n\to\infty}\left|\frac{1}{n}\sum_{i=1}^{n}(\xi_i-\xi_i^*)\right|=0\right\}$，

所以

$$\bigcup_{n=1}^{\infty}\bigcap_{i=n}^{\infty}(\xi_i=\xi_i^*)\subset\left\{\lim_{n\to\infty}\left|\frac{1}{n}\sum_{i=1}^{n}(\xi_i-\xi_i^*)\right|=0\right\},$$

所以

$$P\left\{\lim_{n\to\infty}\left|\frac{1}{n}\sum_{i=1}^{n}(\xi_i-\xi_i^*)\right|=0\right\}=1,$$

即

$$\left|\frac{1}{n}\sum_{i=1}^{n}(\xi_i-\xi_i^*)\right|\xrightarrow{\text{a. s.}}0.$$

由推论 5.2.4 知 $\left|\dfrac{1}{n}\sum\limits_{i=1}^{n}(\xi_i-a)\right|\xrightarrow{\text{a. s.}}0$，于是充分性得证.

由推论 5.2.3 知，如果 $\xi_n\xrightarrow{\text{a. s.}}\xi$，则有 $\xi_n\xrightarrow{P}\xi$，但是其逆却不一定成立.

例 5.2.1　设 $\{\xi_n\}$ 为相互独立随机变量序列，且

$$P\left\{\xi_n=\frac{1}{n+1}\right\}=1-\frac{1}{n},\quad P\{\xi_n=n+1\}=\frac{1}{n},\quad n=1,2,3,\cdots,$$

则对任意 $\varepsilon>0$，有

$$\lim_{n\to\infty}P\{|\xi_n|\geqslant\varepsilon\}=\lim_{n\to\infty}P\{\xi_n=n+1\}=\lim_{n\to\infty}\frac{1}{n}=0,$$

即 $\xi_n\xrightarrow{P}\xi$. 但是

$$\sum_{n=1}^{\infty}P\{|\xi_n|\geqslant\varepsilon\}\geqslant\sum_{n=1}^{\infty}P\{\xi_n=n+1\}=\sum_{n=1}^{\infty}\frac{1}{n}=\infty,$$

由推论 5.2.2 知，$\xi_n\xrightarrow{\text{a. s.}}0$.

5.2.3　大数定律与强大数定律的应用

例 5.2.2（大数定律在数学分析中的应用）　设 $f(x)$ 为区间 $[a,b]$ 上的连续函数，则存在多项式序列 $\{N_n(x)\}$ 于 $[a,b]$ 上一致收敛于 $f(x)$.

此就是数学分析中著名的魏尔斯特拉斯（Weierstrass）定理.

证明　不失一般性，我们在区间 $[0,1]$ 上证明上述定理，否则作变量变换 $x=(b-a)t+a$，可将 $[a,b]$ 化为 $[0,1]$，$t\in[0,1]$. 令

$$N_n(x)=\sum_{k=0}^{n}C_n^k x^k(1-x)^{n-k}f\left(\frac{k}{n}\right),$$

显然有 $N_n(0)=f(0),N_n(1)=f(1)$，故当 $x=0$ 或 $x=1$ 时的收敛问题解决. 现只考虑 $x\in(0,1)$ 时的收敛问题.

设 $\mu_n\sim B(n,x),n\geqslant1,x\in(0,1)$，则

$$E\left[f\left(\frac{\mu_n}{n}\right)\right]=\sum_{k=0}^{n}f\left(\frac{k}{n}\right)\cdot C_n^k x^k(1-x)^{n-k}=N_n(x),$$

所以

$$N_n(x)-f(x)=\sum_{k=0}^{n}\left[f\left(\frac{k}{n}\right)-f(x)\right]C_n^k x^k(1-x)^{n-k},$$

从而

$$\mid N_n(x) - f(x) \mid \leqslant \sum_{k=0}^{n} \left| f\left(\frac{k}{n}\right) - f(x) \right] C_n^k x^k (1-x)^{n-k}.$$

因为 $f(x)$ 在 $[0,1]$ 上连续,所以 $f(x)$ 在 $[0,1]$ 上有界. 设 $\mid f(x) \mid \leqslant d$,且 $f(x)$ 在 $[0,1]$ 上一致连续,所以对于任意的 $\varepsilon > 0$,存在 $\delta > 0$,使得当 $\left| \dfrac{k}{n} - x \right| < \delta$ 时,就有 $\left| f\left(\dfrac{k}{n}\right) - f(x) \right| < \dfrac{\varepsilon}{2}$.

由伯努利大数定律,得 $\dfrac{\mu_n}{n} \xrightarrow{P} x$,所以对 $\delta > 0$,存在 $N > 0$,使得当 $n > N$ 时就有 $P\left\{ \left| \dfrac{\mu_n}{n} - x \right| \geqslant \delta \right\} < \dfrac{\varepsilon}{4d}$. 从而当 $n > N$ 时,对一切 $x \in (0,1)$ 有

$$\mid N_n(x) - f(x) \mid \leqslant \sum_{\left| \frac{k}{n} - x \right| < \delta} \left| f\left(\frac{k}{n}\right) - f(x) \right| C_n^k x^k (1-x)^{n-k}$$

$$+ \sum_{\left| \frac{k}{n} - x \right| \geqslant \delta} \left| f\left(\frac{k}{n}\right) - f(x) \right| C_n^k x^k (1-x)^{n-k}$$

$$< \frac{\varepsilon}{2} + 2d \sum_{\left| \frac{k}{n} - x \right| \geqslant \delta} C_n^k x^k (1-x)^{n-k}$$

$$= \frac{\varepsilon}{2} + 2d P\left\{ \left| \frac{\mu_n}{n} - x \right| \geqslant \delta \right\} < \frac{\varepsilon}{2} + \frac{\varepsilon}{2} = \varepsilon.$$

证毕.

例 5.2.3(强大数定律在数理统计中的应用)　设 $\xi_1, \xi_2, \cdots, \xi_n$ 为独立同分布随机变量,其未知的分布函数设为 $F(x)$. 现在我们通过对 $\xi_1, \xi_2, \cdots, \xi_n$ 的观察值来估计 $F(x)$. 为此,对每个实数 x,设

$$F_n(x) = \sum_{i=1}^{n} J_x(\xi_i)/n,$$

其中

$$J_x(y) = \begin{cases} 1, & y < x, \\ 0, & y \geqslant x, \end{cases}$$

我们称 $F_n(x)$ 为经验分布函数. 显然诸 $J_x(\xi_i)$ 相互独立同服从 0-1 分布,且

$$E[J_x(\xi_i)] = P\{\xi_i < x\} = F(x).$$

所以 $E[F_n(x)] = F(x)$. 由定理 5.2.2 知,对每个实数 x,有 $F_n(x) \xrightarrow{\text{a. s.}} F(x)$,所以可用 $F_n(x)$ 来估计 $F(x)$.

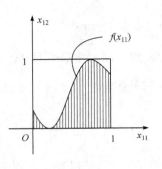

图 5.1

例 5.2.4（蒙特卡罗（Monte Carlo）模拟）
设 $f(x)$ 为由 $[0,1]$ 到 $[0,1]$ 的连续函数，我们现在考虑用随机模拟的方法求积分 $\int_0^1 f(x)\mathrm{d}x$ 的数值计算. 设 $\xi_{11},\xi_{12},\xi_{21},\xi_{22},\xi_{31},\xi_{32},\cdots$ 是独立同分布随机变量，且 $\xi_{11}\sim U[0,1]$，并设
$$\eta_i = I_{\{f(\xi_{i1})>\xi_{i2}\}}, \qquad i=1,2,3,\cdots,$$
则 $\{\eta_i\}$ 为独立同分布随机序列. 由强大数定律与图 5.1 知

$$\sum_{i=1}^n \eta_i/n \xrightarrow{\text{a.s.}} E(\eta_1) = P\{f(\xi_{11})>\xi_{12}\} = \iint\limits_{f(x_{11})>x_{12}} \mathrm{d}x_{11}\mathrm{d}x_{12}$$

$$= \int_0^1 \left[\int_0^{f(x_{11})} \mathrm{d}x_{12}\right]\mathrm{d}x_{11} = \int_0^1 f(x_{11})\mathrm{d}x_{11}$$

$$= \int_0^1 f(x)\mathrm{d}x < \infty,$$

其中 ξ_{ij} 可以利用随机数发生器求得其一系列取样值. 这样，就给出了求积分 $\int_0^1 f(x)\mathrm{d}x$ 的一个数值方法. 一般称这样的方法为蒙特卡罗模拟.

如果 $f(x)$ 为 $[a,b]$ 上的连续函数，且 $f(a)=c,f(b)=d$，则 $g(t)\equiv \dfrac{f[(b-a)t+a]-c}{d-c}$ 为由 $[0,1]$ 到 $[0,1]$ 上的连续函数，且

$$\int_a^b f(x)\mathrm{d}x = (b-a)\left[(d-c)\int_0^1 g(t)\mathrm{d}t + c\right].$$

5.3   中心极限定理

在 5.1 节中，我们给出了分布函数列 $\{F_n(x)\}$ 收敛于分布函数 $F(x)$ 的依分布收敛的概念，在此基础上我们给出了中心极限定理的概念. 中心极限定理是概率论中最著名的结果之一，在长达两个世纪的时间内，它曾经是许多著名的数学家研究的中心课题. 中心极限定理指出，大量相互独立的随机变量之和（在每个随机变量对总和的影响都很微小的情况下）近似服从正态分布. 因此它不仅为计算相互独立随机变量之和的近似概率提供了简单的方法，也解释了为什么许多随机现象中的量都近似服从正态分布，同时还为概率论的许多应用奠定了理论基础.

5.3.1   弱收敛与连续性定理

我们注意到，分布函数列 $\{F_n(x)\}$ 可能收敛于一个不是分布函数的不减函数.

例 5.3.1 设 $\{F_n(x)\}$ 为一退化的分布函数列,且

$$F_n(x) = \begin{cases} 0, & x \leqslant n, \\ 1, & x > n, \end{cases} \quad n = 1, 2, 3, \cdots.$$

设 $F(x) = 0$,则显然对任意 $x \in \mathbf{R}$,有

$$\lim_{n \to \infty} F_n(x) = 0 = F(x),$$

但是 $F(x)$ 不是分布函数,而是个不减函数.

定义 5.3.1 设 $\{F_n(x)\}$ 为一分布函数列,$F(x)$ 为单调不减函数,如果对 $F(x)$ 的每个连续点 x,都有 $\lim\limits_{n \to \infty} F_n(x) = F(x)$,则称 $\{F_n(x)\}$ 弱收敛于 $F(x)$,记为

$$F_n(x) \xrightarrow{W} F(x) \text{ 或 } \lim_{n \to \infty} F_n(x) = F(x) \qquad (W).$$

需要注意的是,定义 5.3.1 没有要求在 $F(x)$ 不连续点处 $\lim\limits_{n \to \infty} F_n(x) = F(x)$,否则即使是依概率为 1 收敛的随机变量序列也不能满足这一苛刻的条件.

例 5.3.2 设 $\{C_n\}$ 为一常数列,C 为一常数,且 $C_1 < C_2 < C_3 < \cdots$,

$$\lim_{n \to \infty} C_n = C.$$

令 $\xi_n(\omega) = C_n, n = 1, 2, 3, \cdots, \xi(\omega) = C$,则

$$P\{\xi_n(\omega) = C_n\} = 1, \qquad P\{\xi(\omega) = C\} = 1.$$

显然对每个样本点 ω,有 $\lim\limits_{n \to \infty} \xi_n(\omega) = \xi(\omega)$.

又 $\xi_n(\omega)$ 与 $\xi(\omega)$ 的分布函数为

$$F_n(x) = \begin{cases} 0, & x \leqslant C_n, \\ 1, & x > C_n, \end{cases} \quad F(x) = \begin{cases} 0, & x \leqslant C, \\ 1, & x > C, \end{cases}$$

故在 $F(x)$ 的连续点 $x(x \neq C)$ 处,有 $\lim\limits_{n \to \infty} F_n(x) = F(x)$,但在 $F(x)$ 的不连续点 C 处,$F_n(C) = 1, F(C) = 0$,所以

$$\lim_{n \to \infty} F_n(C) \neq F(C).$$

为了后面讨论中心极限定理的需要,我们先来介绍几个引理.

引理 5.3.1 如果分布函数列 $\{F_n(x)\}$ 在实数轴的一个稠密可列集上收敛于一个单调不减函数 $F(x)$,则 $\{F_n(x)\}$ 弱收敛于 $F(x)$.

证明 设 D 为在 $(-\infty, +\infty)$ 上的稠密可列集,而且

$$\lim_{n \to \infty} F_n(x) = F(x), \qquad x \in D,$$

记 A 为 $F(x)$ 的所有连续点组成的集合. 对于任意 $x \in A$,取数列 $r_k, r'_k \in D$ 且使 $r_k \uparrow x, r'_k \downarrow x$,则有

$$F_n(r_k) \leqslant F_n(x) \leqslant F_n(r'_k).$$

由 $\lim\limits_{n \to \infty} F_n(x) = F(x), x \in D$,得

$$F(r_k) \leqslant \varliminf_{n \to \infty} F_n(x) \leqslant \varlimsup_{n \to \infty} F_n(x) \leqslant F(r'_k).$$

因为 x 为 $F(x)$ 的连续点,令 $k \to \infty$ 得

$$F(x) \leqslant \underset{n \to \infty}{\underline{\lim}} F_n(x) \leqslant \overline{\lim_{n \to \infty}} F_n(x) \leqslant F(x),$$

从而证得

$$\lim_{n \to \infty} F_n(x) = F(x), \qquad x \in A.$$

引理 5.3.2(第一海莱(Helly)定理) 任一分布函数列是弱紧的,即任一分布函数列 $\{F_n(x)\}$ 中必存在子列弱收敛于一个单调不减左连续函数 $F(x)$,且 $0 \leqslant F(x) \leqslant 1$($F(x)$ 不一定是分布函数).

证明*   记 $D = \{r_i\}$ 为全体有理数集,因为 $F_n(x)$ 是分布函数,故有 $0 \leqslant F_n(x) \leqslant 1$,由波尔查诺-魏尔斯特拉斯定理知,$\{F_n(r_1)\}$ 中必存在收敛子列 $\{F_{1n}(r_1)\}$. 同理,$\{F_{1n}(r_2)\}$ 中必存在收敛子列 $\{F_{2n}(r_2)\}$,$\{F_{2n}(r_3)\}$ 中必存在收敛子列 $\{F_{3n}(r_3)\}$,$\cdots$,于是可得如下一系列子列:

$$F_{11}(x), F_{12}(x), F_{13}(x), \cdots$$
$$F_{21}(x), F_{22}(x), F_{23}(x), \cdots$$
$$F_{31}(x), F_{32}(x), F_{33}(x), \cdots$$
$$\cdots \cdots$$

在上述子列中,每一个(除第一个外)子列又为前一个子列的子列. 现取对角线上的函数 $F_{nn}(x)$ 构成子列 $\{F_{nn}(x)\}$,显然它对一切 $r \in D$ 都收敛. 设其极限为 $G(x)$,即对任意 $x \in D$,有

$$\lim_{n \to \infty} F_{nn}(x) = G(x).$$

由 $F_{nn}(x)$ 单调不减有界且 $0 \leqslant F_{nn}(x) \leqslant 1$ 知,$G(x)$ 在 D 上也单调不减且 $0 \leqslant G(x) \leqslant 1$.

现在,对任意实数 $x \in \mathbf{R}$,令

$$\widetilde{G}(x) = \lim_{\substack{r \to x \\ r \in D}} G(r),$$

所以 $\widetilde{G}(x)$ 单调不减,$0 \leqslant \widetilde{G}(x) \leqslant 1$,且对任意 $x \in D$,有 $\widetilde{G}(x) = G(x)$,即

$$\lim_{n \to \infty} F_{nn}(x) = \widetilde{G}(x), \qquad x \in D.$$

由引理 5.3.2 知,$\{F_{nn}(x)\}$ 弱收敛于 $\widetilde{G}(x)$. 记 A 为 $\widetilde{G}(x)$ 的所有连续点集.

为使 $\widetilde{G}(x)$ 在其不连续点左连续,定义 $F(x)$ 为

$$F(x) = \begin{cases} \widetilde{G}(x), & x \in A, \\ \lim_{t \to x-0} \widetilde{G}(t), & x \overline{\in} A. \end{cases}$$

显然,$F(x)$ 左连续,单调不减,$0 \leqslant F(x) \leqslant 1$,且 $\{F_{nn}(x)\}$ 弱收敛于 $F(x)$.

引理 5.3.3(第二海莱定理) 如果分布函数列 $\{F_n(x)\}$ 弱收敛于分布函数 $F(x)$,则对 $\mathbf{R}$ 上任一有界连续函数 $f(x)$ 有

$$\lim_{n \to \infty} \int_{-\infty}^{+\infty} f(x) \mathrm{d} F_n(x) = \int_{-\infty}^{+\infty} f(x) \mathrm{d} F(x), \tag{5.3.1}$$

即 $\lim\limits_{n\to\infty}E[f(\xi_n)] = E[f(\xi)]$. 其中 ξ_n 与 ξ 分别为对应于 $F_n(x)$ 与 $F(x)$ 的随机变量.

证明 * （1）先证明在任一有限闭区间 $[a,b]$ 上有

$$\lim_{n\to\infty}\int_a^b f(x)\mathrm{d}F_n(x) = \int_a^b f(x)\mathrm{d}F(x), \tag{5.3.2}$$

其中 a,b 均为 $F(x)$ 的连续点.

因为 $f(x)$ 在 $[a,b]$ 上连续有界，故一致连续，所以对任给 $\varepsilon > 0$,可选择 $[a,b]$ 中的分点 x_k:

$$a = x_0 < x_1 < x_2 < \cdots < x_m = b,$$

使每一分点 x_k 都是 $F(x)$ 的连续点,且使得 $f(x)$ 对每个小区间

$$[x_{k-1}, x_k], \quad k = 1, 2, \cdots, m, \quad x \in [x_{k-1}, x_k],$$

有

$$| f(x) - f(x_k) | < \frac{\varepsilon}{4}. \tag{5.3.3}$$

因为 $F(x_m) - F(x_0) \leqslant 1, F_n(x_m) - F_n(x_0) \leqslant 1 (m \geqslant 1)$,所以

$$\left| \int_a^b f(x)\mathrm{d}F_n(x) - \int_a^b f(x)\mathrm{d}F(x) \right|$$

$$= \left| \sum_{k=1}^m \left[\int_{x_{k-1}}^{x_k} f(x)\mathrm{d}F_n(x) - \int_{x_{k-1}}^{x_k} f(x)\mathrm{d}F(x) \right] \right|$$

$$= \left| \sum_{k=1}^m \left[\int_{x_{k-1}}^{x_k} (f(x) - f(x_k) + f(x_k))\mathrm{d}F_n(x) \right.\right.$$

$$\left.\left. - \int_{x_{k-1}}^{x_k} (f(x) - f(x_k) + f(x_k))\mathrm{d}F(x) \right] \right|$$

$$\leqslant \left| \sum_{k=1}^m \left[\int_{x_{k-1}}^{x_k} (f(x) - f(x_k))\mathrm{d}F_n(x) - \int_{x_{k-1}}^{x_k} (f(x) - f(x_k))\mathrm{d}F(x) \right] \right|$$

$$+ \left| \sum_{k=1}^m \left[\int_{x_{k-1}}^{x_k} f(x_k)\mathrm{d}F_n(x) - \sum_{k=1}^m \int_{x_{k-1}}^{x_k} f(x_k)\mathrm{d}F(x) \right| \right.$$

$$< \frac{\varepsilon}{4} \sum_{k=1}^m [F_n(x_k) - F_n(x_{k-1})]$$

$$+ \frac{\varepsilon}{4} \sum_{k=1}^m [F(x_k) - F(x_{k-1})] + \left| \sum_{k=1}^m f(x_k)[F_n(x_k) \right.$$

$$\left. - F_n(x_{k-1})] - \sum_{k=1}^m f(x_k)[F(x_k) - F(x_{k-1})] \right|$$

$$\leqslant \frac{\varepsilon}{4} + \frac{\varepsilon}{4} + \left| \sum_{k=1}^m f(x_k)[F_n(x_k) - F(x_k)] \right|$$

$$+ \left| \sum_{k=1}^m f(x_k)[F_n(x_{k-1}) - F(x_{k-1})] \right|.$$

又因在点 $x_k,k=0,1,2,\cdots,m$ 处,有 $\lim\limits_{n\to\infty}F_n(x_k)=F(x_k)$,故存在正整数 $N_k>0$,使得当 $n>N_k$ 时,对一切点 $x_k,k=0,1,\cdots,m$,有

$$\mid F_n(x_k)-F(x_k)\mid<\frac{\varepsilon}{4Lm},$$

其中 L 为 $\mid f(x)\mid$ 的一个上界,从而当 $n>N_k$ 时,有

$$\left|\int_a^b f(x)\mathrm{d}F_n(x)-\int_a^b f(x)\mathrm{d}F(x)\right|$$

$$<\frac{\varepsilon}{2}+2\sum_{k=1}^m\mid f(x_k)\mid\cdot\frac{\varepsilon}{4Lm}\leqslant\varepsilon.$$

从而(5.3.2)式得证.

(2) 现证明

$$\lim_{n\to\infty}\int_{-\infty}^{+\infty}f(x)\mathrm{d}F_n(x)=\int_{-\infty}^{+\infty}f(x)\mathrm{d}F(x).$$

对任给 $\varepsilon>0$,取充分大的正数 b,充分小的负数 a,均为 $F(x)$ 的连续点,且使

$$F(a)<\varepsilon,\qquad 1-F(b)<\varepsilon.$$

由(1)及题设,当 n 充分大时,有

$$\left|\int_a^b f(x)\mathrm{d}F_n(x)-\int_a^b f(x)\mathrm{d}F(x)\right|<\varepsilon,$$

$$\mid F_n(a)-F(a)\mid<\varepsilon,\qquad\mid F_n(b)-F(b)\mid<\varepsilon,$$

所以 $F_n(a)<F(a)+\varepsilon,F_n(b)<F(b)+\varepsilon$. 从而

$$\left|\int_{-\infty}^{+\infty}f(x)\mathrm{d}F_n(x)-\int_{-\infty}^{+\infty}f(x)\mathrm{d}F(x)\right|$$

$$<\varepsilon+\left|\int_{-\infty}^a f(x)\mathrm{d}F_n(x)-\int_{-\infty}^a f(x)\mathrm{d}F(x)\right|$$

$$+\left|\int_b^{+\infty}f(x)\mathrm{d}F_n(x)-\int_b^{+\infty}f(x)\mathrm{d}F(x)\right|$$

$$\leqslant\varepsilon+L\mid F_n(a)+F(a)\mid+L\mid 1-F_n(b)$$

$$+1-F(b)\mid<\varepsilon+L\mid 2F(a)+\varepsilon\mid$$

$$+L[2(1-F(b))+\varepsilon]=\varepsilon+6\varepsilon L=(1+6L)\varepsilon.$$

由 ε 的任意性,从而(5.3.1)式得证.

可以证明*,引理 5.3.3 的逆也是成立的. 即设 $\{F_n(x)\}$ 为一分布函数列,$F(x)$ 为一分布函数,如果对 **R** 上任意有界连续函数 $f(x)$,(5.3.1)式成立,则 $F_n\xrightarrow{L}F(x)$.

设 x_0 为 $F(x)$ 的连续点,并设辅助函数 $f_1(x)$ 与 $f_2(x)$ 为

$$f_1(x) = \begin{cases} 1, & x \leqslant x_0 - \delta, \\ \dfrac{x_0 - x}{\delta}, & x_0 - \delta < x \leqslant x_0, \\ 0, & x > x_0, \end{cases}$$

$$f_2(x) = \begin{cases} 1, & x \leqslant x_0, \\ 1 - \dfrac{x - x_0}{\delta}, & x_0 < x \leqslant x_0 + \delta, \\ 0, & x > x_0 + \delta, \end{cases}$$

其中 δ 为一个正数,且使得对任给 $\varepsilon > 0$,当 $|x - x_0| \leqslant \delta$ 时,有 $|F(x) - F(x_0)| < \varepsilon$. 易知 $f_1(x), f_2(x)$ 在 $\mathbf{R}$ 上都连续,且 $0 \leqslant f_1(x) \leqslant 1, 0 \leqslant f_2(x) \leqslant 1$,其图形如图 5.2 所示. 因为

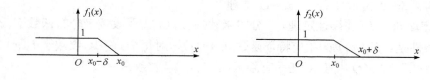

图 5.2

$$\int_{-\infty}^{+\infty} f_1(x) \mathrm{d}F(x) \geqslant \int_{-\infty}^{x_0 - \delta} \mathrm{d}F(x) = F(x_0 - \delta) > F(x_0) - \varepsilon, \quad (5.3.4)$$

$$\int_{-\infty}^{+\infty} f_1(x) \mathrm{d}F_n(x) \leqslant \int_{-\infty}^{x_0} \mathrm{d}F_n(x) = F_n(x_0), \quad (5.3.5)$$

$$\int_{-\infty}^{+\infty} f_2(x) \mathrm{d}F(x) \leqslant \int_{-\infty}^{x_0 + \delta} \mathrm{d}F(x) = F(x_0 + \delta) < F(x_0) + \varepsilon, \quad (5.3.6)$$

$$\int_{-\infty}^{+\infty} f_2(x) \mathrm{d}F_n(x) \geqslant \int_{-\infty}^{x_0} \mathrm{d}F_n(x) = F_n(x_0); \quad (5.3.7)$$

又因当 n 充分大时,有

$$\left| \int_{-\infty}^{+\infty} f_1(x) \mathrm{d}F_n(x) - \int_{-\infty}^{+\infty} f_1(x) \mathrm{d}F(x) \right| < \varepsilon,$$

$$\left| \int_{-\infty}^{+\infty} f_2(x) \mathrm{d}F_n(x) - \int_{-\infty}^{+\infty} f_2(x) \mathrm{d}F(x) \right| < \varepsilon,$$

于是由(5.3.7) 与(5.3.6) 式得

$$F_n(x_0) < \left| \int_{-\infty}^{+\infty} f_2(x) \mathrm{d}F_n(x) - \int_{-\infty}^{+\infty} f_2(x) \mathrm{d}F(x) \right| + \left| \int_{-\infty}^{+\infty} f_2(x) \mathrm{d}F(x) \right|$$

$$< \varepsilon + F(x_0) + \varepsilon = F(x_0) + 2\varepsilon,$$

由(5.3.5)与(5.3.4)式得

$$F_n(x_0) \geqslant \int_{-\infty}^{+\infty} f_1(x) \mathrm{d}F_n(x) - \int_{-\infty}^{+\infty} f_1(x) \mathrm{d}F(x) + \int_{-\infty}^{+\infty} f_1(x) \mathrm{d}F(x)$$

$$\geqslant -\left|\left[\int_{-\infty}^{+\infty} f_1(x)\mathrm{d}F(x) - \int_{-\infty}^{+\infty} f_1(x)\mathrm{d}F_n(x)\right]\right|$$

$$+\int_{-\infty}^{+\infty} f_1(x)\mathrm{d}F(x) > F(x_0) - \varepsilon - \varepsilon$$

$$= F(x_0) - 2\varepsilon,$$

从而得

$$F(x_0) - 2\varepsilon < F_n(x_0) < F(x_0) + 2\varepsilon,$$

即 $F_n(x) \xrightarrow{L} F(x)$. 于是有 $F_n(x) \xrightarrow{L} F(x) \Leftrightarrow$ 对任意有界连续函数 $f(x)$, 有

$$\lim_{n\to\infty} E[f(\xi_n)] = E[f(\xi)], \tag{5.3.8}$$

其中 ξ_n, ξ 是相应于 $F_n(x), F(x)$ 的随机变量.

由上述引理可得著名的特征函数与分布函数之间对应关系的连续性定理, 又称之为莱维-克拉默(Levi-Cramer)定理.

定理 5.3.1(连续性定理)   分布函数列 $\{F_n(x)\}$ 弱收敛于分布函数 $F(x)$ 的充要条件是: $\{F_n(x)\}$ 的相应特征函数列 $\{\varphi_n(t)\}$, 对每个 $t \in \mathbf{R}$, 收敛于 $F(x)$ 的相应的特征函数 $\varphi(t)$, 并且对任一有限区间 $[T_1, T_2]$ 收敛是一致的.

有时称其必要性为正极限定理, 而称其充分性为逆极限定理.

证明*   必要性. 设 $F_n(x) \xrightarrow{W} F(x)$, 因为

$$\varphi_n(t) = \int_{-\infty}^{+\infty} \mathrm{e}^{\mathrm{j}tx}\mathrm{d}F_n(x), \qquad \varphi(t) = \int_{-\infty}^{+\infty} \mathrm{e}^{\mathrm{j}tx}\mathrm{d}F(x),$$

且函数 $f(x) = \mathrm{e}^{\mathrm{j}tx}$ 在 $\mathbf{R}$ 上连续有限, 由引理 5.3.3 得

$$\lim_{n\to\infty} \varphi_n(t) = \varphi(t).$$

为证此极限对任意有限区间 $[T_1, T_2]$ 是一致的, 令

$$T = \max\{|T_1|, |T_2|\},$$

于是在引理 5.3.3 的证明中, 当取 $\max_{1\leqslant k\leqslant m}\{|x_k - x_{k-1}|\} < \dfrac{\varepsilon}{4T}$ 时, 就有

$$|f(x) - f(x_k)| = |\mathrm{e}^{\mathrm{j}tx} - \mathrm{e}^{\mathrm{j}tx_k}| < \dfrac{\varepsilon}{T},$$

其他证明步骤不变.

充分性.* 由引理 5.3.2 知 $\{F_n(x)\}$ 有收敛子列 $\{F_m(x)\}$ 收敛于一个单调不减左连续函数 $F(x)$, 且 $0 \leqslant F(x) \leqslant 1$. 现证 $F(x)$ 是分布函数, 即证明 $F(+\infty) = 1, F(-\infty) = 0$. 如此结论不真, 令

$$\alpha = F(+\infty) - F(-\infty), \tag{5.3.9}$$

则有 $\alpha < 1$. 因为 $\varphi(t)$ 是 t 的连续函数且 $\varphi(0) = 1$, 所以对正数 $\varepsilon \triangleq 1 - \alpha$, 有 0 的充分小的邻域 $(-\delta, \delta)$, 使得当 $t \in (-\delta, \delta)$ 时, 有

$$1-\frac{\varepsilon}{2}<\mid \varphi(t)\mid<1+\frac{\varepsilon}{2},$$

从而由积分中值定理有

$$\left|\frac{1}{2\delta}\int_{-\delta}^{\delta}\varphi(t)\mathrm{d}t\right|=\mid \varphi(t_0)\mid>1-\frac{\varepsilon}{2}=\alpha+\frac{\varepsilon}{2}, \tag{5.3.10}$$

其中 $-\delta<t_0<\delta$.

另一方面,由 $F_m(x)\xrightarrow{W}F(x)$,以及 (5.3.9) 式,可取 $x'>\dfrac{4}{\delta\varepsilon}$,使得 $-x'$ 与

x' 均为 $F(x)$ 的连续点,并取 $k_0>0$,使得当 $n>k_0$ 时,$\mid F_m(x')-F(x')\mid<\dfrac{\varepsilon}{8}$,

从而

$$\begin{aligned}
\mid F_m(x')-F_m(-x')\mid &\leqslant\mid F_m(x')-F(x')\mid\\
&\quad+\mid F(-x')-F_m(-x')\mid+\mid F(x')\\
&\quad-F(-x')\mid<\frac{\varepsilon}{8}+\frac{\varepsilon}{8}+\alpha=\frac{\varepsilon}{4}+\alpha.
\end{aligned}$$

由于 $\varphi_m(t)$ 是 $F_m(x)$ 的特征函数,故对上述的 δ 与 x' 以及 $\mid \mathrm{e}^{\mathrm{j}tx}\mid=1$ 与 $\mid \mathrm{e}^{\mathrm{j}\delta x}-\mathrm{e}^{-\mathrm{j}\delta x}\mid=\mid 2\sin\delta x\mid$ 有

$$\left|\frac{1}{2\delta}\int_{-\delta}^{\delta}\varphi_m(t)\mathrm{d}t\right|$$

$$\leqslant\int_{-\infty}^{\infty}\left|\frac{1}{2\delta}\int_{-\delta}^{\delta}\mathrm{e}^{\mathrm{j}tx}\mathrm{d}t\right|\mathrm{d}F_m(x)$$

$$\leqslant\int_{\mid x\mid\leqslant x'}\frac{1}{2\delta}\left|\int_{-\delta}^{\delta}\mathrm{e}^{\mathrm{j}tx}\mathrm{d}t\right|\mathrm{d}F_m(x)+\int_{\mid x\mid>x'}\frac{1}{2\delta}\left|\int_{-\delta}^{\delta}\mathrm{e}^{\mathrm{j}tx}\mathrm{d}t\right|\mathrm{d}F_m(x)$$

$$\leqslant\int_{\mid x\mid\leqslant x'}\mathrm{d}F_m(x)+\int_{\mid x\mid>x'}\frac{1}{2\delta}\left|\frac{2\sin\delta x}{x}\right|\mathrm{d}F_m(x)$$

$$\leqslant F_m(x')-F_m(-x')+\int_{\mid x\mid>x'}\frac{1}{\delta\mid x\mid}\mathrm{d}F_m(x)$$

$$<\alpha+\frac{\varepsilon}{4}+\frac{1}{\delta x'}<a+\frac{\varepsilon}{4}+\frac{\varepsilon}{4}=\alpha+\frac{\varepsilon}{2}.$$

又因 $\lim\limits_{n\to\infty}\varphi_m(t)=\varphi(t)$,故由控制收敛定理得

$$\frac{1}{2\delta}\left|\int_{-b}^{b}\varphi(t)\mathrm{d}t\right|\leqslant\alpha+\frac{\varepsilon}{2},$$

此与 (5.3.10) 式矛盾,因此得 $F(+\infty)-F(-\infty)=1$.

因为 $0\leqslant F(x)\leqslant 1$,所以 $0\leqslant F(+\infty)=1+F(-\infty)\leqslant 1$,从而得 $F(-\infty)=0$,

$F(+\infty)=1$,于是 $F(x)$ 为分布函数. 又由于 $F_m(x)\xrightarrow{W}F(x)$ 以及必要性得

$$\lim_{n\to\infty}\varphi_m(t) = \lim_{n\to\infty}\int_{-\infty}^{+\infty} e^{jtx}\,dF_m(x) = \int_{-\infty}^{+\infty} e^{jtx}\,dF(x).$$

然而 $\lim\limits_{n\to\infty}\varphi_m(t) = \varphi(t)$, 所以 $\varphi(t) = \int_{-\infty}^{+\infty} e^{jts}\,dF(x)$.

　　现证明 $\{F_n(x)\}$ 也弱收敛于 $F(x)$. 如果不然, 必存在另一个与 $\{F_m(x)\}$ 不同的子列 $\{F_{nk}(x)\}$ 弱收敛于另一个分布函数 $\widetilde{F}(x)$, 且至少在 $F(x)$ 的一个连续点 x_0 处, $\widetilde{F}(x_0) \neq F(x_0)$. 然而用上述证明方法可得同一个特征函数 $\varphi(t)$, 有 $\varphi(t) = \int_{-\infty}^{+\infty} e^{jtx}\,dF(x)$. 再由特征函数的唯一性, 得 $\widetilde{F}(x_0) = F(x_0)$, 此与 $\widetilde{F}(x_0) \neq F(x_0)$ 矛盾, 故有

$$F_n(x) \xrightarrow{\ W\ } F(x).$$

　　利用定理 5.3.1 可以较简单地证明辛钦大数定律的充分性, 现往证之. 因为 $\{\xi_i\}$ 是相互独立同分布随机序列, 且 $E(\xi_1) = a$, 所以 ξ_1 的特征函数 $\varphi(t)$ 可展开成

$$\varphi(t) = \varphi(0) + \varphi'(0)t + o(t) = 1 + jat + o(t),$$

从而 $\eta_n \triangleq \dfrac{1}{n}\sum\limits_{i=1}^{n}\xi_i$ 的特征函数为

$$\varphi_{\eta_n}(t) = \left[\varphi\left(\frac{t}{n}\right)\right]^n = \left[1 + ja\,\frac{t}{n} + o\left(\frac{t}{n}\right)\right]^n. \tag{5.3.11}$$

故对任一固定 t, 当 $n\to\infty$ 时, 有 $\left[\varphi\left(\dfrac{t}{n}\right)\right]^n \to e^{jta}$, 而 e^{jta} 是在 a 点退化的随机变量的特征函数, 由定理 5.3.1 知, η_n 的分布函数

$$F_{\eta_n}(x) \xrightarrow{\ L\ } F(x) = \begin{cases} 0, & x \leqslant a, \\ 1, & x > a, \end{cases}$$

即

$$\eta_n \xrightarrow{\ L\ } a.$$

则对任意 $\varepsilon > 0$, 有

$$\begin{aligned} P\{\,|\,\eta_n - a\,| \geqslant \varepsilon\} &= P\{\eta_n \geqslant \alpha + \varepsilon\} + P\{\eta_n \leqslant \alpha - \varepsilon\} \\ &= 1 - F_{\eta_n}(\alpha + \varepsilon) + F_{\eta_n}(\alpha - \varepsilon + 0) \\ &\to 1 - F(a + \varepsilon) + F(a - \varepsilon + 0) = 0 \quad (n \to \infty), \end{aligned}$$

即 $\eta_n \xrightarrow{\ P\ } a$, 故 $\{\xi_i\}$ 服从大数定律.

　　由上证明可知, 如果 $\eta_n \xrightarrow{\ L\ } C$, 则 $\eta_n \xrightarrow{\ P\ } C$, 其中 C 为常数.

5.3.2　独立同分布场合中心极限定理

　　现在介绍中心极限定理成立的几个定理.

　　定理 5.3.2（棣莫弗–拉普拉斯（De Moivre-Laplace）定理）　设 $\{\xi_i\}$ 为相互独

立同分布随机变量序列,且

$$P\{\xi_1 = 1\} = p, \quad P\{\xi_i = 0\} = q = 1 - p, \quad 0 < p < 1, \quad i = 1, 2, \cdots,$$

则 $\{\xi_i\}$ 服从中心极限定理. 即对任意实数 x,有

$$\lim_{n \to \infty} P\left\{\frac{1}{\sqrt{npq}}\left[\sum_{i=1}^{n}\xi_i - np\right] < x\right\} = \frac{1}{\sqrt{2\pi}}\int_{-\infty}^{x} e^{-\frac{t^2}{2}} dt. \qquad (5.3.12)$$

证明 设 $\zeta_n = \dfrac{1}{\sqrt{npq}}\left[\displaystyle\sum_{i=1}^{n}\xi_i - np\right]$,因 ξ_1 的特征函数 $\varphi(t)$ 为 $\varphi(t) = q + pe^{jt}$,

所以,由特征函数性质(3),ζ_n 的特征函数 $\varphi_n(t)$ 为

$$\varphi_n(t) = e^{-jnpt/\sqrt{npq}}[q + pe^{jt/\sqrt{npq}}]^n$$
$$= [qe^{-jpt/\sqrt{npq}} + pe^{jqt/\sqrt{npq}}]^n.$$

由泰勒展开式 $e^{jx} = \displaystyle\sum_{k=0}^{n}\dfrac{(jx)^k}{k!} + o(x^n)$,得

$$qe^{-jpt/\sqrt{npq}} + pe^{jqt/\sqrt{npq}} = (p + q) - (p + q)\frac{t^2}{2n} + o\left(\frac{t^2}{n}\right)$$
$$= 1 - \frac{t^2}{2n} + o\left(\frac{t^2}{n}\right),$$

所以

$$\varphi_n(t) = \left[1 - \frac{t^2}{2n} + o\left(\frac{t^2}{n}\right)\right]^n \to e^{-t^2/2} \qquad (当\ n \to \infty\ 时).$$

而 $e^{-t^2/2}$ 是标准正态随机变量的特征函数,由定理 5.3.1 知,$\varphi_n(t)$ 所对应的分布函数列弱收敛于 $e^{-t^2/2}$ 所对应的分布函数,即(5.3.12)式成立.

定理 5.3.3(莱维-林德伯格(Levi-Lindeberg)定理) 设 $\{\xi_i\}$ 为相互独立同分布随机变量序列,且 $E(\xi_i) = a, 0 < D(\xi_i) = \sigma^2 < \infty, i = 1, 2, 3, \cdots$,则 $\{\xi_i\}$ 服从中心极限定理,即对任意实数 x,有

$$\lim_{n \to \infty}\left\{\frac{1}{\sqrt{n}\sigma}\sum_{i=1}^{n}(\xi_i - a) < x\right\} = \frac{1}{\sqrt{2\pi}}\int_{-\infty}^{x} e^{-t^2/2} dt. \qquad (5.3.13)$$

证明 设 $\zeta_n = \dfrac{1}{\sigma\sqrt{n}}\displaystyle\sum_{i=1}^{n}(\xi_i - a)$,$\varphi(t)$ 为 $\dfrac{1}{\sigma}(\xi_i - a)$ 的特征函数.

因为 $E(\xi_i), D(\xi_i)$ 都存在且

$$E\left(\frac{\xi_i - a}{\sigma}\right) = 0, \qquad D\left(\frac{\xi_i - a}{\sigma}\right) = 1,$$

所以 $\varphi(t)$ 存在二阶导数且 $\varphi'(0) = 0, \varphi''(0) = j^2 D\left(\dfrac{\xi_i - a}{\sigma}\right) = -1$,从而 $\dfrac{\xi_i - a}{\sqrt{n}\sigma}$ 的特

征函数 $\varphi\left(\dfrac{t}{\sqrt{n}}\right)$ 在原点的泰勒展开式为

$$\varphi\Big(\frac{t}{\sqrt{n}}\Big)=\varphi(0)+\varphi'(0)\,\frac{t}{\sqrt{n}}+\varphi''(0)\,\frac{t^2}{2n}+o\Big(\frac{t^2}{n}\Big)=1-\frac{t^2}{2n}+o\Big(\frac{t^2}{n}\Big).$$

故 ζ_n 的特征函数(记为 $\varphi_n(t)$)为

$$\varphi_n(t)=\Big[\varphi\Big(\frac{t}{\sqrt{n}}\Big)\Big]^n=\Big[1-\frac{t^2}{2n}+o\Big(\frac{t^2}{n}\Big)\Big]^n$$

$$\to \mathrm{e}^{-t^2/2}\qquad(当\ n\to\infty\ 时).$$

而 $\mathrm{e}^{-t^2/2}$ 是标准正态分布随机变量的特征函数,由定理 5.3.1 知(5.3.13)式成立.

5.3.3 独立同分布场合中心极限定理的应用

在定理 5.3.3 中,对任意两个实数 $x_1,x_2(x_1<x_2)$,当 n 充分大时,有

$$P\Big\{x_1\leqslant\sum_{i=1}^{n}\xi_i<x_2\Big\}$$

$$=P\Big\{\frac{x_1-na}{\sqrt{n}\sigma}\leqslant\frac{1}{\sqrt{n}\sigma}\Big(\sum_{i=1}^{n}\xi_i-na\Big)<\frac{x_2-na}{\sqrt{n}\sigma}\Big\}$$

$$\approx\frac{1}{\sqrt{2\pi}}\int_{(x_1-na)/\sqrt{n}\sigma}^{(x_2-na)/\sqrt{n}\sigma}\mathrm{e}^{-t^2/2}\,\mathrm{d}t$$

$$=\Phi\Big(\frac{x_2-na}{\sqrt{n}\sigma}\Big)-\Phi\Big(\frac{x_1-na}{\sqrt{n}\sigma}\Big),\qquad\qquad(5.3.14)$$

近似公式(5.3.14)有广泛的应用.

例 5.3.3(在概率的近似计算中的应用) (1) 设 $\xi\sim B(10^4,0.1)$,求 $P\{\xi<990\}$;(2) 设 $\eta\sim P\{100\}$,求 $P\{\eta\geqslant120\}$.

解 (1) 因为 ξ 服从参数 $n=10000,p=0.1$ 的二项分布,故 ξ 等于 10000 个相互独立且参数均为 $p=0.1$ 的 0-1 分布随机变量之和,即 $\xi=\sum\limits_{i=1}^{10000}\xi_i$,其中 ξ_i 相互独立同分布,并且 $P\{\xi_1=1\}=0.1,P\{\xi_1=0\}=0.9$,则由(5.3.14)式,得

$$P\{\xi<990\}=P\{0\leqslant\xi<990\}$$

$$=P\Big\{-\frac{1000}{30}\leqslant\frac{\xi-1000}{30}<\frac{-10}{30}\Big\}$$

$$\approx\Phi\Big(-\frac{1}{3}\Big)-\Phi\Big(-\frac{100}{3}\Big)$$

$$\approx\Phi\Big(-\frac{1}{3}\Big)=1-\Phi\Big(\frac{1}{3}\Big)$$

$$=1-0.63=0.37.$$

(2) 类似于(1),η 等于参数均为 1 的 100 个相互独立泊松分布随机变量之和,由(5.3.14)式得

$$P\{\eta \geqslant 120\} = P\left\{\frac{\eta - 100}{\sqrt{100}} \geqslant \frac{120 - 100}{\sqrt{100}}\right\}$$

$$\approx 1 - \Phi(2) = 1 - 0.9772 = 0.0228.$$

例 5.3.4   设在某伯努利试验中,事件 A 在一次试验中出现的概率为 $p = 0.1$,设 μ_n 为 n 次独立重复试验中 A 出现的次数,问至少需要进行多少次试验,A 出现的频率 $\frac{\mu_n}{n}$ 与概率 p 之差的绝对值以不小于 0.95 的概率小于 0.1?

解   本问题是求使得 $P\left\{\left|\frac{\mu_n}{n} - p\right| < 0.1\right\} \geqslant 0.95$ 成立的 n 最小值应多大? 因为

$$0.95 \leqslant P\left\{\left|\frac{\mu_n}{n} - p\right| < 0.1\right\} = P\{|\mu_n - np| < 0.1 \times n\}$$

$$= P\left\{-\frac{0.1 \times \sqrt{n}}{\sqrt{pq}} < \frac{\mu_n - np}{\sqrt{npq}} < \frac{0.1 \times \sqrt{n}}{\sqrt{pq}}\right\}$$

$$\approx \Phi\left(\frac{0.1 \times \sqrt{n}}{\sqrt{pq}}\right) - \Phi\left(-\frac{0.1 \times \sqrt{n}}{\sqrt{pq}}\right)$$

$$= 2\Phi\left(\frac{0.1 \times \sqrt{n}}{\sqrt{pq}}\right) - 1 = 2\Phi\left(\frac{\sqrt{n}}{3}\right) - 1,$$

所以 $\Phi\left(\frac{\sqrt{n}}{3}\right) \geqslant 0.975$,查表知 $\frac{\sqrt{n}}{3} \geqslant 1.96$,所以 $n \geqslant (3 \times 1.96)^2 = 34.57$. 这表示当 $n = 35$ 时才能以不小于 0.95 的概率使 $\frac{\mu_n}{n}$ 与 p 之差的绝对值小于 0.1.

例 5.3.5   设某单位有 200 台电话机,每台电话机大约有 5% 的时间要用外线通话. 如果每台电话机是否使用外线是相互独立的,问该单位总机应至少需要安装多少条外线才能以 90% 以上的概率保证每台电话机使用外线时不被占用.

解   把每台电话机在某观察时刻是否使用外线看作一次独立的试验,该问题就可看成为 $n = 200$ 的 n 重伯努利试验. 设 ξ 为观察时刻使用外线的电话机台数,且令

$$\xi_i = \begin{cases} 1, & \text{观察时刻第 } i \text{ 台电话机使用外线}, \\ 0, & \text{否则}, \end{cases} \qquad i = 1, 2, \cdots, 200,$$

则

$$P\{\xi_i = 1\} = 0.05, \quad P\{\xi_i = 0\} = 0.95, \quad i = 1, 2, \cdots, 200,$$

诸 ξ_i 相独立,且 $\xi = \sum\limits_{i=1}^{200} \xi_i$,我们的问题就是求满足 $P\{0 \leqslant \xi \leqslant k\} > 0.9$ 的最小正整数 k.

因为 $E(\xi_i) = 0.05, D(\xi_i) = 0.05 \times 0.95 = 0.0475, i = 1, 2, \cdots, 200$,所以由 (5.3.14) 式得

$$0.9 < P\{0 \leqslant \xi \leqslant k\} = P\left\{ -\frac{200 \times 0.05}{\sqrt{200 \times 0.0475}} \leqslant \frac{\xi - 200 \times 0.05}{\sqrt{200 \times 0.0475}} \leqslant \frac{k - 10}{\sqrt{9.5}} \right\}$$

$$\approx \Phi\left(\frac{k-10}{\sqrt{9.5}}\right) - \Phi\left(-\frac{10}{\sqrt{9.5}}\right)$$

$$\approx \Phi\left(\frac{k-10}{\sqrt{9.5}}\right),$$

即 $\Phi\left(\dfrac{k-10}{\sqrt{9.5}}\right) > 0.9$.

查标准正态分布函数值表得 $\dfrac{k-10}{\sqrt{9.5}} > 1.285$,于是得 $k \geqslant 14$. 取 $k = 14$.

例 5.3.6   设某农贸市场某商品每日价格的变化是均值为 0、方差为 $\sigma^2 = 2$ 的随机变量,即有关系式

$$\eta_n = \eta_{n-1} + \xi_n, \qquad n \geqslant 1,$$

其中 η_n 表示第 n 天该商品的价格,$\xi_1, \xi_2, \xi_3, \cdots$ 为均值是 0、方差是 $\sigma^2 = 2$ 的独立同分布随机变量(ξ_n 表示第 n 天该商品价格的增加数). 如果今天该商品的价格为 100,求 18 天后该商品的价格在 $96 \sim 104$ 的概率.

解   设 $\eta_0 = 100$ 表示今天该商品的价格,η_{18} 为 18 天后该商品的价格,则

$$\eta_{18} = \eta_{17} + \xi_{18} = \eta_{16} + \xi_{17} + \xi_{18} = \eta_0 + \sum_{i=1}^{18} \xi_i.$$ 由 (5.3.14) 式得

$$P\{96 \leqslant \eta_{18} \leqslant 104\}$$

$$= P\left\{ -4 \leqslant \sum_{i=1}^{18} \xi_i < 4 \right\}$$

$$= P\left\{ -\frac{4}{\sqrt{18 \times 2}} \leqslant \frac{1}{\sqrt{36}} \sum_{i=1}^{18} \xi_i < \frac{4}{\sqrt{36}} \right\}$$

$$\approx \Phi\left(\frac{2}{3}\right) - \Phi\left(-\frac{2}{3}\right) = 2\Phi\left(\frac{2}{3}\right) - 1$$

$$= 2 \times 0.747 - 1 = 0.494.$$

需要注意的是,并不是每个独立同分布随机序列都服从中心极限定理.

例 5.3.7   设 $\{\xi_i\}$ 为独立同分布随机序列,且 ξ_1 具有密度函数

$$f(x) = \frac{1}{\pi} \cdot \frac{1}{1+x^2}, \qquad x \in \mathbf{R}.$$

记 $\eta_n = \frac{1}{n}\sum_{i=1}^n \xi_i$，由于 ξ_i 的特征函数 $\varphi(t)$ 为 $\varphi(t) = \mathrm{e}^{-|t|}$，故 η_n 的特征函数 $\varphi_n(t)$ 为

$$\varphi_n(t) = \left[\varphi\left(\frac{t}{n}\right)\right]^n = \left[\mathrm{e}^{-\left|\frac{t}{n}\right|}\right]^n = \mathrm{e}^{-|t|}.$$

显然有 $\lim_{n\to\infty}\varphi_n(t) = \mathrm{e}^{-|t|}$，因为 $\mathrm{e}^{-|t|}$ 不是正态分布随机变量的特征函数，因此 η_n 的极限分布不是正态分布，从而 $\{\xi_i\}$ 不服从中心极限定理. 这是因为 ξ_i 的数学期望与方差都不存在.

5.3.4 林德伯格定理

定理 5.3.4（林德伯格定理） 设 $\{\xi_k\}$ 为相互独立随机变量序列，且满足林德伯格条件，即对任意 $\varepsilon > 0$，有

$$\lim_{n\to\infty}\frac{1}{B_n^2}\sum_{k=1}^n \int_{|x-a_k|>\varepsilon B_n}(x-a_k)^2 \mathrm{d}F_k(x) = 0, \tag{5.3.15}$$

其中 $F_k(x)$ 为 ξ_k 的分布函数，$a_k = E(\xi_k)$，$B_n = \sqrt{\sum_{k=1}^n D(\xi_k)}$，则 $\{\xi_k\}$ 服从中心极限定理，即对任意实数 x，有

$$\lim_{x\to\infty}P\left\{\frac{1}{B_n}\sum_{k=1}^n(\xi_k-a_k) < x\right\} = \frac{1}{\sqrt{2\pi}}\int_{-\infty}^x \mathrm{e}^{-t^2/2}\mathrm{d}t. \tag{5.3.16}$$

证明＊ 现分四步来证明：

(1) 令 $\xi_{nk} = \dfrac{\xi_k - a_k}{B_n}$，设 $F_{nk}(x)$，$\varphi_{nk}(t)$ 分别为 ξ_{nk} 的分布函数与特征函数，则在林德伯格条件下，对任意正数 T，当 $t \in [-T, T]$ 时，一致地有

$$\lim_{n\to\infty}\max_{1\leqslant k\leqslant n}|\varphi_{nk}(t)-1| = 0. \tag{5.3.17}$$

事实上，因为 $E(\xi_{nk}) = 0$，$D(\xi_{nk}) = \dfrac{D(\xi_k)}{B_n^2}$，从而 $\sum_{k=1}^n D(\xi_{nk}) = 1$. 若设

$$g_n(t) = \mathrm{e}^{\mathrm{j}t} - 1 - \mathrm{j}t - \frac{(\mathrm{j}t)^2}{2!} - \cdots - \frac{(\mathrm{j}t)^{n-1}}{(n-1)!},$$

则有

$$|g_n(t)| \leqslant \frac{|t|^n}{n!}. \tag{5.3.18}$$

这是因为，当 $t \geqslant 0$ 时，$|g_1(t)| = \left|\mathrm{j}\int_0^t \mathrm{e}^{\mathrm{j}x}\mathrm{d}x\right| \leqslant |t|$，即当 $n=1$ 时，(5.3.18) 式成立. 设当 $n = k-1$ 时，(5.3.18) 式成立，即 $|g_{k-1}(t)| \leqslant \dfrac{|t|^{k-1}}{(k-1)!}$. 因为

$$| g_k(t) | = \left| j\int_0^t g_{k-1}(x)\mathrm{d}x \right| \leqslant \int_0^t | g_{k-1}(x) | \,\mathrm{d}x$$

$$\leqslant \int_0^t \frac{| x |^{k-1}}{(k-1)!}\mathrm{d}x = \frac{| t |^k}{k!},$$

即当 $n=k$ 时,(5.3.18) 式也成立,从而证得当 $t \geqslant 0$ 时,(5.3.18) 式成立.

当 $t<0$ 时,由于 $g_n(-t) = \overline{g_n(t)}$,且 $| \overline{g_n(t)} |=| g_n(t) |$,故 $| g_n(-t) | = | g_n(t) |$,从而当 $t<0$ 时,(5.3.18) 式也成立.

由 (5.3.18) 式与 $E(\xi_{nk})=0$ 得

$$| \varphi_{nk}(t)-1 | = \left| \int_{-\infty}^{+\infty} (\mathrm{e}^{jtx}-1-jtx)\mathrm{d}F_{nk}(x) \right|$$

$$\leqslant \int_{-\infty}^{+\infty} | g_2(tx) | \,\mathrm{d}F_{nk}(x) \leqslant \frac{t^2}{2}\int_{-\infty}^{+\infty} x^2\mathrm{d}F_{nk}(x)$$

$$=\frac{t^2}{2}\Big[\int_{|x|\leqslant\varepsilon} x^2\mathrm{d}F_{nk}(x) + \int_{|x|>\varepsilon} x^2\mathrm{d}F_{nk}(x) \Big]$$

$$\leqslant\frac{t^2}{2}\Big[\varepsilon^2 + \int_{|x|>\varepsilon} x^2\mathrm{d}F_{nk}(x) \Big].$$

因为 $\xi_{nk}=\dfrac{\xi_k-a_k}{B_n}$,由定理 3.1.1 和林德伯格条件,当 n 充分大时

$$\int_{|x|>\varepsilon} x^2\mathrm{d}F_{nk}(x) = \int_{|t-a_k|>\varepsilon B_n} \frac{(t-a_k)^2}{B_n^2}\mathrm{d}F_k(t)$$

$$=\frac{1}{B_n^2}\int_{|x-a_k|>\varepsilon B_n} (x-a_k)^2\mathrm{d}F_k(x) < \varepsilon^2$$

对满足 $1\leqslant k\leqslant n$ 的 k 成立.

因此对任意 $t \in [-T,T]$,与任意 $k(1\leqslant k\leqslant n)$,当 n 充分大时,有

$$| \varphi_{nk}(t)-1 | < \frac{t^2}{2}(\varepsilon^2+\varepsilon^2) \leqslant T^2\varepsilon^2,$$

从而对任意 $t \in [-T,T]$ 一致地有 $\max\limits_{1\leqslant k\leqslant n}| \varphi_{nk}(t)-1 | < T^2\varepsilon^2$,于是 (5.3.17) 式得证.

(2) 证明对任意 $t \in [-T,T]$,有

$$\lim_{x\to\infty}R_n(t)=0, \tag{5.3.19}$$

其中

$$R_n(t) = \sum_{k=1}^n \sum_{m=2}^\infty \frac{(-1)^{m-1}}{m}[\varphi_{nk}(t)-1]^m. \tag{5.3.20}$$

因为

$$| R_n(t) | \leqslant \sum_{k=1}^{n} \sum_{m=2}^{\infty} \frac{1}{2} | \varphi_{nk}(t) - 1 |^m$$

$$= \frac{1}{2} \sum_{k=1}^{n} \frac{| \varphi_{nk}(t) - 1 |^2}{1 - | \varphi_{nk}(t) - 1 |},$$

由(1),当n充分大时,对任意$k(1 \leqslant k \leqslant n)$以及任意$t \in [-T, T]$,有$| \varphi_{nk}(t) - 1 | < \frac{1}{2}$,故

$$| R_n(t) | < \frac{1}{2} \sum_{k=1}^{n} \frac{| \varphi_{nk}(t) - 1 |^2}{1 - \frac{1}{2}}$$

$$= \sum_{k=1}^{n} | \varphi_{nk}(t) - 1 |^2$$

$$\leqslant \max_{1 \leqslant k \leqslant n} | \varphi_{nk}(t) - 1 | \cdot \sum_{k=1}^{n} | \varphi_{nk}(t) - 1 |.$$

因为

$$\sum_{k=1}^{n} | \varphi_{nk}(t) - 1 | = \sum_{k=1}^{n} \left| \int_{-\infty}^{+\infty} g_2(tx) \mathrm{d}F_{nk}(x) \right|$$

$$\leqslant \sum_{k=1}^{n} \frac{t^2}{2} \int_{-\infty}^{+\infty} x^2 \mathrm{d}F_{nk}(x)$$

$$= \frac{t^2}{2} \sum_{k=1}^{n} D(\xi_{nk}) = \frac{t^2}{2},$$

所以由(5.3.17)得

$$| R_n(t) | < \frac{t^2}{2} \max_{1 \leqslant k \leqslant n} | \varphi_{nk}(t) - 1 | \to 0 \qquad (n \to \infty).$$

(3) 记$r_n(t) = \frac{t^2}{2} + \sum_{k=1}^{n} \int_{-\infty}^{+\infty} g_2(xt) \mathrm{d}F_{nk}(x)$,证明对任意$t \in [-T, T]$,有

$$\lim_{x \to \infty} r_n(t) = 0. \tag{5.3.21}$$

因为$E(\xi_{nk}) = 0, \sum_{k=1}^{n} D(\xi_{nk}) = 1$,故

$$\sum_{k=1}^{n} \int_{-\infty}^{+\infty} \frac{(\mathrm{j}xt)^2}{2} \mathrm{d}F_{nk}(x) = -\frac{t^2}{2} \sum_{k=1}^{n} \int_{-\infty}^{+\infty} x^2 \mathrm{d}F_{nk}(x) = -\frac{t^2}{2},$$

从而

$$| r_n(t) | = \left| \sum_{k=1}^{n} \int_{-\infty}^{+\infty} g_3(tx) \mathrm{d}F_{nk}(x) \right|$$

$$\leqslant \sum_{k=1}^{n} \int_{|x| \leqslant \varepsilon} | g_3(tx) | \mathrm{d}F_{nk}(x)$$

$$+ \sum_{k=1}^{n} \int_{|x|>\varepsilon} \left[\mid g_2(tx) \mid + \frac{t^2 x^2}{2} \right] \mathrm{d}F_{nk}(x)$$

$$\leqslant \frac{\mid t \mid^3}{6} \sum_{k=1}^{n} \int_{|x|\leqslant\varepsilon} \varepsilon x^2 \mathrm{d}F_{nk}(x)$$

$$+ \sum_{k=1}^{n} \frac{t^2}{2} \left[\int_{|x|>\varepsilon} x^2 \mathrm{d}F_{nk}(x) + \int_{|x|>\varepsilon} x^2 \mathrm{d}F_{nk}(x) \right]$$

$$\leqslant \frac{\mid t \mid^3 \varepsilon}{6} \sum_{k=1}^{n} D(\xi_{nk}) + \sum_{k=1}^{n} t^2 \int_{|x|>\varepsilon} x^2 \mathrm{d}F_{nk}(x)$$

$$= \frac{\varepsilon \mid t \mid^3}{6} + t^2 \sum_{k=1}^{n} \frac{1}{B_n^2} \int_{|x-a_k|>\varepsilon B_n} (x-a_k)^2 \mathrm{d}F_k(x).$$

由林德伯格条件,当 n 充分大时,有

$$\sum_{k=1}^{n} \frac{1}{B_n^2} \int_{|x-a_k|>\varepsilon B_n} (x-a_k)^2 \mathrm{d}F_k(x) < \varepsilon,$$

从而有 $\mid r_n(t) \mid < \dfrac{\varepsilon \mid t \mid^3}{6} + t^2 \varepsilon \leqslant \left(\dfrac{T^3}{6} + T^2 \right)\varepsilon$,从而(5.3.21) 式得证.

　　(4) 证明(5.3.16) 式,即

$$\lim_{n\to\infty} P\left\{ \frac{1}{B_n} \sum_{k=1}^{n} (\xi_k - a_k) < x \right\} = \frac{1}{\sqrt{2\pi}} \int_{-\infty}^{x} \mathrm{e}^{-t^2/2} \mathrm{d}t, \qquad x \in \mathbf{R},$$

也即 $\lim\limits_{n\to\infty} \varphi_n(t) = \mathrm{e}^{-\frac{t^2}{2}}$,其中 $\varphi_n(t)$ 为 $\sum\limits_{k=1}^{n} \xi_{nk}$ 的特征函数.

　　由(5.3.17) 式知,当 n 充分大时,对任意正整数 $k(1 \leqslant k \leqslant n)$ 有

$$\mid \varphi_{nk}(t) - 1 \mid < \frac{1}{2},$$

$$\ln(1+x) = \sum_{m=1}^{\infty} (-1)^{m-1} \frac{x^m}{m}, \qquad -1 < x \leqslant 1.$$

由(5.3.20) 式得

$$\ln\varphi_n(t) = \ln[\varphi_{n1}(t)\varphi_{n2}(t)\cdots\varphi_{nn}(t)] = \sum_{k=1}^{n} \ln\varphi_{nk}(t)$$

$$= \sum_{k=1}^{n} \ln[1 + \varphi_{nk}(t) - 1]$$

$$= \sum_{k=1}^{n} [\varphi_{nk}(t) - 1] + R_n(t).$$

因为

$$\sum_{k=1}^{n} [\varphi_{nk}(t) - 1] = \sum_{k=1}^{n} \int_{-\infty}^{+\infty} (\mathrm{e}^{\mathrm{j}tx} - 1 - \mathrm{j}tx) \mathrm{d}F_{nk}(x)$$

$$=-\frac{t^2}{2}+\frac{t^2}{2}+\sum_{k=1}^{n}\int_{-\infty}^{+\infty}g_2(tx)\mathrm{d}F_{nk}(x)$$

$$=-\frac{t^2}{2}+r_n(t),$$

于是 $\ln\varphi_n(t)=-\dfrac{t^2}{2}+R_n(t)+r_n(t)$. 由 $(5.3.19)$ 与 $(5.3.21)$ 得 $\lim\limits_{n\to\infty}\ln\varphi_n(t)=-\dfrac{t^2}{2}$,

即

$$\lim_{n\to\infty}\varphi_n(t)=\mathrm{e}^{-\frac{t^2}{2}}.$$

于是定理 5.3.4 证毕.

由于对任意 $\varepsilon>0$, 由 $(3.1.33)$ 式, 有

$$P\{\max_{1\leqslant k\leqslant n}\mid\xi_{nk}\mid>\varepsilon\}=P\{\max_{1\leqslant k\leqslant n}\mid\xi_k-a_k\mid>\varepsilon B_n\}$$

$$=P\Big\{\bigcup_{k=1}^{n}\big[\mid\xi_k-a_k\mid>\varepsilon B_n\big]\Big\}$$

$$\leqslant\sum_{k=1}^{n}P\{\mid\xi_k-a_k\mid>\varepsilon B_n\}$$

$$=\sum_{k=1}^{n}\int_{\mid x-a_k\mid>\varepsilon B_n}\mathrm{d}F_k(x)$$

$$<\frac{1}{\varepsilon^2 B_n^2}\sum_{k=1}^{n}\int_{\mid x-a_k\mid>\varepsilon B_n}(x-a_k)^2\mathrm{d}F_k(x),$$

表示当林德伯格条件成立时, 对任意 $\varepsilon>0$, 有

$$\lim_{n\to\infty}P\Big\{\max_{1\leqslant k\leqslant n}\Big|\frac{\xi_k-a_k}{B_n}\Big|>\varepsilon\Big\}=0.$$

这说明 $\sum\limits_{k=1}^{n}\Big|\dfrac{\xi_k-a_k}{B_n}\Big|$ 的每一被加项 $\Big|\dfrac{\xi_k-a_k}{B_n}\Big|$, 当 n 充分大时, 依概率一致地小. 于是林德伯格定理表明: 如此一些 "影响一致地小" 的随机变量之和的极限分布是正态分布.

林德伯格定理还表明: 如果林德伯格条件满足, 则当 n 充分大时, $\zeta_n\equiv\dfrac{1}{B_n}\sum\limits_{k=1}^{n}(\xi_k-a_k)$ 近似服从分布 $N(0,1)$, 从而 $\sum\limits_{k=1}^{n}\xi_k=B_n\zeta_n+\sum\limits_{k=1}^{n}a_k$ 近似服从分布 $N\big(\sum\limits_{k=1}^{n}a_k,B_n^2\big)$, 而不管诸 $\xi_1,\xi_2,\cdots,\xi_n$ 服从什么分布.

推论 5.3.1(李雅普诺夫定理) 设 $\{\xi_k\}$ 为相互独立的随机变量序列, 如果存在 $\delta>0$, 使得

$$\lim_{n \to \infty} \frac{1}{B_n^{2+\delta}} \sum_{k=1}^{n} E \mid \xi_k - a_k \mid^{2+\delta} = 0,$$

其中 $a_k = E(\xi_k)$, $B_n^2 = \sum_{k=1}^{n} D(\xi_k)$, 则 $\{\xi_k\}$ 服从中心极限定理.

证明　因为

$$\frac{1}{B_n^2} \sum_{k=1}^{n} \int_{\mid x - a_k \mid > \varepsilon B_n} (x - a_k)^2 \, \mathrm{d}F_k(x)$$

$$\leqslant \frac{1}{B_n^2} \sum_{k=1}^{n} \int_{\mid x - a_k \mid > \varepsilon B_n} \frac{\mid x - a_k \mid^{2+\sigma}}{(\varepsilon B_n)^\delta} \, \mathrm{d}F_k(x)$$

$$\leqslant \frac{1}{\varepsilon^\delta B_n^{2+\delta}} \sum_{k=1}^{n} \int_{-\infty}^{+\infty} \mid x - a_k \mid^{2+\delta} \, \mathrm{d}F_k(x)$$

$$= \frac{1}{\varepsilon^\delta B_n^{2+\delta}} \sum_{k=1}^{n} E \mid \xi_k - a_k \mid^{2+\delta} \to 0 \qquad (n \to \infty),$$

所以, 由林德伯格定理, 本推论得证.

5.4　四种收敛性之间的关系

在 5.2 节中, 我们证明了, 如果 $\xi_n \xrightarrow{\text{a. s.}} \xi$, 则 $\xi_n \xrightarrow{P} \xi$, 并举例说明其逆不成立, 即当 $\xi_n \xrightarrow{P} \xi$ 时, 一般推不出 $\xi_n \xrightarrow{\text{a. s.}} \xi$.

定理 5.4.1　如果 $\xi_n \xrightarrow{r} \xi$, 则 $\xi_n \xrightarrow{P} \xi$.

证明　由马尔可夫不等式, 对任意正数 ε, 有

$$P\{\mid \xi_n - \xi \mid \geqslant \varepsilon\} \leqslant \frac{E \mid \xi_n - \xi \mid^r}{\varepsilon^r} \to 0 \qquad (n \to \infty),$$

从而定理 5.4.1 得证.

然而定理 5.4.1 的逆不一定成立的.

例 5.4.1　设 $\{\xi_n\}$ 为独立随机变量序列, 且

$$P\{\xi_n = 1\} = \frac{1}{n}, \quad P\{\xi_n = 0\} = 1 - \frac{1}{n}, \quad n = 1, 2, 3, \cdots,$$

则对任意 $r > 0$, 因为 $E \mid \xi_n \mid^r = \frac{1}{n} \to 0$ (当 $n \to \infty$ 时), 所以 $\xi_n \xrightarrow{r} 0$. 但是, 对任意正数 $\varepsilon (1 > \varepsilon > 0)$, 因为

$$\sum_{n=1}^{\infty} P\{\mid \xi_n \mid \geqslant \varepsilon\} = \sum_{n=1}^{\infty} P\{\xi_n = 1\} = \sum_{n=1}^{\infty} \frac{1}{n} = \infty,$$

由引理 5.2.1 的推论 5.2.2 知, ξ_n 不几乎处处收敛于零. 不过, 因为 $P\{\mid \xi_n \mid \geqslant \varepsilon\} =$

$\dfrac{1}{n} \to 0$（当 $n \to \infty$ 时），故 $\xi_n \xrightarrow{P} 0$，而且因为

$$F_{\xi_n}(x) = \begin{cases} 0, & x \leqslant 0, \\ 1 - \dfrac{1}{n}, & 0 < x \leqslant 1, \\ 1, & x > 1, \end{cases}$$

所以

$$F_{\xi_n}(x) \xrightarrow{L} F(x) \triangleq \begin{cases} 0, & x \leqslant 0, \\ 1, & x > 0, \end{cases}$$

即 $\xi_n \xrightarrow{L} 0$.

如果将例 5.4.1 中 ξ_n 的分布改为：$P\{\xi_n = n\} = \dfrac{1}{n^2}$，$P\{\xi = 0\} = 1 - \dfrac{1}{n^2}$，其他条件不变，则这时 $\displaystyle\sum_{n=1}^{\infty} P\{|\xi_n| \geqslant \varepsilon\} = \sum_{n=1}^{\infty} \dfrac{1}{n^2} < \infty$，从而 $\xi_n \xrightarrow{\text{a.s.}} 0$，进而有 $\xi_n \xrightarrow{P} 0$. 但是，因为

$$E|\xi_n|^r = n^{r-2} \to \begin{cases} 0, & 0 < r < 2, \\ 1, & r = 2, \\ \infty, & r > 2 \end{cases} \quad (\text{当 } n \to \infty \text{ 时}),$$

从而知，当 $0 < r < 2$ 时，$\xi_n \xrightarrow{r} 0$. 当 $r \geqslant 2$ 时，ξ_n 不 r 阶收敛于零. 这表示由 $\xi_n \xrightarrow{\text{a.s.}} \xi$，一般推不出 $\xi_n \xrightarrow{r} \xi$. 由 $\xi_n \xrightarrow{P} \xi$. 一般推不出 $\xi_n \xrightarrow{\text{a.s.}} \xi$. 由 $\xi_n \xrightarrow{P} \xi$，一般也推不出 $\xi_n \xrightarrow{r} \xi$.

定理 5.4.2　　如果 $\xi_n \xrightarrow{P} \xi$，则 $\xi_n \xrightarrow{L} \xi$.

证明　　设 $F_n(x)$，$F(x)$ 分别为 ξ_n，ξ 的分布函数，则对任意实数 x'，x，x''（$x' < x < x''$），由于

$$\{\xi < x'\} = \{\xi_n < x, \xi < x'\} + \{\xi_n \geqslant x, \xi < x'\}$$
$$\subset \{\xi_n < x\} + \{\xi < x' < x \leqslant \xi_n\}$$
$$\subset \{\xi_n < x\} + \{|\xi_n - \xi| \geqslant x - x'\},$$

故

$$F(x') \leqslant F_n(x) + P\{|\xi_n - \xi| \geqslant x - x'\}.$$

因为 $\xi_n \xrightarrow{P} \xi$，所以

$$\lim_{n \to \infty} P\{|\xi_n - \xi| \geqslant x - x'\} = 0,$$

从而得

$$F(x') \leqslant \varliminf_{n \to \infty} F_n(x).$$

同理有

$$F_n(x) \leqslant F(x'') + P\{| \xi_n - \xi | \geqslant x'' - x\},$$

从而得

$$\varlimsup_{n \to \infty} F_n(x) \leqslant F(x''),$$

于是有

$$F(x') \leqslant \varliminf_{n \to \infty} F_n(x) \leqslant \varlimsup_{n \to \infty} F_n(x) \leqslant F(x'').$$

如果 x 为 $F(x)$ 的连续点, 令 $x' \uparrow x, x'' \downarrow x$, 则得

$$\lim_{n \to \infty} F_n(x) = F(x),$$

即

$$\xi_n \xrightarrow{L} \xi.$$

定理 5.4.2 的逆不一定成立.

例 5.4.2　设 $\xi_1, \xi_2, \xi_3, \cdots$ 与 ξ 是相互独立同分布随机变量, 且 $P\{\xi_n = 1\} = P\{\xi_n = 0\} = \dfrac{1}{2}$.

因为对任意正整数 n, ξ_n 与 ξ 有相同的分布, 故 $\xi_n \xrightarrow{L} \xi$. 然而对任意 $\varepsilon \in (0, 1)$, 有

$$\begin{aligned} P\{| \xi_n - \xi | \geqslant \varepsilon\} &= P\{\xi_n = 1, \xi = 0\} + P\{\xi_n = 0, \xi = 1\} \\ &= P\{\xi_n = 1\}P\{\xi = 0\} + P\{\xi_n = 0\}P\{\xi = 1\} \\ &= \frac{1}{2}, \end{aligned}$$

所以 $\xi_n \xrightarrow{P} \xi$. 此示, 由 $\xi_n \xrightarrow{L} \xi$ 一般推不出 $\xi_n \xrightarrow{P} \xi$.

综上所述, 我们得如下结论:

依概率为 1 收敛 ↘
r 阶收敛 ↗　依概率收敛 $\Rightarrow$ 依分布收敛.

上述关系一般是不可逆的. 但是, 如果 $\xi_n \xrightarrow{L} c, c$ 为常数, 则 $\xi_n \xrightarrow{P} c$. 如果 $\xi_n \xrightarrow{P} \xi$, 则存在子序列 $\{\xi_{n_k}\}$ 使得 $\xi_{n_k} \xrightarrow{a.s.} \xi$. 如果 $\{\xi_n\}$ 为单调下降随机变量序列且 $\xi_n \xrightarrow{P} 0$, 则 $\xi_n \xrightarrow{a.s.} 0$.

习　题　5

1. 试证明:

(1) $\xi_n \xrightarrow{P} \xi \Leftrightarrow \xi_n - \xi \xrightarrow{P} 0$;

(2) $\xi_n \xrightarrow{P} \xi, \xi_n \xrightarrow{P} \eta \Rightarrow P\{\xi = \eta\} = 1$;

(3) $\xi_n \xrightarrow{P} \xi \Rightarrow \xi_n - \xi_m \xrightarrow{P} 0 \quad (m, n \to \infty)$;

(4) $\xi_n \xrightarrow{P} \xi, \eta_n \xrightarrow{P} \eta \Rightarrow \xi_n \pm \eta_n \xrightarrow{P} \xi \pm \eta$;

(5) $\xi_n \xrightarrow{P} \xi \Rightarrow C\xi_n \xrightarrow{P} C\xi$, 其中 C 为常数;

(6) $\xi_n \xrightarrow{P} \xi \Rightarrow \xi_n^2 \xrightarrow{P} \xi^2$;

(7) $\xi_n \xrightarrow{P} a, \eta_n \xrightarrow{P} b \Rightarrow \xi_n \eta_n \xrightarrow{P} ab$, 其中 a, b 均为常数;

(8) $\xi_n \xrightarrow{P} 1 \Rightarrow \dfrac{1}{\xi_n} \xrightarrow{P} 1$;

(9) $\xi_n \xrightarrow{P} a, \eta_n \xrightarrow{P} b, \Rightarrow \dfrac{\xi_n}{\eta_n} \xrightarrow{P} \dfrac{a}{b}$, 其中 a, b 均为常数,且 $b \neq 0$;

(10) $\xi_n \xrightarrow{P} \xi, \eta$ 为任意随机变量 $\Rightarrow \eta \xi_n \xrightarrow{P} \xi \eta$.

2. 设 $g(x)$ 是 $(-\infty, +\infty)$ 上的连续函数,且 $\xi_n \xrightarrow{P} \xi$,则

$$g(\xi_n) \xrightarrow{P} g(\xi).$$

3. 设 $\{\xi_n\}$ 是严格单调下降的随机变量序列,且 $\xi_n \xrightarrow{P} 0$,试证明

$$\xi_n \xrightarrow{a.\,s.} 0.$$

4. 设 $\psi(x)$ 在 $(0, +\infty)$ 上连续单调上升,$\psi(0) = 0$ 且

$$\sup_{x \geqslant 0} \psi(x) < +\infty,$$

试证明:$\xi_n \xrightarrow{P} 0 \Leftrightarrow \lim_{n \to \infty} E[\psi(|\xi_n|)] = 0$.

5. 将标有号码 $1 \sim n$ 的 n 个球投入 n 个编有号码 $1 \sim n$ 的匣中,并限制每个匣中只能进一球. 设球与匣子的号码一致的个数是 S_n,试证明

$$\frac{S_n - E(S_n)}{n} \xrightarrow{P} 0.$$

6. 设分布函数 $F_n(x)$ 定义如下:

$$F_n(x) = \begin{cases} 0, & x \leqslant -n, \\ \dfrac{x+n}{2n}, & -n < x \leqslant n, \\ 1, & x > n, \end{cases}$$

$F(x) \equiv \lim_{n \to \infty} F_n(x)$ 是分布函数吗?

7. 设 $\{\xi_n\}$ 为独立同分布随机变量序列,且

$$P\{\xi_n = \pm 1\} = \frac{1}{2}, \qquad k = 1, 2, 3, \cdots,$$

试证明 $\eta_n \triangleq \sum_{k=1}^{n} \dfrac{\xi_k}{2^k}$ 的分布函数弱收敛于 $(-1, 1)$ 上的均匀分布函数.

8. 设随机变量 ξ_λ 服从参数为 λ 的泊松分布,试证明:当 $\lambda \to \infty$ 时,$\dfrac{\xi_\lambda - \lambda}{\sqrt{\lambda}}$ 的分布函数弱收敛

于标准正态分布函数.

9. 用特征函数证明二项分布的泊松逼近定理.

10. 设随机变量序列 $\{\xi_n\}$ 一致有界(即存在常数 $C > 0$,使得对一切 n 有 $|\xi_n| < C$),试证明

$$\xi_n \xrightarrow{P} 0 \Leftrightarrow \lim_{n \to \infty} E|\xi_n| = 0.$$

11. $\xi_n \xrightarrow{2} \xi, \Rightarrow \lim_{n \to \infty} E(\xi_n) = E(\xi)$ 且 $\lim_{n \to \infty} E(\xi_n^2) = E(\xi^2).$

12. 试证明:

(1) $\xi_n \xrightarrow{2} \xi, \eta_n \xrightarrow{2} \eta, \Rightarrow \lim_{n \to \infty} E(\xi_n \eta_n) = E(\xi\eta);$

(2) $\xi_n \xrightarrow{L} \xi, \Rightarrow \xi_n \pm C \xrightarrow{L} \xi \pm C,$ 其中 C 为常数;

(3) $\xi_n \xrightarrow{L} \xi \Rightarrow C\xi_n \xrightarrow{L} C\xi,$ 其中 C 为常数.

13. 设 ξ_n 的分布列为

ξ_n	0	n
P	$1 - \dfrac{1}{n}$	$\dfrac{1}{n}$

$n = 1, 2, 3, \cdots,$

试证明:ξ_n 的分布函数收敛,但其矩不收敛.

14. 设 $\{F_n(x)\}$ 为一正态分布函数列,且 $F_n(x) \xrightarrow{L} F(x)$,试证明 $F(x)$ 也是正态分布函数.

15. 设 $\{\xi_n\}$ 为独立同分布随机变量序列,其共同分布函数为

$$F(x) = \frac{1}{2} + \frac{1}{\pi} \arctan \frac{x}{a},$$

其中 a 为常数且 $a \neq 0$.试问辛钦大数定律对此序列是否适用?

16. 试证明:

(1) $\xi_n - \eta_n \xrightarrow{P} 0, \eta_n \xrightarrow{L} \eta \Rightarrow \xi_n \xrightarrow{L} \eta;$

(2) $\xi_n \xrightarrow{L} \xi, \eta_n \xrightarrow{P} C \Rightarrow \xi_n \pm \eta_n \xrightarrow{L} \xi \pm C,$ 其中 C 为常数;

(3) $\xi_n \xrightarrow{L} \xi, \eta_n \xrightarrow{P} C \Rightarrow \begin{cases} \xi_n \eta_n \xrightarrow{L} C\xi, & C \neq 0, \\ \xi_n \eta_n \xrightarrow{P} 0, & C = 0; \end{cases}$

(4) $\xi_n \xrightarrow{L} \xi, \eta_n \xrightarrow{P} C \Rightarrow \dfrac{\xi_n}{\eta_n} \xrightarrow{L} \dfrac{\xi}{C}, C \neq 0.$

17. 设 $\{\xi_n\}$ 为独立同分布随机变量序列,且 $\xi_1 \sim N(0,1)$,试证明:

(1) $\eta_n \equiv \sqrt{n} \dfrac{\xi_1 + \xi_2 + \cdots + \xi_n}{\xi_1^2 + \xi_2^2 + \cdots + \xi_n^2} \xrightarrow{L} \zeta;$

(2) $\zeta_n = \dfrac{\xi_1 + \xi_2 + \cdots + \xi_n}{\sqrt{\xi_1^2 + \xi_2^2 + \cdots + \xi_n^2}} \xrightarrow{L} \zeta,$

其中 $\zeta \sim N(0,1)$.

18. 设 $\{\xi_k\}$ 是独立随机变量序列,且

$$P\{\xi_k = k^\lambda\} = P\{\xi_k = -k^\lambda\} = \frac{1}{2}, \quad k = 1, 2, \cdots,$$

说明 $\langle\xi_k\rangle$ 满足大数定律、强大数定律与中心极限定理的 λ 的范围.

19. 试确定如下给定的相互独立随机变量序列 $\langle\xi_k\rangle$ 是否满足使用大数定律、强大数定律的充分条件?

(1) $P\{\xi_k = \pm 2^k\} = \frac{1}{2}$;

(2) $P\{\xi_k = \pm 2^k\} = 2^{-(2k+1)}, P\{\xi_k = 0\} = 1 - 2^{-2k}$;

(3) $P\{\xi_k = \pm k\} = \frac{1}{2}k^{-\frac{1}{2}}, P\{\xi_k = 0\} = 1 - k^{-\frac{1}{2}}$.

20. 设随机变量序列 $\langle\xi_k\rangle$ 中的 ξ_k 仅与 ξ_{k-1}, ξ_{k+1} 相关,而与其他随机变量都不相关,且 $D(\xi_k)$ 存在一致有限,则 $\langle\xi_k\rangle$ 服从大数定律.

21. 设随机变量序列 $\langle\xi_k\rangle$ 的方差有限,即 $D(\xi_k) \leqslant C (C$ 为常数$)$,并且当 $|i - j| \to \infty$ 时,$r(\xi_i, \xi_j) \to 0$,则 $\langle\xi_k\rangle$ 服从大数定律.

22. 设 $\langle\xi_k\rangle$ 为相互独立同分布随机变量序列,且 $E(\xi_1) = \mu, D(\xi_1) < C (C$ 为常数$)$,且 $\xi_k \not\equiv \mu$,记 $S_n = \sum\limits_{k=1}^{n} \xi_k$,试证明:对序列 $\langle S_k\rangle$ 大数定律不成立. 但是,如果 $na_n \to 0$(当 $n \to \infty$ 时),则 $\langle a_n S_n\rangle$ 服从大数定律.

23. $\langle\xi_k\rangle$ 为相互独立随机变量序列且 $\langle\xi_k\rangle$ 一致有界,即存在常数 L,使对一切 k 有 $P\{|\xi_k| \leqslant L\} = 1$,试证明:如果 $\lim\limits_{n\to\infty} B_n^2 = \infty (B_n^2 = \sum\limits_{k=1}^{n} D(\xi_k))$,则 $\langle\xi_k\rangle$ 服从中心极限定理.

24. 设 $\langle\xi_k\rangle$ 为相互独立随机变量序列,且

$$P\{\xi_k = \pm\sqrt{k}\} = \frac{1}{2}k^{-\frac{1}{3}}, \qquad P\{\xi_k = \pm 1\} = \frac{1}{2}(1 - k^{-\frac{1}{3}}),$$

问 $\langle\xi_k\rangle$ 是否服从中心极限定理?

25. 证明:伯努利大数定律是棣莫弗-拉普拉斯中心极限定理的一个特例.

26. 证明:如果对于相互独立随机变量序列 $\langle\xi_k\rangle$ 有

$$\lim_{A\to\infty} \max_{1\leqslant k\leqslant n} \int_{|x|\geqslant A} |x| \, \mathrm{d}F_k(x) = 0,$$

其中 $F_k(x)$ 为 ξ_k 的分布函数,则 $\langle\xi_k\rangle$ 服从大数定律.

27. 设 $\langle\xi_k\rangle$ 为相互独立随机变量序列,如果

(1) $P\{\xi_k = \pm 1\} = \frac{1}{2}(1 - 2^{-k}), P\{\xi_k = \pm 2^k\} = 2^{-(k+1)}$;

(2) $P\{\xi_k = \pm 2^k\} = 2^{-(2k+1)}, P\{\xi_k = 0\} = 1 - 2^{-2k}$,

则 $\langle\xi_k\rangle$ 均服从强大数定律.

28. 设 $\langle\xi_k\rangle$ 为相互独立随机变量序列,且 $\xi_k \sim P(\sqrt{k})$,问 $\langle\xi_k\rangle$ 是否服从强大数定律?

29. 设 $\langle\xi_k\rangle$ 为相互独立同分布随机变量序列,且 ξ_1 具有密度函数:

$$f(x) = \begin{cases} \left| \dfrac{1}{x} \right|^3, & |x| \geqslant 1, \\ 0, & |x| < 1. \end{cases}$$

试证明：$\{\xi_k\}$ 服从大数定律.

30. 设 $\{\xi_k\}$ 为相互独立同分布随机变量序列，且 $E(\xi_1) = 0, D(\xi_1) = \sigma^2 < \infty$，试证明 $\dfrac{1}{n}\sum_{k=1}^{n}\xi_k^2 \xrightarrow{P} \sigma^2$. 问 $\{\xi_k^2\}$ 是否服从强大数定律？

31. 设 $\{\xi_k\}$ 为相互独立随机变量序列，且 $\xi_k \sim U[-k, k]$，试证明：$\{\xi_k\}$ 服从中心极限定理.

32. 对下列随机变量序列李雅普诺夫定理是否满足？

(1) $P\{\xi_k = \pm\sqrt{k}\} = \dfrac{1}{2}$；

(2) $P\{\xi_k = \pm k^a\} = \dfrac{1}{3}(a \geqslant 0), P\{\xi_k = 0\} = \dfrac{1}{3}$.

33. 设 $\{\xi_k\}$ 为相互独立随机变量序列且服从中心极限定理. 试证明：$\{\xi_k\}$ 服从大数定律的充要条件是

$$\sum_{k=1}^{n} D(\xi_k) = o(n^2).$$

34. 设 $\{\xi_k\}$ 为相互独立随机变量序列，且

$$P\{\xi_k = \pm 1\} = \dfrac{1}{2}(1 - 2^{-k}), \qquad P\{\xi_k = \pm 2^k\} = 2^{-(k+1)},$$

问 $\{\xi_k\}$ 是否服从中心极限定理？

35. 证明：具有如下分布的相互独立随机变量序列 $\{\xi_k\}$ 不服从大数定律：

$$P\{\xi_k = \pm k\} = \dfrac{1}{2}k^{-\frac{1}{2}}, \qquad P\{\xi_k = 0\} = 1 - k^{-\frac{1}{2}}.$$

36. 设 $\{\xi_k\}$ 为相互独立同分布随机变量序列，且 $E(\xi_1) = a$ 存在，$f(x)$ 是 $(-\infty, +\infty)$ 上的有界连续函数，试证明

$$\lim_{n\to\infty} E\left[f\left(\dfrac{\xi_1 + \xi_2 + \cdots + \xi_n}{n}\right)\right] = f(a).$$

37. 如果林德伯格条件成立，即

$$\lim_{n\to\infty} \dfrac{1}{B_n^2}\sum_{k=1}^{n}\int_{|x-a_k|>\varepsilon B_n}(x - a_k)^2 \mathrm{d}F_k(x) = 0, \text{则}(1) \lim_{n\to\infty} B_n = \infty; (2) \lim_{n\to\infty}\dfrac{\sqrt{D(\xi_n)}}{B_n} = 0.$$

38. 证明：$\lim_{n\to\infty}\max_{1\leqslant k\leqslant n}\dfrac{b_k}{B_n} = 0 \Longleftrightarrow \lim_{n\to\infty} B_n = \infty$ 且 $\lim_{n\to\infty}\dfrac{b_n}{B_n} = 0$，其中 $b_k^2 = D(\xi_k)$. 并称 $\lim_{n\to\infty}\max_{1\leqslant k\leqslant n}\dfrac{b_k}{B_n} = 0$ 为弗勒条件.

部分习题答案

习 题 1

6. 当 $A=B$ 时,$\lim\limits_{n\to\infty}A_n=A$;当 $A\neq B$ 时,$\lim\limits_{n\to\infty}A_n$ 不存在.

7. $\dfrac{41}{90}$,$\dfrac{4}{9}$.   8. $\dfrac{9}{14}$.   9. $\dfrac{1}{12}$.   10. $\dfrac{48}{13!}$.

11. $\dfrac{2(n-r-1)}{n(n-1)}$,$\dfrac{1}{n-1}$.   12. $\dfrac{1}{2}$.   13. $\dfrac{7}{15}$.

14. (1) 0.0109;(2) 0.1512;(3) 0.4982;(4) 0.8488.

15. (1) $\dfrac{2}{105}$;   (2) $\dfrac{1}{21}$;   (3) $\dfrac{41}{42}$.

16. 前者概率大.   17. $\dfrac{n+1}{C_{2n}^n}$.

18. $P(A)=1-\sum\limits_{i=1}^{n-1}(-1)^{i+1}C_n^i\left(1-\dfrac{i}{n}\right)^k$,

$P(B)=C_n^m\left(1-\dfrac{m}{n}\right)^k\left[1-\sum\limits_{i=1}^{n-m}(-1)^{i+1}C_{n-m}^i\left(1-\dfrac{i}{n-m}\right)^k\right]$.

19. $P(A)=C_n^{2r}(C_2^1)^{2r}/C_{2n}^{2r}$,$P(B)=C_n^1C_{n-1}^{2r-2}2^{2r-2}/C_{2n}^{2r}$,$P(C)=C_n^2C_{n-1}^{2r-4}2^{2r-4}/C_{2n}^{2r}$,$P(D)=C_n^r/C_{2n}^{2r}$.

20. $P(A)=\dfrac{1}{(2n-1)!!}$,$P(B)=\dfrac{n!}{(2n-1)!!}$.

21. $P(A)=\dfrac{n!}{n^n}$,$P(B)=\dfrac{(n-1)n!}{2n^{n-1}}$,$P(C)=C_n^m\left(\dfrac{1}{n}\right)^m\cdot\left(\dfrac{n-1}{n}\right)^{n-m}$.

22. $\dfrac{C_{M-1}^{m-1}C_{N-M}^{n-m}}{C_N^n}$.

23. $P\{x_m=M\}=P\{x_m\leqslant M\}-P\{x_m\leqslant M-1\}$,其中 $P\{x_m\leqslant M\}=\sum\limits_{k=m}^{n}C_n^kM^k(N-M)^{n-k}/N^n$.

25. $P(A\cup B)=p+q-pq$,$P(\overline{A}\cup B)=1-p+pq$,$P(A\overline{B})=(1-p)q$,$P(\overline{A}\,\overline{B})=(1-p)(1-q)$.

27. $\dfrac{1}{4}$.   29. (1) $\dfrac{13}{24}$;(2) $\dfrac{1}{48}$.

30. $\dfrac{13}{132}$.   31. 0.089.

32. (1)0.52;(2)0.9231.   33. 0.8629.   34. 0.329.   35. F 与 E_1 不独立,F 与 E_2 独立.

37. $P(A)=\prod\limits_{i=1}^{n}(1-p_i)$,$P(B)=1-\prod\limits_{i=1}^{n}(1-p_i)$,$P(C)=\sum\limits_{j=1}^{n}p_j\prod\limits_{\substack{i=1\\i\neq j}}^{n}(1-p_i)$.

38. $P(B) = 0.595.$ 39. $1 - \sqrt[4]{0.41}.$

40. 6. 41. $\dfrac{5}{14}, \dfrac{5}{14}, \dfrac{2}{7}.$ 42. $2^m/(2^{n+m}-1).$ 43. $\dfrac{1}{2}[1+(1-2p)^n].$

45. (1) $p = \begin{cases} (q/p)^2, & q < p, \\ 1, & q \geqslant p; \end{cases}$ (2) $\dfrac{n(n+2j-1)}{j!(n+j)!} p^j q^{n+j}.$

46. $\dfrac{(2n-2)!!}{(2n-1)!!}.$

47. $\dfrac{C_{m-1}^{r-1} C_{N-m}^{M-r}}{C_N^M}.$

48. 设 $A_k =$ "3 杯中最大球数为 k", $k=2,3,4,5,6.$ $P(A_2) = \dfrac{10}{81}, P(A_3) = \dfrac{140}{3^5}, P(A_4) = \dfrac{20}{81}, P(A_5) = \dfrac{4}{81}, P(A_6) = \dfrac{1}{3^5}.$

49. $\dfrac{C_{3n}^n C_{2n}^n}{3^{3n-1}}.$

50. $P(A_k) = \begin{cases} \dfrac{C_{2n}^k}{2^{2n-1}}, & 0 \leqslant k \leqslant n-1, \\ \dfrac{C_{2n}^n}{2^{2n}}, & k=n, \end{cases}$ 其中 $A_k =$ "两杯中最小球数为 k", $k=0,1,\cdots,n.$

53. $\dfrac{1}{n+1}.$

54. (1) $p^3(3-p-2p^2+p^3);$ (2) $p^2(2+2p-5p^2+2p^3).$

55. $P_{2t}(s) = \sum\limits_{k=0}^{s} P_t(k) P_t(s-k).$ 56. $P(t) = e^{-at}.$

习 题 2

1. $P\{\xi=k\} = p(1-p)^{k-1}, k=1,2,3,\cdots.$

2. $P\{\xi=k\} = pq(p^{k-2}+q^{k-2}), k=2,3,4,\cdots. P\{\eta=j\} = p^r C_{j-1}^{r-1} q^{j-r}, j=r,r+1,r+2,\cdots.$

3. (1) $P\{\xi_1=k\} = \dfrac{C_{10-k}^4}{C_{10}^5}, k=1,2,\cdots,6, P\{\xi_3=k\} = \dfrac{C_{k-1}^2 C_{10-k}^2}{C_{10}^5}, k=3,4,\cdots,8;$

(2) $P\{\xi_1=1\} = \sum\limits_{i=1}^{5} C_5^i 9^{5-i}/10^5, P\{\xi_1=10\} = \dfrac{1}{10^5},$

$P\{\xi_1=k\} = \dfrac{1}{10^5} \sum\limits_{i=1}^{5} C_5^i [k^i(10-k)^{5-i} - (k-1)^i(11-k)^{5-i}], k=2,3,\cdots,9,$

$P\{\xi_3=1\} = \sum\limits_{i=3}^{5} C_5^i 9^{5-i}/10^5, P\{\xi_3=10\} = \sum\limits_{i=3}^{5} C_5^i 9^{5-i}/10^5, P\{\xi_3=k\} = \dfrac{1}{10^5} \sum\limits_{i=3}^{5} C_5^i [k^i(10-k)^{5-i} - (k-1)^i(11-k^{5-i})], k=2,3,\cdots,9, P\{\xi_5=k\} = \dfrac{k^5-(k-1)^5}{10^5}, 1 \leqslant k \leqslant 10.$

4.

ξ	2	3	4	5	6	7	8	9	10	11	12
P	$\frac{1}{36}$	$\frac{2}{36}$	$\frac{3}{36}$	$\frac{4}{36}$	$\frac{5}{36}$	$\frac{6}{36}$	$\frac{5}{36}$	$\frac{4}{36}$	$\frac{3}{36}$	$\frac{2}{36}$	$\frac{1}{36}$

5. $P\{\xi=n\}=\left(1-\dfrac{p}{\omega}\right)^{n-1}-\left(1-\dfrac{p}{\omega}\right)^{n}, n=1,2,3,\cdots.$

6. $P\{\xi=k\}=0.76(0.24)^{k-1}, k=1,2,3,\cdots.$

$P\{\eta=0\}=0.4, P\{\eta=k\}=0.456(0.24)^{k-1}, k=1,2,3,\cdots.$

10. $F_{\xi}(x)=\begin{cases}0, & x\leqslant 0, \\ \dfrac{1}{4}(3x^2-x^3), & 0<x\leqslant 2, \\ 1, & x>2.\end{cases}$

11. $F_{\xi}(x)=\begin{cases}0, & x\leqslant 0, \\ 1-(h-x)^2/h^2, & 0<x\leqslant h, \\ 1, & x>h.\end{cases}$

12. $F_{\xi}(x)=\begin{cases}0, & x\leqslant 0, \\ \dfrac{x}{a}, & 0<x\leqslant a, \\ 1, & x>a.\end{cases}$

13. $k=0.71.$

16. $F_{|\xi-\eta|}(x)=\begin{cases}0, & x\leqslant 0, \\ \dfrac{2ax-x^2}{a^2}, & 0<x\leqslant a, \\ 1, & x>a.\end{cases}$

17. $\eta\sim U(0,1).$

19. $A=1, f(x)=\begin{cases}2x, & 0<x<1, \\ 0, & \text{其他}.\end{cases}$

20. (1) $F_{\xi}(x)=\begin{cases}0, & x\leqslant 0, \\ \dfrac{x^2}{2}, & 0<x\leqslant 1, \\ 2x-\dfrac{x^2}{2}-1, & 1<x\leqslant 2, \\ 1, & x>2,\end{cases}$

(2) $P\{\xi<0.5\}=\dfrac{1}{8}, P\{\xi>1.3\}=0.245, P\{0.2<\xi<1.2\}=0.66.$

21. $f_{\frac{1}{\xi}}(x)=\begin{cases}\dfrac{2}{x^3}, & x\geqslant 1, \\ 0, & \text{其他},\end{cases}$ $f_{|\xi|}(x)=\begin{cases}2x, & 0<x\leqslant 1, \\ 0, & \text{其他},\end{cases}$ $f_{\eta_3}(x)=\begin{cases}-\dfrac{2}{x}\ln x, & \mathrm{e}^{-1}\leqslant x<1, \\ 0, & \text{其他}.\end{cases}$

22. $\xi\sim P(\lambda), \eta\sim P(\lambda p).$

23. 仅(1) 中 ξ 与 η 相互独立.

24. (1) $f_\xi(x) = \begin{cases} 2x^2 + \dfrac{2x}{3}, & 0 \leqslant x \leqslant 1, \\ 0, & \text{其他}, \end{cases}$ $\quad f_\eta(y) = \begin{cases} \dfrac{1}{3} + \dfrac{y}{6}, & 0 \leqslant y \leqslant 2, \\ 0, & \text{其他}; \end{cases}$

$\quad$ (2) $f(x \mid y) = \begin{cases} \dfrac{6x^2 + 2xy}{y+2}, & 0 \leqslant x \leqslant 1, \\ 0, & \text{其他}, \end{cases}$ $\quad 0 \leqslant y \leqslant 2;$

$\quad$ (3) $P\{\xi + \eta > 1\} = \dfrac{65}{72}, P\{\eta < \xi\} = \dfrac{7}{24};$

$\quad$ (4) $P\left\{\eta < \dfrac{1}{2} \mid \xi < 2\right\} = \dfrac{5}{32}.$

25. $1 - e^{-R^2/2}.$

26. $f_\eta(y) = \begin{cases} \dfrac{2}{\pi} \dfrac{1}{\sqrt{1-y^2}}, & 0 < y < 1, \\ 0, & \text{其他}. \end{cases}$

27. $f_{\frac{1}{\xi^2}}(y) = \begin{cases} \dfrac{1}{2} y^{-\frac{3}{2}}, & 1 < y, \\ 0, & \text{其他}. \end{cases}$

28. (1)

η	-1	1
p	$F_\xi(0)$	$1 - F_\xi(0)$

$\quad$ (2) $F_\eta(y) = \begin{cases} F_\xi(y), & y \leqslant -b, \\ F_\xi(-b), & -b < y \leqslant 0, \\ F_\xi(b), & 0 < y \leqslant b, \\ F_\xi(y), & y > b; \end{cases}$

$\quad$ (3) $F_\eta(y) = \begin{cases} 0, & y \leqslant -b, \\ F_\xi(y), & -b < y \leqslant b, \\ 1, & y > b. \end{cases}$

29. (2) $P\{\eta = n\} = pq^n(2 - q^n - q^{n+1}),$

$\quad\quad P\{\zeta = k\} = pq^{2k}(1+q) = (2p - p^2)(1 - 2p + p^2)^k, n, k = 0, 1, 2, \cdots;$

$\quad$ (3) $P\{\xi_1 = k, \eta = n\} = \begin{cases} 0, & k > n, k = 0, 1, 2, \cdots, n, \\ pq^n(1 - q^{n+1}), & k = n, n = 0, 1, 2, \cdots, \\ p^2 q^{k+n} & k > n; \end{cases}$

$\quad$ (4) $P\{\zeta = k, \xi_1 = n\} = \begin{cases} 0, & k > n, \\ pq^{2n}, & k = n, k = 0, 1, 2, \cdots, n, n = 0, 1, 2, \cdots, \\ p^2 q^{n+k}, & k < n. \end{cases}$

31. (1) $F(x,y) = \begin{cases} 0, & x \leqslant -\dfrac{1}{2} \text{ 或 } y \leqslant 0, \\ 4xy - y^2 + 2y, & -\dfrac{1}{2} < x \leqslant 0 \text{ 且 } 0 < y \leqslant 2x+1, \\ (2x+1)^2, & -\dfrac{1}{2} < x \leqslant 0 \text{ 且 } y > 2x+1, \\ y(2-y), & 0 < y \leqslant 1 \text{ 且 } x > 0, \\ 1, & x > 0, y > 1; \end{cases}$

(2) $P\{\xi + \eta > 0\} = \dfrac{2}{3}$.

32. $P\{\xi < \eta < \zeta\} = \dfrac{1}{6}$. 33. $\dfrac{5}{8}$

34. $f_\xi(x) = \begin{cases} \dfrac{\sqrt{2}a - 2x}{a^2}, & 0 < x \leqslant \dfrac{a}{\sqrt{2}}, \\ \dfrac{2x + \sqrt{2}a}{a^2}, & -\dfrac{a}{\sqrt{2}} < x \leqslant 0, \\ 0 & \text{其他}, \end{cases}$ $f_\eta(y) = \begin{cases} \dfrac{\sqrt{2}a - 2y}{a^2}, & 0 < y \leqslant \dfrac{a}{\sqrt{2}}, \\ \dfrac{2y + \sqrt{2}a}{a^2}, & -\dfrac{a}{\sqrt{2}} < y \leqslant 0, \\ 0 & \text{其他}, \end{cases}$

$P\{3\xi + 2\eta < a\} = \dfrac{1}{2} + \dfrac{\sqrt{2}}{5}$.

35. $p = \dfrac{1}{2}$. 37. $\dfrac{1}{12}$. 38. $\dfrac{3}{5}$.

39. (1) $A = 2$; (2) $f_\xi(x) = \begin{cases} 2e^{-2x}, & x > 0, \\ 0, & x \leqslant 0, \end{cases}$ $f_\eta(y) = \begin{cases} e^{-y}, & y > 0, \\ 0, & y \leqslant 0; \end{cases}$

(3) $f_{\xi+\eta}(z) = \begin{cases} 2e^{-z}(1 - e^{-z}), & z > 0, \\ 0, & z \leqslant 0; \end{cases}$ (4) $f(x \mid y) = \begin{cases} 2e^{-2x}, & x > 0, \\ 0, & x \leqslant 0, \end{cases} y > 0;$

(5) $P\{2\xi + \eta < 2\} = 1 - 3e^{-2}$; (6) $P\{\xi < 2 \mid \eta < 1\} = 1 - e^{-4}$;

(7) $P\{\max(\xi, \eta) < 1\} = (1 - e^{-2})(1 - e^{-1})$.

40. $1 - e^{-c^2}$.

41. ξ, η 不相互独立, ξ^2, η^2 相互独立.

44. $f_\eta(y_1, y_2) = \begin{cases} \dfrac{1}{2}, & (y_1, y_2) \in A, \\ 0, & \text{其他}, \end{cases}$

$f_{\eta_1}(y_1) = \begin{cases} 2 - y_1, & 1 < y_1 \leqslant 2, \\ y_1 & 0 < y_1 < 1, \\ 0, & \text{其他}, \end{cases}$ $f_{\eta_2}(y_2) = \begin{cases} 1 + y_2, & -1 < y_2 \leqslant 0, \\ 1 - y_2 & 0 < y_2 \leqslant 1, \\ 0, & \text{其他}. \end{cases}$

45. $f_{\xi+\eta}(z) = \begin{cases} z, & 0 < z \leqslant 1, \\ 2 - z, & 1 < z \leqslant 2, \\ 0, & \text{其他}. \end{cases}$

46. $P\{\eta_1 = k\} = e^{-2\lambda} \dfrac{\lambda^k}{k!} \left[\sum_{i=0}^{k} \dfrac{\lambda^i}{i!} - \dfrac{\lambda^k}{k!} \right], k = 0, 1, 2, \cdots$.

$$P\{\eta_2 = k\} = e^{-2\lambda} \frac{\lambda^k}{k!} \left[\sum_{n=k+1}^{\infty} \frac{\lambda^n}{n!} + \sum_{n=k+1}^{\infty} \frac{\lambda^n}{n!} \right], k = 0, 1, 2, \cdots.$$

47. (1) (i) $f_{\xi+\eta}(z) = \begin{cases} \dfrac{z^2}{2}, & 0 < z \leqslant 1, \\ 3z - z^2 - \dfrac{3}{2}, & 1 < z \leqslant 2, \\ \dfrac{z^2}{2} - 3z + \dfrac{9}{2}, & 2 < z \leqslant 3, \\ 0, & \text{其他}; \end{cases}$

(ii) $f_{\max}(z) = \begin{cases} \dfrac{3}{2} z^2, & 0 < z \leqslant 1, \\ 2 - z, & 1 < z \leqslant 2, \\ 0, & \text{其他}; \end{cases}$

(iii) $f_{\min}(y) = \begin{cases} 1 + z - \dfrac{3}{2} z^2, & 0 < z < 1, \\ 0, & \text{其他}. \end{cases}$

(2) (i) $f_{\xi+\eta}(z) = \begin{cases} \dfrac{z+4}{24}, & -4 < z \leqslant 0, \\ \dfrac{1}{6}, & 0 < z \leqslant 2, \\ \dfrac{6-z}{24}, & 2 < z \leqslant 6, \\ 0, & \text{其他}; \end{cases}$

(ii) $f_{\max}(z) = \begin{cases} \dfrac{1}{4}, & 1 < z < 5, \\ 0, & \text{其他}; \end{cases}$

(iii) $f_{\min}(z) = \begin{cases} \dfrac{1}{6}, & -5 < z < 1, \\ 0, & \text{其他}. \end{cases}$

(3) (i) $F_{\xi+\eta}(z) = \dfrac{1}{2h} \int_{z-h}^{z+h} F_{\eta}(s) \, \mathrm{d}s;$

(ii) $F_{\max}(z) = \begin{cases} 0, & z \leqslant -h, \\ \dfrac{z+h}{2h} F_{\eta}(z), & -h < z \leqslant h, \\ F_{\eta}(z), & z > h; \end{cases}$

(iii) $F_{\min}(z) = \begin{cases} F_{\eta}(z), & z \leqslant -h, \\ 1 - \dfrac{h-z}{2h} [1 - F_{\eta}(z)], & -h < z \leqslant h, \\ 1, & z > h. \end{cases}$

48. $f_{\zeta}(y_1) = \begin{cases} \dfrac{\Gamma\left(\dfrac{m+n}{2}\right)}{\Gamma\left(\dfrac{n}{2}\right)\Gamma\left(\dfrac{m}{2}\right)} y_1^{\frac{n}{2}-1}(1-y_1)^{\frac{m}{2}-1}, & 0 < y_1 < 1, \\ 0, & \text{其他.} \end{cases}$

53. $P\{\xi = 0\} = 6.132958705 \times 10^{11}p$, $P\{\xi = 1\} = 2.163300339 \times 10^{10}p$,

$P\{\xi = 2\} = 84674304p$, $P\{\xi = 3\} = 11440p$. 其中, $p = 1/C_{52}^{13}$.

54. (1) $P\{\xi = 0\} = 6.025862614 \times 10^{11}p$, $P\{\xi = 1\} = 3.236489459 \times 10^{10}p$,

$P\{\xi = 2\} = 62403588p$, $P\{\xi = 3\} = 4p \approx 0$, 其中 $p = 1/C_{52}^{13}$.

(2) $P\{\eta = 9\} = 400400p$, $P\{\eta = 8\} = 96164640p$, $P\{\eta = 7\} = 3499651584p$,

$P\{\eta = 6\} = 3.702694195 \times 10^{10}p$, $P\{\eta = 5\} = 1.45979818 \times 10^{11}p$,

$P\{\eta = 4\} = 2.376415642 \times 10^{11}p$, $P\{\eta = 3\} = 1.626918096 \times 10^{11}p$,

$P\{\eta = 2\} = 4.408423154 \times 10^{10}p$,

$P\{\eta = 1\} = 3925868544p$, $P\{\eta = 0\} = 67108696p$. 其中, $p = 1/C_{52}^{13}$.

55. $f_{2\xi-\eta}(z) = \begin{cases} \dfrac{1}{2}(1 - e^{-\lambda}e^{-\lambda z/2}), & -2 < z < 0, \\ \dfrac{1}{2}(1 - e^{-\lambda})e^{-\lambda z/2}, & 0 < z. \end{cases}$

56. $f_{2\xi-\eta}(z) = \begin{cases} \dfrac{1}{3}, & 0 < z < 1, \\ \dfrac{1}{3}z^{-3/2}, & 1 < z. \end{cases}$

习 题 3

1. $E(\eta) = \dfrac{1}{2}[1 - (1-2p)^n]$.   2. $\dfrac{55}{6}$.   3. $\dfrac{1-pq}{pq}$.

4. $\dfrac{1-(1-p)^{n_0}}{p}$.   5. $E(\xi) = 2, D(\xi) = 2$.

6. $E(\eta) = \dfrac{7n}{2}, D(\eta) = \dfrac{35n}{12}$.

8. $E(\xi) = \dfrac{p^2+q^2}{pq}, D(\xi) = \dfrac{p}{q^2} + \dfrac{q}{p^2} - 2$.

9. $E(\eta) = 2, D(\eta) = 2\left(\dfrac{p}{q} + \dfrac{q}{p} - 1\right), P\{\xi = k, \eta = n\} = p^{k+1}q^n + q^{k+1}p^n, n, k = 1, 2, \cdots$.

18. $E(\xi) = 0, D(\xi) = 2$.   22. $E(\xi) = 1, D(\xi) = \dfrac{1}{6}$.

23. $E|\xi - a| = \sigma\sqrt{\dfrac{2}{\pi}}$.   24. $\rho(\eta, \zeta) = \dfrac{n-m}{n}$.   25. $E(\xi) = \dfrac{4R}{\pi}$.   26. $a = \dfrac{1}{2}, b = \dfrac{1}{\pi}$,

$E(\xi) = 0, D(\xi) = \dfrac{1}{2}$.

29. $E[\min(|\xi|,1)] = \dfrac{1}{2} + \dfrac{1}{\pi}\ln 2.$

31. $D(\zeta) = (4n-2)p - (16n-10)p^2 + (24n-16)p^3 - (12n-8)p^4.$

32. $D\left(\sum\limits_{i=1}^{n}\xi_i\right) = 1.$ 42. $4\sqrt{\pi}\mathrm{e}^{-1}.$ 44. $E(\xi) = 3/(2p), D(\xi) = (7-3p)/(2p^2).$

习 题 4

1. $\varphi_\xi(t) = p^r\mathrm{e}^{\mathrm{j}tr}(1-q\mathrm{e}^{\mathrm{j}t})^{-r}.$ 2. $f(x) = \dfrac{1}{2}\mathrm{e}^{-|x|}.$ 3. $\varphi_\xi(t) = 0.8 + \dfrac{1}{5}\cos\dfrac{t}{2}.$

4. $\varphi_{\sum\limits_{i=1}^{n}\xi_i}(t) = \mathrm{e}^{\mathrm{j}nat-\frac{1}{2}n\sigma^2 t^2},\ \sum\limits_{i=1}^{n}\xi_i \sim N(na,n\sigma^2).$

5. (1)

ξ	-2	0	-2
p	$\dfrac{1}{4}$	$\dfrac{1}{2}$	$\dfrac{1}{4}$

(2) $f(x) = \begin{cases} 0, & x > 0, \\ \mathrm{e}^x, & x \leqslant 0; \end{cases}$ (3) $P\{\xi = k\} = \dfrac{1}{2^k}, k = 1,2,\cdots.$

9. (1) $\varphi_\eta(t) = \dfrac{1}{\mathrm{j}at}\left[\mathrm{e}^{\mathrm{j}(a+b)t} - \mathrm{e}^{\mathrm{j}bt}\right];$ (2) $\varphi_\xi(t) = \dfrac{1}{1+\mathrm{j}t}.$

10. (1) 不是,因为 $\sin t\big|_{t=0} \neq 1$;   (2) 不是,因为当 $t > 0$ 时,$\ln(\mathrm{e}+|t|) > 1$;   (3) 不是,

因为 $\mathrm{e}^{-t^4} = 1 + o(t^2)$,但 $\mathrm{e}^{-t^4} \not\equiv 1$,由 8 题可得结论;   (4) 不是,因为当 $0 < |t| < 1$ 时,$\dfrac{1}{1-t^4} >$

1. 21. 函数 $\varphi(t) = \begin{cases} 1, & t = 0, \\ 0, & t \neq 0. \end{cases}$

22. $P\{\xi = k\} = \mathrm{C}_{k+r-1}^{r-1}p^k q^{r-1}q, k = 0,1,2,\cdots, \psi(s) = \dfrac{q^r}{(1-ps)^r}.$

24. (1)

ξ	0	1	2
p	$\dfrac{1}{4}$	$\dfrac{1}{2}$	$\dfrac{1}{4}$

(2) $P\{\xi = k\} = \dfrac{1}{2^{k+1}}, k = 0,1,2,\cdots;$

(3) $P\{\xi = k\} = \mathrm{e}^{-1}\dfrac{1}{k!}, k = 0,1,2,\cdots;$

(4) $P\{\xi = k\} = \mathrm{C}_4^k\dfrac{2^k}{81}, k = 0,1,2,3,4.$

25. $\dfrac{11}{200}.$

26. (1) $\sum_{n=0}^{\infty} \mu_n s^n = \dfrac{1-ps-s}{(1-s)(1+2ps-s)}$; (2) $\sum_{n=0}^{\infty} P_n s^n = \dfrac{1}{1-qs} + \left(\dfrac{ps}{1-qs}\right)^3 \psi(s)$.

27. (1) $3003/10^7$; (2) $2997/10^6$; (3) $31790/10^8$.

习 题 5

6. 不是. 15. 不适用.

18. 当 $\lambda < \dfrac{1}{2}$ 时,大数定律与强大数定律都成立,当 $\lambda \geqslant -\dfrac{1}{2}$ 时,中心极限定律成立.

19. (1) 都不满足;(2) 都满足;(3) 都不满足.

24. 服从. 28. 服从.

32. (1) 满足;(2) 满足. 34. 不服从.

参 考 文 献

1　中山大学. 概率论及数理统计. 北京：人民教育出版社，1980

2　复旦大学. 概率论. 北京：人民教育出版社，1979

3　王梓坤. 概率论基础及其应用. 北京：科学出版社，1976

4　严士健等. 概率论基础. 北京：科学出版社，1982

5　弗勒 W. 概率论及其应用. 北京：科学出版社，1980

6　周概容. 概率论与数理统计. 北京：高等教育出版社，1984

7　帕普力斯 A. 概率、随机变量与随机过程. 北京：高等教育出版社，1983

8　Rohatgi V K. An Introduction to Probability Theory and Mathematical Statistics. New York：John Wiley & Sons Inc，1976

9　Chung K L. Elementayt Probability Theory with Stochastic Processes. Springer-Verlag. 1957

10　Loeve M. Probability Theory. 4th Edition. New York：Springer-Verlag Inc，1978

11　复旦大学. 泛函分析. 上海：上海科学技术出版社，1960

12　南京工学院. 积分变换. 北京：人民教育出版社，1978

13　罗纳德 N，布拉斯维尔. 傅里叶变换及其应用. 北京：人民邮电出版社，1986

14　郑维行. 王声望. 实变函数与泛函分析概要. 北京：人民教育出版社，1986

15　《数学手册》编写组. 数学手册. 北京：人民教育出版社，1979

16　孙荣恒. 趣味随机问题. 北京：科学出版社，2004

17　张荣恒. 概率统计拾遗. 北京：科学出版社，2012

附录 A 标准正态分布函数值表

$$\Phi(x) = \frac{1}{\sqrt{2\pi}} \int_{-\infty}^{x} e^{-\frac{t^2}{2}} dt$$

x	.00	.01	.02	.03	.04	.05	.06	.07	.08	.09
0.0	.5000	.5040	.5080	.5120	.5160	.5199	.5239	.5279	.5319	.5359
1	.5398	.5438	.5478	.5517	.5557	.5596	.5636	.5675	.5714	.5753
2	.5793	.5832	.5871	.5910	.5948	.5987	.6026	.6064	.6103	.6141
3	.6179	.6217	.6255	.6293	.6631	.6368	.6406	.6443	.6480	.6517
4	.6554	.6591	.6628	.6664	.6700	.6736	.6772	.6808	.6844	.6879
0.5	.6915	.6950	.6985	.7019	.7054	.7088	.7123	.7157	.7190	.7224
6	.7257	.7291	.7324	.7357	.7389	.7422	.7454	.7486	.7517	.7549
7	.7580	.7611	.7642	.7673	.7704	.7734	.7764	.7794	.7832	.7852
8	.7881	.7910	.7939	.7969	.7995	.8023	.8051	.8078	.8106	.8133
9	.8159	.8186	.8212	.8238	.8264	.8289	.8315	.8340	.8365	.8389
1.0	.8413	.8438	.8461	.8485	.8508	.8531	.8554	.8577	.8599	.8621
1	.8643	.8665	.8686	.8708	.8729	.8749	.8770	.8790	.8810	.8830
2	.8849	.8869	.8888	.8907	.8925	.8944	.8962	.8980	.8997	.9015
3	.9032	.9049	.9066	.9085	.9099	.9115	.9131	.9147	.9162	.9177
4	.9192	.9207	.9222	.9236	.9251	.9265	.9278	.9292	.9306	.9316
1.5	.9332	.9345	.9357	.9370	.9382	.9394	.9406	.9418	.9430	.9441
6	.9452	.9463	.9474	.9484	.9495	.9505	.9515	.0525	.9535	.9545
7	.9554	.9564	.9575	.9582	.9591	.9599	.9608	.9616	.9625	.9633
8	.9641	.9649	.9656	.9664	.9671	.9678	.9686	.9793	.9700	.9706
9	.9713	.9719	.9726	.9732	.9738	.9744	.9750	.9756	.9762	.9767
2.0	.9772	.9778	.9783	.9788	.9793	.9798	.9803	.9808	.9812	.9817
1	.9821	.9826	.9831	.9834	.9838	.9842	.9846	.9850	.9854	.9857
2	.9861	.9864	.9868	.9871	.9875	.9878	.9881	.9884	.9887	.9890
3	.9893	.9896	.9898	.9901	.9904	.9906	.9909	.9911	.9913	.9916
4	.9918	.9920	.9922	.9925	.9927	.9929	.9931	.9932	.9934	.9936

续表

x	.00	.01	.02	.03	.04	.05	.06	.07	.08	.09
2.5	.9938	.9940	.9941	.9943	.9945	.9946	.9948	.9949	.9951	.9952
6	.9953	.9955	.9956	.9957	.9959	.9960	.9961	.9962	.9963	.9964
7	.9965	.9966	.9967	.9968	.9969	.9970	.9971	.9972	.9973	.9974
8	.9974	.9975	.9976	.9977	.9977	.9978	.9979	.9979	.9980	.9981
9	.9981	.9982	.9982	.9983	.9984	.9984	.9985	.9985	.9986	.9986
3.0	.9987	.9987	.9987	.9988	.9988	.9989	.9989	.9989	.9990	.9990
2	.9993	.9993	.9994	.9994	.9994	.9994	.9994	.9995	.9995	.9995
4	.9997	.9997	.9997	.9997	.9997	.9997	.9997	.9997	.9997	.9998
6	.9998	.9998	.9999	.9999	.9999	.9999	.9999	.9999	.9999	.9999
8	.9999	.9999	.9999	.9999	.9999	.9999	.9999	.9999	.9999	.9999

$\Phi(4.0)=0.999968329$　　　$\Phi(5.0)=0.9999997133$　　　$\Phi(6.0)=0.9999999990$

附录 B 常见随机变量分布表

名称	密度函数	数学期望	方差	特征函数
退化分布	$f(x)=\delta(x-c)$，c 为常数	c	0	e^{jct}
0-1分布(伯努利分布)	$f(x)=p\delta(x-1)+q\delta(x)$，$0<p<1$，$p+q=1$	p	pq	$q+pe^{jt}$
二项分布	$f(x)=\displaystyle\sum_{k=0}^{n} C_n^k p^k q^{n-k}\delta(x-k)$，$0<p<1$，$p+q=1$	np	npq	$(q+pe^{jt})^n$
超几何分布	$f(x)=\displaystyle\sum_{k=0}^{\min(M,n)} \frac{C_M^k C_{N-M}^{n-k}}{C_N^n}\delta(x-k)$ $M\leqslant N,n\leqslant N,M,N,n$ 均为正整数	$\dfrac{nM}{N}$	$\dfrac{nM}{N}\left(1-\dfrac{M}{N}\right)\left(\dfrac{N-n}{N-1}\right)$	$\displaystyle\sum_{k=0}^{n}\frac{C_M^k C_{N-M}^{n-k}}{C_N^n}e^{jtk}$
泊松分布	$f(x)=\displaystyle\sum_{k=0}^{\infty}e^{-\lambda}\frac{\lambda^k}{k!}\delta(x-k)$，$\lambda$ 为正常数	λ	λ	$e^{\lambda(e^{jt}-1)}$
几何分布	$f(x)=\displaystyle\sum_{k=1}^{\infty}pq^{k-1}\delta(x-k)$，$0<p<1$，$p+q=1$	$\dfrac{1}{p}$	$\dfrac{q}{p^2}$	$pe^{jt}(1-qe^{jt})^{-1}$
帕斯卡分布(负二项分布)	$f(x)=\displaystyle\sum_{k=r}^{\infty}C_{k-1}^{r-1}p^r q^{k-r}\delta(x-k)$，$r=1$，$r$ 为正整数 $0<p<1$，$p+q=1$	$\dfrac{r}{p}$	$\dfrac{rq}{p^2}$	$\left(\dfrac{pe^{jt}}{1-qe^{jt}}\right)^r$
均匀分布 $U(a,b)$	$f(x)=\begin{cases}\dfrac{1}{b-a}, & x\in[a,b]\\ 0, & x\in[a,b]\end{cases}$	$\dfrac{a+b}{2}$	$\dfrac{(b-a)^2}{12}$	$\dfrac{e^{jtb}-e^{jta}}{jt[b-a]}$

续表

名称	密度函数	数学期望	方差	特征函数
正态分布(高斯分布) $N(a,\sigma^2)$	$f(x)=\dfrac{1}{\sqrt{2\pi}\sigma}\mathrm{e}^{-(x-a)^2/2\sigma^2},x\in\mathbf{R}$ a,σ 均为常数,且 $\sigma>0$	a	σ^2	$\exp\left\{jat-\dfrac{1}{2}\sigma^2 t^2\right\}$
指数分布 $\Gamma(1,\lambda)$	$f(x)\begin{cases}\lambda\mathrm{e}^{-\lambda x}, & x>0,\\ 0, & x\leqslant 0,\end{cases}\ \lambda>0$	$\dfrac{1}{\lambda}$	$\dfrac{1}{\lambda^2}$	$\left(1-\dfrac{jt}{\lambda}\right)^{-1}$
Γ 分布 $\Gamma(a,\lambda)$	$f(x)\begin{cases}x^{a-1}\lambda^a\mathrm{e}^{-\lambda x}/\Gamma(a), & x>0,\ \lambda>0,a>0\\ 0, & x\leqslant 0,\end{cases}$	$\dfrac{a}{\lambda}$	$\dfrac{a}{\lambda^2}$	$\left(1-\dfrac{jt}{\lambda}\right)^{-a}$
χ^2 分布 $\chi^2(n)$	$f(x)\begin{cases}x^{n/2-1}\mathrm{e}^{-\frac{x}{2}}/2^{n/2}\Gamma\left(\dfrac{n}{2}\right), & x>0,\ n\,\text{为正整数}\\ 0, & x\leqslant 0,\end{cases}$	n	$2n$	$(1-2jt)^{-\frac{n}{2}}$
柯西分布 $C(\mu,\lambda)$	$f(x)=\dfrac{1}{\pi}\cdot\dfrac{\lambda}{\lambda^2+(x-\mu)^2}$ $x\in\mathbf{R},\mu,\lambda\,\text{为常数},\text{且}\lambda>0$	不存在	不存在	$\mathrm{e}^{i\mu t-\lambda|t|}$
t 分布 $t(n)$	$f(x)=\dfrac{\Gamma\left(\frac{n+1}{2}\right)}{\sqrt{n\pi}\,\Gamma\left(\dfrac{n}{2}\right)}\left(1+\dfrac{x^2}{n}\right)^{-(n+1)/2},x\in\mathbf{R}$	$0\,(x>1)$	$\dfrac{n}{n-2}\,(x>2)$	

续表

名称	密度函数	数学期望	方差	特征函数
F 分布 $F(m,n)$ (m,n 为正整数)	$f(x)=\begin{cases}\dfrac{\Gamma\left(\dfrac{m+n}{2}\right)m^{m/2}n^{n/2}x^{m/2-1}}{\Gamma\left(\dfrac{m}{2}\right)\Gamma\left(\dfrac{n}{2}\right)(mx+n)^{\frac{m+n}{2}}},&x>0\\[4mm]0,&x\leqslant 0\end{cases}$	$\dfrac{n}{n-2},\ (n>2).$	$\dfrac{2n^2(m+n-2)}{m(n-2)^2(n-4)},\ (n>4)$	
韦布尔分布	$f(x)=\begin{cases}\dfrac{\alpha}{x_0}(x-\gamma)^{\alpha-1}\mathrm{e}^{-\frac{(x-y)^\alpha}{x_0}},&x>\gamma\\[4mm]0,&x\leqslant\gamma\end{cases}$ α,x_0,γ 均为常数，$\alpha>0,x_0>0,r\in\mathbf{R}$	$x_0^{\frac{1}{\alpha}}\Gamma\left(\dfrac{1}{\alpha}+1\right)+\gamma$	$x_0^{\frac{2}{\alpha}}\left[\Gamma\left(\dfrac{2}{\alpha}+1\right)-\Gamma^e\left(\dfrac{1}{\alpha}+1\right)\right]$	
贝塔分布 $B(\alpha,\beta)$	$f(x)=\begin{cases}\dfrac{\Gamma(\alpha+\beta)}{\Gamma(\alpha)\Gamma(\beta)}x^{\alpha-1}(1-x)^{\beta-1},&0<x<1,\\[4mm]0,&其他,\end{cases}$ $\alpha>0,\beta>0$	$\dfrac{\alpha}{\alpha+\beta}$	$\dfrac{\alpha\beta}{(\alpha+\beta)^2(\alpha+\beta+1)}$	$\dfrac{\Gamma(\alpha+\beta)}{\Gamma(\alpha)}\sum_{k=0}^{\infty}\dfrac{\Gamma(\alpha+k)(jt)^k}{\Gamma(\alpha+\beta+k)\Gamma(k+1)}$
对数正态分布	$f(x)=\begin{cases}\dfrac{1}{\alpha x\sqrt{2\pi}}\mathrm{e}^{\ln x-a^2/2\sigma^2},&x>0,\ a,\sigma\ 为常数\\[4mm]0,&x\leqslant 0,\ \sigma>0\end{cases}$	$\mathrm{e}^{a+\frac{\sigma^2}{2}}$	$(\mathrm{e}^{\sigma^2}-1)\mathrm{e}^{2a+\sigma^2}$